Gilbert Brands

Verschlüsselungsalgorithmen

Aus dem Programm
Mathematik-Kryptographie

Kryptologie
von Albrecht Beutelspacher

Moderne Verfahren der Kryptographie
von Albrecht Beutelspacher, Jörg Schwenk und Klaus-Dieter Wolfenstetter

Kryptographie in Theorie und Praxis (in Planung)
von Albrecht Beutelspacher und Heike B. Neumann

Sicherheit und Kryptographie im Internet
von Jörg Schwenk

Verschlüsselungsalgorithmen
von Gilbert Brands

vieweg

Gilbert Brands

Verschlüsselungs-algorithmen

Angewandte Zahlentheorie rund um Sicherheitsprotokolle

vieweg

Die Deutsche Bibliothek – CIP-Einheitsaufnahme
Ein Titeldatensatz für diese Publikation ist bei
Der Deutschen Bibliothek erhältlich.

Prof. Dr. Gilbert Brands
Fachhochschule Oldenburg-Ostfriesland-Wilhelmshaven
Fachbereich Technik – Informatik
Constantiaplatz 4
26721 Emden
E-Mail: brands@et-inf.fho-emden.de

1. Auflage September 2002

Der Verlag Vieweg ist ein Unternehmen der Fachverlagsgruppe BertelsmannSpringer.
www.vieweg.de

Umschlaggestaltung: Ulrike Weigel, www.CorporateDesignGroup.de

ISBN-13: 978-3-528-03182-4   e-ISBN-13: 978-3-322-80226-2
DOI: 10.1007/978-3-322-80226-2

Vorwort

Mathematische Verschlüsselungssysteme spielen für die Sicherheit der Kommunikation und der Abwicklung von Geschäften auf elektronischem Weg eine entscheidende Rolle. Die den Verfahren zugrunde liegende Mathematik wird zum Teil seit Jahrhunderten studiert, konkrete Anwendungen sind aber bis auf einfache, manuell meist recht mühsam durchzuführende Fälle erst seit relativ kurzer Zeit mit Hilfe von Rechnern möglich. Mit der nunmehr breiten Nutzungsmöglichkeit entwickelt sich schnell eine Vielzahl unterschiedlicher Anforderungen, die die neue Technik erfüllen soll. Eine Grundkenntnis der verschiedenen mathematischen Prinzipien ist für die Entwicklung spezieller Verfahren und die Abwägung der mathematischen Risiken notwendig, Entwurf und Implementation von Algorithmen und Protokollen sind recht anspruchsvolle Aufgaben.

Das vorliegende Buch ist anhand von Vorlesungen und Projekten an einer Fachhochschule für den Studiengang Informatik im Hauptstudium entstanden. Die Mathematik gehört (leider) nicht gerade zu den bevorzugten Fächern der meisten Fachhochschulstudenten. Aus diesem Grund habe ich besonderen Wert auf einen experimentellen Zugang gelegt: ohne von einer exakten Darstellung der Mathematik abzurücken (bis auf wenige Ausnahmen werden alle Sätze ausführlich bewiesen), werden viele Themen durch rechnergestützte Experimente vor- oder aufbereitet bzw. anschaulich gemacht. Allerdings wird auch die eine oder andere mathematische Formulieren dem reinen Mathematiker etwas umständlich erscheinen. Das hat aber rein didaktische Gründe, um dem Ungeübten den Einstieg zu erleichtern. Durch die Verknüpfung von Theorie und Praxis ist das Buch sicher auch für Informatiker oder Mathematiker an Universitäten als Einführung oder Begleitung von praktischen Übungen hilfreich. Vorkenntnisse der Einführungsveranstaltungen in Analysis und linearer Algebra sowie einer Programmiersprache sollten vorhanden sein.

Thematisch ist das Buch in vier Hauptabschnitte eingeteilt. Im ersten Teil wird die grundlegende Mathematik (*Gruppentheorie und Zahlentheorie*) für die Konstruktion von Verschlüsselungssystemen vorgestellt. Die algebraischen Grundlagen werden weitgehend auf die Gruppentheorie beschränkt und auch hier wiederum auf Themen, die für die zu bearbeitenden Fragestellungen von Bedeutung sind. Sofern bei einigen speziellen Anwendungen weitere algebraische Begriffe und Beziehungen für das Verständnis oder den Beweis notwendig sind, werden diese gezielt und begrenzt eingeführt. Sätze werden meist mit größerer Ausführlichkeit dargestellt, als dies in der mathematischen Literatur üblich ist.

Im Anschluss an die mathematischen Grundlagen werden verschiedene Algorithmen und Sicherheitsprotokolle detailliert dargestellt und die Wirkungsweise an Beispielen demonstriert. Die Algorithmen beschränken sich nicht auf solche aus der Zahlentheorie. Auch symmetrische Verschlüsselungs- und Hash-Algorithmen werden diskutiert, wobei besonderer Wert auf die Begründung des „Warum ?" gelegt wird. Sicherheitsprotokolle beschreiben Gesamtabläufe zum Erreichen eines vorgegeben Kommunikationsziels.

Im dritten Teil werden bestimmte Zahleneigenschaften untersucht. Neben die strenge mathematische Betrachtung tritt hier zunehmend eine praxisorientierte, „ingenieurmäßige" Betrachtungsweise mit statistischen Abschätzungen und Messungen, die innerhalb eines vorgegebenen

Rahmens ein kontrolliertes Arbeiten ermöglicht. Praktische Ergebnisse sind Möglichkeiten zum Erzeugen von Zufallzahlen, zum Erkennen von Primzahlen bestimmter Qualität sowie der Kontrolle der korrekten Auswahl geheimer oder öffentlicher Parameter. Darüber hinaus wird der Leser mit Strukturen im System der ganzen Zahlen vertraut gemacht, die vielleicht zu eigenen weitergehenden Experimenten anregen.

Ein Kapitel über Angriffsmöglichkeiten auf Verschlüsselungssysteme rundet die Betrachtung ab. Neben einfachen Basismethoden wird das quadratische Sieb für den Angriff auf RSA-ähnliche Verschlüsselungssysteme ausführlich vorgestellt. Parallel zur Entwicklung der Mathematik ist der Leser hier zum Entwurf und zur Implementierung von Algorithmen aufgerufen. Bei der behandelten Spannweite der Themen und des begrenzten Umfangs dieses Buches ist aber auch eine Einschränkung der Stoffauswahl nicht zu vermeiden. Einige interessante Themen wie ASN.1, elliptischen Funktionen, das Zahlenkörpersieb und andere können daher nur am Rand erwähnt werden.

Aufgaben befinden sich nicht am Ende eines jeden Kapitels, wie einige Leser das sicher von anderen Büchern gewohnt sind, sondern sind in die Stoffentwicklung integriert. Neben einigen mathematischen Aufgaben ist der Leser überwiegend aufgefordert, parallel zur Mathematik Algorithmen zu entwerfen und zu implementieren, um die theoretischen Erkenntnisse direkt in die Praxis umzusetzen. Als Programmiersprache empfehle ich C++ , da hier eine Reihe von Bibliotheken über das Internet zugänglich sind, die sowohl Basisalgorithmen als auch Sammlungen von Verschlüsselungsalgorithmen für weiterführende eigene Arbeiten beinhalten.

Literaturhinweise habe ich auf allgemeine Lehrbücher beschränkt und auf das Zitieren von Literaturstellen zu den diskutierten speziellen Verschlüsselungsalgorithmen verzichtet. Da die Diskussion vieler wichtiger algebraischer Begriffe auf das für den hier behandelten Stoff notwendigste beschränkt wird, ist ein Griff zu einem Lehrbuch über Algebra für eine Vertiefung an der einen oder anderen Stelle hilfreich, und den einen oder anderen Leser wird es vielleicht erstaunen, wie einzelne bislang nicht verstandene oder überlesene Kapitel auf einmal einen neuen Sinn bekommen. Hinsichtlich der speziellen Algorithmen bereitet es überhaupt kein Problem, sich über eine Suchmaschine im Internet in kurzer Zeit so viel „Vertiefungsstoff" zu beschaffen, dass das Problem nicht planbarer Freizeitbeschäftigung auf Jahre aus dem Weg geräumt ist.

Abschließend möchte ich anmerken, dass mit „dem Leser" im Text keine geschlechtsspezifische Eigenschaft verbunden ist. Dass „der Leser" als Synonym für „das lesende Individuum" in der deutschen Sprache nun einmal mit dem maskulinen Artikel vergesellschaftet ist, sollte ruhig einmal als historische Sprachentwicklung hingenommen und nicht durch Platzfresser wie „Leserinnen und Leser" oder „Leser und Leserinnen", abgekürzt „LeserInnen", substituiert werden. In diesem Sinne sei der Leser auch herzlich eingeladen, sich mit Anregungen, eigenen Ergebnissen oder Problemen mit mir in Verbindung zu setzen (Web-Seiten: http://www.ewetel.net/~gilbert.brands/ , EMail gilbert.brands@ewetel.net oder über die Web-Seiten der Fachhochschule Oldenburg-Ostfriesland-Wilhelmshaven).

Pewsum, im Sommer 2002   Gilbert Brands

Inhaltsverzeichnis

1 Einleitung

Die Vertraulichkeit und Integrität von Nachrichten ist in den heute von Unternehmen und Privatpersonen weltweit benutzten offenen Datenkanälen nur durch besondere Schutzmaßnahmen zu erreichen. Eine Analyse von Meldungen der letzten Jahre zeigt, dass „sichere Leitungen" unabhängig vom Inhalt der Fernmeldegesetze nicht existieren (*man denke etwa an die Ausspähung vertraulicher Firmeninformationen deutscher Unternehmen durch die amerikanische NSA und die Weitergabe an amerikanische Unternehmen*) und viele Softwareprodukte -absichtlich oder durch US-Gesetze erzwungen- nicht gerade Sicherheitsmaßstäbe an den Tag legen, die ein Dechiffrieren durch Unbefugte besonders schwer machen. Blindes Vertrauen in Übertragungswege oder ungeprüfte Software grenzt daher bei wichtigen Informationen oft an Selbstmord.

Über Geheimhaltungsaspekte hinaus ergeben sich bei der Übertragung vertraulicher Informationen oder der Abwicklung von Geschäften auf elektronischem Wege weitere Probleme: zum Beispiel sind Nachrichten sicher und vollständig zu authentifizieren, d.h. Urheberschaft und Freiheit von Verfälschungen sind sicherzustellen. Für eine Bewertung eines Gesamtprozesses oder Sicherheitsprotokolls ist das Verhalten von mindestens drei Parteien zu analysieren[1] (*im weiteren als „Absender", „Angreifer" und „Empfänger" bezeichnet, wobei der erstere und der letztere auch als „Kommunikationspartner" zusammengefasst werden*), die alle mit unterschiedlichen Mitteln und Zielen „falsch" spielen können. Je nach Vorgang sind bestimmte Interessen der Beteiligten individuell zu schützen[2]. Die Einzelaufgaben, denen wir uns zuwenden werden, lauten:

- Nachrichten sind *vertraulich* zu übertragen: die Information darf keinem Unbefugten bekannt werden; sie muss gewissermaßen in einem „geschlossenen Umschlag" transportiert werden.

- Die Nachricht muss *unverfälscht* sein: Änderungen an der ursprünglichen Information müssen erkannt werden können.

- Die *Identität* des Absenders muss verifizierbar sein: der Empfänger muss sicher sein, dass der vorgebliche Absender die Nachricht verfasst hat und keine Fälschung vorliegt. Die Nachricht muss sozusagen „unterschrieben" werden.

- Die Nachricht muss *authentisch* sein: auch wenn die Unterschrift des Absenders erkannt wird, könnte es sich um eine Kopie einer älteren Nachricht handeln, die von einem Angreifer erneut gesandt wurde. Kopie und Original müssen voneinander unterschieden werden können, wobei als Original meist das zuerst empfangene Dokument angesehen wird.

---

[1] Darüber hinaus existieren komplexere Anwendungen mit weiteren Teilnehmern, die zusätzlich eine der bereits vorhandenen Rollen übernehmen oder z.B. als „neutraler Makler" mit unterschiedlichen aktiven Aufgaben auftreten können.

[2] Die „Interessen" des Angreifers fallen natürlich nicht hierunter, obwohl man angesichts der Exportbestimmungen der USA für Verschlüsselungssoftware durchaus auf diese Idee kommen könnte.

- Der Absender darf seine Urheberschaft für eine Nachricht nicht verleugnen können, muss also *„dokumentenecht"* im rechtlichen Sinne unterzeichnen[3]. Umgekehrt muss auch ein „Negativbeweis" möglich sein, d.h. der (*rechtlich verbindliche*) Nachweis, dass eine Nachricht auf keinen Fall von einem bestimmten Verfasser stammt, muss von diesem erbracht werden können.

  Hier betreten wir Anwendungsgebiete, die nicht nur die speziellen Umstände des Informationsaustausches betreffen, sondern auch mögliche rechtliche Konsequenzen daraus.

- Der Empfang einer Nachricht muss *verifizierbar* sein: auch der Absender muss natürlich in seinen Rechten abgesichert werden. Dies ist allerdings eher eine Anforderung an ein spezielles Zusatzprotokoll, das bestimmte Abläufe des Informationsaustausches zwischen Sender und Empfänger in Gegenrichtung wiederholt. Wir werden dieses Thema daher nur am Rande streifen.

Diese Aufgaben lassen sich durch eine Fülle von spezifischen Nebenbedingungen weiter unterteilen; weitere Problemstellungen lassen sich vermutlich leicht finden. Die Lösung der Aufgaben erfordert teilweise relativ komplexe Verfahren, darüber hinaus treten viele Aufgaben auch in unterschiedlichen Kombinationen zusammen auf. Es ist daher zu erwarten (*und durch einfache Recherchen auch zu verifizieren*), dass eine Vielzahl unterschiedlicher Spezialverfahren existiert, von denen der „normale Anwender" nur wenige kennt und von deren Einsatz er häufig auch wenig mitbekommt, da sich vieles (*aus gutem Grund*) unter Bedienoberflächen versteckt. Leider scheint sich dieses Nichtwissen und das Vertrauen auf die Sicherheit käuflicher Bedienoberflächen auch zum Teil auf die „Fachleute" zu beziehen, wenn man die eingangs erwähnten Skandale über Einbrüche in Firmengeheimnisse oder Systemsabotage betrachtet. Dem zumindest in Teilgebieten abzuhelfen, sind wir hier angetreten. Die Diskussion soll in diesem Buch weitgehend auf die technisch-mathematischen Aspekte beschränkt bleiben; auf andere Gesichtspunkte der Systemsicherheit werden wir nur punktuell eingehen können. Für weitere Studien dieser Thematik sei der Leser auf einschlägige Lehrbücher der Netzwerksicherheit, oder auf das Internet verwiesen, das meist zeitnäher über dieses dynamische Segment berichtet und häufig mit interessanten Geschichten von Angriff und Verteidigung oder Gegenangriff aufwartet. Empfohlen seien auch die Internet-Seiten des Bundesamtes für Sicherheit in der Informationstechnik BSI (http://www.bsi.de).

Zum Einstieg in eine systematische Untersuchung betrachten wir in einem groben Überblick einige Grundaspekte der Informationssicherung. Eine Information (*oder ein Datum*) ist in den folgenden Betrachtungen eine Zahl aus der Menge der natürlichen Zahlen[4]. Reale Informationsmengen sind grundsätzlich beschränkt, so dass der Zahlenbereich für die Informationszahl N eine Obergrenze M besitzt: $0 \leq N \leq M$. Die Wahl für die Obergrenze M ist willkürlich

---

3   Im Prinzip ist dies, wie auch schon der Punkt davor, eine Verschärfung der Bedingungen für eine „elektronische Unterschrift". Die Verschärfungen sind jedoch rechtlich und verfahrenstechnisch so bedeutend, dass mir eine Trennung in Einzelpunkte gerechtfertigt erscheint.

4   Eine beliebige Information lässt sich als Bitmuster, z.B. (010...), darstellen, das wiederum als Vektor oder, bei Beginn mit dem ersten Bit als kleinste signifikante Stelle und Auffüllen auf eine Normbreite, als natürliche Zahl interpretiert werden kann.

und stellt keine Beschränkung für die zu bearbeitende Information dar: eine Informationszahl m, die größer als die Schranke ist, lässt sich durch die polynomiale Darstellung

$$m > M \quad : \quad m = \sum_{k=0}^{r} n_k * M^k \quad , \quad 0 \leq n_k < M \tag{1-1}$$

in Teilinformationen bearbeitbarer Größen n_k zerlegen[5]. Für die Untersuchung der Grundprinzipien von Verschlüsselungsalgorithmen kann daher im weiteren $m = N < M$ unterstellt werden. Bei der Konstruktion von Verfahren, die auf der zum Teil mehrfachen Anwendung eines oder mehrerer unterschiedlicher Algorithmen beruhen, muss allerdings eine Aufteilung der Information auf verschiedene Informationsblöcke nach (1-1) sehr wohl berücksichtigt werden, um keine allzu einfachen Angriffsmöglichkeiten zu bieten: gleiche Zahlen bei verschiedenen Potenzen von M führen bei unveränderter Anwendung des gleichen Algorithmus zu den gleichen Verschlüsselungen. Diese Wiederholungen können einen Angreifer auf die Spur des Nachrichteninhaltes führen. Diese Angriffsmöglichkeit (*Mustererkennung*) sei aber nur am Rande erwähnt. Angriffsverfahren auf dieser Basis gehören in den Bereich der entsprechenden Spezialliteratur und sind nicht Themen dieser Untersuchungen (*siehe z.B. [BAUER]*); ihre Existenz muss aber schon bei der Konstruktion eines Verfahrens berücksichtigt werden.

Alle Lösungsverfahren der beschriebenen Aufgaben beruhen auf einer Verschlüsselung der Nachricht N, d.h. der Überführung in eine Form, von der Nichteingeweihte nicht auf die ursprüngliche Bedeutung N zurück schließen können. Ein Verschlüsseln der Nachricht (*Zahl*) N ist eine Abbildung auf eine Zahl X, die mit Hilfe eines Parametersatzes PA durchgeführt wird:

$$X = f(N, PA) \quad ; \quad PA = \left\{ p_1, p_2, \cdots p_{n(p)} \right\} \quad , \quad n(p) \geq 0 \; [6] \tag{1-2}$$

bzw. in Mengennotation

$$M = \left\{ k \mid 0 \leq k < M \right\} \quad , \quad M_X = \left\{ k \mid 0 \leq k < M_X \right\} \quad : \quad f : M \rightarrow M_X \tag{1-3}$$

Aufgrund der Endlichkeit der Mengen kann eine Verschlüsselung prinzipiell rückgängig gemacht werden (*Entschlüsselung*). Das Ergebnis der Entschlüsselung ist allerdings für die Fälle

$$\begin{aligned} &|M_X| < |M| \quad \lor \\ &X \in \left\{ X_k \mid (\exists n_i, n_j \in M) \; (X_k = f(n_i, PA) = f(n_j, PA)) \right\} \end{aligned} \tag{1-4}$$

nicht eindeutig: sofern die Menge der Verschlüsselungen kleiner ist als die Ausgangsmenge, werden zwangsweise mehrere Ausgangszahlen in die gleiche Verschlüsselungszahl überführt. Der gleiche Fall tritt ein, wenn die Mengen zwar gleich sind (*oder die Verschlüsselungsmenge sogar größer ist*), die Abbildungsfunktion aber nicht injektiv ist, d.h. unterschiedlichen Werten aus M die gleichen Werte aus M_X zuweist. Bei der inversen Operation, dem Ent-

---

5 Falls die Formel auf den ersten Blick unverständlich erscheint, kann ein kleines Beispiel vielleicht helfen: für die Zahl 39 kann z.B. $39 = 3*10^1 + 9*10^0$ geschrieben werden.

6 $n(p) = 0$ ist zu lesen als $PA = \{\}$ und bezeichnet Verschlüsselungsverfahren ohne Parameter.

schlüsseln, besteht dann die Auswahl zwischen verschiedenen Möglichkeiten der Ursprungs-
information. Werden in der Ausgangsmenge alle Zahlen ausgeschlossen, die bereits erzeugte
Verschlüsselungen ein weiteres Mal erzeugen, so wird das Verschlüsseln wieder eindeutig
(*Injektion oder Bijektion*)[7] . Der Begriff „prinzipiell" deutet aber auch schon an, dass eine
Umkehrung auch bei optimalen Bedingungen (*Bijektion*) technisch nicht unbedingt möglich
sein muss.

Die Sicherheit einer Verschlüsselung hängt davon ab, wie schwierig die Umkehrung für einen
Unberechtigten zu bewerkstelligen oder, im Falle surjektiver Verschlüsselungsfunktionen, die
Verschlüsselung X durch eine geschickt gewählte falsche Information zu erzeugen ist. Eine
gewünschte Umkehrung unter Ausschluss dieser Möglichkeit für einen Angreifer ist in be-
stimmten Fällen durch Geheiminformationen möglich, mittels derer schnelle Umkehralgorithmen konstruierbar sind[8]. Man hat dafür auch den Begriff „*Falltürfunktion*" geprägt: ohne
Kenntnis der Zusatzinformation ist ein langwieriger (*hoffentlich zu beschwerlicher*) Weg zu-
rückzulegen, wohingegen die Geheiminformation eine „Falltür" mit direktem Zugang zum
Ziel öffnet[9]. Die Erzeugung und Geheimhaltung von „Geheiminformationen" ist eine weitere
Quelle von Unsicherheitsfaktoren, worauf wir aber jeweils nur kurz eingehen können. Grundsätzlich ist der Begriff „Sicherheit" immer als relativer Begriff zu betrachten: ein Verfahren
muss die Sicherheit einer Information nur so lange gewährleisten, wie diese aktuell ist. Danach
ist es eigentlich relativ egal, was mit der Information geschieht. Die Gesamtheit aller Maßnahmen muss diese zeitliche Sicherheit unter Berücksichtigung der dem Gegner vermutlich
zur Verfügung stehenden Mittel gewährleisten, wobei sicherheitshalber immer die schlimms-
ten denkbaren Umstände zu berücksichtigen sind.

Um einen anschaulichen Eindruck von diesem theoretischen Vorgeplänkel zu erhalten, sehen
wir uns einige grundlegende Klassen von Verschlüsselungsfunktionen an:

- **Einmalfunktionen:** als Verschlüsselungsfunktion wird eine Zuordnungstabelle der Infor-
  mationszahlen zu Zufallzahlen gewählt:

$$f := \left\{ (n_i, z_i) \quad, \quad i = 1 \dots k \right\}$$

(1-5)

Zum Ver- und Entschlüsseln ist die Kenntnis der Tabelle notwendig, da kein algorithmischer Zusammenhang zwischen den Größen besteht. Bei einmaliger Verwendung der Verschlüsselung ist das Verfahren, die Geheimhaltung der Tabellen vorausgesetzt, daher sicher, da auf mögliche Zuordnungen nur indirekt geschlossen werden kann, z.B. durch
Analyse des Verhaltens der Beteiligten nach dem Informationsaustausch.

Der Aufwand für die Speicherung aller Nachrichten zusammen mit ihren Schlüsselzahlen
begrenzt allerdings die Anzahl der verschlüsselbaren Informationen aus technischen

---

7   Allerdings ist dann zu überlegen, wie die fehlenden Informationen darzustellen sind. Dies soll jedoch hier nicht
    weiter verfolgt werden.
8   Wir schließen hierbei aus, dass der berechtigte Empfänger durch Verschlüsseln verschiedener möglicher Nach-
    richten und Vergleich mit der erhaltenen Nachricht die ursprüngliche Information „dechiffriert", s.u.
9   Sozusagen die berühmte Abkürzung, die den 100m-Lauf in 6,2 Sekunden erlaubt.

Gründen. Bei Erweiterung des Schlüsselraums nach (1-1) oder Mehrfachverwendung bestehen dann doch Angriffsmöglichkeiten mittels statistischer Methoden[10].

- **Einwegfunktionen:** die Verschlüsselungsfunktion ist in algorithmischer Form und bekannter Parametermenge gegeben, wobei häufig $M > M_X$ gilt, so dass die Verschlüsselung nicht eindeutig ist. Eine zugehörige Entschlüsselungsfunktion ist nicht bekannt, so dass für das Entschlüsseln eine Funktionstabelle wie bei der Einmalfunktion notwendig ist. Durch hinreichend große Wahl von M_X ist die technische Implementation und Auswertung einer Tabelle jedoch leicht zu verhindern.

  Die Einwegfunktion ähnelt damit der Einmalfunktion und könnte ähnlich genutzt werden: der Empfänger einer verschlüsselten Information kann mögliche Nachrichten erzeugen und verschlüsseln und mit der empfangenen Nachricht vergleichen. Mögliche Nachrichten können einer Tabelle entnommen oder mit Hilfe einer vereinbarten Grammatik generiert werden. Aufgrund des Aufwandes ist die so behandelbare Informationsmenge ebenfalls recht beschränkt[11]. Die Anwendungsfelder für Einwegfunktionen liegen daher an anderer Stelle:

  - ◆ **Überprüfung der Nachricht auf Fälschungsfreiheit:** wird die Information als Klartext und durch eine Einwegfunktion verschlüsselt übermittelt, so kann der Empfänger durch Verschlüsseln der erhaltenen Information und Vergleich mit der erhaltenen Verschlüsselung die Fälschungsfreiheit der Nachricht feststellen. Da häufig $M \gg M_X$ gewählt wird, ist die verschlüsselte Nachricht kürzer als die eigentliche Information.

    Es ist allerdings zu verhindern, dass die Sicherheitsverschlüsselung nicht ebenfalls einer Fälschung zum Opfer fällt. Möglich ist beispielsweise die Übertragung der Sicherheitsinformation vor der Information, die Übertragung auf einem anderen Weg oder die Kombination mit einem weiteren Verschlüsselungsverfahren.

  - ◆ **Steganografie:** die Information wird im Klartext zerhackt neben vielen Pseudonachrichten übertragen. Jede Nachricht wird mit einer Einwegfunktion verschlüsselt. Für die Information wird ein vereinbarter, geheimer Parametersatz verwendet, für die Pseudoinformationen Zufallsparametersätze. Der berechtigte Empfänger kann die Informationsteile durch Berechnung der Werte der Einwegfunktion und Vergleich mit dem übertragenen Wert ermitteln und die Nachricht richtig zusammensetzen; einem Angreifer gelingt dies bei ausreichend großer Informationsmenge kaum (*siehe Abbildung 1-1*).

Die Sicherheit von Einwegfunktionen liegt in der tatsächlichen Nichtrekonstruierbarkeit[12] der Nachricht bei bekanntem Parametersatz und bekannter Verschlüsselungsfunktion bzw.

---

10 Der Begriff „Einmalfunktion" ist somit nicht mathematisch, sondern verfahrenstechnisch bedingt.

11 Zwischen Information und Verschlüsselung besteht bei Einwegfunktionen eine berechenbare Korrelation, was bei Einmalfunktionen nicht der Fall ist. Ein Angriff ist somit prinzipiell leichter möglich, zum Beispiel durch Generieren und Prüfen möglicher Nachrichten.

12 „Nichtrekonstruierbarkeit" soll im folgenden so verstanden werden, dass keine analytischen Formeln zur Rückrechnung bekannt sind und ein Angriff nur durch mehr oder weniger geschicktes Probieren geführt werden kann, dies aber so aufwendig ist, dass statistisch gesehen eine erfolgreiche Rekonstruktion innerhalb einer bestimmten Zeitspanne unterhalb einer vorgegebenen Wahrscheinlichkeit liegt.

Ermittlung des Parametersatzes bei bekannter Nachricht und bekannter Verschlüsselungsfunktion .

Nachricht: Karl   kommt   morgen   nach   Emden

Pseudonachrichten: Otto   fährt   heute   über   Köln
                        Fritz   sitzt   gestern   in   Aurich

Datenstruktur: lfd-Nr , Wort , Schlüssel

            1 , Karl , 12Fg1   1 , Fritz , ii(88   1 , Otto , 667kk
            2 , sitzt , i9oo9   2 , fährt , 9998o   2 , kommt , 995j7
                        ....

Insgesamt existieren 3^5 verschiedene Kombinationsmöglichkeiten. Auch bei Ausschluß unsinniger Kombinationen bestehen für einen Angreifer nur beschränkte Möglichkeiten, die richtige Information zu ermitteln.

Abbildung 1-1: Steganografie: die Nachricht wird in Pseudonachrichten versteckt.

- **Symmetrische Verschlüsselungsverfahren:** die Abbildungen sind bijektiv und verwenden den gleichen Parametersatz für das Ver- und das Entschlüsseln:

$$X = f(N , PA) \quad , \quad N = g(X , PA) \tag{1-6}$$

Die Sicherheit dieser Verfahren steht und fällt meist mit der Möglichkeit, den Parametersatz *PA* (*den Schlüssel*) vertraulich zwischen den Kommunikationspartnern auszutauschen und geheim zu halten.

- **Asymmetrische Verschlüsselungsverfahren:** auch hier sind die Abbildungen bijektiv, verwenden aber unterschiedliche Parametersätze für das Ver- und Entschlüsseln:

$$X = f(N , PA) \quad , \quad N = g(X , QA) \tag{1-7}$$

Hierdurch kann einer der Schlüssel öffentlich gemacht und damit neuen Kommunikationspartnern ohne vorherige Absprachen die Möglichkeit verschafft werden, vertrauliche Nachrichten zu versenden[13].

Die Sicherheit der Verfahren beruht auf der Nichtrekonstruierbarkeit von *QA* bei Kenntnis von *PA* . Die Konstruktionsunsicherheit besteht natürlich auch beim Entwurf eines Schlüsselpaares. Es sind daher weitere Informationen notwendig, die geheim bleiben müssen.

- **Kombinierte Verfahren:** die Aufzählung der Verfahrensklassen zeigt erwartungsgemäß, dass keine für sich alleine in der Lage ist, die Anforderungen an Vertraulichkeit, Fälschungssicherheit, Authentizität usw. gleichzeitig zu lösen. In der Praxis werden daher

---

13   Dafür besteht nun das Problem der Identität des Kommunikationspartners. Bei vorherigem Austausch vertraulicher Information ist dies bereits auf andere Art erledigt worden.

verschiedene Verfahren kombiniert, um bestimmte, genau definierte Ziele zu erreichen. Die praktische Vorgehensweise zur Konstruktion von Verfahren und einige Lösungen werden in Kapitel 3 untersucht.

Hauptgegenstand dieser Untersuchungen sind Methoden, die auf der Anwendung der Zahlentheorie großer ganzer Zahlen beruhen. Durch Kombination verschiedener Methoden, auch solcher, die nicht in diese Kategorie fallen, entstehen kryptografische Verfahren, die bestimmte Anforderungen an den Kommunikationsverlauf erfüllen. Im folgenden Kapitel werden dem Leser zunächst die algebraischen Grundlagen für zahlentheoretische Methoden vorgestellt, die zum Verständnis und der Abschätzung der Sicherheit notwendig sind. Die mathematischen Grundlagen weiterer Verfahren, die meist einfacherer Natur sind, werden wir bei der Diskussion der Gesamtverfahren erläutern.

Oft unterschätzt werden die Möglichkeiten eines Angreifers. Die Durchführung einer Verschlüsselung ist oder wirkt häufig recht kompliziert, so dass ein Verfahren gefühlsmäßig vom Entwickler als sicher eingestuft wird. Schwachstellen in Nebepfaden lassen sich häufig -aber nicht immer- durch Beachtung einiger einfacher Regeln bei der Entwicklung in den Griff bekommen. Allerdings muss auch beachtet werden, dass ein Angreifer mindestens so viel Zeit (*meist wesentlich mehr*) in seinen Angriff investiert als der Entwickler eines Verfahrens in seine Sicherheitsalgorithmen und auch über Angriffswege nachdenkt, die mit der mathematischen Absicherung nichts mehr zu tun haben. Neben einer Ausnutzung menschlicher Schwächen kann beispielsweise eine Stromverbrauchs- oder Rechenzeitanalyse ausgenutzt werden, um etwas über die ablaufenden Algorithmen zu erfahren (*so geschehen bei Smartcards, deren Innenleben nicht zerstörungsfrei zugänglich ist*). Der Anwender oder Entwickler tut also sicher gut daran, dem Angreifer erheblich mehr Möglichkeiten und Ideen zuzubilligen, als er selbst für einen Angriff auf sein Verfahren zur Verfügung hat, und entsprechende „Angstfaktoren" zu berücksichtigen (*die sprichwörtliche Paranoia der Sicherheitsmanager*). Bezogen auf die Mathematik der Verfahren ist zu sagen, dass sich Angreifer und Verteidiger in einer Rüstungsspirale befinden, bei der der Verteidiger nur dafür Sorge zu tragen hat, dass der Angreifer es ausreichend schwer hat. Entsprechende Sorgfalt bei der Definition und Einhaltung der Randbedingungen vorausgesetzt, ist das Rüstungsrennen derzeit eindeutig zugunsten der Verschlüsselung entschieden[14]. Immer wieder berichtete spektakuläre Einbrüche in Sicherheitssysteme sind meist auf ebenso spektakuläre Unwissenheit oder Korruption auf seiten der Informationsinhaber zurückzuführen.

---

14 In wie weit das, zumindest bei den hier diskutierten Verfahren, so bleibt, hängt von der weiteren Entwicklung ab. Z.B. besäßen Quantencomputer nach heutigem Verständnis das Potential, einige der verbreitetsten Verschlüsselungstechniken auszuhebeln.

2 Gruppentheorie, Primzahlen, Restklassen

Eine wesentliche Eigenschaft von Verschlüsselungsfunktionen ist das Erzeugen eines Bitmusters X aus einer Information N mit Hilfe eines Schlüssels K , wobei die Kenntnis von X keinerlei Rückschlüsse auf N oder K erlauben darf. Wird ein Bit in N oder K geändert, so besteht bei einer idealen Verschlüsselungsfunktion für alle Bit in X die gleiche Wahrscheinlichkeit $w = 1/2$, sich zu ändern. Die Zufälligkeit von X ist allerdings eine Pseudozufälligkeit, da die Funktion reproduzierbare Ergebnisse liefern muss, d.h. eine bestimmte Kombination (N,K) erzeugt auch im Wiederholungsfalle immer das gleiche X . Der Aufwand für die der Verschlüsselungsoperation unterliegenden Rechenoperationen muss „asymmetrisch" sein, d.h. die Berechnung von X aus (N,K) erfolgt durch einen einfachen, schnell auszuführenden Algorithmus, während für die Umkehroperation, die Berechnung von N bei Vorgabe eines Wertepaares (X,K) oder von K bei Vorgabe eines Paares (X,N) kein schneller Algorithmus zur Verfügung steht.

Soll ein berechtigter Empfänger der verschlüsselten Nachricht in der Lage sein, N aus (X,K) in angemessener Zeit wieder zu rekonstruieren, so muss der Algorithmus durch geheim zu haltende Zusatzinformationen K_g die Konstruktion eines schnellen Entschlüsselungsalgorithmus zulassen (*auch „Falltürfunktion" genannt, da man mittels der Geheiminformation gewissermaßen durch das schwer lösbare allgemeine Problem der Umkehrung „hindurch fällt"*).

Neben einer Reihe relativ einfacher mathematischer Operationen, die im nächsten Kapitel bei der Vorstellung von Verschlüsselungsverfahren diskutiert werden, erfüllen algebraische Strukturen[15] auf ganzen Zahlen unter bestimmten Bedingungen diese Anforderungen. Der Gruppenbegriff genügt dabei weitgehend, um die hier benötigten Kenntnisse zu erarbeiten. Weiter gehende algebraische Begriffe wie Ring (*mit seinen feinen, aber wichtigen Unterteilungen*) oder Körper können wir in dem hier gesteckten Rahmen mehr oder weniger nur definieren, aber nicht vertiefen. Dem interessierten Leser sei empfohlen, bedarfsweise ein Lehrbuch der Algebra hinzuzuziehen, in denen diese Begriffe meist bereits in den ersten Kapiteln eingeführt werden.

---

15   Eine mathematische Struktur S ist eine Menge mit einer Anzahl darauf definierten Operationen, z.B. $S = (N,+,*)$ mit der Addition und Multiplikation auf den natürlichen Zahlen.

2.1 Restklassenalgebra

Ausgangspunkt für die folgenden Untersuchungen ist die wohldefinierte und bekannte Struktur

$$S = (\mathbb{Z}, +, *, {}^\wedge) \tag{2.1-1}$$

der arithmetischen Standardoperationen auf der Menge $\mathbb{Z}$ der ganzen Zahlen. Die Operatormenge umfasst die Addition, Multiplikation und Exponentiation.

Wir betrachten Teilmengen von $\mathbb{Z}$: sei $(m > 0) \in \mathbb{Z}$ eine beliebige natürliche Zahl und $M = \{0, 1, 2, \ldots (m-1)\}$ die Menge aller natürlichen Zahlen, die kleiner als m sind, dann ist M ist für Verschlüsselungen geeignet: eine beliebige Nachricht kann durch eine Zahl $(0 \le z_1 \le (m-1))$ wie in (1-1) – (1-3) beschrieben kodiert und durch Zuordnung zu einer anderen Zahl $z_2 \in M$ mit Hilfe einer Zuordnungs- oder Permutationstabelle verschlüsselt werden:

$$M_P = \begin{pmatrix} 1 & 2 & 3 & 4 & \ldots & m-1 \\ k_1 & k_2 & k_3 & k_4 & \ldots & k_{m-1} \end{pmatrix} \quad , \quad (k \in M) \wedge (i \ne k : \; k_i \ne k_k) \tag{2.1-2}$$

Permutationstabellen der Form (2.1-2) sind umkehrbar und, sofern sie geheim gehalten werden, asymmetrisch bezüglich des Aufwandes, sind aber keine einfachen Rechenformeln. Um einigermaßen gegen unbefugtes Eindringen schützen zu können, muss eine Permutationstabelle unangenehm groß sein und ist damit schlecht handhabbar.

Zur Konstruktion von Verschlüsselungsfunktionen, die auf Rechenvorschriften basieren, werden wir M zu einer Struktur $(M, +, *, {}^\wedge)$ erweitern. Hierzu erweitern wir zunächst M zu einer Überdeckung von $\mathbb{Z}$, um die bekannten Eigenschaften von S nutzen zu können:

Definition 2.1-1: eine Restklasse $[r]$ zum Modul $m > 0$ ist eine Menge von Zahlen aus $\mathbb{Z}$ mit der Eigenschaft

$$[r]_m = \{a \mid a = c * m + r\} \quad , \quad a, c, m, r \in \mathbb{Z}, 0 \le r < m$$

Die Menge $\mathbb{Z}_m$ aller Restklassen ist die Modulmenge von m . Man führt sie in der Algebra auch folgendermaßen ein: mit der Menge $m\,\mathbb{Z} = \{0, \pm m, \pm 2m, \ldots\}$ ist $\mathbb{Z}_m = \mathbb{Z} / m\,\mathbb{Z}$ der Restklassenring zu m (*zum algebraischen Begriff des Rings siehe nächstes Kapitel*).

Wir werden im weiteren $\mathbb{Z}_m$ verwenden, sobald wir im mathematischen Sinn von Restklassen sprechen. M ist für uns programmiertechnisch interessant und enthält die kleinsten positiven Vertreter der Restklassen (*Übungsaufgabe: gilt* $M \subset \mathbb{Z}_m$ *?*). Der Leser unterscheide im Folgenden in diesem Sinnen zwischen beiden Größen.

Aus der Definition folgt unmittelbar, dass zum Modul m genau m verschiedene Restklassen existieren, die jeweils elementfremd sind und deren Vereinigungsmenge $\mathbb{Z}$ vollständig überdeckt. Vereinfacht ausgedrückt, ist der Repräsentant einer Restklasse der positive Rest der ganzzahligen Division von x durch m [16].

Zwei Zahlen $a, b \in \mathbb{Z}$ gehören zur gleichen Restklasse oder sind kongruent zueinander, wenn gilt

$$a \equiv b \bmod m \quad \Leftrightarrow \quad m | (b - a) \quad \text{[17]}$$

(2.1-3)

Die Überdeckung von $\mathbb{Z}$ mit Restklassen erlaubt es uns, die auf $\mathbb{Z}$ definierten Rechenregeln zu übernehmen. Jede Operation $+, *, \wedge$ mit Elementen aus $\mathbb{Z}$ hat ein Ergebnis in genau einer Restklasse und lässt sich durch ein $r \in M$ repräsentieren. Die Rechnung muss dabei nicht mit den „Originalzahlen" durchgeführt werden; jeder beliebige Vertreter der zugehörenden Restklasse kann den Platz einnehmen, wie der folgende Satz zeigt:

Satz 2.1-2: gelte $a' \equiv a \bmod m$ und $b' \equiv b \bmod m$ für Paare (a', a) und (b', b) von ganzen Zahlen. Dann gilt für die Addition und die Multiplikation

$$a' + b' \equiv a' + b \equiv a + b' \equiv (a + b) \bmod m$$

$$a' * b' \equiv a' * b \equiv a * b' \equiv (a * b) \bmod m$$

Die Rechnungen können mit beliebigen Vertretern der Restklasse durchgeführt werden. Das Ergebnis liegt ein einer eindeutig festgelegten Restklasse, die durch einen beliebigen ihrer Vertreten repräsentiert werden kann.

Beweis: gemäß (2.1-3) gilt: $m | (a' - a)$ und $m | (b' - b)$, also auch

$$m | (a' - a) + (b' - b) \quad \Rightarrow \quad m | (a' + b') - (a + b)$$

$$m | (a' - a) * (b' - b) \quad \Rightarrow \quad m | a' * b' + a * b - a * b' - b * a'$$

$$\Rightarrow \quad m | a' * b' - a * b - m * (a * c + b * d)$$

In der letzten Gleichung wurde $a' = a + d * m$ und $b' = b + c * m$ substituiert. Durch Vergleich mit (2.1-3) folgt unmittelbar die Behauptung.   ❑

Das Rechengesetz für die Multiplikation schließt das Rechnen mit Exponenten unmittelbar mit ein, wie wir aus der Definition der Exponentiation unmittelbar folgern können. Der Nutzen der Anwendungen von Satz 2.1-2 liegt in der Vermeidung unangenehm großer Zahlen bei Rechnungen, die Probleme bei der praktischen Berechnung bereiten können, da die verfügbaren Rechner die notwendige Zahlenbreite nicht aufweisen. Zum Beispiel scheitert folgender Versuch der Berechnung einer höheren Potenz, wenn nur die Standarddatentypen auf einem Rechner benutzt werden können:

$$5^{32} \equiv a \bmod 31 \quad : \quad 5^{32} \approx 2.33 * 10^{22} \quad \Rightarrow \quad a = ?$$

(2.1-4)

---

16   Der Leser beachte: der Rest von (-5):11 ist nicht 5 , sondern (-5), was den positiven Rest 6 ergibt !
17   Lies: „a kongruent b modulo m" und „m ist Teiler der Differenz (b-a)"

Durch Rechnen mit Kongruenzen ist die Rechnung unproblematisch, indem nach jedem Rechenschritt auf das kleinste positive Restklassenelement reduziert wird.

$$5^2 \equiv 25 \ mod \ 31 \quad , \quad 5^4 \equiv 25^2 \equiv 5 \ mod \ 31 \quad , ... \quad 5^{32} \equiv 5 \ mod \ 31 \qquad (2.1\text{-}5)$$

Wir können anhand von Definition 2.1-1 auch leicht nachvollziehen, dass gemischte Operationen mit verschiedenen Modulen wenig Sinn machen. Eine sinnvolle Antwort auf die Frage nach Lösungen für $(a \ mod \ m + b \ mod \ n)$ oder $(a \ mod \ m * b \ mod \ n)$ ist nicht möglich (*auf was sollte sie sich den auch beziehen?*). Sinnvoll für die Beantwortung bestimmter Fragestellungen ist allerdings die Frage nach Kongruenzen des Typs

$$c \equiv a \ mod \ m \quad \wedge \quad c \equiv b \ mod \ n \qquad (2.1\text{-}6)$$

Hierdurch werden Schnittmengen der Restklassen zu m und n definiert, deren Größe davon abhängt, wie viele Gemeinsamkeiten die beiden Module aufweisen. Die Lösungsmenge von (2.1-6) ist

$$\{c\} = [a]_n \cap [b]_m \qquad (2.1\text{-}7)$$

Wir werden solche Mengen bei der Untersuchung spezieller Eigenschaften von Restklassen, insbesondere bei Modulerweiterungen, benötigen. Der Leser mache sich aber unbedingt die Unterschiede der Menge $\{c\}$ zu einer Restklasse eines Moduls klar.

Die Rechenregeln auf Modulmengen können wir auf einfache Weise auf die Umkehrung der Operationen, d.h. auf die Subtraktion in den Bereich der negativen Zahlen, die Division mit Brüchen und das Wurzelziehen bzw. Logarithmieren, erweitern.

Subtraktion: für das Rechnen mit negativen Zahlen kann die Repräsentatormenge M der Restklassen auf die Menge

$$M' = \left\{ \left[-\frac{m-1}{2} \right] \quad , \quad ... \quad \left[\frac{m}{2} \right] \right\} \qquad (2.1\text{-}8)$$

abgebildet werden (*die eckigen Klammern* [..] *bezeichnen in diesem Kontext nicht die Restklassen, sondern sind so genannte Gauß'sche Klammern und bezeichnen die größte Zahl* $z \in Z$ *mit* $z \leq r$. *Mehrdeutigkeiten von Symbolen sind in der Mathematik aufgrund des begrenzten Vorrats an Zeichen nicht immer zu vermeiden. Aus dem Zusammenhang ist aber meist klar, was gemeint ist*). Die Absolutwerte der Zahlen in M werden dadurch noch einmal halbiert. Ist $0 < a < m$, so folgt aus Definition 2.1-1 für negative Zahlen (*und damit für die Abbildung* $M \to M'$) die Kongruenz:

$$-a \equiv (m-a) \ mod \ m \qquad (2.1\text{-}9)$$

Division: eine »rationale« Kongruenz wird definiert durch

$$x \equiv \frac{b}{a} \, mod \, m \quad \Leftrightarrow \quad a * x \equiv b \, mod \, m \tag{2.1-10}$$

Auf gleiche Art können wir auch negative Potenzen interpretieren. Divisionsaufgaben besitzen in Z jedoch nicht immer eine Lösung[18], so dass dies auch in Z_m nicht erwartet werden kann. Dazu ein einfaches Beispiel:

$$(m = p*q) \wedge (a = p*r) \wedge (b = q*s) \wedge (a,b < m)$$
$$\Rightarrow \quad (a*b \equiv p*r*q*s \equiv 0 \, mod \, m) \tag{2.1-11}$$

Wird (2.1-10) auf die letzte Kongruenz in (2.1-11) angewendet, so folgt $a \equiv 0/b \, mod \, m$ [19]. Die Division hat somit für diese Konstruktion der Zahlen kein eindeutiges Ergebnis, wie gezeigt werden sollte.

Wurzeln und Logarithmus: nach der gleichen Methode ist das Wurzelziehen oder der Logarithmus behandelbar:

$$\sqrt[b]{a} \equiv x \, mod \, m \quad \Leftrightarrow \quad a \equiv x^b \, mod \, m \tag{2.1-12}$$

$$\ln_a (b) \equiv x \, mod \, m \quad \Leftrightarrow \quad b \equiv a^x \, mod \, m \tag{2.1-13}$$

Auch hierfür existiert nicht in jedem Fall eine Lösung. Wir können dies durch ein ähnliches Beispiel wie (2.1-11) nachweisen oder auch dadurch begründen, dass die Division vollständig auf $\mathbb{Q}$, die Wurzelfunktion und der Logarithmus aber erst auf den transzendenten Erweiterungskörpern $\mathbb{R}$ bzw. $\mathbb{C}$ (*den reellen bzw. komplexen Zahlen*) eindeutig lösbar sind (*zu den verschiedenen Körperbegriffen siehe z.B. [LOR1]*).

Die Rechengesetze für Potenzen behalten ihre Gültigkeit, d.h. es gilt

$$\left(a^b\right)^c \equiv a^{b*c} \, mod \, m \quad , \quad \left(\sqrt[b]{a}\right)^c \equiv a^{c/b} \, mod \, m \tag{2.1-14}$$

Eine Warnung ist allerdings notwendig: ist $b*c > m$ oder $c/b \neq [c/b]$, so ist die Modulo-Reduktion $b*c \equiv d \, mod \, m$ bzw. $c/b \equiv d \, mod \, m$ unzulässig! Die Übertragung der Modulrechnung auf die Exponenten erfolgt nach anderen Gesetzmäßigkeiten, denen wir uns in Kapitel 2.3 zuwenden werden.

Zusammenfassend haben wir bislang folgende Kenntnisse über das Rechnen mit ganzzahligen Restklassen erlangt[20]: Z_m enthält die neutralen Elemente $[0]$ (*bezüglich der Addition*) und $[1]$ (*bezüglich der Multiplikation*), aber für beliebiges m nur inverse Elemente bezüglich der Addition. Assoziativ-, Distributiv- und Kommutativgesetz sind erfüllt. Z_m ist somit ein (*i.a. nicht nullteilerfreier*) Ring.

---

18   Die Umkehrbarkeit der Multiplikation ist erst in $\mathbb{Q}$ erfüllt.
19   In der Algebra bezeichnet man Elemente, für die a*b=0 bei a≠0 und b≠0 gilt, auch als „Nullteiler".
20   Einige Rechengesetze übernehmen wir ohne weiteren Nachweis von S

Versuchen wir nun, einen ersten Bezug zur Datenverschlüsselung herzustellen: vereinbaren wir ein Modul m und einen Schlüssel x , so können wir eine Nachricht N durch

$$y \equiv x + N \; mod \; m \qquad (2.1\text{-}15)$$

verschlüsseln und durch Subtraktion wieder entschlüsseln. Aus „ESEL" wird so „HVHO", wenn wir jeweils drei Buchstaben vorrücken. Eine erste leicht umkehrbare Verschlüsselungsmethode mit einem Geheimschlüssel x haben wir damit gefunden, die allerdings als reine Parallelverschiebung kaum einem ernsthaften Angriff Widerstand leisten kann.

	1	2	3	4	5	6	7	8	9	10	11	12	13	14	15	16	17	18
1	1	2	3	4	5	6	7	8	9	10	11	12	13	14	15	16	17	18
2	2	4	6	8	10	12	14	16	18	1	3	5	7	9	11	13	15	17
3	3	6	9	12	15	18	2	5	8	11	14	17	1	4	7	10	13	16
4	4	8	12	16	1	5	9	13	17	2	6	10	14	18	3	7	11	15
5	5	10	15	1	6	11	16	2	7	12	17	3	8	13	18	4	9	14
6	6	12	18	5	11	17	4	10	16	3	9	15	2	8	14	1	7	13
7	7	14	2	9	16	4	11	18	6	13	1	8	15	3	10	17	5	12
8	8	16	5	13	2	10	18	7	15	4	12	1	9	17	6	14	3	11
9	9	18	8	17	7	16	6	15	5	14	4	13	3	12	2	11	1	10
10	10	1	11	2	12	3	13	4	14	5	15	6	16	7	17	8	18	9
11	11	3	14	6	17	9	1	12	4	15	7	18	10	2	13	5	16	8
12	12	5	17	10	3	15	8	1	13	6	18	11	4	16	9	2	14	7
13	13	7	1	14	8	2	15	9	3	16	10	4	17	11	5	18	12	6
14	14	9	4	18	13	8	3	17	12	7	2	16	11	6	1	15	10	5
15	15	11	7	3	18	14	10	6	2	17	13	9	5	1	16	12	8	4
16	16	13	10	7	4	1	17	14	11	8	5	2	18	15	12	9	6	3
17	17	15	13	11	9	7	5	3	1	18	16	14	12	10	8	6	4	2
18	18	17	16	15	14	13	12	11	10	9	8	7	6	5	4	3	2	1

Tabelle 2.1-1: Multiplikationstabelle zum Modul `m=19`. *Am Schnittpunkt von Spalte und Zeile findet sich das Ergebnis, z.B.* $10 * 10 \equiv 5 \; mod \; 19$

Als weitere Kandidaten bleiben Multiplikation und Potenzrechnung und deren Umkehrungen. Lassen sich Restklassenmengen Z_m finden, für die diese Operationen umkehrbar definiert sind und die aufgrund dieser Eigenschaften geeignete Kandidaten für die Entwicklung von Verschlüsselungssystemen sind ? Wir betrachten als Beispiel die Multiplikationstabelle zum Modul $m=19$ (2.1-1). In jeder Zeile (*oder jeder Spalte*) tritt jede Zahl nur einmal auf. Außer bei einigen wenigen Faktoren wirken die Zahlen bunt durcheinander gewirbelt, so dass das Ergebnis der Multiplikation mit dem nächsten Faktor offenbar nur durch Nachrechnen, aber nicht durch einen kurzen logischen Schluss ermittelt werden kann. Allerdings können wir diesen Rechenschritt relativ schnell ausführen.

Aus der Einmaligkeit einer bestimmten Zahl in einer Zeile folgt als weitere Eigenschaft, dass auf dieser Menge die Division offenbar eindeutig definiert ist (*und damit mindestens die Eigenschaften der Menge* **Q** *erfüllt werden , obwohl nur eine Teilmenge von* **Z** *für die Konstruktion verwendet wurde !*) . Für $a \equiv (13/9) \; mod \; 19$ existiert nur die Lösung $a = 3$, wie wir durch Rückwärtslesen der Tabelle ermittelt können. Die scheinbar statistische Verteilung der Werte lässt eine Lösung der Division aber nur durch Erstellen der Tabelle und Ablesen des Ergebnisses oder durch Proberechnen mit allen Spaltenindizes zu. Beides ist mit einem wesentlich höheren Arbeitsaufwand verbunden als die einfache Multiplikation. Unter Ausnutzung von (2.1-10) können wir die Division aber in der Praxis einsparen. Vereinbaren wir wieder einen geheimen Schlüssel x für die Verschlüsselung, so existiert dazu ein geheimer Umkehrschlüssel $z * x \equiv 1 \bmod m$, mit dem die Nachricht wiedergewonnen werden kann:

$$y \equiv x * N \bmod m$$
$$N \equiv y * z \bmod m$$

(2.1-16)

Haben wir einmal den inversen Schlüssel z gefunden, so lassen sich Ver- und Entschlüsselung mit dem gleichen Aufwand durchführen. Im Moment müssen wir das Inverse noch aus der Tabelle ablesen; in einem späteren Kapitel werden wir jedoch einen schnellen Berechnungsalgorithmus entwickeln. Die Verschlüsselungsmethode ist schon besser, da sie aus „ESEL" nun z.B. „BXBC" macht, was nicht durch eine Parallelverschiebung rückgängig zu machen ist.

	1	2	3	4	5	6	7	8	9	10	11	12	13	14	15	16	17
1	1	2	3	4	5	6	7	8	9	10	11	12	13	14	15	16	17
2	2	4	6	8	10	12	14	16	0	2	4	6	8	10	12	14	16
3	3	6	9	12	15	0	3	6	9	12	15	0	3	6	9	12	15
4	4	8	12	16	2	6	10	14	0	4	8	12	16	2	6	10	14
5	5	10	15	2	7	12	17	4	9	14	1	6	11	16	3	8	13
6	6	12	0	6	12	0	6	12	0	6	12	0	6	12	0	6	12
7	7	14	3	10	17	6	13	2	9	16	5	12	1	8	15	4	11
8	8	16	6	14	4	12	2	10	0	8	16	6	14	4	12	2	10
9	9	0	9	0	9	0	9	0	9	0	9	0	9	0	9	0	9
10	10	2	12	4	14	6	16	8	0	10	2	12	4	14	6	16	8
11	11	4	15	8	1	12	5	16	9	2	13	6	17	10	3	14	7
12	12	6	0	12	6	0	12	6	0	12	6	0	12	6	0	12	6
13	13	8	3	16	11	6	1	14	9	4	17	12	7	2	15	10	5
14	14	10	6	2	16	12	8	4	0	14	10	6	2	16	12	8	4
15	15	12	9	6	3	0	15	12	9	6	3	0	15	12	9	6	3
16	16	14	12	10	8	6	4	2	0	16	14	12	10	8	6	4	2
17	17	16	15	14	13	12	11	10	9	8	7	6	5	4	3	2	1

Tabelle 2.1-2:Multiplikationstabelle für m=18

Eine weitere Untersuchung ergibt, dass auch Potenzen und deren Umkehrungen, die Wurzeln oder der Logarithmus, mit diesem Modul eindeutige Lösungen besitzen, ebenfalls mit der Einschränkung, dass zunächst eine Lösung nur durch Probieren zu erhalten ist. Allerdings ist das wesentlich mühsamer nachzuvollziehen als bei der Division. Der Leser nehme diese Aussage daher als gegeben hin (*oder probiere es selbst an einem einfachen Rechenbeispiel aus*). Im nächsten Abschnitt werden wir uns mit diesen Eigenschaften ohnehin genauer beschäftigen und allgemein auf relativ einfache Art nachweisen, dass die Umkehrbarkeiten für diese und andere Mengen mit gleichen Eigenschaften (*welche, wird noch gesagt*) zwingend gelten.

Wird statt m=19 das Modul m=18 verwendet, so erfüllt die dazugehörende Tabelle 2.1-2 die Bedingungen nicht mehr: ein Multiplikationsergebnis ist nicht in jedem Fall eindeutig. Die Indizes der Zeilen (*und Spalten*), die „unbrauchbar" sind, sind von der Form (2.1-11), d.h. sie enthalten Faktoren, die das Modul 18 teilen, wie sich durch Rechnen leicht feststellen lässt. Durch Streichen aller Zeilen und Spalten, die gemeinsame Teiler mit 18 aufweisen (*außer dem neutralen Teiler 1*), entsteht Tabelle 2.1-3 , die wieder die gewünschten Eigenschaften aufweist, jedoch eine zu begrenzte Anzahl von Elementen aufweist.

Fassen wir die Unterschiede, die als Ursachen für das Verhalten untersucht werden können, zusammen, so fällt auf, dass der Modul m=19 eine Primzahl ist, m=18 aber eine zusammengesetzte Zahl. Zum Modul m=18 lässt sich wiederum eine brauchbare Tabelle konstruieren, wenn alle Zeilen und Spalten gestrichen werden, deren Indizes gemeinsamen Teiler mit 18 aufweisen.

	1	5	7	11	13	17
1	1	5	7	11	13	17
5	5	7	17	1	11	13
7	7	17	13	5	1	11
11	11	1	5	13	17	7
13	13	11	1	17	7	5
17	17	13	11	7	5	1

Tabelle 2.1-3: reduzierte Multiplikationstabelle zum Modul m=18

Wir haben damit verschiedene Möglichkeiten für die Konstruktion von Restklassenringen Z_m gefunden, die potentiell für Verschlüsselungsaufgaben in Frage kommen. Wir können uns nun auf die Suche nach Umkehralgorithmen für die Multiplikation und das Potenzieren machen, wobei das Ziel der Suche in einer Konstruktion besteht, die eine leichte Umkehrbarkeit für den berechtigten Empfänger einer Nachricht beinhaltet, während dies für den unberechtigten Mithörer fast unmöglich sein sollte. Dazu beginnen wir mit einem scheinbaren Umweg über die allgemeine Untersuchung von Strukturen mit mindestens einer umkehrbaren Operation.

2.2 Gruppentheorie

Wie wir im letzten Kapitel experimentell ermittelt haben, scheint für die Konstruktion von Verschlüsselungsverfahren auf der Grundlage von Modulmengen die Multiplikation oder ihre Fortführung, die Potenzrechnung, eine geeignete Operation zu sein, weil ihre Ergebnisse scheinbar unkorreliert zu den Eingangswerten sind. Für bestimmte Konstruktionen von Modulmengen sind die Operationen umkehrbar, was eine weitere Voraussetzung für die Konstruktion von Verschlüsselungsverfahren ist.

Im folgenden werden wir auf abstraktem Niveau Eigenschaften der diskutierten Strukturen untersuchen. Die abstrakte Form des Erkenntnisgewinns erlaubt das gezielte Suchen und Finden weiterer Strukturen[21] und die Untersuchung ihrer Eignung für Verschlüsselungszwecke.

---

21 Als potentielle Kandidaten kommen alle Strukturen in Frage, die nur einige wenige allgemeine Eigenschaften aufweisen. Diese Eigenschaften wirken gewissermaßen als Filter. Die Eignung für Verschlüsselungszwecke muss allerdings nachfolgend individuell geprüft werden.

Wir beginnen mit einer Definition, die nur eine beschränkte Menge und eine einzige darauf definierte Operation zum Inhalt hat:

Definition 2.2-1: eine endliche Gruppe ist eine Struktur $(G, \circ)$ mit einer endlichen Menge G und einer darauf definierten Operation $\circ$, die meist als „Multiplikation" bezeichnet wird[22], mit den Eigenschaften

(a)	$|G| < \mathbb{N}_0$	*endliche Menge*
(b)	$(\forall a, b \in G) \ (\exists c \in G) \ (a \circ b = c)$	*geschlossene Menge*
(c)	$(\exists! e \in G) \ (\forall a \in G) \ (a \circ e = e \circ a = a)$	*neutrales Element*[23]
(d)	$(\forall a \in G) \ (\exists! a^{-1} \in G) \ (a \circ a^{-1} = a^{-1} \circ a = e)$	*inverses Element*
(e)	$a \circ (b \circ c) = (a \circ b) \circ c$	*Assoziativgesetz*

Definition 2.2-1 ist ein abstraktes Regelwerk (*auch Axiomensystem genannt*), d.h. jede Struktur, die die Eigenschaften (a)-(e) erfüllt, ist eine Gruppe. Dabei fehlt die Eigenschaft der Kommutativität, die in Restklassenmengen vorhanden ist; sie ist für viele Eigenschaften nicht zwingend notwendig. Zur Übung prüfe der Leser nach, ob die Regeln auf die Beispiele des letzten Kapitels (*Tabelle 2.1-1 – Tabelle 2.1-3 mit der Multiplikation als Gruppenoperation sowie auch für die Addition und die Potenzrechnung*) zutreffen. Um den Sinn und die Anwendung solcher Regelwerke zu demonstrieren, untersuchen wir zunächst eine Struktur, die mit den anstehenden Aufgaben wenig zu tun hat, dafür aber der Anschauung leicht zugänglich ist: die Gruppe der Symmetrieoperationen am Quadrat.

Eine Symmetrieoperation bildet das Quadrat auf sich selbst ab, so dass sich an der äußeren Erscheinungsform der Figur nichts ändert. Nur die Eckpunkte tauschen bei dieser Operation u.U. ihre Positionen. Die möglichen Symmetrieoperation sind (Abbildung 6.2-3):

E	Identische Operation (keine Änderung)	
C_{4+}	Drehung um $\pi/4$ gegen den Uhrzeigersinn	
C_{4-}	Drehung um $\pi/4$ im Uhrzeigersinn	
C_2	Drehung um $\pi/2$	
σ_x	Spiegelung an der X-Achse (Seitenhalbierende 1)	(2.2-1)
σ_y	Spiegelung an der Y-Achse (Seitenhalbierende 2)	
σ_1	Spiegelung an der Diagonale 1	
σ_2	Spiegelung an der Diagonale 2	

---

22 Es muss sich trotz der Bezeichnung nicht um die auf G oder einer Obermenge davon definierte Multiplikation handeln !

23 $\exists!$ bedeutet: „es existiert ein und nur ein"

Die Operation C_{4+} führt z.B. von der Reihenfolge der Ecken (A,B,C,D) zu (D,A,B,C)[24]. Das Ergebnis von Verknüpfungen mehrerer Operationen, bei der die jeweils nächste Operation in einer Reihe auf das (Zwischen-)Ergebnis der vorhergehenden angewandt wird, ist von der Reihenfolge der Operationen abhängig:

$$\sigma_1 \circ C_{4+} \ \square: \ (A,B,C,D) \rightarrow (D,C,B,A)$$
$$C_{4+} \circ \sigma_1 \ \square: \ (A,B,C,D) \rightarrow (B,A,D,C)$$

(2.2-2)

$\square$ bezeichnet das Objekt, auf das der Operator wirkt, hier also das Quadrat. Die Reihenfolge der Operatoren läuft von rechts nach links.

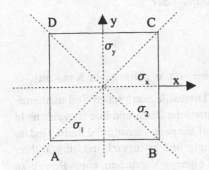

Abbildung 2.2-1: Symmetrieoperationen am Quadrat. Die Drehachse C steht senkrecht auf der Ebene

Mathematisch können die Elemente der Gruppe durch Matrizen dargestellt werden. Wird die Eckenreihenfolge in Form eines Vektors notiert, so wird die Drehung C_{4+} aus (2.2-2) dargestellt durch:

$$\begin{pmatrix} D \\ A \\ B \\ C \end{pmatrix} = \begin{pmatrix} 0 & 0 & 0 & 1 \\ 1 & 0 & 0 & 0 \\ 0 & 1 & 0 & 0 \\ 0 & 0 & 1 & 0 \end{pmatrix} * \begin{pmatrix} A \\ B \\ C \\ D \end{pmatrix}$$

(2.2-3)

Die Matrizen für die anderen Operationen lassen sich leicht ableiten. Die Nichtkommutativität der an der Grafik abgeleiteten Multiplikation (2.2-2) spiegelt sich in der Nichtkommutativität der Multiplikation in der Matrixalgebra wider.

Das Ergebnis einer Verknüpfung von Operatoren lässt sich jeweils auch durch eine einzelne der zur Verfügung stehenden Operationen erreichen, d.h. je zwei Elemente ergeben miteinander verknüpft (*multipliziert*) ein drittes. Welches dies ist, lässt sich am Ergebnisvektor der Ecken oder an der Transformationsmatrix nach Multiplikation der Einzelmatrizen ablesen. Die vollständige Multiplikationstabelle, anhand der der Leser nun leicht alle Gruppeigenschaften der Definition 2.2-1 nachweisen kann, ist in Abbildung 2.2-2 zusammengefasst.

Aus Definition 2.2-1 lassen sich eine Reihe weiterer Eigenschaften ableiten, z.B. auch über Potenzen, deren Eigenschaften im letzten Kapitel ja noch ausgespart wurden: wenn ein Element a der Gruppe fortlaufend mit sich selbst verknüpft wird, entsteht eine Potenzfolge von a, wobei jeder Potenz ein bestimmtes Element der Gruppe zugeordnet werden kann. Aufgrund der Gruppeneigenschaft treten dabei zwangsweise Zyklen auf, d.h. in der Folge treten bereits vorhandene Glieder erneut auf. Wir formulieren diese Erkenntnis als Satz.

---

24 Jeweils links unten beginnend gegen den Uhrzeigersinn zu lesen. Der Leser beachte aber: Elemente der Gruppe sind die Operationen, die die Ecken in eine andere Reihenfolge bringen, nicht die Ecken des Quadrates selbst !

E	C_{4+}	C_2	C_{4-}	σ_x	σ_y	σ_1	σ_2
C_{4+}	C_2	C_{4-}	E	σ_1	σ_2	σ_y	σ_x
C_2	C_{4-}	E	C_{4+}	σ_y	σ_x	σ_2	σ_1
C_{4-}	E	C_{4+}	C_2	σ_2	σ_1	σ_x	σ_y
σ_x	σ_2	σ_y	σ_1	E	C_2	C_{4-}	C_{4+}
σ_y	σ_1	σ_x	σ_2	C_2	E	C_{4+}	C_{4-}
σ_1	σ_x	σ_2	σ_y	C_{4-}	C_{4+}	E	C_2
σ_2	σ_y	σ_1	σ_x	C_{4-}	C_{4+}	C_2	E

Abbildung 2.2-2: Multiplikationstafel der Symmetrieoperationen des Quadrats

Satz 2.2-2: $(\forall\, a \in G)\ (\exists\, k(a) \leq |G|)\ \left(a^{k(a)} = e\right)$

$k(a)$ heißt auch die zyklische Ordnung[25] von a und ist eine von a abhängende Konstante.

Beweis: da wir die gesamte in diesem Buch behandelte Thematik zum großen Teil mathematisch exakt untersuchen werden, kommen wir um mathematische Sätze und ihre Beweise nicht herum. Mathematische Beweise in Büchern sind meist auf Eleganz getrimmt, d.h. die Gedankengänge und ihre Schlussfolgerungen sind kurz, eingängig und zwingend, jedoch von ihrer Gesamtkonzeption häufig nicht so angelegt, dass man bei eigenen Versuchen, einen Beweis zu finden, auf die Idee käme, in der angegebenen Weise vorzugehen. Sie spiegeln somit häufig nicht die Ereignisse wider, die zur Aufstellung der Behauptung und ihren ersten Nachweis geführt haben, sondern die eleganteste der verschiedenen Alternativen, die im Laufe der Zeit noch gefunden wurden. Wir werden dem auch hier häufiger folgen müssen, sei es, dass spezielle Erkennisse verallgemeinert werden müssen (*wie an dieser Stelle*), oder zu umfangreich sind, um hier dargestellt zu werden. Soweit es sich anbietet, werden wir aber auch Gedankenketten freien Raum lassen und das Ergebnis am Schluss nicht unbedingt in das Korsett eines Satzes stecken. Doch nun zum eigentlichen Beweis:

G enthalte $n = |G|$ Elemente. $a(r) = a \circ a \circ ... \circ a$ sei die r-fache Verknüpfung von a mit sich selbst. Das Glied $a(r)$ der Potenzfolge ist ebenfalls ein Element der Gruppe. In der Potenzfolge existieren aufgrund der Endlichkeit der Gruppe Zahlenpaare $((r, j), r > j)$, so dass $a(r) = a(j)$ [26]. Aufgrund der Assoziativität folgt

$$a(r) = a(j) \circ a(r - j - 1) \circ a = a(j) \circ a^{-1} \circ a = a(j) \circ e = a(j) \qquad (2.2\text{-}4)$$

Die Folge $a(r)$ enthält daher sowohl das neutrale Element als auch das inverse Element zu q. Da nur ein inverses Element existiert, ist der Zyklus eine definite Konstante. $\square$

Sozusagen als Abfallprodukt erhalten wir darüber hinaus die Schlussfolgerung, dass die Potenzfolge eines Elementes ebenfalls die Gruppeneigenschaften besitzt. Das Element a bezeichnen wir als **erzeugendes Element** einer zyklischen Gruppe; eine zyklische Gruppe wie-

---

25   Im weiteren kurz als „Ordnung" bezeichnet.
26   Da nur endliche viele Elemente auftreten, muss es mindestens ein a(r) geben, das sich irgendwann wiederholt.

derum ist eine Gruppe, die aus den Potenzen eines erzeugenden Elementes besteht. Da damit aber nicht gesagt ist, dass eine Folge alle Gruppenmitglieder von G umfasst, kann eine Gruppe ihrerseits wieder aus Gruppen (*Untergruppen*) zusammengesetzt sein. Auch können die Elemente der zyklischen Gruppe $a(r)$, wenn sie ihrerseits als erzeugende Elemente weiterer Gruppen verwendet werden, Untergruppen einer anderen (*kleineren*) Ordnung erzeugen, was der Leser mit Hilfe von Tabelle 2.1-1 für ein einfaches Beispiel nachvollziehen kann. Es liegt nahe zu vermuten, dass die Ordnungen der Untergruppen Teiler der Gruppenordnung sind:

Satz 2.2-3: sei $U = \left\{ e, a, a^2, a^3, \dots a^{k(a)} \right\}$. Für U gilt

$(U$ erfüllt die Gruppeneigeschaften $)$ $\wedge$
$(U \subseteq G)$ $\wedge$
$(\exists s \in \mathbb{N})$ $(|U| * s = |G|)$

Beweis: die Behauptung enthält mehrere Teile, die wir einzeln nachweisen müssen. Die ersten beiden Aussagen folgen unmittelbar aus Satz 2.2-2: aufgrund des konstanten Zyklus ist die Potenzfolge abgeschlossen. Jedes Produkt eines Elementes mit einem anderen Element der Folge liegt wieder in U. U ist also eine Gruppe und mindestens eine Teilmenge von G.

Der zweite Teil des Beweises, die im weiteren wichtige Teilereigenschaft der Gruppengrößen, verlangt von uns etwas umfangreichere Betrachtungen. Sei U eine echte Untermenge von G und $G \setminus U$ die Komplementärmenge zu U. Da U eine Gruppe ist, können definitionsgemäß die Verknüpfungselemente von Elementen aus U und $G \setminus U$ wegen der Eindeutigkeit des Ergebnisses nicht in U liegen:

$$(\forall b \in G \setminus U \, , \, a \in U) \, (a \circ b \notin U \, \wedge \, b \circ a \notin U) \tag{2.2-5}$$

Durchläuft a alle Elemente aus U bei konstantem b, so ist die entstehende, zu U elementfremde Menge aus dem selben Grund gleichmächtig zu U

$$\left(b \in G \setminus U \, , \, a_i \in U \, , \, a_i \neq a_k \right) \, \left(\left[a_i \circ b \, , \, i = 1 \dots |U| \right] = |U| \right) \tag{2.2-6}$$

Wäre das nämlich nicht so, so erhielten wir unter der Voraussetzung $a_i \neq a_k$ den Widerspruch

$$b \circ a_i = b \circ a_k \, \Rightarrow b^{-1} \circ b \circ a_i = a_i = a_k \tag{2.2-7}$$

Jedes Element aus U erzeugt somit ein anderes Element in der neuen Menge, die (*linke oder rechte*) Nebenklasse zu b genannt wird

Wird anstelle des Elementes b aus der Komplementärmenge ein anderes Element c gewählt, so sind die entstehenden Nebenklassen zu b und c entweder identisch oder elementfremd

$$(b \in G \setminus U \, , \, c \in G \setminus U \, , \, c \neq b) \, \left(c \circ U = b \circ U \, \vee \, b \circ U \cap c \circ U = \emptyset \right) \tag{2.2-8}$$

Lässt sich nämlich ein gemeinsames Element der Nebenklassen zu (b,c) finden, so lässt sich mit c und b mindestens ein weiteres Element aus U konstruieren:

$$b \circ a_i = c \circ a_k \;\Rightarrow\; c^{-1} \circ b = a_k \circ a_i^{-1} \;\in U \tag{2.2-9}$$

Damit ist aber auch eine Konstruktion weiterer Elemente einer Nebenklasse mit Hilfe von Elementen der anderen möglich, so dass eine Nebenklasse mindestens Teilmenge der anderen ist:

$$b \circ a = c \circ (c^{-1} \circ b \circ a) = c \circ \bar{a} \;\in (b \circ U) \;\Rightarrow\; (c \circ U) \subseteq (b \circ U) \tag{2.2-10}$$

Da die Reihenfolge von b und c beliebig ist, also die Nebenklasse zu b auch mindestens Teilmenge zur Nebenklasse von c ist, sind die Nebenklassen identisch, wobei der Nachweis eines gemeinsamen Elementes genügt. Ansonsten sind sie, wie behauptet, elementfremd.

Die Gruppe selbst ist die Vereinigungsmenge aller Nebenklassen einer Untergruppe

$$G = U \cup (b_k \circ U) \tag{2.2-11}$$

Da alle Teilmengen gleich mächtig sind und untereinander identisch oder elementfremd, folgt unmittelbar die Teilereigenschaft

$$|G| = s * |U| \tag{2.2-12}$$

❏

Zur Beruhigung des Lesers: mathematische Beweise wie dieser, der mehr als eine Textseite umfasst und mehrere Nebenüberlegungen enthält, die ebenfalls (*nebenbei*) bewiesen werden, treten in diesem Buch nicht sehr oft auf. Auch sind hier eine Reihe algebraischer Begriffe eingeflossen, die in der Algebra einige Bedeutung haben, für uns hier aber nur Hilfsmittel darstellen.

Zur Erleichterung des Verständnisses seien die Aussagen der Sätze in Tabelle 2.2-1an Beispielen aus der Symmetriegruppe des Quadrates demonstriert, die der Leser mittels der Multiplikationstabelle leicht nachvollziehen kann.

Eine Gruppe G induziert $|G|$ Potenzfolgen mit unterschiedlichen Startelementen, deren Ordnungen Teiler von G sind. Lassen sich aus den gefundenen Beziehungen Aussagen darüber gewinnen, welche Teiler von $|G|$ als Ordnungen dieser Untergruppen auftreten und wie viele Untergruppen einer bestimmten Ordnung existieren ? Um zumindest unter bestimmten Randbedingungen eine Antwort auf diese Frage geben zu können, geben wir zunächst einige weitere nützliche Definitionen an:

Definition 2.2-4: ein Element a einer Gruppe G mit der Ordnung $|U| = |G|$ seiner Potenzfolge heißt primitives Element der Gruppe.

C_{4+} +	C_2
$U = \left\{ C_{4+}, C_{4+}{}^2 = C_2, C_{4+}{}^3 = C_{4-}, C_{4+}{}^4 = E \right\}$ $\lvert G \rvert = 2 * \lvert U \rvert$	$U = \left\{ C_2, C_2{}^2 = E \right\}$ $\lvert G \rvert = 4 * \lvert U \rvert$
$\sigma_x \circ U = \left\{ \sigma_x, \sigma_2, \sigma_y, \sigma_1 \right\}$ $\lvert \sigma_x \circ U \rvert = \lvert U \rvert$	$\sigma_x \circ U = \left\{ \sigma_x, \sigma_y \right\},$ $\sigma_1 \circ U = \left\{ \sigma_1, \sigma_2 \right\}$ $C_{4+} \circ U = \left\{ C_{4+}, C_{4-} \right\}$
$\sigma_x \circ U = \sigma_y \circ U = \sigma_1 \circ U = \sigma_2 \circ U$	$(\sigma_x \circ U) \cap (C_{4+} \circ U) = \varnothing$ $(\sigma_x \circ U) \cap (\sigma_1 \circ U) = \varnothing$
$G = U \cup (\sigma_x U)$	$G = (\sigma_x \circ U) \cup (\sigma_1 \circ U) \cup$ $(C_{4+} \circ U) \cup U$

Tabelle 2.2-1: Potenzfolgen und Nebenklassen der Symmetriegruppe des Quadrates

Definition 2.2-5: seien n und m zwei beliebige natürliche Zahlen.

(a) Der größte gemeinsame Teiler $ggT\,(n,m)$ ist das Supremum (*Maximum*) der Teiler[27] von n und m:

$$ggT\,(n,m) = sup\,(x: \ x\vert m \ \wedge \ x\vert n)$$

(b) Das kleinste gemeinsame Vielfache $kgV\,(n,m)$ ist das Infimum (*Minimum*) der durch n und m teilbaren Zahlen

$$kgV\,(n,m) = inf\,(x: \ m\vert x \ \wedge \ n\vert x)$$

Primitive Elemente einer Gruppe sind mit anderen Worten solche, die die Gruppe selbst erzeugen, d.h. deren Potenzfolge alle Gruppenelemente durchläuft. Mit Hilfe des ggT-Begriffs können wir von der Ordnung d einer Potenzfolge eines erzeugenden Elementes a auf die Ordnungen der Potenzfolgen seiner Potenzen a^h schließen. Wir untersuchen

$$U = \left\{ a^1, a^2, \dots a^d = e \right\} \ \Rightarrow \ U^2 = \left\{ (a^2)^1, (a^2)^2, \dots (a^2)^r = e \right\}, \dots \qquad (2.2\text{-}13)$$

Wir können leicht überlegen, wann in beiden Folgen übereinstimmende Potenzen erreicht werden, d.h. $a^{c*d} = a^{2*r*e}$ ist und formulieren dies direkt als

---

27 Die Definition setzt den Begriff der Teilbarkeit voraus: eine ganze Zahl p teilt eine ganze Zahl q, wenn eine weitere ganze Zahl s existiert, so dass p*s=q. Wir kommen zu einem späteren Zeitpunkt darauf zurück und werden die Definition auch noch verallgemeinern.

Satz 2.2-6: induziere a eine Potenzfolge der Ordnung d . Dann ist die Ordnung der durch a^h induzierten Potenzfolge durch den Quotienten von d mit dem größten gemeinsamen Teiler von d und h gegeben:

$$ord\,(a^h) = \frac{d}{ggt\,(h,d)}$$

Beweis: gemäß Satz 2.2-3 ist die Potenzfolge von a^h eine Untergruppe, deren Ordnung d teilt. Nach Definition 2.2-5 gilt

$$k = ggT\,(h,d) \quad \Leftrightarrow h = k * h_g \; \wedge \; d = k * d_g \; \wedge \; ggT\,(h_g, d_g) = 1 \qquad (2.2\text{-}14)$$

Mittels dieser Größen folgt

$$e = a^d = (a^d)^h = (a^h)^d = ((a^d)^h)^{1/k} = ((a^h)^d)^{1/k} = (a^h)^{d_g} \qquad (2.2\text{-}15)^{[28]}$$

Der letzte Term ist aber gerade die Behauptung. $\square$

Die Anwendung von Satz 2.2-6 auf die Symmetriegruppe am Quadrat zeigt erwartungsgemäß:

$$ord\,(C_{4\text{-}}{}^2) = \frac{4}{ggT\,(4,2)} = 2 \;\; \Rightarrow \;\; C_2{}^2 = e \qquad (2.2\text{-}16)$$

$$ord\,(C_{4\text{-}}{}^3) = \frac{4}{ggT\,(4,3)} = 4 \;\; \Rightarrow \;\; C_{4+}{}^4 = e \qquad (2.2\text{-}17)$$

Ist ein primitives Element einer Gruppe G bekannt, so folgt aus Satz 2.2-6 unmittelbar als weitere Schlussfolgerung, dass alle weiteren primitiven Elemente sowie die vollständige Untergruppenstruktur von G gefunden werden können :

Korollar 2.2-7: ist a ein primitives Element, so induzieren die Potenzen von a , die mit der Gruppenordnung von G keinen gemeinsamen Teiler größer als 1 aufweisen, alle primitiven Potenzfolgen:

$$(\forall\, i)\,(ggT\,(i, |G|) = 1) \;\; \Rightarrow (|U\,(a^i)| = |G|)$$

Die Frage, wie viele Untergruppen mit welchen Ordnungen existieren, lässt sich dann leicht beantworten, wenn eine Gruppe primitive Zyklen aufweist. Es müssen nur die gemeinsamen Teiler der Gruppenordnung $|G|$ mit jeder Zahl $m < |G|$ ermittelt und abgezählt werden. Für Gruppen ohne primitive Elemente ist die Frage wesentlich schwieriger zu beantworten. Wir werden diesbezügliche Untersuchungen im nächsten Kapitel systematisch durchführen und geben dem „Abzählschema" deshalb an dieser Stelle bereits einen Namen:

---

28   (a^m)^n = a^(n*m) = (a^n)^m, Kommutativgesetz der Exponentiation

Definition 2.2-8: das Potenzspektrum oder kurz Spektrum einer Gruppe ist die Menge (U_i
*ist die Potenzfolge eines Elementes von G; es seien r verschiedene Potenzfolgen aus den
Elementen von* **G** *konstruierbar*):

$$SP(G) = \left\{ (d,s) \mid (d = |G|/|U_i|) \wedge (s = |U_i|) \quad , \quad i = 1 .. r \right\}$$

Der in der linearen Algebra bewanderte Leser wird bemerken, dass wir mit dem Begriff
„Spektrum" etwas verwenden, das in der linearen Algebra eine wichtige Bedeutung besitzt.
Wie die weiteren Untersuchungen zeigen werden, trifft der Begriff als solcher recht genau das,
was wir beobachten wollen. Der Leser hüte sich jedoch vor einer Verwechslung mit den
Spektralsätzen der linearen Algebra.

Unbeantwortet bleibt an dieser Stelle auch die Frage, wann eine Gruppe primitive Elemente
besitzt. Es sei auch darauf hingewiesen, dass aus den Regeln zur Konstruktion des Spektrums
nicht hervorgeht, welches Element der Gruppe zu welcher Untergruppe gehört; dies ist im
Bedarfsfall individuell zu untersuchen. Ist die Gruppentheorie nun auf die Modulrechnung
anwendbar? Dies werden wir im nächsten Kapitel untersuchen, können aber schon feststellen:
wenn die Verknüpfung von Elementen einer Gruppe mit der Multiplikation in der Modulrechnung identifizierbar ist, so sind nun bereits viele wesentliche Eigenschaften der Potenzrechnung bekannt, ohne dass dies mühsam untersucht werden musste.

Derjenige Teil der Leserschaft, der vielleicht bisher gewisse persönliche Probleme hat, sich
mit der Mathematik in ihrer abstrakten Betrachtungsweise anzufreunden, wird nun vielleicht
den Wert dieser Vorgehensweise erkannt haben. Ohne auch nur eine einzige konkrete Gruppe
zu benötigen (*außer zur Kontrolle und zur Verdeutlichung*), haben wir sehr viele Eigenschaften gefunden, auf die wir bei der Umsetzung unseres Ziels -der Konstruktion von Verschlüs-
selungsalgorithmen- aufbauen können oder die wir beachten müssen.

An dieser Stelle (*hoffentlich nicht zu spät*) seien einige algebraische Begriffe erläutert, die
schon einige Male erwähnt wurden. Ich beschränke mich allerdings mehr oder weniger auf die
Definitionen und verweise den interessierten Leser für vertiefende Studien auf Lehrbücher der
Algebra. Es sei angemerkt, dass tiefere Kenntnisse zwar an manchen Stellen einen Aha-Effekt
auslösen können, für das Verstehen im Rahmen der in diesem Buch gewählten Vorgehensweise aber nicht unbedingt notwendig sind.

Streichen wir in Definition 2.2-1 die Bedingung (d), lassen also die Forderung nach einem
Inversen zu jedem Element fallen, so erhalten wir das Eigenschaftssystem einer *Halbgruppe*.
Grundlage unserer Untersuchungen sind Strukturen mit zwei Verknüpfungen (+,*), auch
wenn wir im Grunde mit einer Verknüpfung in den meisten Fällen auskommen (*daher die
Beschränkung auf den Gruppenbegriff*). Betrachtet man beide Verknüpfungen, so spricht man
von *Ringen*, wenn bezüglich der Addition eine Gruppe und bezüglich der Multipliktion eine
Halbgruppe vorliegt. Das neutrale Element bezüglich der Addition erhält gemäß Konvention
die Bezeichnung Null (*Symbol* 0), das neutrale Element bezüglich der Multiplikation die Bezeichnung Eins (*Symbol* 1). Liegen bezüglich beider Verknüpfungen Gruppeigenschaften vor,

so handelt es sich um einen *Körper*, wobei bei der Multiplikation einschränkend die Menge $M \setminus \{0\}$ betrachtet werden muss (*die Division durch Null ist ja bekanntlich nicht definiert, folglich kann es für die Null kein inverses Element geben, so dass* $0 * 0^{-1} = 1$ *gilt*). Der Leser notiere zur Übung die Eigenschaften von Ringen und Körpern und klassifiziere die verschiedenen Mengen, die wir im Kapitel 2.1 untersucht haben, nach diesen Begriffen. Der Begriff des Rings erweist sich in dieser Form allerdings noch zu weit gefasst und erfährt eine Reihe von Spezialisierungen. Beispielsweise wird ein nullteilerfreier Ring auch *Integritätsbereich* genannt. Weitere Spezialisierungen werden wir nach Bedarf einführen. Zur Übung klassifiziere der Leser die Mengen $\mathbb{Z}$ und $\mathbb{Q}$. Welche Eigenschaften hat ein nullteilerfreier Ring auf einer endlichen Menge?[29]

2.3 Primzahlen und prime Restklassen

Durch Überprüfen der Gruppeneigenschaften (*Definition 2.2-1*) stellen sich Modulmengen mit der Addition als Verknüpfung schnell als Gruppe heraus. Bei der Untersuchung der Multiplikation bzw. der Potenzrechnung finden wir die Gruppeneigenschaften

- einer endlichen Menge ,
- einer geschlossenen Menge bezüglich der Multiplikation,
- der Existenz eines neutralen Elementes der Multiplikation, der [1] ,
- des Assoziativgesetzes.

Nicht von allen Beispielen wird jedoch die Eigenschaft

➔ der Existenz eines inversen Elementes

erfüllt. Allerdings fanden wir bereits konstruktive Hinweise, wie die Mengen modifiziert werden müssen, um dies zu erreichen: das Modul muss eine Primzahl sein oder die Modulmenge darf nur zum Modul teilerfremde Elemente enthalten. Diese Konstruktion gilt es nun zu verallgemeinern und zu systematisieren. Gleichzeitig können Möglichkeiten zur Konstruktion eines einfachen Umkehralgorithmus gesucht werden.

Die gesuchten Verallgemeinerungen und Konstruktionsprinzipien der Mengen sind mit der Teilbarkeit von Zahlen verknüpft. Den Ausgangspunkt der Teilbarkeitslehre bilden die Primzahlen, eine spezielle Untermenge der natürlichen Zahlen:

Definition 2.3-1: eine Primzahl ist eine natürliche Zahl, die außer durch sich selbst und die Zahl 1 durch keine andere natürliche Zahl ohne Rest teilbar ist[30]. **P** ist die Menge aller Primzahlen

---

29 Die Antwort sollte aufgrund der praktischen Untersuchungen gegeben werden. Eine Verallgemeinerung der Aussage ist zwar mathematisch unzulässig (*warum?*), trifft aber hier zu.

30 Bezüglich der Teilbarkeit mit oder ohne Rest vergleiche die Fußnote auf Seite 21

$$P = \{p \mid \forall q, 1 < q < p: \ q \nmid p\} \ \subset \mathbf{N}$$

Alle Nicht-Primzahlen aus der Menge der natürlichen Zahlen lassen sich durch ein Produkt von Primzahlen darstellen, das kanonische Primzahlzerlegung genannt wird. Die Berechnung der Zerlegung ist keine triviale Aufgabe, wie wir im weiteren Verlauf der Untersuchungen noch feststellen werden, jedoch ist sie zumindest eindeutig lösbar:

Satz 2.3-2: die Zerlegung einer natürlichen Zahl in Primfaktoren ist eindeutig bis auf die Reihenfolge der Faktoren.

Beweis: den Beweis führen wir induktiv und indirekt. Der Induktionsanfang für kleine natürliche Zahlen, z.B. alle Zahlen < 100, ist durch Zerlegung in Faktoren direkt überprüfbar.

Für den Induktionsschluss sei n die größte Zahl, für die die Behauptung nachgewiesen ist. Die Annahme, dass die Behauptung für die nächste Zahl nicht (!) mehr zutrifft, führt auf einen Widerspruch: trifft die Annahme nicht zu, dann besitzt die Zahl $(n+1)$ [31] mindestens zwei verschiedene Primzahlzerlegungen

$$(n+1) = p*S = q*R \ , \quad p > q \ , \quad p,q \in P \tag{2.3-1}$$

Die Zahlen S und R besitzen, da sie kleiner als n sind, eindeutige Zerlegungen. Sollen die Zerlegungen von $(n+1)$ verschieden sein, dann kann z.B. q nicht Faktor von $(p*S)$ sein, da sonst nur die Reihenfolge eine andere ist. Ist o.B.d.A. $R > S$, dann ist $n \geq k = (n+1) - q*S > 0$. Die Zahl k kann dann auf mehrere Arten berechnet werden, ist aber auf jeden Fall eine eindeutig bestimmte und zerlegbare Zahl (*weil nicht größer als n*):

$$k = (n+1) - q*S \quad \Rightarrow$$
$$k = p*S - q*S = (p-q)*S \quad \wedge \quad k = q*R - q*S = q*(R-S) \tag{2.3-2}$$

Aus den rechten Seiten beider Gleichungen folgt

$$((p-q)*S = q*(R-S)) \quad \Rightarrow \quad (q|(p-q) \ \vee \ q|S) \tag{2.3-3}$$

Beides ist laut Voraussetzung nicht möglich, woraus die ursprüngliche Behauptung folgt. ❑

Der Leser sei darauf hingewiesen, dass der Beweis mit der gewissermaßen im Nebensatz angeführten Möglichkeit, die Eindeutigkeit der Zerlegung einer kleinen Menge von „Starterzahlen" direkt nachzuweisen, steht oder fällt. Die Eigenschaft scheint zwar trivial zu sein, muss jedoch nicht in allen Zahlenmengen erfüllt sein. Die folgende Zahlenmenge mit ähnlichen Eigenschaften (*auch sie besteht aus diskreten Elementen*) wie die der natürlichen Zahlen erfüllt dies zum Beispiel nicht.

Die Gauß'schen Zahlen sind eine Teilmenge der Komplexen Zahlen und besitzen ganzzahlige reelle oder imaginäre Argumente.

$$G = \{(a,b) \mid a,b \in \mathbf{Z}\} \ [32] \tag{2.3-4}$$

---

31   Sofern (n+1) eine Primzahl ist, wird die folgende Argumentation o.B.d.A. mit (n+2) durchgeführt.
32   Anstelle (a,b) kann der Leser auch a+ib setzen, wenn ihm diese Schreibweise angenehmer ist.

Gauß'sche Primzahlen lassen sich ähnlich wie in Definition 2.3-1 definieren, jedoch lässt die sich Menge nicht mit einer Ordnung versehen wie die Menge der natürlichen Zahlen (*mit der Ordnungsrelation* <). Wir können aber eine Teilordnung der Zahlen mit Hilfe des Begriffs der Norm oder der Gradfunktion erreichen. Eine Norm ist eine Abbildung $\|.\|: A \rightarrow \mathbb{R}$ aller Elemente einer Menge A auf die positiven reellen Zahlen mit den Eigenschaften:

$$\|a\| \geq 0$$
$$\|a\| = 0 \quad \Leftrightarrow \quad a = \mathbf{0}$$
$$\|a + b\| \leq \|a\| + \|b\|$$

(2.3-5)

Für Gauß'sche Zahlen erfüllt die Wurzel aus dem Produkt einer Zahl mit ihrer konjugiert komplexen diese Eigenschaft, wie leicht nachzuprüfen ist (*euklidische Norm genannt*):

$$\|\alpha\| = \sqrt{\alpha * \overline{\alpha}}$$

(2.3-6)

Allerdings wird hierdurch nur eine Teilordnung erreicht: für zwei beliebige natürliche Zahlen a,b , $a \neq b$ gilt immer $a < b \ \vee \ b < a$, die beiden Gauß'schen Zahlen (5,0) und (3,4) besitzen aber beispielsweise die gleiche Norm $\|(5,0)\| = \|(3,4)\| = 5$. Die kleinsten Normen haben die Zahlen $0 , \pm 1 , \pm i$. Gauß'sche Primzahlen können wir dann folgendermaßen definieren[33]

$$P_G = \left\{ \alpha \ | \ \beta \neq \alpha , 1 < \|\beta\| \leq \|\alpha\| \ , \ \beta \nmid \alpha \right\}$$

(2.3-7)

Wie leicht nachzuvollziehen ist, ist die Feststellung der Primeigenschaft für Gauß'sche Zahlen nicht komplizierter als für natürliche Zahlen, aber technisch aufwendiger in der Durchführung. Prüfen wir als Beispiel die Zahl (65,0), so finden wir, wie schon beim Nachweis der Teilordnung, zwei verschiedene Faktorisierungen durch Gauß'sche Zahlen:

$$(65,0) = (8,1) * (8,-1) = (7,4)*(7,-4)$$

Für die Gauß'sche Zahlen (8,1) und (7,4) sowie deren Konjugierte lassen sich aber keine gemeinsamen Faktoren in den Gauß'sche Zahlen finden, die zu einer Eindeutigkeit der Zerlegung von (65,0) führen. Für Gauß'sche Zahlen gilt Satz 2.3-2 somit nicht.

Sofern der Leser sich die Mühe macht, Gauß'sche Zahlen auf seinem Rechner zu implementieren, lassen sich einfache Beziehungen zwischen Gauß'sche und ganzen Zahlen experimentell untersuchen. Er versuche, folgenden experimentellen Befund theoretisch zu begründen:

Proposition 2.3-3: (a) Jede Gauß'sche Primzahl teilt eine Primzahl.

(b) Die Norm einer Gauß'sche Primzahl ist entweder eine Primzahl oder das Quadrat einer Primzahl.

(c) Ist eine Primzahl als Summe von zwei Quadraten ganzer Zahlen darstellbar, dann ist sie die Norm einer Gauß'sche Primzahl. Ist sie nicht als Summe von zwei Quadraten darstellbar, dann ist sie eine Gauß'sche Primzahl.

---

[33]   Der Leser begründe $\leq$ statt $<$ bei der oberen Schranke !

Mit Hilfe dieser Eigenschaften können Algorithmen zur Ermittlung Gauß'scher Primzahlen verbessert werden. Wir gehen darauf an dieser Stelle aber nicht weiter ein.

Wir können die kanonische Primzahldarstellung einer Zahl als Produkt der sie ohne Rest teilenden Primzahlen formulieren durch[34]

$$n = \prod_{i=1}^{\infty} p_i^{\alpha_i} \qquad (2.3\text{-}8)$$

Die kanonische Primzahldarstellung einer natürlichen Zahl ist zwar eindeutig und könnte daher als Alternative zur polynomialen Darstellung (1-1) gewählt werden[35], jedoch ist diese Darstellung für praktische Zwecke nur bedingt geeignet. Die Multiplikation zweier natürlicher Zahlen ist mit Hilfe der Primzahlzerlegung einfacher durchzuführen als im dekadischen System, die Addition als eigentliche Basisoperation jedoch nicht:

Dezimaloperation	*Primzahlzerlegung*
165	3 * 5 * 11
91	7 * 13
165 + 91 = 256	(3 * 5 * 11) + (7 * 13) = 2^8
165 * 91 = 15.015	3 * 5 * 7 * 11 * 13

Tabelle 2.3-1: Addition und Multiplikation im dekadischen System und in der kanonischen Primzahlzerlegung

Die kanonische Primzahlzerlegung haben wir aus formalen Gründen als unendliches Produkt formuliert. Dies ist aber nur dann sinnvoll, wenn auch die Anzahl der Primzahlen unbegrenzt ist. Auch ein Verschlüsselungsalgorithmus, der auf Primzahlen basiert, kann nur dann sicher sein, wenn die Menge der Primzahlen nicht endlich oder überschaubar ist. Die Unbeschränktheit der Primzahlanzahl geht aus dem bisher Gesagten nicht hervor, ist jedoch aufgrund der Eindeutigkeit der Primzahlzerlegung jeder natürlichen Zahl leicht beweisbar. Nehmen wir dazu an, die Zahl p_k sei die größte existierende Primzahl. Dann ist der Nachfolger des Produkts aller Primzahlen $m = (p_1 * p_2 * ... * p_k) + 1$ sicherlich auch eine natürliche Zahl, die aber gemäß ihrem Bildungsgesetz durch keine der Primzahlen $p_1, p_2, \cdots p_k$ teilbar ist. Sie muss also entweder selbst eine Primzahl sein, oder es existieren weitere Primzahlen oberhalb von p_k, die Teiler von m sind. Beides steht im Widerspruch zu der Annahme über p_k als maximale Primzahl. d.h. wir erhalten

Satz 2.3-4: die Anzahl der Primzahlen innerhalb der Menge der natürlichen Zahlen ist nicht beschränkt.

---

34 Die Menge der Exponenten { α_i } enthält für jede natürliche Zahl nur endlich viele Elemente > 0. Das unendliche Produkt wird aus formalen Gründen definiert.

35 Mit der „polynomialen Darstellung" ist die gebräuchliche Dezimal- oder für Informatiker auch Dual-, Oktal- oder Hexadezimalschreibweise gemeint.

Wir werden uns später noch damit beschäftigen, welche Dichte diese Menge P aufweist.

Nachdem wir einige Aussagen über die Existenz von Primzahlen gewonnen haben, wenden wir uns nun einigen Teilbarkeitsproblemen zu. Neben der konstruktiven Vermutung über geeignete Modulmengen waren bei der Konstruktion zyklischer Untergruppen mit dem „größten gemeinsamen Teiler" und dem „kleinsten gemeinsamen Vielfachen" weitere Teilbarkeitsbegriffe aufgetreten (*Definition 2.2-5*). Die eindeutige Darstellung einer Zahl durch das kanonische Primzahlprodukt erlaubt eine einfache Darstellung und Verknüpfung der beiden Begriffe. Aus der Rechenregel $a^b * a^c = a^{b+c}$ für Zahlen mit Exponenten und der kanonischen Primzahldarstellung erhalten wir für das kgV bzw. den ggT zweier Zahlen:

$$ggT\,(m,n) = \prod_{i=1}^{\infty} p_i^{\,min\,(\alpha_i)} \quad ; \quad kgV\,(m,n) = \prod_{i=1}^{\infty} p_i^{\,max\,(\alpha_i)}$$

$$\Rightarrow \quad kgV\,(n,m) = \frac{n*m}{ggT\,(n,m)} \tag{2.3-9}$$

Die ersten beiden Beziehungen lassen sich leicht auf mehrere Faktoren erweitern, da der ggT und das kgV rekursive Eigenschaften aufweisen[36]

$$ggT\,(a_1, a_2, \dots a_n) = ggT\,(ggT\,(a_1, a_2, \dots a_{n-1}), a_n) \tag{2.3-10}$$

$$kgV\,(a_1, a_2, \dots a_n) = kgV\,(kgV\,(a_1, a_2, \dots a_{n-1}), a_n) \tag{2.3-11}$$

Allerdings muss in der rekursiven Formulierung die Relation (2.3-9) zwischen ggT und kgV verfeinert werden. Mit $A = a_1 * a_2 \dots * a_n$ erhalten wir

$$kgV\,(a_1, \dots a_n) = \frac{A}{ggT\,(A/a_1, \dots A/a_n)} \tag{2.3-12}$$

Für den Nachweis von (2.3-12) betrachten wir die Exponenten einer beliebigen Primzahl. Den größten Einzelexponenten im Produkt A finden wir als Differenz der Summen

$$sup\,(\alpha_1 \dots \alpha_m) = \sum_{i=1}^{m} \alpha_i - inf\,(\sum_{i=2}^{m} \alpha_i \quad , \dots \quad , \quad \sum_{i=1}^{m-1} \alpha_i) \tag{2.3-13}$$

In jeder der Summen in der Minimumfunktion fehlt einer der Summanden der Gesamtsumme. Die kleinste dieser Summen ist sicher die, in der der größte Summand fehlt. Diese von der Gesamtsumme abgezogen, lässt gerade den größten Summanden übrig.

Die Funktionen $sup\,()$, $inf\,()$ bzw. ihre programmtechnischen Versionen $max\,()$, $min\,()$ sind nun nicht gerade sehr berechnungsfreundlich: formal sind die Mengen, auf die die Funktionen anzuwenden sind, vollständig zu bestimmen und dann das jeweils größte oder kleinste Element zu suchen. Glücklicherweise lässt sich der größte gemeinsame Teiler zweier Zahlen durch einen einfachen Algorithmus berechnen (*euklidischer Algorithmus*). Wir erhalten zwar nicht die Primzahlzerlegung des ggT, aber der Algorithmus liefert gleichzeitig die Bedingung für den noch fehlenden Nachweis der Gruppeneigenschaft für Modulmengen bestimmter

---

36   Dies folgt direkt aus der „Min"- bzw. „Max"-Funktion, wie der Leser unmittelbar selbst nachvollziehen kann.

Konstruktion sowie eine Möglichkeit zur schnellen Berechnung von Divisionen. Zunächst berechnen wir den größten gemeinsamen Teiler zweier Zahlen:

Algorithmus 2.3-5: Zu ermitteln sei $ggT(a,b)$. Sei o.B.d.A. $b > a$. Der erste Divisionsschritt führt zu

$$b = q_0 * a + r_1 \tag{2.3-14}$$

Ist $r_1 = 0$, so ist $ggT(a,b) = a$, und wir sind fertig. Andernfalls besitzen a und r_1 einen gemeinsamen Teiler, der auch b teilt. Wir wiederholen daher die Division rekursiv

$$a = q_1 * r_1 + r_2$$
$$...$$
$$r_{n-1} = q_n * r_n + r_{n+1} \tag{2.3-15}$$

Ist $r_{n+1} = 0$, so ist $ggT(r_{n-1}, r_n) = r_n$. Da in jedem Schritt $r_{k-1} > r_k$ gilt, wird dieser Zustand zwangsweise irgendwann erreicht. Aufgrund der Eingangsargumentation gilt aber auch $ggT(r_{n-2}, r_n) = r_n$ usw., sodass folgt

$$r_{n+1} = 0 \implies r_n = ggT(a,b) \tag{2.3-16}$$

Beispiel:

```
ggT(4.081,2.585) = 11 ,

4.081 =  1 * 2.585 + 1.496
2.585 =  1 * 1.496 + 1.089
1.496 =  1 * 1.089 +   407
1.089 =  2 *   407 +   275
  407 =  1 *   275 +   132
  275 =  2 *   132 +    11
  132 = 12 *    11
```

Weitere Erkenntnisse erhalten wir, wenn wir (2.3-14) bis (2.3-16) nach den jeweiligen Resten auflösen und rekursiv noch einmal bearbeiten. Als Induktion formuliert, beginnen wir unter Einführung zweier Parameter (u_k, v_k) , (2.3-14) in der Form

$$r_1 = b - q_0 * a = u_1 * a + v_1 * b \tag{2.3-17}$$

Durch Einsetzen dieser Beziehung in (2.3-15) und Wiederherstellen der Notation erhalten wir

$$r_2 = a - q_1 * r_1 = a - q_1 * (b - q_0 * a)$$
$$= (q_1 * q_0 + 1) * a - q_1 * b = u_2 * a + v_2 * b$$

...

$$r_{k+1} = -q_k * r_k + r_{k-1} \qquad (2.3\text{-}18)$$
$$= -q_k * (u_{k-1} * a + v_{k-1} * b) + (u_{k-2} * a + v_{k-2} * b)$$
$$= (u_{k-2} - q_k * u_{k-1}) * a + (v_{k-2} - q_k * v_{k-1}) * b$$
$$= u_k * a + v_k * b$$

Wir erhalten so den

Satz 2.3-6: zu zwei Zahlen a und b existieren stets zwei ganze Zahlen u und v, so dass

$$ggT(a,b) = u * a + v * b$$

Algorithmus 2.3-5 lässt sich so erweitern, dass (u,v) mitberechnet werden. Die Erweiterung lässt sich als Vektoriteration recht elegant formulieren. Wie der Leser leicht nachrechnen kann, ist mit den Startvektoren

$$\vec{W}_0 = \begin{pmatrix} b \\ 1 \\ 0 \end{pmatrix} \quad , \quad \vec{W}_1 = \begin{pmatrix} a \\ 0 \\ 1 \end{pmatrix} \quad , \quad b > a \qquad (2.3\text{-}19)$$

und der Iteration ($W_{a,b}$ bezeichnet die Komponente $b \in \{1,2,3\}$ des in der $a-ten$ Iteration berechneten Vektors $\vec{W}$)

$$q_k = \left[W_{k-1,1} / W_{k,1} \right] \quad ; \quad \vec{W}_{k+1} = \vec{W}_{k-1} - q_k * \vec{W}_k \qquad (2.3\text{-}20)$$

mit dem letzten Schritt, der noch ein $q_k \neq 0$ besitzt, das gesuchte Ergebnis

$$ggT(a,b) = W_{n,1} = b * W_{n,2} + a * W_{n,3} \qquad (2.3\text{-}21)$$

erreicht.

Beispiel:

$$\vec{W}_0 = \begin{pmatrix} 4.081 \\ 1 \\ 0 \end{pmatrix} \quad , \quad \vec{W}_1 = \begin{pmatrix} 2.585 \\ 0 \\ 1 \end{pmatrix} \quad \Rightarrow \quad q_1 = 1 \quad , \quad \vec{W}_2 = \begin{pmatrix} 1.496 \\ 1 \\ -1 \end{pmatrix}$$

$$\Rightarrow \quad q_2 = 1 \quad , \quad \vec{W}_3 = \begin{pmatrix} 1.089 \\ -1 \\ 2 \end{pmatrix} \quad \Rightarrow \quad q_3 = 1 \quad , \quad \vec{W}_4 = \begin{pmatrix} 407 \\ 2 \\ -3 \end{pmatrix}$$

$$\Rightarrow \quad q_4 = 2 \quad , \quad \vec{W}_5 = \begin{pmatrix} 275 \\ -5 \\ 8 \end{pmatrix} \quad \Rightarrow \quad q_5 = 1 \quad , \quad \vec{W}_6 = \begin{pmatrix} 132 \\ 7 \\ -11 \end{pmatrix}$$

$$\Rightarrow \; q_6 = 1 \;\; , \;\; \vec{W}_7 = \begin{pmatrix} 11 \\ 19 \\ -30 \end{pmatrix} \Rightarrow \; 11 = 4.081 * 19 - 2.585 * 30$$

Damit haben wir auch die Antwort auf die offenen Fragen, welche Modulmengen Gruppen bezüglich der Multiplikation (*und der Potenzrechnung*) sind und wie Divisionen durchgeführt werden können, gefunden. Zur Erinnerung: für die Gruppeneigenschaft steht der Nachweis einer eindeutigen Lösung von

$$a * x \equiv 1 \; mod \; m \tag{2.3-22}$$

aus. Die Anwendung von Satz 2.3-6 mit $b = m$ macht daraus

$$(u * a + v * m) \, mod \, m \equiv u * a \, mod \, m \; (\; \equiv 1 \, mod \, m) \tag{2.3-23}$$

Mittels des erweiterten euklidischen Algorithmus sind Divisionen nun technisch mit relativ geringem Aufwand durchführbar, theoretisch erhalten wir folgende Aussage über die Gruppeneigenschaft:

Satz 2.3-7: für alle zum Modul teilerfremden Restklassen existiert ein inverses Element. Ist der Modul selbst eine Primzahl, so ist die Modulmenge eine Gruppe. Wird die Modulmenge beschränkt auf

$$M' = \{ a \; | \; ggT \, (a,m) = 1 \} \; \subset M$$

so liegen alle Produkte der Elemente von M' in M' , alle Elemente besitzen Inverse in M' und M' ist eine multiplikative Gruppe.

Damit ist das Konstruktionsproblem einer Modulmenge mit Gruppeneigenschaften bezüglich der Multiplikation (*und dem Potenzieren*) allgemeingültig abgeschlossen. Das Ergebnis liefert die theoretische Begründung für die bereits experimentell gefundenen Ergebnisse, die in Tabelle 2.1-1 bis Tabelle 2.1-3 dargestellt sind. 19 ist eine Primzahl und besitzt damit eine Modulmenge, die ohne Herausnahme von Elementen eine Gruppe ist. 18 ist keine Primzahl, jedoch lässt sich durch Herausnahme aller Zahlen aus der Modulmenge, die mit 18 einen gemeinsamen Teiler besitzen, eine multiplikative Gruppe konstruieren (*Übungsaufgabe: welche der Mengen bildet einen Körper?*).

Wir wollen an dieser Stelle jedoch nicht abbrechen, sondern gleich eine Antwort auf die Folgefrage, wie groß die Gesamtanzahl der zu einer beliebigen Zahl n teilerfremden Restklassen ist, finden. Die einfachste Lösung, die Teilerfreiheit für alle Zahlen durch den euklidischen Algorithmus zu überprüfen, fällt bei großen Zahlen aufgrund des Aufwandes aus. Die Lösung sei die zunächst noch unbekannte Funktion

$$m = \varphi \, (n) \tag{2.3-24}$$

die bei Eingabe eines beliebigen ganzzahligen Arguments eine eindeutige Antwort erzeugt. Diese Funktion wird nach ihrem „Erfinder" Euler'sche Funktion genannt. Wir müssen nun untersuchen, ob sich für $\varphi(n)$ ein Ausdruck oder Algorithmus finden lässt, der eine bequeme Berechnung für jedes beliebige n erlaubt.

Die Euler'sche Funktion ist eine zahlentheoretische Funktion. Solche Funktionen werden uns noch an einigen Stellen begegnen und besitzen oft interessante Eigenschaften. Wir definieren hier deshalb:

Definition 2.3-8: eine zahlentheoretische Funktion ist eine Abbildung

$$\Phi : \mathbb{N} \rightarrow \mathbb{C}$$

Die Euler'sche Funktion $\varphi(n)$ ist definiert durch

$$\varphi(n) = \left| \left\{ x \mid 1 \leq x < n \;\wedge\; ggT(x,n) = 1 \right\} \right|$$

Vor der Konstruktion der Funktion $\varphi(n)$ sei die Bedeutung der Kenntnis einer einfachen Lösung erläutert: da die Anzahl der teilerfremden Zahlen die Ordnung der Gruppe darstellt, gilt nach Satz 2.2-3

Satz 2.3-9: (*Euler-Fermat'scher Satz*)

$$(\forall\, a \,,\, ggT(a,n) = 1)(a^{\varphi(n)} \equiv 1\; mod\; n)\;^{37}$$

Dies ist zusammen mit den ermittelten Algorithmen der Dreh- und Angelpunkt der Umkehrung des Potenzierens mit einem festen Exponenten. Wir werden dies in den nächsten Kapiteln sehr ausführlich untersuchen; der Leser kann ja im Vorgriff selbst schon einmal versuchen, von $a^d \equiv b\; mod\; n$ auf $\sqrt[d]{b} \equiv a\; mod\; n$ unter Verwendung des erweiterten euklidischen Algorithmus zu schließen.

An dieser Stelle sei an die Warnung erinnert, in der Kongruenz $a^{b*c} \equiv d\; mod\; m$ im Fall $b*c > m$ eine Kongruenz $b*c \equiv e\; mod\; m$ im Exponenten zu bilden. Vielmehr müssen wir als Anwendung von Satz 2.3-9 formulieren

$$(a^b)^c \equiv a^{b*c\; mod\; \varphi(m)}\; mod\; m \tag{2.3-25}$$

Der Leser sollte dies als wichtige Erkenntnis und Rechenregel sorgfältig geistig notieren. Beim Rechnen mit Potenzen wird häufig der Logarithmus gebildet, um die Rechnungen zu vereinfachen. In der Modulrechnung ändert sich dabei auch das Modul!

Wenden wir uns nun der Berechnung von $\varphi(n)$ zu. Sofern die Primzahlzerlegung von n bekannt ist, ist die Berechnung von $\varphi(n)$ eine triviale Aufgabe, die durch Abzählen erledigt

---

[37] $\varphi(n)$ ist jedoch nicht unbedingt der kleinste Wert, für den diese Äquivalenz gilt! Der Beweis, der sich hier zwanglos als Nebenprodukt der Gruppentheorie ergibt, fällt in der Zahlentheorie wesentlich umständlicher aus, womit noch einmal die hier gewählte Vorgehensweise begründet sei.

wird. Die Primzahlzerlegung erlaubt die sukzessive Konstruktion komplizierter Zahlen aus einfachen Zahlen, z.B. über die Kette

$$Primzahl \Rightarrow Primzahlpotenz \Rightarrow Primzahlprodukt \Rightarrow beliebiges\ Produkt \qquad (2.3\text{-}26)$$

Ausgehend vom Anfang dieser Kette, können wir ein Abzählschema schrittweise erweitern und erhalten so ein allgemeines Gesetz zur Berechnung von $\varphi(n)$. Bevor das Ergebnis der Untersuchung im folgenden Satz vorgestellt und erläutert wird, sei der Leser ermuntert, es zunächst einmal selbst zu versuchen und erst dann weiter zu lesen. Die Frage lautet: wie berechnet man $\varphi(a)$ für $a = p$, $a = p*q$, $a*p^k$ $(p,q \in P)$?

Nicht mogeln! Haben Sie wirklich darüber nachgedacht oder lesen Sie einfach weiter?

Satz 2.3-10: Für die Funktion $\varphi(n)$ gilt:

(a) $(\forall n \in P) \Rightarrow (\varphi(n) = n - 1)$

(b) $(p \in P$, $ggT(p,q) = 1$, $n = p*q) \Rightarrow \varphi(n) = \varphi(p)*\varphi(q)$

(c) $(p \in P$, $n = p_a) \Rightarrow \varphi(n) = p^{a-1}*\varphi(p)$

Beweis:

(a) Ist n selbst eine Primzahl, so existieren $(n-1)$ zu n teilerfremde Zahlen (*einschließlich der Eins*), die kleiner als n sind, womit der Beweis dieses Teils abgeschlossen ist.

(b) Sei $A = \left\{ a_1, a_2, \ldots \right\}$ die Menge der zu q teilerfremden Zahlen (*da q nicht notwendig eine Primzahl ist, fällt die Formulierung etwas komplizierter aus*). Jede ist kleinster positiver Repräsentant einer Restklasse von q . Im Bereich kleinerer (positiver) Zahlen als n weist jede dieser Restklassen p Vertreter auf, nämlich

$$a_i(s) = a_i + s*q \quad , \quad s = 0, 1, \ldots p - 1 \qquad (2.3\text{-}27)$$

Diese Zahlen kommen als einzige Kandidaten für teilerfremde Zahlen mit n in Frage. Ist nämlich $b \notin A$ und $b(s) = b + s*q$, so gilt wegen $ggT(b,q) \neq 1$

$$ggT(b(s),n) = ggT(b + s*q, p*q) \neq 1 \qquad (2.3\text{-}28)$$

Wegen $ggT(p,q) = 1$ sind die Zahlen

$$a_i(s) \equiv (a_i + s*q)\, mod\, p \qquad (2.3\text{-}29)$$

eindeutige, paarweise verschiedene Zahlen. Von p aufeinander folgenden Zahlen ist aber eine durch p teilbar, so dass in dieser Reihe eine Zahl als zu n teilerfremd entfällt. Da insgesamt $\varphi(q)$ solche Zahlenreihen existieren, ist die Gesamtzahl der zu n teilerfremden Zahlen nach Abzählen

$$\varphi(n) = p*\varphi(q) - \varphi(q) = (p-1)\,\varphi(q) = \varphi(p)*\varphi(q)$$

Dies ist aber gerade die Behauptung.

(c) Die Anzahl der teilerfremden Zahlen folgt auch hier durch einfaches Abzählen: jede p-te Zahl ist durch p teilbar und damit nicht teilerfremd zu n , alle anderen Zahlen besitzen aufgrund der Konstruktion keine gemeinsamen Teiler mit n . Da p^{a-1} solche Intervalle aufeinander folgen, folgt auch hieraus die Behauptung.   ❑

Damit können wir den Wert der Euler'schen Funktion bei bekannter Primfaktorzerlegung leicht nach einer der folgenden Formeln berechnen:

$$\varphi(n) = \prod_{i=1}^{\infty} \varphi(p_i^{\alpha_i}) \tag{2.3-30}$$

$$\varphi(n) = n \prod_{p|n} (1 - \frac{1}{p}) \tag{2.3-31}$$

(2.3-31) lässt sich für $n = p^{\alpha} * q^{\beta}$ aus (2.3-30) durch folgende Rechnung herleiten:

$$\varphi(p^{\alpha}) * \varphi(q^{\beta}) = (p^{\alpha} - p^{\alpha-1}) * (q^{\beta} - q^{\beta-1}) = p^{\alpha} * q^{\beta} * (1 - \frac{1}{p}) * (1 - \frac{1}{q})$$

N	Primzahlzerlegung	$\varphi(n)$
50	2*5*5	20
51	3*17	32
52	2*2*13	24
53	P	52
54	2*3*3*3	18
55	5*11	40
56	2*2*2*7	24
57	3*19	36
58	2*29	28
59	P	58
60	2*2*3*5	16

Tabelle 2.3-2: Werte der Euler'sche Funktion
für einige Zahlen

Welche für uns interessanten Eigenschaften hat nun $\varphi(n)$? Bei Betrachtung von Zahlenbeispielen stellen wir fest: die Werte der Euler'schen Funktion sind nicht direkt aus ihrem (zusammengesetzten) Argument abschätzbar, wie aus Tabelle 2.3-2 abzulesen ist. Auch bei Kenntnis eines Wertepaares oder einer Reihe von Wertepaare ist es nicht möglich, das nächste

Glied der Reihe vorauszusagen. Die Zahl muss in ihre Primfaktoren zerlegt werden, um das Ergebnis berechnen zu können.

An dieser Stelle sollte der Leser zu Übungszwecken ein Programm zur Berechnung des Wertes der Euler'schen Funktion einer beliebigen Zahl schreiben. Die Primfaktorzerlegung kann durch eine Probedivision durch alle Primzahlen einer Tabelle vorgenommen werden, die vorab berechnet wird (z.B. *ebenfalls durch eine Probedivision oder, schneller, durch ein Siebverfahren*[38]).

Damit haben wir folgende Bausteine für die Konstruktion von Verschlüsselungsalgorithmen auf primen Restklassenmengen zu einem beliebigen Modul gesammelt:

➜ Die Multiplikation ist leicht umkehrbar und könnte für einfache Verschlüsselungen eingesetzt werden, wenn der Schlüssel geheim bleibt.

➜ Das Potenzieren zu einer festen Basis liefert einen verschlüsselten Wert, der durch Lösen des diskreten Logarithmus (*als eine der Umkehrungen des Potenzierens*) wieder entschlüsselt werden könnte. Ein schneller Algorithmus steht uns nicht zur Verfügung (*wir werden auch bei unseren weiteren Untersuchungen keinen finden*), so dass die Methode für Einwegverschlüsselungen in Frage kommt.

➜ Das Potenzieren mit einem festen Exponenten liefert einen verschlüsselten Wert, der mit Hilfe von $\varphi(n)$ wieder entschlüsselt werden kann (*wie, werden wir noch untersuchen*).

  $\varphi(n)$ lässt sich nur berechnen, wenn die kanonische Primzahlzerlegung von n bekannt ist. Die Ermittlung der Primzahlzerlegung einer gegebenen Zahl ist aus zwei Gründen keine leichte Aufgabe, wie sich bereits durch Kontrolle von Tabelle 2.3-2 nachvollziehen lässt:

  ● Für die Primzahlen ist kein analytisches Generierungsverfahren bekannt, d.h. es existiert keine durch einfache Berechnungsformeln definierte Funktion $\psi(n)$, deren Rückgabewert die n-te Primzahl ist. Primzahlen können zwar durch einen Siebalgorithmus leicht tabelliert werden, wie wir in einem späteren Kapitel demonstrieren werden, jedoch ist die Größe einer solchen Tabelle aus technischen Gründen beschränkt.

  ● Für die Prüfung der Teilbarkeit von n durch eine Primzahl p ist eine Probedivision notwendig, die zu den aufwendigen Rechenverfahren zählt.

Für die Konstruktion umkehrbarer Verschlüsselungsverfahren bietet sich folgender Weg an: durch die Auswahl beliebiger Primzahlen lassen sich Zahlen n konstruieren, für die auch $\varphi(n)$ bekannt ist. Wir haben Algorithmen zu entwickeln, die bei Kenntnis beider Größen umkehrbar sind. Wird die Primzahlzerlegung von n, $\varphi(n)$ und einige weitere Parameter geheim gehalten, so wird das Einbrechen in solche Verfahren möglicherweise recht schwierig.

Vor einem Einstieg in die unterschiedlichen Verschlüsselungsverfahren werden wir noch die „Spektraleigenschaften" von Potenzfolgen primer Restklassen eingehender untersuchen, um

---

38 Dazu ist im Vorgriff der Anfang von Kapitel 4 zu studieren, in dem ein Siebalgorithmus zur Erzeugung einer Primzahltabelle beschrieben ist.

auszuschließen, dass ein einfacher Weg an der Kenntnis von $\varphi(n)$ vorbei führt, der ein Brechen der gerade angedachten umkehrbaren Verschlüsselung erlaubt. Wir wissen zwar aus den Sätzen 2.2-6 und 2.3-9, welche Zyklen in Potenzfolgen auftreten können (*nämlich als maximaler Zyklus $\varphi(n)$ sowie alle Teiler von $\varphi(n)$*), aber welche Zyklen treten für bestimmte n tatsächlich auf und wie viele Restklassen weisen jeweils diesen Zyklus auf?

Anmerkung: Neben $\varphi(n)$ lassen sich weitere zahlentheoretische Funktionen definieren, die eine analytische Untersuchung von Zahleneigenschaften erlauben. Die Vorgehensweise bei der Konstruktion der analytischen Ausdrücke ist meist ähnlich der beschriebenen. In den weiteren Untersuchungen werden wir an verschiedenen Stellen auf diese Möglichkeit zurückgreifen, weshalb wir auch eigens Definition 2.3-8 eingeführt haben. Interessant sind die Funktionen durch verschiedene Transformationseigenschaften, z.B.

$$\psi(a * b) = \psi(a) \circ \psi(b) \tag{2.3-32}$$

bei Verknüpfungen von Argumenten und Funktionen[39]. Dadurch lassen sich Berechnungen für kompliziert zusammengesetzte Zahlen, wie hier bereits vorgeführt, auf Berechnungen für Primzahlen zurückführen, die meist bekannt sind oder ermittelt werden können. Bei der Euler'schen Funktion ist zu beachten, dass die Verknüpfung der Funktionen untereinander von der Art der Argumente abhängt: nach Satz 2.3-10 ist die Verknüpfung für eine Aufspaltung von Primzahlpotenzen eine andere als für ein Produkt verschiedener Primzahlen!

2.4 Das Spektrum einer Restklassen-Gruppe

Am Ende des letzten Kapitels haben wir die Frage gestellt, wie das Spektrum einer Restklassengruppe aussieht, d.h. welche Ordnungen von Potenzfolgen auftreten und wie viele Elemente einer bestimmten Ordnung existieren. Die Beantwortung dieser Frage hat Auswirkungen auf die Feststellung am Schluss des letzten Kapitels, dass ohne Kenntnis der Primzahlzerlegung einer Zahl m nicht auf den Wert von $\varphi(m)$ geschlossen werden kann. Zur Aufrechterhaltung dieser Behauptung ist nämlich auch auszuschließen, dass das Spektrum mit relativ geringem Aufwand zu ermitteln und zu analysieren ist – von trivialen Fällen wie Primzahlmodulen, bei denen $\varphi(m)$ ohnehin bekannt ist, einmal abgesehen.

Wir werden die Untersuchung des Spektrums in zwei Schritten durchführen: wir werden zunächst ermitteln, welche Zyklen und Besetzungszahlen theoretisch möglich sind und dies im weiteren als *potentielles Spektrum* bezeichnen. Im zweiten Teilschritt werden wir untersuchen, welche Zyklen und Besetzungszahlen tatsächlich auftreten und dieses messbare Spektrum[40] *reales Spektrum* nennen. Ziel ist die Berechnung des Spektrums eines beliebigen Moduls, dessen Primzahlzerlegung bekannt ist.

---

39   Der Leser beachte, dass verschiedene Operatoren für die Argument- und Funktionsverknüpfung gewählt wurden.
40   Zur „Messung" eines Spektrums werden die Ordnungen aller Elemente der Gruppe einzeln berechnet.

Es sei angemerkt, dass das Spektrum eine statistische Größe eines Moduls ist und mit seiner Kenntnis, von wenigen Ausnahmen abgesehen, keine Kenntnis der Ordnung eines bestimmten Elementes verbunden ist. Diese kann nur experimentell bestimmt werden, was auch die experimentelle Ermittlung eines Spektrum durch Abzählen der Ordnung jedes Elementes zu einer recht aufwendigen Angelegenheit macht.

Der guten Ordnung halber sei nochmals darauf hingewiesen, dass wir in diesem Kapitel einige Begriffe verwenden werden, die in der Algebra bereits eine feste (*andere*) Bedeutung besitzen (*z.B. Spektrum, Kern*). Der Leser lasse sich davon nicht verwirren. Wir kommen hier mit den algebraischen Bedeutungen nicht in Berührung, so dass keine Konflikte auftreten. Andererseits beschreiben die Begriffe hier recht gut, was gemeint ist, so dass sich die abweichende Verwendung für die abgeschlossene Betrachtung eines Problembereichs wohl rechtfertigen lässt.

2.4.1 Das „potentielle" Spektrum

Fassen wir die bisherigen Erkenntnisse noch einmal zusammen: die höchste theoretisch mögliche Ordnung einer Restklasse ist die primitive (), deren Wert für ein gegebenes Modul n durch $\varphi(n)$ gegeben ist (*Satz 2.3-9*). Existiert ein Element mit dieser Ordnung, so existieren nach Korollar 2.2-7 insgesamt $\varphi(\varphi(n))$ Elemente mit dieser Ordnung (*zur Übung formuliere der Leser diese Schlussfolgerung sowie die weiteren in diesem kurzen Absatz ausführlich*). Nach Satz 2.2-6 induziert eine primitive Restklasse außerdem alle weiteren Ordnungen durch

$$\left(b \equiv a^{\,h} \, mod \, n\right) \ , \ \left(d = \frac{\varphi(n)}{ggT(h, \varphi(n))}\right) \ \Rightarrow \ \left(b^d \equiv 1 \, mod \, n\right) \qquad (2.4\text{-}1),$$

wobei wiederum $\varphi(d)$ Elemente die jeweilige Ordnung d aufweisen[41]. Wegen $1 \le h \le \varphi(n)$ treten in (2.4-1) alle Teiler von $\varphi(n)$ einschließlich der trivialen Teiler Eins und $\varphi(n)$ selbst auf, und wegen der Primitivität der Ordnung enthält die Potenzfolge von a auch alle Elemente der Gruppe. Fassen wir alle Elemente jeweils gleicher Ordnung in entsprechenden Klassen zusammen, so ist deren Vereinigungsmenge die gesamte Gruppe. Damit haben wir bereits eine erste Berechnungsmöglichkeit für das potentielle Spektrum formuliert. Identifizieren wir die Ordnungen der Klassen mit den Frequenzen eines physikalischen Spektrums, etwa eines optischen Spektrums oder eines akustischen Klangspektrums, die Klassengrößen mit den Intensitäten, so können wir das Klassenschema anschaulich darstellen. Hieraus resultiert auch die Wahl des Begriffs „Spektrum". Bevor wir das praktische demonstrieren, formulieren wir die mathematischen Erkenntnisse zunächst noch einmal etwas genauer und in allgemeinerer Form:

---

41   Durch rekursive Anwendung von Satz 2.2-6 gelangt man unmittelbar zu dieser Aussage.

Satz 2.4-1: ist $D_m = \{d \mid d\,|\,m\}$ die Menge aller Teiler von m unter Einschluss von 1 und m, dann gilt

$$\sum_{\forall d \in D_m} \varphi(d) = m$$

Beweis: der Beweis muss etwas anders angelegt werden als die Argumentation zu (2.4-1), da wir die Aussage nicht auf $\varphi(m)$, sondern auf m direkt bezogen haben. Unsere Eingangs-überlegung ist ein Spezialfall des Satzes. Wenn der Leser wie vorgeschlagen die gedrängten Gedanken des letzten Absatzes ausführlicher formuliert hat, sollte er den nun folgenden Beweis bereits recht weitgehend vorliegen haben. Vor dem Weiterlesen wäre also hier noch mal eine Chance für diejenigen, die es eben etwas eiliger hatten, das Versäumte nachzuholen, um es mit dem Folgenden vergleichen zu können.

Den Beweis führen wir induktiv, indem wir m in seine Primfaktoren zerlegen:

(a) ist m prim, so kann direkt ausgezählt werden:

$$\sum_{d|m} \varphi(d) = \varphi(1) + \varphi(m) = 1 + (m-1) = m \qquad (2.4\text{-}2)$$

(b) die Behauptung gelte für ein beliebiges m. Wird m um die Potenz einer beliebigen, noch nicht in m als Faktor enthaltenen Primzahl zur Zahl n erweitert,

$$n = m * p^a \;\wedge\; p \in P \;\wedge\; p \nmid m \qquad (2.4\text{-}3)$$

dann sind alle Teiler von m, multipliziert mit $p, p^2, .. p^a$, neue Teiler von n. Die Summenformel über die Werte der Euler'schen Funktion für alle Teiler von n lautet nun:

$$\sum_{d|n} \varphi(d) = \sum_{d|m} \varphi(d) + \sum_{k=1}^{a} \sum_{d|m} \varphi(d * p^k) \qquad (2.4\text{-}4)$$

Mit Hilfe von Satz 2.3-10 über die Konstruktion von $\varphi(m)$ und der Summenformel $\sum_{k=0}^{n-1} a^k = \dfrac{a^n - 1}{a - 1}$ für eine Potenzreihe erhalten wir

$$
\begin{aligned}
&= \sum_{d|m} \varphi(d) * \left(1 + \sum_{k=1}^{a} \varphi(p^k) \right) \\
&= \sum_{d|m} \varphi(d) * \left(1 + (p-1) * \sum_{k=0}^{a-1} p^k \right) = m * p^a
\end{aligned}
\qquad (2.4\text{-}5)
$$

$\square$

Damit haben wir bereits die Grundlagen für die Ermittlung des potentiellen Spektrums ermittelt. Die „Spektrallinien" einer Zahl m werden durch $\varphi(m)$ und alle Teiler d von $\varphi(m)$ gegeben, die „Spektralintensitäten" durch $\varphi(\varphi(m))$ bzw. $\varphi(d)$. Der folgende Algorithmus berechnet die Ordnungen und ihre Besetzungszahlen als Menge von Zahlenpaaren (d,b)

Algorithmus 2.4-2: Berechnung des „potentiellen Spektrums" einer beliebigen Zahl m

Gegeben : m

1. Faktorisiere : $m = \prod_{a_i > 0} p_i^{a_i}$

2. Berechne : $\varphi(m) = \prod p_i^{a_i - 1} * (p_i - 1)$

3. Faktorisiere : $\varphi(m) = \prod_{b_i > 0} q_i^{b_i}$

4. Bilde Menge

$$D = \left\{ d \mid q_1^{b_{1v}} * q_2^{b_{2w}} * \ldots \;,\; 0 \le b_{1v} \le b_1 \,,\, 0 \le b_{2w} \le b_2 \,, \ldots \right\}$$

5. Berechne Paare: $S = \left\{ (d,b) \mid d \in D \,,\, b = \varphi(d) \right\}$

Diese Schreibweise für einen „Algorithmus" ist sicher ungewöhnlich, fehlen doch jegliche Schleifen- und Fallunterscheidungskonstrukte. Der Leser sei aufgefordert, Algorithmus 2.4-2 als praktische Übung zu implementieren. Teile wie die Faktorisierung können aus Lösungen früherer Aufgaben übernommen werden. Aufgrund der nicht näher eingrenzbaren Mengen in den Zwischenergebnissen und im Endergebnis erfordert der Algorithmus ein wenig Geschick bei der Umsetzung, insbesondere wenn die Lösung nicht allzu holprig ausfallen soll. Zum Vergleich kann ein Zählalgorithmus implementiert werden, der zu einer gegebenen Zahl mit „brutaler Gewalt" die Ordnungen aller Restklassen durch fortgesetztes Potenzieren berechnet und zählt[42]. Allzu groß dürfen die Testzahlen dann zwar nicht werden, jedoch lässt sich die Implementation von Algorithmus 2.4-2 damit gut kontrollieren. Wenn Primzahlen als Testzahlen verwendet werden, müssen die Ergebnisse beider Rechnungen übereinstimmen, wie wir gleich sehen werden (*allerdings gilt das nur für Primzahlen! Die Verwunderung über unterschiedliche Ergebnisse im Fall zusammengesetzter Module sollte sich in Grenzen halten*).

2.4.2 Maximale Ordnung verschiedener Module

Bei den Überlegungen, die zur Formulierung von Satz 2.4-1 geführt haben, haben wir die Existenz einer primitiven Restklasse vorausgesetzt. Für den Beweis war jedoch letztlich die Existenz einer solchen Restklasse gar nicht notwendig, so dass der Summensatz auch allge-

---

42 „brute force" hört sich, weil Englisch und geläufig, etwas höflicher an. Es kann aber nicht schaden, sich den einen oder anderen Begriff mal ins Deutsche zu übertragen, um das Gefühl nicht zu verlieren, was hinter solchen Begriffen häufig wirklich steckt.

mein verwendet werden kann. Es gilt nun zu untersuchen, für welche Module primitive Restklassen existieren. Wir gehen dabei, wie bei der Untersuchung von $\varphi(n)$, schrittweise vor:
eine Klassifizierung verschiedener Modultypen erfolgt auf der Grundlage der Primfaktorzerlegung, wobei folgende Typen unterschieden werden:

(a) $m \in P$ (Modul ist eine Primzahl)

(b) $m = 2^k$, $k = 1, 2, ...$ (Modul ist eine Potenz der einzigen geraden Primzahl)

(c) $m = p^k$ (Modul ist eine Potenz einer ungeraden Primzahl)

(d) $m = p * q$, $ggT(p,q) = 1$ (Modul ist ein Produkt teilerfremder Zahlen) [43]

Die folgenden Sätze erschließen sich dem Leser am anschaulichsten, wenn er ihnen jeweils
einige Versuche mit kleinen Zahlen vorausschickt und die vorhandenen Ordnungen und die
Anzahl der in ihnen vorhandenen Elemente mit Hilfe der zuletzt als Übung erstellten Algorithmen berechnet.

Im Fall (a) eines Primzahlmoduls sind primitive Restklassen vorhanden, so dass das potentielle Spektrum auch das reale ist.

Satz 2.4-3: sei, $m \in P$ dann existiert eine primitive Restklasse *mod m*

Beweis: in allen bisherigen Untersuchungen haben wir immer primitive Restklassen zu Primzahlmodulen gefunden. Wir stellen nun sicher, dass es keine Ausnahmen von dieser Erfahrung
geben kann. Der Beweis erfolgt mit Hilfe von Satz 2.2-3, Satz 2.2-6, Korollar 2.2-7 und Satz
2.4-1 (*also vielleicht noch mal kurz Nachschlagen, um das Folgende schneller nachvollziehen
zu können*).

Sei $d|(p-1)$ ein beliebiger Teiler von $\varphi(p)$ und a eine Restklasse der Ordnung d . Ins-
gesamt existieren $\psi(d)$ [44] Elemente mit dieser Ordnung, und da jedes Element eine Ordnung
besitzt, muss gelten

$$\sum_{d|p-1} \psi(d) = p - 1 \qquad\qquad (2.4\text{-}6)$$

Die Elemente der Potenzfolge von a besitzen entweder die Ordnung d oder aber d ist ein
ganzzahliges Vielfaches der Ordnung eines Elementes. Wir können die Elemente deshalb als
Lösungen der Polynomgleichung

$$x^d - 1 \equiv 0 \; mod \; p \qquad\qquad (2.4\text{-}7),$$

betrachten, die ihrerseits maximal d verschiedene Lösungen besitzt. Polynome sind ein sehr
mächtiges Werkzeug in der Algebra/linearen Algebra und wir werden noch etliche Male auf
sie zurückgreifen. Für unsere Betrachtungen hier genügt die Kenntnis, dass ein Polynom d-ten
Grades über einem Körper höchstens d Nullstellen besitzt, im Falle eines algebraisch abge-

---

43   Dieser Fall kann weiter unterteilt werden, z.B. (p,q ∈ **P**), (p = r^k) , (p,q) zusammengesetzte Zahlen, usw., und
      enthält damit den allgemeinen Fall beliebig zusammengesetzter Zahlen

44   Wir verwenden Ψ anstelle von φ , da wir die Übereinstimmung der auftretenden Anzahlen mit denen des poten-
      tiellen Spektrums erst noch beweisen wollen.

schlossenen Körpers genau d Nullstellen. Wegen der Wichtigkeit sehen wir uns das als Zwischenbetrachtung kurz an. Bezeichnet man die höchste in einem Polynom auftretende Potenz der Unbekannten als Grad und verwendet den Grad als Ordnungsrelation, so bilden die Polynome über einem Körper einen euklidischen Ring, d.h. die Division $p(x)/q(x)$ zweier Polynome ist eindeutig lösbar in der Form

$$p(x) = s(x) * q(x) + r(x)$$
$$grad(p(x)) = grad(s(x)) * grad(q(x)) \quad , \quad grad(r(x)) < grad(q(x))$$

(2.4-8)

Ist nun a eine Nullstelle von $p(x)$ und setzen wir $s(x) = x - a$, so folgt aus (2.4-8) sofort

$$grad(q(x)) = grad(p(x)) - 1 \quad , \quad r(x) = 0$$

(2.4-9)

Nach $grad(p(x))$ Schritten, sofern sie durchführbar sind, ist $q(x)$ eine Konstante, womit die Aussage über die maximal Anzahl der Nullstellen festgestellt ist. Der Leser verifiziere zur Übung (2.4-8) mit Hilfe der Rechengesetze für Polynome und kontrolliere zur Sicherheit, ob wir es im Fall von Primzahlmodulen auch tatsächlich mit Körpern zu tun haben, damit auch allen Forderungen der Algebra genüge getan wird. Doch nun zurück zu unserem Beweis:

Da alle Glieder der Potenzfolge paarweise voneinander verschieden sind, besitzt (2.4-7) entweder genau d Lösungen, von denen $\varphi(d)$ selbst die Ordnung d besitzen, oder aber keine Lösung. Für die Besetzungszahlen der verschiedenen möglichen Ordnungen d folgt somit, dass eine mögliche Ordnung unbesetzt ist (*d.h. kein Element mit dieser Ordnung existiert*) oder die Besetzungsanzahl mit der potentiellen Ordnung übereinstimmt

$$\psi(d) = 0 \quad \vee \quad \psi(d) = \varphi(d)$$

(2.4-10)

Aufgrund von Satz 2.4-1 entfällt aber der Fall $\psi(d) = 0$, da ein solcher auftretender Fall nicht durch höhere Besetzungszahlen in anderen Klassen ausgeglichen werden kann. Alle Teiler d von $(p-1)$ sind als Ordnungen von jeweils $\varphi(d)$ Restklassen vorhanden, mithin auch die primitive Ordnung $(p-1)$.   ❏

In Tabelle 2.4-1 und Abbildung 2.4-1 sind zwei Beispiele für Spektren von Primzahlmodulen dargestellt. Bei der grafischen Wiedergabe eines Spektrums empfiehlt sich eine doppelt-logarithmische Darstellung wegen der großen Besetzungszahlunterschiede und der Massierung der verschiedenen Ordnungen im unteren Bereich. Tabelle 2.4-1 gibt die Ordnungen jedes einzelnen Elementes wieder. Beide Spektren wurden mit den in den Übungen entwickelten Algorithmen berechnet.

O(2)=5	O(3)=30	O(4)=5	O(5)=3	O(6)=6	O(7)=15	O(8)=5	O(9)=15
O(10)=15	O(11)=30	O(12)=30	O(13)=30	O(14)=15	O(15)=10	O(16)=5	O(17)=30
O(10)=15	O(19)=15	O(20)=15	O(21)=30	O(22)=30	O(23)=10	O(24)=30	O(25)=3
O(26)=6	O(27)=10	O(28)=15	O(29)=10	O(30)=2			

Tabelle 2.4-1: Ordnungen sämtlicher Restklassen zum Modul m=31

$$\{(x,y) \ : \ x|\varphi(m) \ \wedge \ y = \varphi(x)\} = \{(2,1),(3,2),(5,4),(6,2),(10,4),(15,8),(30,8)\}$$

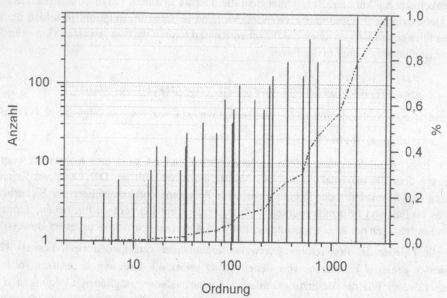

Abbildung 2.4-1: Spektrum der Primzahl 3.571, Anteil der Elemente an der Gesamtanzahl, $\varphi(3.571)=3.570 = 2 * 3 * 5 * 7 * 17$

Für den Modultyp (b) , Potenzen der einzigen geraden Primzahl Zwei , lassen sich experimentell nur für die ersten beiden Potenzen primitive Restklassen nachweisen. Bei höheren Potenzen ist die höchste auftretende Ordnung die Hälfte der primitiven Ordnung; das potentielle Spektrum ist daher nicht mehr das reale Spektrum. Wir formulieren daraus den Satz:

Satz 2.4-4: sei $m = 2^k$. Für $k \in \{1,3\}$ existieren primitive Restklassen. Für $k \geq 3$ gilt

$$a^{2^{k-2}} \equiv 1 \bmod 2^k$$

und es existieren keine primitiven Restklassen.

Beweis: (a) die Ordnungen für $k \in \{1,2,3\}$ werden direkt berechnet:

$$\varphi(2) = 1$$
$$\varphi(4) = 2 \quad ; \quad 3^2 \equiv 1 \bmod 4 \tag{2.4-11}$$
$$\varphi(8) = 4 \quad ; \quad 3^2 \equiv 5^2 \equiv 7^2 \equiv 1 \bmod 8$$

Der Schluss für $k \geq 3$ erfolgt induktiv. Der Wert der Euler'schen Funktion für ein gegebenes k ist $\varphi(2^k) = 2^{k-1}$ und verdoppelt sich jeweils bei Erhöhung von k um eine Einheit, d.h. auch die linke Seite von $a^{2^{k-2}} \equiv 1 \bmod 2^k$ ist bei jedem Schritt zu quadrieren, wenn unsere Behauptung richtig ist. Die Behauptung sei für ein bestimmtes k gültig, d.h. es existiert eine Zahl b , so dass

$$a^{2^{k-2}} = b * 2^k + 1 \tag{2.4-12}$$

Durch Quadrieren des Ausdrucks folgt für den Nachfolger

$$a^{2^{k-1}} = b^2 * 2^{2k} + 2 * b * 2^k + 1 = 2^{k+1}(b + b^2 * 2^{k-1}) + 1 \equiv 1 \, mod \, 2^{k+1} \tag{2.4-13}$$

Mit $k = 3$ als Startwert ist die Induktion abgeschlossen. ❑

Satz 2.4-4 ist konstruktiv und erlaubt die Berechnung der höchsten auftretenden Ordnung. Mit einigen Zusätzen erlaubt es sogar die Berechnung des vollständigen realen Spektrums. Wir werden uns dieser Aufgabe aber erst im nächsten Kapitel zuwenden. Wie der Leser sicher erkannt hat, haben wir uns nicht des Polynombegriffs bei diesem Satz (*und bei den folgenden ebenso wenig*) bedient. Haben Sie erkannt, welche der von der Algebra vorausgesetzte und von Primzahlmodulen erfüllte Eigenschaft hier nicht zutrifft? Richtig: in den Bemerkungen über Polynome in Satz 2.4-3 haben wir von Polynomen über einem Körper gesprochen. Der Gegenstand von Satz 2.4-4 ist jedoch kein Körper, sondern ein Ring mit Nullteilern. Gilt also (*vermutlich*) der Nullstellensatz für Polynome über Ringen mit Nullteilern noch? Zur Übung bestimmen Sie die Nullstellen von $x^3 - x$ über $\mathbb{Z}_6$!

Für den Typ (c), Module einer beliebigen Primzahlpotenz (*außer Potenzen von Zwei*) existieren primitive Ordnungen. Wie sich leicht zeigen lässt, kann diese Aussage auf Module erweitert werden, die zusätzlich den Primfaktor Zwei enthalten.

Satz 2.4-5: für Module der Form $m = p^k$ oder $m = 2 * p^k$ existieren primitive Restklassen.

Beweis: (A) wir begründen zunächst die Gültigkeit für den Faktor zwei. Sei die Behauptung für p^k erfüllt und a Vertreter einer primitiven Restklasse. Nach Satz 2.3-10 gilt

$$\phi(2\,p^k) = \phi(2) * \phi(p_k) = \phi(p^k) \tag{2.4-14}$$

a ist daher auch Vertreter einer primitiven Restklasse zu $2 * p^k$.

(B) Den weiteren Beweis führen wir induktiv, in dem wir von der Existenz einer primitiven Restklasse bei einer Primzahlpotenz auf die Existenz einer primitiven Restklasse bei der nächsten Potenz schließen. Den Induktionsanfang liefert Satz 2.4-3: es existieren primitive Restklassen *mod p* .

Sei a wiederum Vertreter einer primitive Restklasse zu p^k . Wir konstruieren daraus einen Vertreter einer primitiven Restklasse zu p^{k+1} durch den Nachweis der Behauptung:

$$\left(a^{\varphi(p^k)} \equiv r \, mod \, p^{k+1} \quad \vee \quad (a+p)^{\varphi(p^k)} \equiv r \, mod \, p^{k+1} \right) \wedge r \neq 1 \tag{2.4-15}$$

Ist in (2.4-15) bereits der erste Ausdruck erfüllt, ist dieser Teil des Beweises abgeschlossen. Im anderen Fall, also $a^{\varphi(p^k)} \equiv 1 \ mod \ p^{k-1}$, formen wir den zweiten Term nach dem binomischen Lehrsatz um:

$$(a+p)^\varphi \equiv a^\varphi + \varphi \, a^{\varphi-1} \, p + ... \equiv 1 + p^k \, a^{\varphi-1} \ mod \ p^{k+1} \tag{2.4-16}$$

Die Entwicklung lässt sich leicht nachvollziehen, wenn $\varphi(p^k) = p^{k-1}(p-1)$ eingesetzt und nach Potenzen von p sortiert wird. Es bleibt der in (2.4-16) angegebene, nicht durch p^{k+1} teilbare Term übrig, womit (2.4-15) nachgewiesen ist. a oder $(a+p)$ ist Vertreter einer Restklasse mit einem Zyklus größer als $\varphi(p^k)$. Eine solche Restklasse ist aber primitiv: da sie letztlich auf p zurückführbar ist, ist ihre Ordnung durch $(p-1)$ teilbar, womit nur noch die primitive Ordnung übrig bleibt. ❑

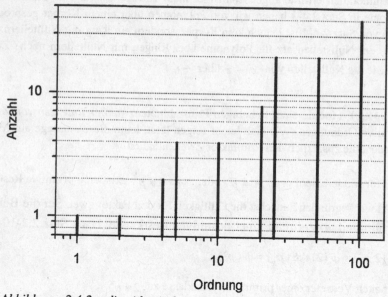

Abbildung 2.4-2: die identischen Spektren von 125=5*5*5   und 500=2*5*5*5 (φ=5*5*4=100)

Das reale Spektrum einer Primzahlpotenz, optional multipliziert mit dem Faktor zwei, ist mit dem potentiellen Spektrum identisch. Ein Beispiel zeigt Abbildung 2.4-2. Darüber hinaus ist der Satz konstruktiv hinsichtlich der konkreten Ermittlung einer primitiven Restklasse: ist eine primitive Restklasse $[a]$ zu einer beliebigen Potenz bekannt, so ist $[a]$ oder $[a+p]$ auch primitiv zur nächsten Potenz.

Abschließend untersuchen wir den ***allgemeinen Fall (c)*** $m = p*q$ m=p*q . Hier existieren keine primitiven Restklassen, wie wir mit Hilfe des *kgV*-Begriffs leicht nachweisen können:

Satz 2.4-6: sei $m = p * q$, $ggT(p,q) = 1$. Die maximalen Ordnungen zu (p,q) seien (r,s). Dann wird die maximale Ordnung von m gegeben durch

$$kgV(r * s) \leq r * s$$

Besitzen p und q primitive Ordnungen, so gilt speziell

$$kgV(\varphi(p), \varphi(q)) \leq \frac{1}{2}\varphi(p) * \varphi(q)$$

Beweis:

$$
\begin{aligned}
a^r &\equiv a^{(k*r)} \equiv a^{kgV(r,s)} \equiv 1 \bmod p \\
\wedge \quad a^s &\equiv a^{(l*s)} \equiv a^{kgV(r,s)} \equiv 1 \bmod q \\
\Rightarrow \quad a^{kgV(r,s)} &\equiv 1 \bmod(p*q)
\end{aligned}
\tag{2.4-17}
$$

Sind r und s primitiv, also $r = \varphi(p)$ und $s = \varphi(q)$, so sind r und s aufgrund von Satz 2.3-10 gerade Zahlen, besitzen also mindestens den gemeinsamen Faktor zwei, woraus unmittelbar die Behauptung folgt. ❑

Auch diesem Satz lassen sich weitere Aussagen über das reale Spektrum entnehmen. Wir kommen im nächsten Kapitel im Rahmen einer Erweiterung darauf zurück.

2.4.3 Das reale Spektrum

Wenn keine primitiven Restklassen existieren, muss sich die Anzahl von Elementen in den verbleibenden Ordnungen verändern. Möglicherweise entfallen auch weitere Ordnungen. Wir werden die hierbei auftretenden Gesetzmäßigkeiten ermitteln und einen Algorithmus zur Berechnung eines realen Spektrums entwickeln. Für die weiteren Betrachtungen führen wir einen neuen Begriff ein: die $\varphi(d)$ Elemente einer Potenzfolge der Ordnung d, die selbst die Ordnung d aufweisen, nennen wir **Kern**[45] der Folge.

Im ersten Schritt gehen wir der Frage nach, ob sich die Anzahl der Elemente mit einer bestimmten Ordnung beliebig oder nur in bestimmten Schritten ändern kann. Wir können uns dabei an Satz 2.2-3 anlehnen, in dem wir die Ordnung von Untergruppen untersucht haben. In allen folgenden Aussagen beziehen wir uns jeweils stillschweigend auf Module, deren reales vom potentiellen Spektrum abweicht und die nicht ausschließlich Potenzen der Zahl Zwei sind. Wir finden

Proposition 2.4-7: seien (M_1, M_2) Folgen der Ordnung d mit den jeweiligen Erzeugenden $(a,b,\ a \neq b)$ und den Kernen (T_1, T_2). Dann gilt

(a) Die Kerne sind gleich oder elementfremd

---

45 Nicht zu verwechseln mit dem algebraischen Begriff des Kerns!

$$T_1 = T_2 \quad \vee \quad T_1 \cap T_2 = \emptyset$$

(b) Wenn die Kerne gleich sind, sind auch die Folgen elementgleich. Wenn die Kerne elementfremd sind, können die Folgen gleiche Elemente mit niedrigerer Ordnung aufweisen

$$(T_1 = T_2) \quad \Rightarrow \quad (M_1 = M_2)$$
$$(T_1 \cap T_2 = \emptyset) \quad \Rightarrow \quad (M_1 \cap M_2 \supseteq \emptyset)$$

Beweis: (a) besitzen die Kerne die Elemente $(a \in T_1 \, , b \equiv a^r \, mod \, m \, \in T_2)$, so folgt

$$\{ b , b^2 , ... \, b^d \} = \{ a^{\,r} , a^{\,r^2} , ... \, a^{\,r^d} \} = \{ a , a^2 , ... \, a^d \} \tag{2.4-18}$$

Ist ein Element eines Kerns aus einem Element des anderen Kerns erzeugbar, so sind die Kerne identisch. Da wir aber mehr Elemente auf einzelne Ordnungen verteilen müssen, als im potentiellen Spektrum enthalten sind, müssen auch elementfremde Kerne der gleichen Ordnung existieren.

(b) Wenn die Kerne gleich sind, ist trivialerweise auch der Rest der Folgen identisch. Wir betrachten nun verschiedene Kerne und untersuchen als Beispiel Potenzfolgen der Zahl 5*7*11*13=5005, die die höchste Gruppenordnung 60 besitzt. Für unseren Existenznachweis genügt ja ein Beispiel, so dass wir für den Beweis die von uns entwickelten Algorithmen einsetzen können. Tabelle 2.4-2 entnehmen wir: die Folgen der Erzeugenden 3 und 17 sind bezüglich der Elemente der maximalen Ordnung 60 elementfremd, weisen aber beide die gleichen Elemente einer Folge der Ordnung 10 auf[46], womit der Beweis abgeschlossen ist ☐

Aus Teil (a) der Proposition 2.4-7 können wir wiederum folgern, dass die Gesamtanzahl der Elemente einer bestimmten Ordnung ein ganzzahliges Vielfaches der Normalanzahl des potentiellen Spektrums ist

$$\psi(d) = c_d * \varphi(d) \quad , \quad c_d \in \mathbb{N}_0 \tag{2.4-19}$$

Wir prüfen nun, ob ähnlich wie bei Gruppen mit primitiven Restklassen alle Elemente mit einer kleinen Ordnung in einer Folge höherer Ordnung vorhanden sind (*vergleiche Satz 2.2-6 und Korollar 2.2-7*). Sofern dies nicht der Fall ist, genügt wie im vorhergehenden Beweis der Nachweis eines Beispiels.

---

46   Der Leser beachte, dass hier einer der wenigen Fälle vorliegt, in denen ein Rechenbeispiel als Beweis genügt. Der von Anfänmgern häufig begangene Fehler, Rechenbeispiele als Beweise aufzufassen, beruht auf der ungenauen Unterscheidung der Quantoren $\exists$ (*es existiert mindestens ein..*), $\exists!$ (*es existiert genau ein ..*) und $\forall$ (*für alle gilt ..*). Nur für die erste Quantorart sind Rechenbeispiele zulässig. Gleichwohl sollte aber auch der Mathematiker zugeben, dass einführende Rechenbeispiele für den Anfänger eine wichtige Verständnisbrücke darstellen.

3	3721	4007	1719	17	2986	1018	984	729
9	1153	2011	152	289	712	2291	1713	911
27	3459	1028	456	4913	2094	3912	4096	3459
81	367	3084	1368	3441	563	1439	4567	4096
243	1101	4247	4104	3442	4566	4443	2564	3004
729	3303	2731	2302	3459	2547	456	3548	2731
2187	4904	3188	1901	3748	3259	2747	256	3914
1556	4702	4559	698	3656	348	1654	4352	456
4668	4096	3667	2094	2092	911	3093	3914	2094
3994	2278	991	1277	529	472	2531	1473	1
1972	1829	2973	3831	3988	3019	2987	16	
911	482	3914	1483	2731	1273	729	272	
2733	1446	1732	4449	1382	1621	2383	4624	
3194	4338	191	3337	3474	2532	471	3533	
4577	3004	573	1	4003	3004	3002	1	

Tabelle 2.4-2: Potenzfolgen der Erzeugenden (3, 17, 729) zum Modul m=5005

Proposition 2.4-8: sei T_a Kern von M_a , $M_b = \{ M_k \mid |M_k| = d_b \}$ die Menge aller Folgen mit einer höheren Ordnung und $d_a | d_b$, dann können Kerne existieren, deren Elemente in keiner der Elementmengen von M_b enthalten sind

$$(\exists (m, T_a)) \ (\forall M_k \in M_b) \ (T_a \cap M_k = \emptyset) \ ^{47}$$

Anders ausgedrückt: die erzeugenden Elemente von Potenzfolgen mit kleinen Ordnungen müssen nicht in Potenzfolgen vorhanden sein, deren Ordnung ein ganzzahliges Vielfaches der eigenen Ordnung ist.

Beweis: auch für diese Existenzaussage ist wieder die Berechnung eines Zahlenbeispiels ausreichend. Das Beispiel $(m = 385 = 5*7*11)$ besitzt die Gruppenordnung $\varphi(m) = 240$ und die maximale Untergruppenordnung $(\psi(m) = kgV(\varphi(5), \varphi(7), \varphi(11)) = 60)$. Durch Berechnung lassen sich 64 Elemente der Ordnung 60 und 56 Elemente der Ordnung 30 ermitteln. Durch Berechnung der Potenzfolgen aller Elemente der Ordnung 60 lässt sich ermitteln, welche Elemente der Ordnung 30 in diesen Folgen auftreten. Insgesamt werden von den 56 Elementen nur 8 gefunden, die in Folgen der Ordnung 60 auftreten (*d.h. sie treten zudem in mehreren der Folgen mit Ordnung 60 auf*); die weiteren Gruppen mit der Ordnung 30 sind im Kern elementfremd mit den Gruppen der Ordnung 60 (*Abbildung 2.4-3*). ❑

---

47 „m" ist die Einschränkung der Aussage auf bestimmte Module m .

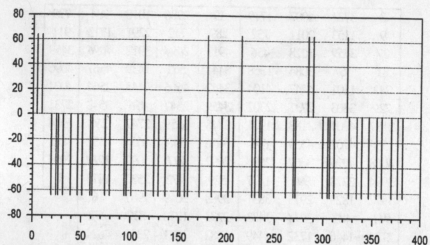

Abbildung 2.4-3: Elemente der Potenzfolgen der Ordnung 30 der Restklassen-gruppe von m=385. Positive Abszisse: die Elemente sind in Potenzfolgen der Ordnung 60 als Elemente vorhanden; negative Abszisse: die Elemente sind in keiner Potenfolge der Ordnung 60 zu finden

Das Ergebnis ist scheinbar ein Rückschlag, da es bedeutet, dass sich zwischen den Koeffizienten c_k aus (2.4-19) keine Beziehungen herstellen lassen, die auf einer „Enthalten-Relation" zwischen Folgen hoher und niedriger Ordnung beruhen. Wir müssen daher nach komplexeren Zusammenhängen suchen.

Bislang ist nur klar, dass Ordnungen oberhalb der maximalen Ordnung unbesetzt bleiben. Wir untersuchen nun, ob unterhalb der maximalen Ordnung weitere, nicht mehr besetzte Ordnungen des potentiellen Spektrums zu finden sind. Wir erweitern dazu zunächst Satz 2.4-6. Die dort nachgewiesene Beschränkung der Obergrenze der auftretenden Ordnungen muss nämlich keineswegs auf die höchste Ordnung beschränkt sein. Tatsächlich erweist sich die Schlussfolgerung (2.4-17) über den Zusammenhang zwischen dem kgV und der höchsten auftretenden Ordnung als ein Spezialfall eines allgemeineren Satzes namens „*Chinesischer Restsatz*".

Satz 2.4-9: (Chinesischer Restsatz) sei $m = m_1 * m_2 * \dots m_k$ eine Faktorzerlegung einer Zahl m mit der Nebenbedingung $ggT(m_i, m_j) = 1$, $i \neq j$. Dann existiert zu jedem Tupel ganzer Zahlen $(c_1, c_2, \dots c_k)$ eine Restklasse x von m , so dass gilt

$$x \equiv c_i \bmod m_i$$

Beweis: die Zahl x lässt sich konstruktiv berechnen durch

$$x = \sum_{i=1}^{k} c_i * N_i * M_i \quad , \quad M_i = \frac{m}{m_i} \quad , \quad N_i * M_i \equiv 1 \bmod m_i \qquad (2.4\text{-}20)$$

Wegen $ggT(M_i, m_i) = 1$ lässt sich N_i für jedes i eindeutig berechnen, und aufgrund von $M_i \equiv 0 \bmod m_j$ folgt die Behauptung. $\qquad\qquad\qquad\qquad$ $\square$

Der chinesische Restsatz ist von wesentlich allgemeinerer Form als der in Satz 2.4-6 benutzte Spezialfall $x \equiv a^r \equiv 1 \bmod m$, bei dem alle Koeffizienten c_i gleich (*und zwar = 1*) sind. Damit lässt sich nun eine Aussage über besetzte Ordnungen im allgemeinen machen und darüber hinaus das Spektrum eines zusammengesetzten Moduls vollständig berechnen[48]. Wir ziehen aus den Sätzen 2.4-7 bis 2.4-9 folgende Schlüsse:

(a) Wir schließen auf Eigenschaften des Moduls $m = p * q$ mit Hilfe der Euler'schen Funktion $\varphi(m) = \varphi(p) * \varphi(q)$, indem wir beachten, wie sich jeder Teiler von $\varphi(m)$ aus den Teilern der einzelnen Euler'schen Funktionen zusammensetzt:

$$d_p | \varphi(p) \ , \ d_q | \varphi(q) \ \Rightarrow \ (d = d_p * d_q) | \varphi(m) \tag{2.4-21}$$

Sind p oder q zusammengesetzt, so ist die Aufschlüsselung entsprechend zu erweitern. Wir erhalten so eine mehr oder weniger komplexe Liste, in der jeder Teiler d der Gesamtfunktion mehrere Aufschlüsselungen in Teiler der Einzelfunktionen besitzen kann.

Im weiteren beachten wir jeweils die Zerlegung der Teiler von $\varphi(m)$ in die von den Faktoren von m vorgegebenen Subteiler:

$$m = \prod_{k=1}^{s} p_k^{\alpha_k} \ \Rightarrow \ d | \varphi(m): \ d = \prod_{k=1}^{s} d_k \ , \ d_k \in \left\{ t : t | \varphi(p_k^{\alpha_k}) \right\} \tag{2.4-22}$$

Beispiel: mit $m = 5005 = 5 * 7 * 11 * 13$ erhalten wir $\varphi(5005) = 4 * 6 * 10 * 12 = 2880$ sowie $Q_5 = \{1,2,4\}$, $Q_7 = \{1,2,3,6\}$, $Q_{11} = \{1,2,5,10\}$, $Q_{13} = \{1,2,4,6,12\}$ als Teilermengen der Euler'schen Funktionen der einzelnen Faktoren.

(b) Die Überlegungen des Satzes 2.4-6 dürfen auf alle theoretisch möglichen Ordnungen angewandt werden, d.h. die Ordnungen $d = d_p * d_q$ werden abgebildet auf

$$(d_p | \varphi(p) \ \wedge \ d_q | \varphi(q)) \ \Rightarrow \ (Ord(d_p * d_q) \to Ord(kgV(d_p, d_q))) \tag{2.4-23}$$

Als Konsequenz aus den Eigenschaften des kgV und den Teilerbeziehungen der Ordnungen treten im realen Spektrum nur noch solche Ordnungen auf, die Teiler der realen Maximalordnung sind und nicht der theoretischen Höchstordnung.

Die höchste mögliche reale Ordnung berechnet sich aus dem kgV der Ordnungen der einzelnen Primfaktoren.

$$Ord_{max} - kgV(\varphi(p_1), \varphi(p_2), \dots) \ , \ Ord_{bes} | Ord_{max} \tag{2.4-24}$$

---

[48] Wir beschränken die Aussage an dieser Stelle auf aus zwei Primzahlen zusammengesetzte Module. Die Verallgemeinerung auf beliebig zusammengesetzte Module einschließlich höherer Potenzen der Primzahl Zwei, die keine primitiven Restklassen aufweisen, werden wir nach der Untersuchung der Spektren von Modulen aus höheren Potenzen von Zwei vornehmen.

Die Anzahlen der im realen Spektrum auftretenden Spektrallinien wird dadurch stark vermindert. Sämtliche Ordnungen des theoretischen Spektrums, die nicht Teiler des höchsten realen Spektrums sind, entfallen.

Beispiel: als höchste auftretende reale Ordnung erhalten wir $kgV(4,6,10,12) = 60$ statt $4*6*10*12 = 2880$. Alle anderen realen Ordnungen sind Teiler von 60 .

(c) Um zu einer Aussage zu gelangen, welche Kombinationen von Ordnungen zu den einzelnen Teilern des Moduls auftreten können, betrachten wir eine Restklasse $[a]_p$ zu einem Faktor p von m mit der Ordnung r . Alle Elemente

$$a, \quad a+p, \quad a+2*p, \quad a+(q-1)*p \tag{2.4-25}$$

besitzen die gleiche Ordnung bezüglich p , sind aber wegen $ggT(p,q) = 1$ paarweise verschiedene Vertreter von Restklassen zu q . Wir können damit feststellen, dass jede Kombination von Restklassen bezüglich der Faktoren vom m in der Restklassengruppe von m auftritt, wobei die Anzahlen multiplikativ sind, d.h. Elemente der Ordnungen r,s bezüglich p,q treten in $m = p*q*w$ $\varphi(r)*\varphi(s)*w$ Mal auf.

(d) Bei der Berechnung der Elementanzahlen zu einer Ordnung müssen wir die Surjektivität der Abbildung der d_s auf d berücksichtigen. Es existieren nämlich in den meisten Fällen Zerlegungen der Art

$$d_1*d_2*\ldots d_s = d'_1*d'_2*\ldots d'_s = d$$
$$kgV(d_1,d_2,\ldots d_s) \neq kgV(d'_1,d'_2,\ldots d'_s) \tag{2.4-26}$$

Wir haben das zwar schon in den Betrachtungen (a) und (b) zuvor implizit notiert, aber erst hier besteht die Notwendigkeit, tatsächlich die Urbilder von $f^{-1}(d)$ einzeln zu betrachten.

Beispiel: für die potentielle Ordnung 720 erhalten wir u.a die Zerlegungen $720 = 2*6*5*12$ und $720 = 2*6*10*6$ mit $kgV(2,6,5,12) = 60$ und $kgV(2,6,10,6) = 30$.

Mit gleichen der Argumentation wie im Beweis von Satz 2.4-6 sowie aufgrund von (c) können wir nun folgern, dass eine bestimmte Zerlegung einer potentiellen Ordnung d so viele Elemente zu einer realen Ordnung, die dem kgV der Zerlegung entspricht, hinzufügt, wie das Produkt der Euler'schen Funktionen der Zerlegung angibt. Zu summieren ist dann über alle $kgV's$ gleichen Wertes:

$$Ord(o) = \sum_{o = kgV(d_1,\ldots d_k)} \prod_{k=1}^{s} \varphi(d_k) \tag{2.4-27}$$

Da wir letztendlich wieder über alle Ordnungen summieren, sind alle Elemente auf reale Ordnungen verteilt. Die Elementanzahl einer potentiellen Ordnung wird dabei aber meist auf mehrere reale Ordnungen verteilt.

Beispiel: die Zerlegung $2*6*10*6$ trägt $\varphi(2)*\varphi(6)*\varphi(10)*\varphi(6) = 16$ Elemente zur realen Ordnung 30 bei, die Zerlegung $2*6*5*12$ ihrerseits 32 Elemente zur Ordnung 60. Die restlichen Zerlegungen von 720 liefern weitere Beiträge zu realen Ordnungen.

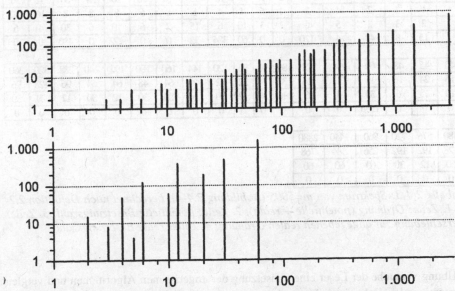

Abbildung 2.4-4: potentielles (oben) und reales (unten) Spektrum von m=5005

Abbildung 2.4-4 zeigt das Spektrums des zusammengesetzten Moduls $m = 5005$, das im Text auszugsweise schon erwähnt und nach diesen Überlegungen vollständig berechnet wurde. Der größte Teil des potentiellen Spektrums verschwindet, die verbleibenden Linien besitzen eine hohe „Intensität".

Alternativ zu der Berechnung jedes Produkts, seines $kgV's$ und der zugehörenden Euler'schen Funktionen nach (2.4-27) kann auch für jedes d das Infimum der $kgV's$ berechnet und die vollständige Anzahl der zu d gehörenden Elemente dorthin verschoben werden:

$$Ord\left(\inf_{(d_1..d_s)\in f^{-1}(d)}(kgV(d_1,...d_s))\right) \leftarrow \varphi(d) \tag{2.4-28}$$

Eine reale Ordnung wird hierbei ebenfalls von mehreren potentiellen Ordnungen „versorgt", das Schema sieht allerdings etwas übersichtlicher aus, da von jeder fortfallenden potentiellen Ordnung nur auf eine reale Ordnung zugeordnet wird. In Tabelle 2.4-3 sind für das Beispiel $m = 5005$ zusätzlich die Ordnungen angegeben, in die „verschoben" wird. Für das oben betrachtet Beispiel werden alle 192 Elemente von $d = 720$ der minimalen realen Ordnung 30 zugeordnet.

1	2	3	4	5	6	8	9	10	12	15	16	18	20	24	30	32	36
1	1	2	2	4	2	4	6	4	4	8	8	6	8	8	8	16	12
1	2	3	2	5	6	2	3	10	6	15	2	6	10	6	30	4	6
1	15	8	48	4	120	0	0	60	384	32	0	0	192	0	480	0	0

40	45	48	60	64	72	80	90	96	120	144	160	180	192	240	288	320	360
16	24	16	16	32	24	32	24	32	32	48	64	48	64	64	96	128	96
10	15	6	30	4	6	10	30	12	30	6	20	30	12	30	12	20	30
0	0	0	1536	0	0	0	0	0	0	0	0	0	0	0	0	0	0

480	576	720	960	1440	2880
128	192	192	256	384	768
60	12	30	60	60	60
0	0	0	0	0	0

Tabelle 2.4-3: Spektrum von m=5005 (Abbildung 2.4-4), berechnet nach Definition 2.2-4. 1. Zeile: Ordnung (potentielle + reale); 2. Zeile: potentielle Besetzungszahl; 3. Zeile: Verschiebung zur angegebenen realen Ordnung; 4. Zeile: reale Besetzungszahl

Als Übung versuche der Leser eine Umsetzung der angerissenen Algorithmen und vergleiche sie untereinander. Dabei ist sicher auch interessant, sich die Details der verschiedenen Zuordnungen für einzelne (*potentielle oder reale*) Ordnungen anzuschauen und sie mit den theoretischen Überlegungen zu vergleichen. Sofern das Programm zur Berechnung des theoretischen Spektrums, das im ersten Abschnitt der Spektrenbetrachtungen implementiert wurde, bereits über eine Primfaktorzerlegung von $\varphi(m)$ verfügt, lässt es sich zur Umsetzung dieses Algorithmus noch einmal erweitern, in dem für einen bestimmten Teiler $d \mid \varphi(m)$ das Minimum verschiedener, aus seiner Zerlegung in Primfaktoren ermittelbarer kgV's berechnet wird[49].

Wer genau aufgepasst hat, wird bemerkt haben, dass noch eine Berechnungsmöglichkeit für das reale Spektrum eines Moduls des Typs 2^k sowie der Einschluss von höheren Potenzen der Zahl Zwei in der Primfaktorzerlegung eines allgemeinen Moduls fehlt. Was können wir über die Spektren von Potenzen von Zwei folgern ? Mögliche Ordnungen sind weiterhin nur die Teiler von $\varphi(m)$, wobei nach Satz 2.4-5 nur die oberste mögliche Ordnung unbesetzt bleibt. Außerdem lässt sich dem Beweis zu Satz 2.4-5 eine weitere Eigenschaft der Restklassen entnehmen: die Ordnung des Basiselementes (*mit einer Ausnahme*) einer Restklasse verdoppelt sich, wenn sich das Modul verdoppelt[50]:

$$a^{s-1} \equiv 1 \; mod \; 2^{k-1} \quad \Rightarrow \quad a^s \equiv 1 \; mod \; 2^k \tag{2.4-29}$$

Die Ausnahme (*außer der 1*) ist das letzte Restklassenelement. Diese besitzt die Ordnung zwei und behält diese beim Übergang zur nächsten Potenz der Zahl Zwei bei:

---

49 Die Primfaktorzerlegung eines Teilers von $\varphi(m)$ kann formal auf verschiedene Euler'schen Funktionen der Primfaktoren von m verteilt werden, woraus unterschiedliche Faktorkombinationen bei der Berechnung des kgV resultieren.

50 Die Induktion ist nicht an die höchste Ordnung gebunden. Zu untersuchen bleibt nur der Spezialfall, dass b in (2.4-12) selbst ein Vielfaches von Zwei bei der Verallgemeinerung wird.

$$(a = 2^k - 1) \quad \left(a^2 \equiv (2^k - 1)^2 \equiv 2^{2k} - 2^{k+1} + 1 \equiv 1 \ mod \ 2^k \equiv 1 \ mod \ 2^{k+1}\right) \quad (2.4\text{-}30)$$

Die neu hinzu kommenden Basiselemente lassen sich durch Addition von 2^{k-1} aus den vorherigen Basiselementen berechnen und haben die gleichen Ordnungen wie ihre Referenzelemente in der unteren Hälfte:

$$(b = a + 2^{k-1}) \quad \left(b^s \equiv (a + 2^{k-1})^s \equiv a^s \, 2^{k-1} + a^{s-1} \, 2^k + ... \equiv 1 \ mod \ 2^k\right) \quad (2.4\text{-}31)$$

Fassen wir dies zusammen, so erhalten wir das reale Spektrum aus dem theoretischen, indem wir die Besetzungszahlen jeweils auf die nächstniedrige Ordnung verschieben, wodurch jede Ordnung doppelt so viele Elemente wie im „Normalfall" erhält, die unterste Ordnung die dreifache:

$$\psi(d_n) = \varphi(d_{n+1}) \quad , \quad d \neq 2 \quad \wedge \quad \psi(2) = 3 \qquad\qquad (2.4\text{-}32)$$

Modul $2^7 = 128 : \varphi(128) = 64$	
keine Klasse zur Ordnung 64	„normal": 32
Ordnung 32 = 32 Klassen	„normal": 16
Ordnung 16 = 16 Klassen	„normal": 8
Ordnung 8 = 8 Klassen „normal": 4	
Ordnung 4 = 4 Klassen „normal": 2	
Ordnung 2 = 3 Klassen „normal": 1	
Ordnung 1 = 1 Klassen „normal": 1	

Mit der Kenntnis der Spektren von Modulen höherer Potenzen von Zwei lassen sich nun auch die realen Spektren beliebiger Module berechnen. Es muss „nur" das Ordnungsschema für Faktoren des Typs 2^k in die Berechnung der Ordnungen nach (2.4-23) und der Anzahlen nach (2.4-27) integriert werden (*das „nur" hat hier so seine Tücken*). Wir überlassen dem Leser den Ausbau der Algorithmen auf die entgültige Version. Abbildung 2.4-5 gibt ein Beispiel für ein Modul mit einer höheren Potenz von Zwei als Faktor. Zur Kontrolle können bei kleineren Modulen stets noch *brute-force*-Berechnungen der Ordnungen aller Elemente durchgeführt werden.

Zusammengefasst benötigen wir für die Berechnung des realen Spektrums eines Moduls sowohl die Faktorisierung des Moduls selbst als auch die Faktorisierungen der Euler'schen Funktionen der einzelnen Faktoren. Diese Kenntnisse vorausgesetzt, ist die Berechnung unproblematisch, aber relativ mühsam. Die Beispiele zeigen ,dass die Zahl der Spektrallinien des realen Spektrums bei allgemeinen Modulen relativ klein gegenüber der Linienanzahl des potentiellen Spektrums ist. Ein systematisches Erschließen des Spektrums wird hierdurch erschwert, und selbst bei Kenntnis der Lage aller Spektrallinien gewinnt man keine Rückschlüsse auf die Lage der potentiellen Linien, die für eine Ermittlung des Wertes der Euler'schen Funktion notwendig sind. Die Besetzungszahlen des realen Spektrums besitzen untereinander ebenfalls keine Systematik, die solche Rückschlüsse erlaubt. Wir können damit feststellen, dass eine Spektralanalyse voraussichtlich keine Gefährdung für die geheimen Parameter eines Verschlüsselungsalgorithmus und insbesondere keine Alternative zu der bereits als sehr mühsam postulierten Faktorisierung darstellt.

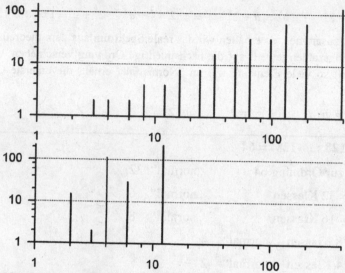

Abbildung 2.4-5: Spektrum von 1.040=2^4*5^1*13^1,
φ(1040)=384=2^7*3^1

3 Anwendung in der Datenverschlüsselung

3.1 Einleitung

3.1.1 Rahmenbedingungen

Das Kapitels „Datenverschlüsselung" ist in zwei Themenbereiche gegliedert:

- den Entwurf von Verschlüsselungsalgorithmen und

- den Entwurf von Sicherheitsprotokollen.

Die im ersten Teil diskutierten Verschlüsselungsalgorithmen beschreiben mathematische Verfahren zur Durchführung einer Verschlüsselung und, sofern Bestandteil des Verfahrens, auch der Entschlüsselung. Wir werden Verfahren unabhängig von konkreten Aufgabenstellungen untersuchen, d.h. die Spannweiten der Verfahrensparameter ausloten, aber nicht die Frage untersuchen, ob die Rahmenbedingungen eines konkreten Problems eingehalten werden. Dies ist Aufgabe des zweiten Teils. Für einen Verschlüsselungsalgorithmus sind zu beschreiben:

a) geheime und öffentliche Parameter des Verfahrens mit Definitionsbereich bzw. Liste der nicht verwendbaren (*weil unsicheren*) Schlüssel,

b) die mathematischen Vorschriften für die Durchführung der Ver- und Entschlüsselung,

c) die Komplexität des Ver- und Entschlüsselungsverfahrens für den Inhaber der Geheiminformationen, d.h. Angaben über den notwendigen Rechenaufwand,

d) die Komplexität des Entschlüsselungsverfahrens oder eines Verfahrens zur Ermittlung der Geheiminformationen für einen Angreifer bei mathematischer Vorgehensweise[51].

Ist eine konkrete Sicherheitsaufgabe zu lösen, so genügen Verschlüsselungsalgorithmen alleine in den meisten Fällen nicht mehr[52]. Bereits für die Beschreibung einer Sicherheitsaufgabe ist die Angabe allgemeinerer Rahmenbedingungen notwendig:

- Beteiligte Kommunikationsteilnehmer mit Funktionen (*aktiv oder passiv*) im Kommunikationsablauf.

- Für jeden Teilnehmer individuell geltende Rahmenbedingungen :

  ➢ Art und Umfang der zur Verfügung stehenden allgemeinen Informationen zum Verfahren,

  ➢ Art und Umfang der jeweils über die anderen Kommunikationsteilnehmern zugänglichen Informationen,

  ➢ Art und Umfang der Kenntnis der ausgetauschten Informationen (*Daten*),

---

51 Hier kann naturgemäß nur eine Abschätzung auf der Basis des jeweiligen Kenntnisstandes der Angriffsalgorithmen erfolgen. Eine Aktualität muss nach einiger Zeit nicht mehr gegeben sein.

52 Dies wird von Einsteigern häufig übersehen: nachdem meist mühsam ein Algorithmus durchschaut und einsatzbereit gemacht worden ist, scheint das Problem gelöst. Mathematisch gesehen ist das zunächst korrekt, jedoch existieren über die reine Mathematik hinaus weitere Möglichkeiten, die Sicherheit zu unterlaufen. Werden diese nicht berücksichtigt, kann ein Einbruch in das Sicherheitssystem erstaunlich schnell geschehen.

- Technische Möglichkeiten eines Angreifers, gegen die ein Schutz garantiert werden soll. Über die Möglichkeit mathematischer Angriffe auf einzelne Algorithmen hinaus gehören hierzu zum Beispiel plausible Annahmen über Art und Struktur der ausgetauschten Informationen, der Geheiminformationen, Möglichkeiten der Korruption, aktive oder passive Teilnahme an der Kommunikation und anderes.

- Je nach Verfahren Möglichkeiten der Korruption oder des Falschspielens eines oder mehrerer der Kommunikationsteilnehmer und Maßnahmen zur Erkennung oder Prävention. Dieser Punkt kann in realen Sicherheitsdefinitionen besonders umfangreich ausfallen, umfasst er doch den kompletten physischen und psychologischen Angriffsbereich auf den Menschen wie Bedrohung, Erpressung, Ausspähung, Verstoß gegen Sicherheitsvorschriften usw. Wir werden in diesem Buch abgesehen von einigen Randbemerkungen den akademischen Standpunkt einnehmen: wir betrachten die Auswirkung eines Falschspielens auf den technischen Prozess, ohne nach den Ursachen oder Verhinderungsstrategien zu fragen.

Zur Durchführung der Sicherheitsaufgaben unter Beachtung solcher Rahmenbedingungen sind häufig mehrere Algorithmen in geeigneter Weise miteinander zu kombinieren. Die geforderte Sicherheit, d.h. die Erfüllung der Verschlüsselungswünsche und die Abwehr der unterstellten Angriffs- oder Korruptions- und Fälschungsmöglichkeiten muss im Rahmen des Gesamtverfahrens nachgewiesen werden. Es ist zu begründen, warum die verschiedenen, in den Rahmenbedingungen unterstellten Möglichkeiten eines Angriffs nicht zu einer Korruption führen können[53]. In der Praxis werden Nutz-, Steuer- und chiffrierte Daten in Datenstrukturen (*Datagramme, Telegramme*) miteinander kombiniert und bestimmte Verschlüsselungsalgorithmen auf einzelne Felder der Struktur angewandt. Darüber hinaus ist es häufig notwendig, mehrere Telegramme zwischen den Beteiligten in genau festgelegter Reihenfolge auszutauschen. Komplexe Abläufe dieser Art heißen *Sicherheitsprotokolle*.

Tabelle 3.1-1 gibt den grundsätzlichen Aufbau eines Telegramms wieder, wobei die Datenblöcke im Falle eines komplexeren Protokolls auf mehrere Telegramme verteilt sein können. Im ersten Teil stehen eine Reihe von Klartextinformationen, die für den Empfänger für die korrekte Wiederherstellung oder Prüfung der verschlüsselten Daten notwendig sind, wie z.B. der Name des Absenders und Kennungen für die verwendeten Verschlüsselungsverfahren, aber auch Informationen zur Überprüfung dieser Angaben, wenn sich die Kommunikationspartner nicht kennen oder eine Fälschungsmöglichkeit der Identität besteht. Für die Erkennbarkeit der einzelnen Datenfelder sind Maßnahmen zu treffen.

---

[53] Was natürlich nicht bedeutet, dass unter leicht geänderten Rahmenbedingungen nicht doch ein Angriff möglich ist. Entsprechende Sorgfalt bei der Definition der Rahmenbedingungen ist notwendig.

Protokoll	Protokollbezeichnung und Version des Protokolls, beschreibt detailliert den Aufbau des folgenden vollständigen Telegramms
Absender- und Empfänger-informationen	Namen und Adressen, beim Absender ggf. auch Ausweisdaten, mit denen die Angaben bei einem unabhängigen Dritten überprüft werden können
Allgemeine Parameter	Verwendeter Algorithmus und dessen Version, allgemeine Verfahrensparameter für den Algorithmus
Spezielle Parameter	Verwendeter Schlüssel (*Seriennummer*), öffentliche Schlüsseldaten
Gültigkeitsvermerke	Datum, Gültigkeitsdauer der Parameter, Verweise auf Zertifikate (*siehe Ausweisdaten*)
Verschlüsselte Informationen	Sitzungsschlüssel sowie die damit verschlüsselten Daten
Signatur	Echtheitskontrollen, Unterschriften, usw.

Tabelle 3.1-1: Schema der Informationsblöcke in einem Protokoll

3.1.2 Kodierung der Daten

Wir können dieses Thema nur in einer kurzen Einführung behandeln. Ich hoffe, dass dies trotzdem genügt, dem Leser ein Verständnis von Protokollbeschreibungen mit Hilfe der angegebenen Standards zu ermöglichen.

Historisch hat sich zunächst eine für den Menschen unmittelbar lesbare Notation entwickelt. Die Felder eines Telegramms werden mit speziellen Schlüsselwörtern bezeichnet, die sich anschließenden Daten variabler Länge reichen bis zu festgelegten Grenzen, beispielsweise bis zum nächsten Zeilenvorschub (*meist mit <CR> bezeichnet*):

$$\text{RECEIVER:} \quad \underline{\text{John.McDonald@nonet.net}} \text{ <CR>} \tag{3.1-1}$$

Dies funktioniert nur mit einem eingeschränkten Zeichensatz wie z.B. 7-Bit-ASCII und führt natürlich schnell zu Problemen mit Binärdaten[54]. Für diese wurde daraufhin die BASE64-Kodierung entworfen, die drei Bytes Binärdaten in vier Bytes ASCII-Daten transformiert:

---

54 Das sähe vermutlich anders aus, wenn die fernöstliche statt der westlichen Kultur die Entwicklungsarbeit geleistet hätte. Vermutlich gäbe es dann den 14-16 Bit-HAN-Zeichensatz.

0	1	1	0	0	1	1	0	0	0	0	1	0	1	1	1	0	1	0	0	1	0	1	0	0
0	1	1	0	0	1	1	0	0	0	0	1	0	1	1	1	0	1	0	0	1	0	1	0	0

| m | R | n | K |

Tabelle 3.1-2: BASE64-Kodierung von Binärdaten

Jeweils sechs aufeinander folgende Bit werden als ein Zeichen interpretiert, das mit Hilfe einer Tabelle mit dem Zeichensatz {A..Z a..z 0..9 +/} in ein lesbares Zeichen umgewandelt wird. Die Datenlänge muss bei diesem Verfahren immer durch Drei teilbar sein und wird ggf. mit Nullen aufgefüllt. In der BASE64-Kodierung wird in diesem Fall durch das Sonderzeichen '=' signalisiert, dass zusätzliche Nullbytes für die Kodierung angefügt wurden und in der Dekodierung natürlich fortgelassen werden müssen:

$$\text{abc=} \quad \Leftrightarrow \quad 2 \text{ gültige Bytes} \quad , \quad \text{ab==} \quad \Leftrightarrow \quad 1 \text{ gültiges Byte} \qquad (3.1\text{-}2)$$

Diese Methodik ist immer noch weit verbreitet, was der Leser z.B. beim Laden einer Datei aus dem Internet bemerken kann, wenn die auf der Datenleitung ausgetauschte Datenmenge die Größe der Datei erheblich überschreitet[55]. Für weitere Details sei der Leser auf die Internet-RFC's verwiesen, z.B. RFC822. Auf die allgegenwärtige Datenkompression können wir hier nicht weiter eingehen.

Für die mehr maschinentechnisch orientierte Kodierung der Daten hat sich inzwischen die „Abstract Syntax Notation One", kurz ASN.1, als Standard etabliert. Sie ist in den ITU-Papieren X.680-X.690 beschrieben[56]. ASN.1 beinhaltet Beschreibungs- und Kodierungsvorschriften:

- als Kodierungssprache definiert ASN.1 eine formale Beschreibungssyntax der Datenstrukturen und ermöglicht den Entwurf von Protokollen beliebiger Komplexität,

- die Kodierungsvorschriften definieren die exakten Umwandlung der Sprachbeschreibung in kompakte Telegrammdaten und ermöglichen die Prüfung und Interpretation von erhaltenen Daten.

Man kann ASN.1 als (*Programmier*)Sprache betrachten, deren Syntax sich auf die Beschreibung von Datenstrukturen beschränkt und keine Konstrukte für Kontrollstrukturen aufweist. Kenntnisse in einer Programmiersprache sind daher für einen Einstieg in die ASN.1-Syntax ausreichend. Es ist schwierig, auf einigen Seiten (*und mehr haben wir in diesem Buch für dieses Thema nicht zur Verfügung*) eine „Sprache" so zu beschreiben, dass ein Nutzeffekt für den Leser resultiert. Ich versuche es trotzdem anhand des in Abbildung 3.1-1 vorgestellten Beispiels, das Syntax und Bytekodierung eines Telegramms enthält. Nach einer Lektüre sollte

---

55 Das Protokoll ist meist komplexer: die Daten werden häufig zunächst komprimiert und dann BASE64-kodiert. Die Verlängerung ist daher meist nur bei bereits komprimierten Dateien bemerkbar.

56 Da die ITU dem privaten Nutzer z.Z. bis zu drei der sonst nicht gerade preisgünstigen Dokumente im Jahr kostenlos über das Internet anbietet, empfiehlt der Verfasser die Benutzung der sehr übersichtlichen Originale. Darüber hinaus existieren natürlich auch ausführliche Bücher über das Thema.

der Leser eine ASN.1-Spezifikation, wie sie in vielen RFC's auftritt, in den Grundzügen verstehen und mit Hilfe der Standards auch die Details interpretieren können.

Die Syntax von ASN.1 ist zeilenorientiert. In jeder Zeile erfolgt eine Definition eines Datentyps oder eine Deklaration einer Variablen. Kommentare sind durch die Trennzeichensequenz „ --" einfügbar. Die Information zwischen -- und dem Zeilenende wird als Kommentar interpretiert, d.h. mehrzeilige Kommentare beginnen jeweils neu mit -- in der nächsten Zeile.

Variablenbezeichnungen beginnen jeweils mit einem Kleinbuchstaben."tInfo" ist der Name einer konkreten Datenstruktur, die im weiteren beschrieben wird. Variablen werden, wie in jeder Programmiersprache, als Speicherplätze für Daten benötigt. Hinter der Variablenbezeichnung wird der Typ der Variablen angegeben, der ein Standardtyp oder ein selbst definierter Typ sein kann. Optional ist durch Angaben in Klammern eine Initialisierung auf einen bestimmen Wert oder eine Bereichsangabe möglich. Jede Variablendeklaration beginnt auf einer neuen Zeile, wobei Leerzeilen zulässig sind.

```
zaehler      INTEGER              { 1...25 }
id           Ausweisnummer        { 4711 }
kennZ        OCTETT               { "P" , "Q" }
```

Eine ASN.1-Text-Spezifikation kann als konkreter Datensatz eingesetzt werden, d.h. durch die Initialisierung wir ein konkreter Inhalt ausgedrückt und mit weiteren Variablen oder einem Feld wird eine „Datenbank" aufgebaut. Dieser Einsatzbereich ist allerdings eher selten. Meist dient die Textbeschreibung mit Initialisierung zur Festlegung zulässiger Werte in binären Datensätzen.

Datentypbezeichnungen beginnen mit einem Großbuchstaben. „Tinfo" ist der Name eines selbstdefinierten Datentyps, der wie in einer Programmiersprache verwendet werden kann. Datentypen können ohne direkten Bezug zu einer Variablen definiert und in Typbibliotheken gesammelt werden:

```
ModuleDefinition ::= ...        -- Bezeichnung des Mould
DEFINITIONS
    ....                        -- interne Standards, z.B. Datentypen
BEGIN
    ...                         -- Datentypen des Moduls
END
```

Die Definition selbstdefinierter Datentypen beginnt wie „ModuleDefinition" mit „::=" und listet die Datentypen und Variablen auf, aus denen der Datentyp zusammengesetzt ist. Optional können durch Klammerung spezielle Kodierungsangaben für die Binärkodierung erfolgen

```
MySpecialInteger ::= INTEGER [PRIVATE 3]
```

Der selbst definierte Typ ist in diesem Fall ein normaler ganzzahliger Typ. Um auch nach der Binärkodierung den selbst definierten Typ sicher erkennen zu können, erhält er eine spezielle Kodierung. Das hat natürlich Konsequenzen für die Auswertung von Datenströmen: mit Standardtypen kodierte Informationen lassen sich auch ohne Kenntnis der speziellen ASN.1-Beschreibung lesbar dekodieren. Spezialkodierungen lassen sich aber ohne die zugehörende ASN.1-Beschreibung nicht interpretieren.

ASN.1 definiert, wie in den vorausgehenden Abschnitten unterstellt und verwendet, eine Reihe von Standardtypen. Aufgrund des Charakters von ASN.1 als reine Strukturbeschreibung sind diese Typen natürlich etwas anders definiert als in Programmiersprachen. Der Typ IN-TEGER für die Kodierung einer ganzen Zahl besitzt beispielsweise keine definierte Länge, da er sowohl für kleine Zahlen wie 1, 2, 3 ... als auch für die mehrere hundert Dezimalstellen langen Zahlen von Verschlüsselungsalgorithmen eingesetzt werden soll. Diese wird erst festgelegt, wenn die Daten für den Datenstrom kodiert werden. Neben verschiedenen Typen für Zahlen und Strings existieren auch Typen für Mengen und Aufzählungen. Auf alle Typen eingehen zu wollen übersteigt den hier vorgegebenen Rahmen. Wir beschränken die Diskussion daher auf einige wesentliche der hier verwendeten Typen:

- Der Standardtyp „SEQUENCE" fasst mehrere Variablen zu einer zusammengehörenden Struktur zusammen, deren Grenzen durch Klammern „{ ... }" gegeben sind. Innerhalb einer SEQUENCE müssen Variable definiert werden, die durch Kommata voneinander getrennt sind, eine existierende Datenstruktur entsteht aber erst, wenn SEQUENCE selbst an eine Variable gebunden wird. Auch hier gilt die Zeilenorientierung.

```
PersonenID ::= SEQUENCE{
    name STRING,
    anschrift STRING
}
```

person PersonenID { name "Meyer", anschrift "Emden" }

- Der Standardtyp „OBJECT IDENTIFIER" verbindet die Datenstruktur mit einer Kennziffer, die im Beispiel als Konstante angegeben und durch „{...}" geklammert ist.

```
OBJECT IDENTIFIER { iso(5) comp(12) als(55) 33 }
```

Die Kennziffern vieler Sicherheitsprotokolle werden durch ein zentralisiertes Verfahren vergeben und sind zusammen mit der formalen Syntaxbeschreibung des Protokolls in Datenbanken hinterlegt.

Mittels des OBJECT IDENTIFIER können verschiedene Interpretationsstrategien für Binärdaten realisiert werden. In der Standardanwendung liegt dem Auswertungsprogramm eine ASN.1-Spezifikation vor und dient zur Kontrolle, ob die korrekten Daten erhalten wurden. In einer erweiterten Anwendung kann mittels des dekodierten Wertes eines OB-JECT IDENTIFIER eine ASN.1-Spezifikation aus einer Datenbank geladen und anschließend eine Interpretation der Daten vorgenommen werden, d.h. das Programm kann sich individuell auf die aktuellen Vorgänge einstellen.

■ „VisibleString" und „INTEGER" sind einfache Standardtypen, denen fallweise Initialisierungen oder Gültigkeitsintervalle zugewiesen werden können.

■ Der Typ CHOICE (*hier nicht verwendet*) erlaubt die Deklaration alternativer Belegungen eines Datentyps

```
A::=CHOICE{
    zaehler          [3] INTEGER,
    id               [5] INTEGER
}
```

Welche Spezifikation der ASN.1-Beschreibung bei konkreten Daten anzuwenden ist, ergibt sich erst durch eine Analyse der Datentypen oder des Dateninhalts.

■ Der Typ SET erlaubt die Zusammenfassung von mehreren Variablen gleichen Typs in einem Datensatz.

Formale Syntax	Byte-Code		
	Typ	Länge	Inhalt
tInfo Tinfo ::=SEQUENCE{	30	0F	
objId OBJECT IDENTIFIER { iso(2) org(100) 3 },	06	03	81 34 03
name VisibleString { „Smith" },	1A	05	„Smith"
algNr Algorithm ::= INTEGER { 2 } }	02	01	02

Abbildung 3.1-1: ASN.1-Beispiel, Beschreibung siehe Text

Die Arbeitsweise mit den Daten anhand der Syntax lässt sich nun leicht beschreiben:

● Bei der Kodierung werden Konstante so in den Datenstrom eingefügt, wie sie definiert sind. Bei variablen Daten ist zunächst die Länge festzustellen, anschließend werden sie formatiert in den Datenstrom geschrieben.

● Bei der Dekodierung wird (*ggf. nach Auswahl der zutreffenden ASN.1-Spezifikation aufgrund der beschriebenen Mechanismen*) überprüft, ob konstante Daten den korrekten Inhalt enthalten oder sich Werte in vorgegebenen Intervallen befinden. Im Beispiel erhält der Empfänger eine „SEQUENCE", gefolgt von einem „OBJECT IDENTIFIER". Ist er nur für die Interpretation eines bestimmten Objekttyps eingerichtet, so kann die Arbeit nur fortgesetzt werden, wenn eine exakte Übereinstimmung zwischen erwartetem und erhaltenem Typ festgestellt wird.

Sind keine Konstanten angegeben, findet lediglich eine Typprüfung statt. Anschließend werden die Daten geladen.

Die Kodierung der Daten erfolgt durch Typ- und Längenangaben. Jedem Standardtyp ist eine Kennziffer zugewiesen, der auf den Bits 1-5 eines Typbytes gespeichert wird. Bit 6 kennzeichnet Strukturen wie SEQUENCE usw. Bit 7-8 enthält eine Klassenbezeichnung. Dies eröffnet die Möglichkeit, einen selbst definierten Typ durch Wechsel der Klasse zu definieren, dessen Dateninhalt auch ohne Kenntnis der speziellen ASN.1-Spezifikation interpretiert werden kann.

8	7	6	5	4	3	2	1
Klasse		S			Typkennziffer		

Mit der Typkennziffer 63 wird eine Datentypbezeichnung von mehreren Bytes kodiert. Das höchste Bit der folgenden Bytes kennzeichnet jeweils mit einer „1", dass die Typangabe noch nicht abgeschlossen ist, die unteren Bits stehen (*ggf. über mehrere Bytes durchgehend*) für eine Typangabe zur Verfügung. Da die meisten der Typen 0-62 bereits von Standardtypen belegt sind und auch den Klassenkennziffern eine bestimmte Bedeutung unterstellt wird, verwendet man häufig dieses System zur Kennzeichnung selbst definierter Typen.

An die Typkennziffer schließt sich die Längenangabe des Datenfeldes an. Die Längenkodierung ist etwas eigenwillig, da nur sieben Bits für die Längenangabe verwendet werden und das achte Bit für die Fortsetzung des Längenfeldes zuständig ist. Bei größeren Längen sind daher so lange weitere Bytes einzulesen, wie das höchste Bit gesetzt ist, anschließend sind die sieben-Bit-Einheiten wieder zusammenzusetzen, wobei die höchstwertigen Bits zuerst gesendet werden. Der Leser prüfe dies am folgenden Beispiel einmal nach:

$$L \leq 127: \quad 00..7F_{16}$$
$$L \geq 128: \quad 80_{16} + Anzahl_{Bytes}, Längenbytes \quad\quad\quad (3.1\text{-}3)$$
$$Beispiel: \quad L = 201: \quad 10000001_2, 11001001_2$$

Für Datenströme, in denen zu Beginn einer Kodierung noch nicht bekannt ist, wie viele Daten übertragen werden müssen, sind auch Mechanismen für eine Start-Ende-Kodierung vorgesehen.

Die ASN.1-Strukturbeschreibungen erlauben auch unmittelbar ein Umsetzen in Datenstrukturen für Programmiersprachen durch einen „ASN.1-Compiler". Bei objektorientierten Sprachen wie C++ ist eine Umsetzung in Klassen möglich, die bereits alle Methoden für das Schreiben und Lesen auf Datenströmen beinhalten und als Basisklassen für die Anwendungsprogrammierung dienen können.

So weit dieses einfache Beispiel in ASN.1 einführt, dürften für den in der Programmierung bewanderten Leser kaum Verständnisprobleme auftreten. Wir haben hier aber nur die grundlegenden Merkmale der Sprache herausgearbeitet. Eine Vielzahl von Feinheiten, die sich aus der beabsichtigten universellen Verwendbarkeit ergeben, sind in den Normen beschrieben und werden in verschiedenen Sicherheitsprotokollen auch verwendet. Beispielsweise beschränken sich die Auswahlmöglichkeiten zwischen Datentypen und Werten nicht auf die Initialisierung oder den Datentyp CHOICE, sondern sind rekursiv in der Sprachdefinition berücksichtigt Eine Zeichenkette kann mittels des Typs „Char" für einzelne Zeichen ohne weiteres so definiert werden:

> Zkette ::= emtpy I Char I Zkette , Char

Sie ist also entweder leer oder besteht aus einem Zeichen oder besteht aus einer Kette, der ein weiteres Zeichen hinzugefügt wird. Wir haben es daher nicht nur mit einer statischen Beschreibung von Datenstrukturen zu tun, sondern mit einer Grammatik, die geeignet ist, die Konstruktion neuer Daten zu beschreiben. Sofern der Leser beabsichtigt, sich intensiver in praktische Beispiele einzuarbeiten oder diese zu realisieren, wird er um ein weiteres Studium nicht herumkommen.

Gerade der Bezug zur Programmierung und die Übersetzungsmöglichkeit in Datenstrukturen von Programmiersprachen führt auch manchmal zu „Leseschwierigkeiten". Zur Vermeidung von Widersprüchen bei der automatisierten Kodeerzeugung oder Datenauswertung werden viele private Datentypen einzeln definiert und oft auch baugleiche Typen unter einem anderen Namen erneut erzeugt. Das gleiche gilt bei der Definition mehrerer verschiedener Optionen für die Datendarstellung oder für rekursive Konstruktion. Das Ergebnis sind häufig sehr lange Darstellungen: ein konkreter, den Leser interessierender Fall von vielleicht fünf Programmzeilen nimmt in der formalen Beschreibung u.U. zwei Seiten oder mehr ein, und Variablendeklarationen im benötigten Datenmodell müssen oft rekursiv über fünf oder mehr Typdefinitionen verfolgt werden. Das ist zwar computer- aber nicht unbedingt menschengerecht.

Über die Kodierung der ausgetauschten Informationen hinaus haben wir es bei Protokollen meist auch noch mit Kommunikationssequenzen zu tun, d.h. auf einen Datensatz ist in bestimmter Art und Weise zu reagieren. Dabei sind mindestens zwei verschiedene Dialoge vorzusehen: der Austausch des nächsten Datensatzes entsprechend der Protokollvorgaben oder einer Fehlermeldung, falls irgend etwas nicht funktioniert hat. Die Sequenzen werden meist funktions- und sinnmäßig unterteilt und beschrieben und jedem Sequenzpunkt die zugehörige ASN.1-Spezifikation zugeordnet.

3.1.3 Mathematische Basisoperationen symmetrischer Verfahren

Die bisher untersuchten zahlentheoretischen Modelle eignen sich zur Konstruktion von Algorithmen für Einwegverschlüsselungsverfahren oder asymmetrischen Verfahren, sind jedoch softwaretechnisch recht aufwendig, benötigen relativ hohe Rechenzeiten und benutzen Schlüssel, die ohne Hilfsmittel nicht mehr vom Anwender bewältigt werden können[57]. Aus diesem Grunde werden wir im ersten Abschnitt schnellere und einfachere Verfahren für Ein-

---

57 „Ohne Hilfsmittel" ist gleichbedeutend mit auswendig lernen und trifft damit nur auf einfache Schlüsselworte oder Zahlenkombinationen zu. Oberhalb einer Wortlänge von 8-10 wird das für das menschliche Gehirn jedoch unangenehm. Zahlentheoretische Methoden verlangen Schlüssel in der Länge von 150-300 Zeichen, was dann nur noch mit Speichermedien zu bewältigen ist und auch eine Eingabe von Hand unrealistisch macht.

wegverschlüsselung und symmetrische Ver- und Entschlüsselung vorstellen, die auf anderen mathematischen Verfahren beruhen. Die mathematischen Grundoperationen für die Erzeugung umkehrbarer Bitmusterveränderungen in diesen Verfahren sind

- *bitweise Addition (mod 2)* mit vorgegebenen Masken (*Symbol* $\oplus$). Die zweimalige Anwendung führt zum Ausgangspunkt zurück.

$$\underline{\text{Original} \qquad \text{Maske} \qquad \text{Ergebnis}}$$
$$0110\ 1100\ \oplus\ 0111\ 0001\ =\ 0001\ 1101 \qquad\qquad (3.1\text{-}4)$$

- *zyklisches Schieben* verändert die Positionen (*Symbol* $\ll,\gg$). Durch Schieben in die entgegengesetzte Richtung um die gleiche Bitanzahl wird die Ausgangsinformation wieder dargestellt.

$$0110\ 1100\ \ll\ 3\ =\ 0110\ 0011 \qquad\qquad (3.1\text{-}5)$$

- *Permutieren* vorgegebener Positionen ergibt ein neues Muster (*Symbol* $\mathbf{P}(..)$). Zu jeder Permutation existiert eine inverse Permutation.

$$0110\quad 1100\,P\begin{pmatrix} 1\,3\,4\,7\,5\,2\,6\,8 \\ 7\,2\,1\,3\,8\,4\,6\,5 \end{pmatrix}\ =\ 0010\quad 0111 \qquad\qquad (3.1\text{-}6)$$

- *Substitution* eines Bitmusters durch ein eindeutiges anderes (*Symbol* T[..]). Die Bitmusterzuordnung erfolgt durch eine Zuordnungstabelle, die i.d.R. ein schnelles Arbeiten ermöglicht

$$0100\ 1000 = T[0110\ 1100] \qquad\qquad (3.1\text{-}7)$$

Durch inverse Sortierung der Tabelle ist eine ebenso schnelle Rücksubstitution möglich.

Alleine oder einmalig angewendet, sind die entstehenden Bitmuster immer noch zu systematisch aufgebaut sind, um einem massiven Angriff standzuhalten. Z.B. besitzen Buchstaben oder Silben in den Sprachen bestimmte statistische Häufigkeiten, die auch in den veränderten Bitmustern ganz oder teilweise vorhanden bleiben und daher Rückwärtsanalysen zur Ermittlung der Schlüssel und des Klartextes erlauben. Durch Mehrfach- oder Mischanwendungen, die verschiedene Bitpositionen des Datenstroms miteinander vermischt, ist die Erzeugung „zufälliger" Bitmuster, die nichts mit den ursprünglichen zu tun zu haben scheinen, möglich, jedoch verlangt die Konstruktion sehr viel Sorgfalt.

Ist eine Umkehrbarkeit nicht erwünscht, so sind Biterzeugungs- und –vernichtungsoperationen hinzuzuziehen. Diese verändern den Informationsgehalt der Nachricht und verhindern damit eine spätere Rekonstruktion. Operationen dieses Typs sind

UND-Operation als Vernichtungsoperation

$$0110\ 1100\ \text{.AND.}\ 1101\ 1001\ =\ 0100\ 1000 \qquad\qquad (3.1\text{-}8)$$

ODER-Operation als Erzeugungsoperation

$$0110\ 1100\ \text{.OR.}\ 1101\ 1001\ =\ 1111\ 1101 \qquad\qquad (3.1\text{-}9)$$

Für ein Ergebnisbit existieren mehrere ununterscheidbare Möglichkeiten seiner Herkunft:

$$(Bit_E = 0 \, , Op = \text{AND}) \;\Rightarrow$$

$$(Bit_a = 0 \wedge Bit_b = 0) \vee (Bit_a = 0 \wedge Bit_b = 1) \vee (Bit_a = 1 \wedge Bit_b = 0)$$

$$Bit_E = 1 \, , Op = \text{AND} \;\Rightarrow\; (Bit_a = 1 \wedge Bit_b = 1)$$

$$(Bit_E = 1 \, , Op = \text{OR}) \;\Rightarrow$$

$$(Bit_a = 1 \wedge Bit_b = 1) \vee (Bit_a = 0 \wedge Bit_b = 1) \vee (Bit_a = 1 \wedge Bit_b = 0)$$

$$(Bit_E = 0 \, , Op = \text{OR}) \;\Rightarrow\; (Bit_a = 0 \wedge Bit_b = 0)$$

(3.1-10)

Nur ein Viertel aller möglichen Fälle ist jeweils eindeutig. In den anderen Fällen mus ein Rekonstruktionsversuch alle Möglichkeiten untersuchen. Auch hier ist eine Verknüpfung mit anderen Operationen und mehrfache Anwendung notwendig, wobei auf ein ausgewogenes Verhältnis erzeugter und vernichteter Bit zu achten ist.

Das Ziel „zufälliges Bitmuster" lässt sich relativ leicht überprüfen, ohne dass wir dies allerdings als ein Prüfverfahren für die Verfahrensqualität ansehen können. Datenkompressionsalgorithmen beruhen auf der verkürzten Darstellung sich wiederholender Muster in einem Datenstrom. Ist ein Kompressionsverfahren nicht in der Lage, die Datenmenge zu reduzieren, so sind keine Muster vorhanden und die Bit sind zufällig verteilt. Aus diesem Grunde ist in allen Sicherheitsprotokollen die Reihenfolge *(1) Datenkompression, (2) Verschlüsselung* einzuhalten, da es umgekehrt wenig Sinn macht.

3.2 Verschlüsselungsalgorithmen

3.2.1 Einwegverschlüsselung

Einwegverfahren zeichnen sich dadurch aus, dass auch für den Inhaber sämtlicher Verfahrensparameter die Umkehrung einer Verschlüsselung, falls sie überhaupt möglich ist, mit dem gleichen, technisch in den meisten Fällen nicht vertretbaren Aufwand wie für den Angreifer möglich ist, da ein schneller Algorithmus unbekannt ist. Die Kommunikationsteilnehmer und die Angreifer sind somit in der gleichen Situation. Die Verfahren können formal informationserhaltend oder informationsverändernd sein *(oder entsprechend eingesetzt werden)*. Der informationsverändernde Einsatz von Einwegverfahren ist als Regel zu betrachten. Informationsverändernd bedeutet, dass die Abbildungsfunktion $f : N \rightarrow M$ surjektiv ist. Mehrere verschiedene Informationen können somit zu den gleichen Verschlüsselungen führen. Bei der Verwendung von Biterzeugungs- und -vernichtungsoperatoren gilt dies z.B. für den überwiegenden Teil der Fälle in jeder einzelnen Anwendung, und auch bei der denkbar schlechtesten Kombination eines gleichzeitigen Einsatzes beider Operatoren bleibt die Surjektivität für die Hälfte der Fälle bestehen.

Für den sicheren Einsatz muss außerdem gewährleistet sein, dass aus dem Eingangsbitmuster auch nicht in Teilen auf das Ausgangsbitmuster geschlossen werden kann. Idealerweise bedeutet dies, dass bei Umkehrung eines einzelnen Nachrichtenbits etwa die Hälfte aller Bit der verschlüsselten Nachricht ebenfalls den Wert wechselt und dies bei Umkehrung anderer Nachrichtenbits auch jeweils andere Bit der Verschlüsselung betrifft. Nach k solchen Veränderungen (*immer vom gleichen Zustand ausgehend oder den neuen Zustand für die nächste Änderung verwendend*) sollte die Wahrscheinlichkeit, dass ein Bit seinen Zustand überhaupt nicht gewechselt hat, bei $w = 2^{-k}$ liegen (*wobei durch mehrere Wechsel natürlich wieder der gleiche Zustand wie zu Beginn vorliegen kann*). Diese Forderung verhindert, dass ein bestimmter zu einer regulären Information gehörender Verschlüsselungswert auch aus einer beliebig manipulierten Information durch eine vertretbare Anzahl von geringfügigen weiteren Manipulationen erzeugt werden kann (=*Fälschungssicherheit*). In der Literatur findet sich an dieser Stelle oft die Forderung nach „Kollisionsfreiheit", womit eine verschwindend geringe Wahrscheinlichkeit gemeint ist, dass zwei beliebige reale Nachrichten den gleichen Verschlüsselungswert ergeben. Zwischen den beiden Begriffen sollte deutlich differenziert werden. Die Forderung, ein bestimmtes Ergebnis auch durch bewusste Manipulation nicht erzeugen zu können, ist deutlich stärker als ein Ausschluss gleicher Muster bei zufälligen Nachrichten.

Einwegverfahren eignen sich zur Sicherung der Integrität einer Nachricht. Die Nichtumkehrbarkeit und die Fälschungssicherheit des Verfahrens ist kein Designfehler, sondern Absicht. Wir demonstrieren dies an einem Protokollbeispiel und beginnen mit den allgemeinen Rahmenbedingungen des Verfahrens:

Rahmenbedingungen

1. Der Absender besitzt die Information „Text". Diese soll unverschlüsselt an den Empfänger übertragen werden.

2. Ein Angreifer kann die Nachricht abfangen und vor Weiterleitung an den Empfänger bestimmte Nachrichtenteile verfälschen. Er ist aber nicht in der Lage, den berechtigten Empfänger oder Absender vollständig zu simulieren.

3. Fälschung und Echtheit sollen beim Empfänger unterschieden werden

---

Für die Erledigung dieser Aufgabe verwenden wir das Protokoll:

Absender	*Empfänger*
X = f(Text,Parameter), sendet X zu einem vereinbarten Zeitpunkt T_1	
	Sendet Quittung im Zeitfenster (T_1, T_2)
„Text" wird zum vereinbarten Zeitpunkt T_2 gesendet	

	Empfängt „Text", berechnet Y=f(Text,Parameter), vergleicht X=Y
	Sendet Quittung

Die Protokollkonstruktion lässt sich so begründen:

> Ist X=Y , so ist die Nachricht nicht verfälscht, da
>
> 1. die Kontrollinformation vor der Nachricht versendet wird und der Angreifer damit gemäß Voraussetzung keine Möglichkeit hat, auf den Inhalt zu schließen,
>
> 2. der Angreifer gemäß Voraussetzung nicht die Möglichkeit besitzt, den „Text" so zu verändern, dass die Kontrollinformation konstant bleibt,
>
> 3. der Angreifer die Kontrollinformation nicht bis zum Erhalt der Nachricht zwischenspeichern kann, indem er dem Sender eine Bestätigung schickt und Kontrollinformation und Nachricht zeitversetzt an den Empfänger schickt, da die Sendezeitfenster festliegen und bei Nachrichtenempfang außerhalb der Zeitfenster von einer Fälschung ausgegangen werden muss.

Sender und Empfänger legen es hier offenbar bewusst darauf an, dass der Angreifer (*falls er abhört*) den gleichen Informationsstand wie die Kommunikationsteilnehmer besitzt. Das Verfahren setzt weitere Vereinbarungen über die Festlegung der verwendeten Algorithmen, der Zeitfenster und der Konstruktionsprinzipien der Nachrichten voraus. Letzteres ist ein eigenes „Verschlüsselungsproblem", da aus der Formulierung ja auch die vollständige Simulation durch den Angreifer erkannt werden muss. Bei der Formulierung des kompletten Protokolls müssten wir uns auch darum kümmern, wollen aber hier darauf verzichten.

Bei diesem Verfahrensablauf weiß allerdings der Sender nicht, ob seine Nachricht überhaupt angekommen ist, da auch die Quittung des Empfangs von X ohne weitere Zusatzannahmen vom Angreifer gefälscht sein kann. Bei symmetrischer Anwendung dieses Verfahrens, d.h. auch der Empfänger baut eine zeitgesteuerte Nachrichtenkette zur Quittierung des korrekten Empfangs in Richtung Sender auf, können beide Richtungen abgesichert werden. Erhält der Sender im zweiten Teil keine korrekte Quittung, weil diese nicht weitergeleitet wurde oder der Empfänger aufgrund einer gefälschten Eingangsnachricht gar keine ausgestellt hat, kann die Angelegenheit z.B. auf anderem Weg geklärt werden.

Natürlich handelt es sich hier nicht gerade um ein praxistaugliches Verfahren. Es werden sehr viele spezielle Verfahrensschritte eingeführt, und in den Voraussetzungen sind Rahmenbedingungen enthalten, die selbst Gegenstand eines Protokolls sind und entsprechend abgesichert werden müssen[58]. An verschiedenen anderen Bemerkungen hat der Leser ablesen können, dass ein vollständiges Protokoll auch Strategien für die Fehlerbehebung umfassen muss, worum wir uns hier aber ebenfalls noch nicht gekümmert haben.

---

[58] Da sie aber in den Voraussetzungen enthalten sind, brauchen wir uns korrekterweise hier nicht darum zu kümmern.

Nach Vorstellen einer möglichen Anwendung, die sicher dem Leser deutlich gemacht hat, dass Algorithmen alleine nicht ausreichen, wenden wir uns nun einigen Algorithmen für Einwegverfahren zu.

3.2.1.1 Hash-Verfahren

HASH-Algorithmen sind informationsverändernde, nicht auf der Anwendung der Zahlentheorie basierende schnelle Verfahren. Für Verschlüsselungszwecke geeignete HASH-Algorithmen müssen zwei Bedingungen erfüllen:

(a) Der Umfang der erzeugbaren verschlüsselten Werte muss so groß sein, dass die statistische Wahrscheinlichkeit für die Erzeugung gleicher HASH-Werte für reale Nachrichten vernachlässigt werden kann.

(b) Die statistische Wahrscheinlichkeit, aus einer gegebenen Information durch Manipulation an unkritischen Stellen einen bestimmten HASH-Wert erzeugen zu können, muss so gering sein, dass technische Manipulationsversuche in vertretbarer Zeit keine Lösung liefern können.

HASH-Verfahren arbeiten mit einigen öffentlichen Parametern, die nur in bestimmten Anwendungsfällen durch private ersetzt werden (*ich habe hierauf in der Einführung unter dem Stichwort „Steganografie" bereits hingewiesen*). Die Information, welche Bit in welcher Weise zu manipulieren sind, stammt weitgehend aus dem Informationsstrom selbst. In typischen Algorithmen werden längere Eingabemuster in kurze Blöcke unterteilt und einzeln verschlüsselt. Das Ergebnis einer Verschlüsselung wird iterativ als Startwert für die Verschlüsselung des nächsten Blocks verwendet. Aus einer Eingangsinformation beliebiger Länge entsteht auf diese Weise eine verschlüsselte Information mit fest vorgegebener kleiner Länge. Aktuell in der Sicherheitstechnik verwendet werden z.B. der MD5 – Algorithmus (RFC1321), der aus 512 Bit Eingabedaten 128 Bit Ausgangsdaten erzeugt, oder der 160 Bit lange Ausgabemuster liefernde SHA-1 – Algorithmus. Die zugehörigen Standardberechnungsvorschriften lassen sich leicht aus dem Internet laden. „MD" ist die Abkürzung für „message digest", die Versionsnummer fünf zeugt von (*mindestens*) vier mehr oder weniger erfolglosen Versuchen, einen fälschungssicheren Algorithmus zu entwickeln. Das hört sich allerdings härter an, als es ist: die Algorithmen sind bei Veröffentlichung gewissenhaft geprüft und haben einer Reihe von Tests widerstanden. Nach der Veröffentlichung macht sich allerdings Heer von Bearbeitern mit ungleich größerem Zeitkonto und ganz anderen Absichten (*nicht Entwicklung, sondern Zerstörung*) über den Algorithmus her. Die hierbei gefundenen Schwachstellen sind natürlich in der nächsten Generation des Algorithmus nicht mehr vorhanden. Diese natürliche Entwicklungsspirale führt letztendlich zu immer besseren Produkten und weist noch einmal auf die Gefährlichkeit des Standpunkts hin, ein Algorithmus sei sicher, weil er nicht veröffentlicht wird.

Die öffentlichen Parameter werden an drei Positionen benötigt:

- Nur wenigste Datenblöcke sind genau 512 Bit (*oder ein Vielfaches davon*) lang. Um zu reproduzierbaren Ergebnissen zu gelangen, müssen die Datenblöcke durch ein bestimmtes Bitmuster auf 512 Bit aufgefüllt werden (*sogenannte „pad character"*). Wird von dieser Vereinbarung abgewichen, so ist im statistischen Mittel nur jeder 64. Datenblock wiederholbar verschlüsselt (*Warum?*).

- Das Ergebnis einer Verschlüsselungsrunde wird wieder in den nächsten Durchgang eingespeist. Da dies auch für den ersten Durchgang gilt, ist eine Initialisierung des „Ergebnisses" notwendig. Bei einer Abweichung hiervon ist nur bei Kenntnis dieses Wertes die Verschlüsselung überprüfbar (*der Leser ändere das in Kapitel 3.1.1. entwickelte Protokollbeispiel unter Ausnutzung dieser Eigenschaft so ab, dass ein einzelnes Telegramm für die Übermittlung der Nachricht ausreicht!*).

- Es werden mehrere Verschlüsselungsrunden durchgeführt, die jeweils aus einer Kombination mehrerer Basisoperationen bestehen. Sowohl die Kombination der Operationen als auch die dabei verwendeten Arbeitsparameter der Operatoren werden nach einem vorgegebenen Schema ausgetauscht.

Um einen Eindruck von der Vorgehensweise zu vermitteln, stellen wir einen kompletten Algorithmus vor:

Algorithmus 3.2-1: für RIPEMD-160 [RMD]

RIPEMD-160 ist eine iterative Hash-Funktion, die in 80 Runden in zwei Zweigen 16 Eingabeworte und 5 Zwischenergebnisworte (1 Wort = 32-Bit) zu Ergebnissen von 5 Worten(160-Bit) verarbeitet. Die Eingabe ist ggf. auf die notwendige Länge aufzustocken.

Arbeitsschema: ein „Datensatz" von fünf 32-Bit-Worten wird mit 16 Worten zu 32 Bit der Nachricht in einem Hashvorgang gemischt. Beim ersten Hashvorgang wird der Datensatz mit vorgegebenen Konstanten initialisiert, in den weiteren Hashvorgängen wird jeweils das Ergebnis des vorausgehenden verwendet.

Die Verarbeitung der Daten erfolgt in zwei parallelen funktionsgleichen Arbeitsketten von jeweils 80 Schritten. Für jeweils 16 Schritte wird eine bestimmte Arbeitsfunktion verwendet. Insgesamt kommen fünf verschiedene Arbeitsfunktionen zum Einsatz. In jedem Schritt kommt ein bestimmtes Wort des Nachrichtensatzes und ein vorgegebener Konstantensatz zum Einsatz. Die Indizes und Konstanten sind in einem Tabellensatz gespeichert, so dass aufgrund der laufenden Nummer des Arbeitsschritts ein schneller und eindeutiger Zugriff möglich ist. Die Tabellen sind aufgrund dieser Technik allerdings relativ groß.

Abschließend werden die Ergebnisse der beiden Arbeitsketten mit den Eingangsdaten zu einem Endergebnis verknüpft. Welche Worte miteinander kombiniert werden, ist ebenfalls in Tabellen vorgegeben.

Konstante und Funktionen: in Abhängigkeit von der „Verarbeitungsrunde" j sind folgende Funktionen für die Verknüpfung von drei 32-Bit-Größen definiert. Insgesamt werden 80 Iterationsschritte durchgeführt, wobei nach jeweils 16 Schritten die Bitverknüpfungsfunktion ausgetauscht wird.

```
f(j, x, y, z) = x [+] y [+] z                        (0 <= j <= 15)    59
f(j, x, y, z) = (x AND y) OR (NOT(x) AND z)         (16 <= j <= 31)
f(j, x, y, z) = (x OR NOT(y)) [+] z                 (32 <= j <= 47)
f(j, x, y, z) = (x AND z) OR (y AND NOT(z))         (48 <= j <= 63)
f(j, x, y, z) = x [+] (y OR NOT(z))                 (64 <= j <= 79)
```

Additive Konstante (alle folgenden Parameter bestehen aus je einem Parametersatz für jeden Zweig).

```
K(j) = 0x00000000      (0 <= j <= 15)
K(j) = 0x5A827999     (16 <= j <= 31)
K(j) = 0x6ED9EBA1     (32 <= j <= 47)
K(j) = 0x8F1BBCDC     (48 <= j <= 63)
K(j) = 0xA953FD4E     (64 <= j <= 79)

K'(j) = 0x50A28BE6     (0 <= j <= 15)
K'(j) = 0x5C4DD124    (16 <= j <= 31)
K'(j) = 0x6D703EF3    (32 <= j <= 47)
K'(j) = 0x7A6D76E9    (48 <= j <= 63)
K'(j) = 0x00000000    (64 <= j <= 79)
```

Reihenfolge der aus der Eingabeinformation in die Runden einzuspeisenden Worte des 16-Worte-Datenblocks. Die Reihenfolge ist für jeden Funktionsblock und jeden Iterationsblock festgelegt.

```
r(00..15) = 0, 1, 2, 3, 4, 5, 6, 7, 8, 9, 10, 11, 12, 13, 14, 15
r(16..31) = 7, 4, 13, 1, 10, 6, 15, 3, 12, 0, 9, 5, 2, 14, 11, 8
r(32..47) = 3, 10, 14, 4, 9, 15, 8, 1, 2, 7, 0, 6, 13, 11, 5, 12
r(48..63) = 1, 9, 11, 10, 0, 8, 12, 4, 13, 3, 7, 15, 14, 5, 6, 2
r(64..79) = 4, 0, 5, 9, 7, 12, 2, 10, 14, 1, 3, 8, 11, 6, 15, 13

r'(0..15) = 5, 14, 7, 0, 9, 2, 11, 4, 13, 6, 15, 8, 1, 10, 3, 12
r'(16..31)= 6, 11, 3, 7, 0, 13, 5, 10, 14, 15, 8, 12, 4, 9, 1, 2
r'(32..47)= 15, 5, 1, 3, 7, 14, 6, 9, 11, 8, 12, 2, 10, 0, 4, 13
r'(48..63)= 8, 6, 4, 1, 3, 11, 15, 0, 5, 12, 2, 13, 9, 7, 10, 14
r'(64..79)= 12, 15, 10, 4, 1, 5, 8, 7, 6, 2, 13, 14, 0, 3, 9, 11
```

Zahl des in den Runden durchzuführenden zyklischen Links-Schiebens auf einem Wort.

```
s(0..15)  = 11, 14, 15, 12, 5, 8, 7, 9, 11, 13, 14, 15, 6, 7, 9, 8
s(16..31) = 7, 6, 8, 13, 11, 9, 7, 15, 7, 12, 15, 9, 11, 7, 13, 12
s(32..47) = 11, 13, 6, 7, 14, 9, 13, 15, 14, 8, 13, 6, 5, 12, 7, 5
s(48..63) = 11, 12, 14, 15, 14, 15, 9, 8, 9, 14, 5, 6, 8, 6, 5, 12
s(64..79) = 9, 15, 5, 11, 6, 8, 13, 12, 5, 12, 13, 14, 11, 8, 5, 6

s'(0..15)  = 8, 9, 9, 11, 13, 15, 15, 5, 7, 7, 8, 11, 14, 14, 12, 6
s'(16..31)= 9, 13, 15, 7, 12, 8, 9, 11, 7, 7, 12, 7, 6, 15, 13, 11
s'(32..47)= 9, 7, 15, 11, 8, 6, 6, 14, 12, 13, 5, 14, 13, 13, 7, 5
s'(48..63)= 15, 5, 8, 11, 14, 14, 6, 14, 6, 9, 12, 9, 12, 5, 15, 8
s'(64..79)= 8, 5, 12, 9, 12, 5, 14, 6, 8, 13, 6, 5, 15, 13, 11, 11
```

Initialisierungswerte des 160-Bit-Ergebnisses

```
h0 = 0x67452301; h1 = 0xEFCDAB89; h2 = 0x98BADCFE;
h3 = 0x10325476; h4 = 0xC3D2E1F0;
```

---

59 [+] = ⊕ , NOT a = (0xFFFFFFFFFF ⊕ a), 0x.. = Hexadezimalformat , AND = ∧ , OR = ∨

Pseudo-code: die Nachricht X besteht (nach Auffüllen mit 0) aus t Blöcken von je 16 Worten und wird mit X[i][j] indiziert, wobei 0 <= i <= t-1 und 0 <= j <= 15.

```
for i:= 0 to t-1 {
    A:= h0; B:= h1; C:= h2; D = h3; E = h4;
    A':= h0; B':= h1; C':= h2; D' = h3; E' = h4;
    for j:= 0 to 79 {
        T:= (A [+] f(j, B, C, D) [+] X[i][r(j)]
            [+] K(j)) ≪ s(j) [+] E;
        A:= E; E:= D; D:= C ≪ 10; C:= B; B:= T;
        T:= (A' [+] f(79-j, B', C', D') [+] X[i][r'(j)]
            [+] K'(j)) ≪ s'(j) [+] E';
        A':= E'; E':= D'; D':= C' ≪ 10; C':= B'; B':= T;
    }
    T:= h1 [+] C [+] D'; h1:= h2 [+] D [+] E'; h2:= h3 [+] E [+] A';
    h3:= h4 [+] A [+] B'; h4:= h0 [+] B [+] C'; h0:= T;
}
```

```
Text zum Testen des RIPEMD-160-Verfahrens

RIPEMD:   E9198BFE 7FC42E7A 55A3CD30 11CCB159 E0F5C32C


Text zum Testen des RIPEMD-161-Verfahrens

RIPEMD:   CF950F57 4C0F3A80 7B01078A 517292F9 AC16683F
```

Abbildung 3.2-1: Änderung des Hash-Wertes des Algorithmus RIPEMD-160 bei Änderung eines Bit in der Nachricht. Verschlüsselt ist jeweils die komplette Textzeile. Bei Änderung eines Bit („0" -> „1") im Informationsblock ändern sich 38 von 40 Halbbytepositionen des HASH-Wertes.

Der Algorithmus vermittelt dem Leser sicher ein eindrucksvolles Bild von dem zu treibenden Aufwand. Trotz der recht umfangreichen Beschreibung umfasst der Algorithmus nur einfach zu implementierende Standardfunktionen und Tabellen, so dass die Ausführung außerordentlich effektiv ist (*der RIPEMD-Algorithmus zählt zu den derzeit schnellsten*). Die Wirkung der Änderung eines Nachrichtenbits $(0 \rightarrow 1)$ zeigt Abbildung 3.2-1.

Wir fassen zusammen: die Sicherheit solcher Hash-Verfahren beruht auf folgenden Prinzipien:

1. Alle Informationsbits werden untereinander durch die in der Einleitung beschriebenen Maskierungsverfahren sowie der mehrfachen Anwendung von Erzeugungs- und Vernichtungsoperatoren miteinander verknüpft, d.h. sie nehmen in den verschiedenen Runden alle möglichen Positionen an und führen so zu einem „zufälligen" Bitmuster als Ergebnis.

2. Entsteht z.B. bei der Operation $(A \wedge B)$ ein Bit mit dem Inhalt Null, so kann dies die Ursachen

$$(A = B = 0) \vee (A = 1 \wedge B = 0) \vee (A = 0 \wedge B = 1) \qquad (3.2\text{-}1)$$

haben. Die verschiedenen Fälle müssen in einen Rekonstruktionsversuch, der das Ergebnis in umgekehrter Reihenfolge der Operationen durch den Algorithmus schickt, bis zur Eingangsinformation einzeln verfolgt werden. Sofern dies möglich ist, liegt zum Schluss eine größere Menge möglicher Lösungen vor, aus denen mit anderen Methoden eine plausible ausgewählt werden muss.

Bei Einsatz von k Erzeugungs-/Vernichtungsoperationen entstehen 3^k zu verfolgende Möglichkeiten, so dass eine systematische Analyse an der Zahl der Möglichkeiten scheitert. Genauso lässt sich im Fall $(A \vee B)$ argumentieren. Eine Umkehrung der Verschlüsselung ist daher nicht möglich.

3. Bei Ersatz einer Nachricht durch eine andere ist es mit realistischem Aufwand nicht möglich, durch eine spezielle Auswahl eines Teils der Bit der neuen Nachricht den Hashwert der ursprünglichen Nachricht erneut zu erzeugen. Fälschungen sind somit nicht möglich.

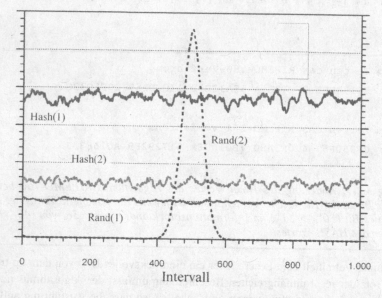

Abbildung 3.2-2: Wahrscheinlichkeitsverteilung der Hash-Ausgabewerte für den MD5-Algorithmus bei verschiedenen Wahrscheinlichkeitsverteilungen der Eingangswerte. Ein- und Ausgabewerte werden als Zahlen in willkürlichen Einheiten interpretiert.

Die Konstruktion von HASH-Algorithmen mit den gewünschten Eigenschaften ist nur scheinbar einfach. Zum Beispiel ist beim Einsatz der Erzeugungs- und Vernichtungsoperatoren in den Algorithmen die mittlere Bitanzahl und deren Streuung annähernd konstant zu halten, d.h. es dürfen nach mehreren Iterationen oder blockweisem Überschlüsseln längerer Informationsblöcke keine Häufungen von Null oder Eins auftreten, weil in diesem Fall das Ergebnis kaum noch für ein bestimmtes Eingangsbitmuster charakteristisch ist. Eine Basisprüfung von Algorithmen ist mit einfachen statistischen Methoden möglich. Die Ergebnisse zweier Prüfungen sind in Abbildung 3.2-2 und Abbildung 3.2-3 für den Hash-Algorithmus MD5 dargestellt. Statistisch ist der Ausgangswert unabhängig vom Eingangswert:

a) Der Ergebnisraum wird gleichmäßig mit Werten belegt, auch wenn der Eingangswert nur einem schmalen Band entstammt (*Abbildung 3.2-2*).

b) Bei Änderung eines einzelnen Bit im Eingang verändert im Durchschnitt die Hälfte aller 128 Ausgangsbits ihren Zustand (*Abbildung 3.2-3, allerdings mit recht großer Streuung*).

Wie gut sind die Hashalgorithmen im Härtetest? Komplexere Tests, auf die wir hier nicht weiter eingehen, vermögen in manchen Fällen Korrelationen aufzudecken, die in bestimmten Fällen Fälschungen ermöglichen. Auch hier bleibt die Entwicklung natürlich nicht stehen, und neue Algorithmen könnten in der Zukunft zumindest 128-Bit-Hashfunktionen wie MD5 angreifbar machen, obwohl auch die Entdecker erster Kollisionen bislang noch nicht von einer echten Gefährdung reden. Da als härter eingestufte 160-Bit und 256-Bit-Algorithmen bereits als Standard in vielen Protokollen verwendet werden, muss man sich wohl vorerst keine Sorgen machen.

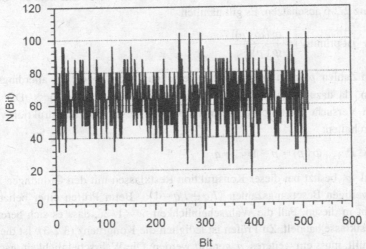

Abbildung 3.2-3: Anzahl der umgeschalteten Bit des Hash-Ergebnisses des MD5-Algorithmus bei Veränderung des angegeben Bit im Eingang

3.2.1.2 Diskreter Logarithmus

Ein Einwegverschlüsselungsverfahren auf der Basis der Restklassenalgebra beruht auf der derzeitigen Nichtlösbarkeit[60] des diskreten Logarithmus, (*siehe (2.1-13)*), d.h. bei der Kenntnis von (X, g, p) mit

$$X \equiv g^N \bmod p \tag{3.2-2}$$

---

60   Gemeint sind wieder einfache, in vertretbarer Zeit ablaufende und zu einem Ergebnis kommende Verfahren.

besteht keine einfache Möglichkeit, das zugehörige N zu ermitteln. Im Gegensatz zu den HASH-Algorithmen ist der diskrete Logarithmus unter bestimmten Bedingungen formal informationserhaltend. Die Anzahl der eindeutigen Verschlüsselungen hängt von der Ordnung des Elementes g ab. Ein bestmögliches Ergebnis erhalten wir durch folgende Überlegung: ist p eine Primzahl und $[g]$ der Vertreter einer primitiven Restklasse, so lassen sich $\varphi(p) = p - 1$ verschiedene Nachrichten N eindeutig verschlüsseln. Lassen wir auch $N > ord(g)$ zu, so besitzt jede Nachricht mit $N_f = N + f * ord(g)$ die gleiche Signatur X.

Eine primitive Restklasse existiert auf jeden Fall, wenn p eine Primzahl ist. Wir schätzen nun den Aufwand ab, um eine solche Restklasse zu finden. Wie bereits in Kapitel zwei dargelegt, müssen wir systematisch oder zufällig verschiedene Zahlen testen, bis wir eine primitive Restklasse gefunden haben. Wir wählen eine beliebige Zufallzahl a und berechnen

$$a^{\varphi(m)/2} \equiv x \, mod \, m \tag{3.2-3}$$

Ist $x \neq 1$, so ist a primitiv. Den notwendigen (*mittleren*) Aufwand können wir leicht mit Hilfe von Satz 2.2-6 abschätzen. Es gilt nämlich

$$w(a \text{ ist primitiv}) = \frac{\varphi(\varphi(p))}{\varphi(p)} \tag{3.2-4}$$

Bei größeren Zahlen p kann die praktische Berechnung von $\varphi(\varphi(p))$ allerdings problematisch werden, da dazu $\varphi(p)$ in seine Primfaktoren zerlegt werden muss. Die Anzahl der notwendigen Versuche lässt sich aber durch folgende geschickte Konstruktion von p und $\varphi(p)$ klein halten:

$$p,q \in P \quad , \quad \varphi(p) = p - 1 = 2 * q \tag{3.2-5}$$

Die Primzahl p besitzt bei dieser Konstruktion Restklassen mit den Ordnungen $(2, q, 2*q)$ und den jeweiligen Besetzungszahlen $(1, q-1, q-1)$. Beim Prüfen einer beliebigen Restklasse besteht in diesem Fall die Wahrscheinlichkeit $w = 1/2$, dass es sich bereits um eine primitive Restklasse handelt. Zu Prüfen ist lediglich die Kongruenz (3.2-3). Ist diese Kongruenz nicht erfüllt, muss ein weiteres a geprüft werden. Die Wahrscheinlichkeit, nach k Tests dieser Art noch keine brauchbare Restklasse gefunden zu haben, liegt bei $(1/2)^k$.

$$p = 29 \quad (Primzahl)$$
$$m = 2*p + 1 = 59 \quad (Primzahl!)$$

Beispiel:

$$12^{29} \equiv 1 \, mod \, 59 \quad (nicht \, primitiv)$$
$$13^{29} \equiv 58 \, mod \, 59 \quad (primitiv!)$$

In Erinnerung an das Kapitel über Spektren hat der Leser sicher schon bemerkt, dass diese Theorie kaum praktische Auswirkungen hat: zu einer „gewöhnlichen Wald-, Feld- und Wiesen-"Primzahl lässt sich durch Probieren eine primitive Restklasse meist schneller finden als eine spezielle Primzahl der Konstruktion (3.2-5). Theoretisch sind solche Konstruktionen für den diskreten Logarithmus noch nicht einmal sehr sinnvoll, da bestimmte Lösungsverfahren leichter mit primitiven Restklassen zu einem Ergebnis kommen als mit Ordnungen folgender Konstruktion:

$$p,q \in p \quad , \quad p-1 = f*q \quad , \quad 0,5 \leq \frac{\log_{10}(q)}{\log_{10}(p)} \leq 0,8 \quad , \quad ord(g)=q \qquad (3.2\text{-}6)$$

Die Primzahl p besitzt in der Praxis eine Größe von 1.024-2.048 Bit, was etwa 300-600 Stellen im dekadischen System entspricht. Die speziellen Primzahlen des Typs (3.2-5) werden jedoch an anderer Stelle benötigt, so dass systematisch zu untersuchen bleibt, wie Primzahlen allgemein oder auch solche mit speziellen Konstruktionsmerkmalen gefunden werden können. Wir werden dies im nächsten Kapitel untersuchen.

Wie bei den Hash-Algorithmen ist die zur Verschlüsselung verwendete Primzahl p häufig klein gegenüber der zu verschlüsselnden Nachricht. Auch hier kann daher eine Blockbildung unter Verzicht auf die Informationserhaltung durchgeführt werden, z.B. durch

$$N = N_1 \circ N_2 \circ ... \circ N_k \quad , \quad X \equiv \prod_{j=1}^{k} a^{N_j} \bmod p \qquad (3.2\text{-}7)$$

mit einer festen Bitbreite der N_j. Die problemlose Durchführbarkeit solcher Rechnungen wurde bereits in Anschluss an Satz 2.1-2 demonstriert. Die Sicherheit des Verfahrens ist in zweifacher Hinsicht gegeben. Soll eine Nachricht N durch einen Nachricht N' bei gleichem X ersetzt werden, so ist zunächst der letzte Schritt

$$\frac{X}{X_{j-1}} \equiv X_j \bmod p \qquad (3.2\text{-}8)$$

durch eine Division zu lösen (*das ist leicht machbar*) und anschließend der ganzzahlige Logarithmus zu berechnen (*und da hätten wir schon das Problem*)

$$N'_j \equiv \log_a(X_j) \bmod p \qquad (3.2\text{-}9)$$

Dazu ein _Beispiel:_ Mittels einer Basis $> 2^{98}$ verschlüsseln wir zwei Nachrichten nach folgendem Algorithmus

$$\begin{aligned}
&input\ I \\
&s \leftarrow 0 \\
&do \\
&\quad s \leftarrow \left(s + a^{I \bmod (p-1)}\right) \bmod p \qquad\qquad (3.2\text{-}10)\\
&\quad I \leftarrow \left[I/(p-1)\right] \\
&while\ I > 0 \\
&output\ s
\end{aligned}$$

Die verwendeten Parameter und das Ergebnis der Verschlüsselung sind:

```
m = 27190.90720.10521.38440.74272.15773
a =  9063.63573.36840.46146.91424.05258

I = „Test-Text 1 , diskreter Logarithmus"
x = 101896784669874738404585299467

I = „Test-Text 2 , diskreter Logarithmus"
x = 747282673322886928980053052780
```

Vergleichen wir abschließend Hash-Algorithmen und diskreten Logarithmus in Bezug auf den praktischen Einsatz. Wie der Leser durch Experimente leicht nachvollziehen kann, benötigt der diskrete Logarithmus im besten Fall ca. das 50-fache an Laufzeit gegenüber einem Hash-Algorithmus. Die hier untersuchten Einsatzmöglichkeiten als Einwegfunktion haben somit nur akademisches Interesse. Wie wir noch sehen werden, spielt er trotzdem eine wichtige Rolle im Reigen der Verschlüsselungsalgorithmen, da sich durch geschickte Anwendung mit ihm auch umkehrbare Verfahren konstruieren lassen.

3.2.2 Umkehrbare Verfahren

Bei umkehrbaren Verfahren existieren schnelle Algorithmen zum Verschlüsseln und zum Rückgewinnen der Nachricht aus der verschlüsselten Information. Der Einsatz der Entschlüsselungsalgorithmen setzt die Kenntnis spezieller Parameter voraus, die folglich geheim gehalten werden müssen und die auch nicht auf einfache Weise aus allgemein bekannten Verfahrensparametern berechnet werden können. Die Verfahren können in zwei Klassen unterteilt werden:

- **Symmetrische Verfahren:** die Dechiffrierung wird mit dem gleichen Parametersatz durchgeführt wie die Chiffrierung[61]. Ein bestimmter Teil des Parametersatzes, der *Schlüssel*, ist geheim zu halten. Die Sicherheit des Verfahrens hängt, neben der relativen Unberechenbarkeit einer Lösung, insbesondere von der Geheimhaltung des Schlüssels ab.

- **Asymmetrische Verfahren:** für Chiffrierung und Dechiffrierung werden zwei unterschiedliche Schlüsselsätze verwendet. Ist einer der Schlüssel aus dem anderen nicht ohne besondere (*geheime*) Zusatzinformationen ermittelbar, so ist eine Geheimhaltung nur für einen der beiden Schlüssel notwendig.

Auf der Zahlentheorie basierende Algorithmen sind vorzugsweise vom zweiten Typ, d.h. asymmetrisch. Zur Konstruktion symmetrischer Verfahren werden wir wieder auf die alternativen mathematischen Methoden zurückgreifen, wobei Erzeugungs- und Vernichtungsopera-

---

61   Die Verwendung eines einzigen Parametersatzes = Schlüssels bedeutet aber nicht, dass auch der Algorithmus in beiden Richtungen identisch sein muss !

toren natürlich nicht zum Einsatz kommen, da Ver- und Entschlüsseln nun informationsver-
lustfrei durchgeführt werden müssen. Das bedeutet auch, dass die generierte verschlüsselte
Nachricht X mindestens so lang ist wie die Ausgangsnachricht N [62]. Wie bei den Einwegverfahren sind die auf der Zahlentheorie beruhenden Verfahren deutlich rechenintensiver und
dadurch zum Verschlüsseln großer Datenmengen nur bedingt geeignet. Bezüglich der Effek-
tivitätssteigerung durch Datenkompression erinnern wir noch einmal daran, dass die Daten im
ersten Schritt zu komprimieren und erst danach im zweiten Schritt zu verschlüsseln sind.

Geschwindigkeit ist aber nicht alles. Der Leser sollte sich auch die unterschiedlichen Einsatz-
voraussetzungen vor Augen führen:

→ Bei symmetrischen Verfahren ist vor Aufnahme der vertraulichen Kommunikation eine
Vereinbarung der Schlüssel zwischen den Partnern notwendig. Die Schlüssel sind individuell für jeden Kommunikationspartner zu wählen, d.h. bei vielen Partnern sind auch viele
Schlüssel zu verwalten. Bei Eintreffen einer Nachricht muss der Absender festgestellt
werden, um den richtigen Schlüssel auswählen zu können. Dies kann nur durch teilweisen
Bruch der Vertraulichkeit (*der Absender identifiziert sich im Klartext*) oder durch zeit-
aufwendiges Probeentschlüsseln mit verschiedenen Schlüsseln realisiert werden. Allerdings besteht Klarheit über den Absender einer Nachricht.

→ Asymmetrische Verfahren weisen diese Nachteile nicht auf, da jeder den öffentlichen
Schlüssel ohne Vorabsprache beziehen und vertrauliche Nachrichten versenden kann. Allerdings ist nun für den Empfänger unklar, von wem eine Nachricht stammt (*Vortäuschen
einer falschen Identität*). Bei solchen Überlegungen wird schnell klar, dass reale Einsatzfälle Mischverfahren notwendig machen.

3.2.2.1 Symmetrische Verfahren

3.2.2.1.1 Data Encryption Standard, DES

Symmetrische Verfahren fallen in die Kategorie der nicht aus der Zahlentheorie stammenden
Algorithmen. Wir erläutern zunächst die Funktionsweise des „data encryption standard"
DES[63]. Der DES verschlüsselt 64 Bit große Datenblöcke mit einen 64 Bit großen Schlüssel,
wobei der eigentliche Schlüssel „nur" 56 Bit enthält und die restlichen acht Bit durch Pa-
ritätsbildung ($\sum b(i) \equiv 0 \bmod 2$, $1 \le i \le 8$) entstehen. Diese etwas merkwürdige Vorgehensweise beruht auf dem Alter des Algorithmus, bei dem die Eingabe eines direkt lesbaren
Schlüssels wie „*Abj7RgR9*" angenommen wurde. Ob die fehlenden acht Bit nun durch eine

---

62 Die Nachrichtenlänge wird auf das nächste Vielfache der Blocklänge des Verschlüsselungsalgorithmus mit
Füllzeichen aufgefüllt. Die Möglichkeit einer Verringerung der Datenlänge durch eine häufig mögliche Datenkompression soll an dieser Stelle nicht weiter betrachtet werden.

63 Obwohl dieser Algorithmus schon in die Jahre gekommen ist -gemessen am Leistungsfortschritt der Hardware-
generationen- gehört er immer noch zu den „sicheren" Standardverfahren, auch wenn bereits die Ablösung durch
einen Nachfolger höherer Wortbreite erfolgt.

Paritätsrechnung, direkt oder als Konstante erzeugt werden, spielt für das Funktionieren des Algorithmus keine Rolle. Das Verfahren ist auf 128-Bit- oder 196-Bit-Schlüssel (DES3) durch sequentielle Mehrfachausführung der 64-Bitverschlüsselung erweiterbar, wie am Ende des Kapitels gezeigt wird.. Der Algorithmus ist ähnlich den HASH-Algorithmen iterativ, um alle Bitpositionen miteinander zu korrelieren, und außerdem umkehrbar konstruiert, so dass mit dem gleichen Algorithmus bei Durchlaufen der Schritte in umgekehrter Reihenfolge die Entschlüsselung bewerkstelligt werden kann. Wie bei den Hashalgorithmen werden jeweils mehrere Durchläufe durchgeführt.

Die Daten werden in zwei 32 Bit große Halbblöcke $\left(R_n, L_n \right)$ zerlegt und 16 Iterationsschritten unterworfen:

$$L_n \leftarrow R_{n-1}$$
$$R_n \leftarrow L_{n-1} \oplus f\left(R_{n-1}, IK_n \right) \tag{3.2-11}$$

Die Aufteilung und die unveränderte Übernahme eines Teils der Information ist die Voraussetzung für die Umkehrbarkeit, wie noch gezeigt wird.

Der Schlüssel IK_n in der Verschlüsselungsfunktion $f(..)$ ist ein aus dem Primärschlüssel K erzeugter „Rundenschlüssel" von 48 Bit Größe, der für jede Verschlüsselungsrunde neu erzeugt wird:

$$IK_n = Key(n, K)$$
$$K = KL \circ KR$$
$$Key: P_n \left((KL \leqslant sl_n) \circ (KR \leqslant sr_n) \right) \tag{3.2-12}$$

Der Primär-Schlüssel wird ebenfalls zunächst in zwei gleichgroße Teile von je 32 Bit (*28 Bit ohne Paritätsbits*) zerlegt (*L=Links, R=Rechts*). Jeder Teilschlüssel wird in jeder Verschlüsselungsrunde um eine festgelegte Anzahl von Stellen zyklisch verschoben. Aus dem dadurch entstehenden 64-Bit-Zwischenschlüssel werden mittels festgelegter Tabellen 48-Bit bestimmter Positionen auf den in der Verschlüsselungsfunktion $f(..)$ verwendeten Sekundärschlüssel IK_n kopiert.

Zur Verknüpfung des Schlüssels mit den Daten werden bei diesen durch eine Datenexpansion von 32 auf 48 Bit zunächst Bit bestimmter Positionen verdoppelt (*Tabelle 3.2-1*). Dazu wird das 32-Bit-Wort in acht 4-Bit-Blöcke zerlegt und Links und Rechts von jedem 4-Bit-Block das jeweilige nächste Bit des Nachbarblocks eingefügt:

	1	2	3	4		5	6	7	8		9	10	11	12			13
32	1	2	3	4	5	4	5	6	7	8	9	8	9	10	11	12	13	12	13

Tabelle 3.2-1: obere Zeile: 32 Originalbits; untere Zeile: 48 Bit mit verdoppelten Positionen

In den hierdurch entstehenden 6-Bit-Blöcken der Tabelle 3.2-1 stellen die mittleren vier Bit die ursprüngliche Information dar, während die beiden äußeren Bit redundant sind und zum

Informationsbestand je eines Nachbarblocks gehören. Zu diesen acht 6-Bit-Blöcken wird der iterierte 48-Bit-Schlüssel IK_n addiert

$$I_{s,48,n} = P_{48}(I_{32,n}) \oplus IK_n \qquad (3.2\text{-}13),$$

Durch die Expansion entsteht eine Redundanz in der Information, die auch nach der Addition des Rundenschlüssels noch vorhanden ist. Die Redundanz wird durch eine Substitution beseitigt, die den Hauptanteil an der Bitmusterveränderung übernimmt und auf die vier zentralen Bit jedes Blocks wirkt. Statt einer Substitutionstabelle existieren für jeden Block vier Tabellen, von denen eine durch das Bitmuster der äußeren Bit eines 6-Bit-Blocks ausgewählt werden.

B1 B2 B3 B4 B5 B6 $\rightarrow$ **B6 B1** + **B5 B4 B3 B2** $\qquad (3.2\text{-}14)$

Zahlenbereiche: 0 .. 3   0 .. 15

Tabelle Nr.	Wert: 0	1	2	3	....
0	14	4	7	9	..
1	8	5	12	3	..
...	...	...	...	...	...

Tabelle 3.2-2: Wertkonvertierung

Sind zum Beispiel die Bit $B_6 B_1$ mit dem Bitmuster „00" besetzt, wird die erste Zeile/Teiltabelle der Tabelle 3.2-2 als Substitutionsmuster verwendet, beim Bitmuster „01" die zweite usw. Ist der Inhalt der zentralen vier Bit eine Drei, so ist das Ergebnis eine Neun, Drei, usw. Es entstehen so aus den 48 Bit wieder 32 mit dem ursprünglichen Informationsinhalt, aber einem völlig anderen Bitmuster. Prinzipiell ist das Substitutionsmuster eines Blocks im Muster der benachbarten Blöcke vorhanden, da jeweils die Randbits verdoppelt wurden. Durch den Verschlüsselungsschritt vor der Anwendung der Permutationstabellen wird aber erreicht, dass die Auswahlbits für die Tabellen nicht mehr mit den substituierten Bit übereinstimmen. Ohne den Schlüssel können aus dem Muster eines Blocks keinerlei Rückschlüsse auf das Muster eines anderen Blocks gezogen werden. Ähnlich wie bei den Hash-Algorithmen steigt die Anzahl der möglichen Muster, die bei einem Angriff untersucht werden müssten, mit der Anzahl der Verschlüsselungsrunden exponentiell an. Auch für die Durchmischung aller Bitpositionen wird auf diese Weise gesorgt: Nach mehrfachem Durchlaufen des Algorithmus entsteht ein Bitmuster, das keine erkennbare Korrelation mit dem Primärmuster oder dem Schlüssel aufweist (*Tabelle 3.2-4*). Durch die Verschiebungsoperationen und die Korrelation der Datenblöcke untereinander während der Substitution (*ein Block wirkt auf beide Nachbarn, im 2. Schritt wirkt das Ergebnis des 1. dann bereits auf die übernächsten, usw.*) sind alle Bitpositionen des Endergebnisses mit gleicher Wahrscheinlichkeit einer Änderung bei Änderung eines Bit in der Eingabe unterworfen[64].

Die Entschlüsselung erfolgt durch die Anwendung des gleichen Algorithmus, wobei die Iterationsschritte in der umgekehrten Reihenfolge durchlaufen werden . Durch Umstellung von (3.2-11) verifiziert man leicht:

$$
\begin{aligned}
R_{n-1} &\leftarrow L_n \\
L_{n-1} &\leftarrow R_n \oplus f\left(L_n, IK_n\right)
\end{aligned}
\tag{3.2-15}
$$

Tabelle 3.2-3 demonstriert die Umkehrung an einem Substitutionsschritt.

R_{n-1}	1	0	1	0	1	0
L_{n-1}	-	1	0	1	0	-
IK_n	0	0	1	1	0	0
R_n	-	0	0	1	1	-
L_n	1	0	1	0	1	0

Tabelle 3.2-3: Umkehrung des DES - Algorithmus

Der Leser überzeuge sich durch Nachrechnen des Beispiels in Tabelle 3.2-3 mit (3.2-11) und (3.2-15) davon, dass der Funktion $f\left(X, IK_n\right)$ in beiden Fällen die gleichen Parameter übergeben werden. Die entstehende Bitmaske wird somit nacheinander auf das Original und das Chiffrat angewandt, was wiederum zum Original zurückführt.

Schlüssel	Nachricht	Chiffrat
12345678	12345678	6C E3 9A 31 E7 7C AA 1C
12345578	12345678	7A 5F 14 8E 3E D0 5C 1A
12345678	12345578	B8 3B BB 54 9C 83 1D 0E

Tabelle 3.2-4: Chiffrat des DES-Algorithmus bei Änderung eines Bit in der Nachricht bzw. im Schlüssel

Ein Beispiel des vom DES-Verfahren erzeugten Chiffrats ist in Tabelle 3.2-4 dargestellt. Ein Austausch eines Bit im Schlüssel oder in der zu verschlüsselnden Nachricht bewirkt den Wechsel des Zustands von etwa der Hälfte der Chiffratbits.

Auch bei diesem Verschlüsselungsverfahren ist ein Auffüllen eines Datenblocks zum Erreichen der nächsten 8-Bit-Blockgrenze notwendig. Bei der Entschlüsselung sind die Zusatzbytes

---

[64] Diese Aussage muss natürlich, wie bei den HASH-Algorithmen bereits ausgeführt, massiven statistischen Angriffen mit ausgewählten Eingabemustern standhalten.

wieder zu entfernen. Hierfür existieren keine einheitlichen Verfahrensweisen. Ein Beispiel für die Kodierung von Binärdaten geben wir unten an.

Aufgrund seiner Geschwindigkeit gehört DES zu den meistbenutzten Verschlüsselungsverfahren. Nachteilig ist jedoch die geringe Schlüsselbreite von $7,2*10^{16}$ Schlüsselwerten, die bei den heutigen Rechnergeschwindigkeiten nicht mehr sicher ist[65]. Ein weiterer gravierenderer Nachteil ist die Verschlüsselung von jeweils acht Datenbytes zu einem ebenfalls acht Datenbyte langen verschlüsselten Block. Wiederholungen im Datenstrom führen dann auch zu Wiederholungen im verschlüsselten Datenstrom, was bei Kenntnis des Zwecks der ganzen Verschlüsselungen einem Angreifer bestimmte Analysemöglichkeiten eröffnet[66]. Zur Vermeidung dieses Effekts ist mindestens eine Datenkompression durchzuführen, was aber bei längeren Datenströmen auch wieder das Problem mit sich bringt, dass der komplette Strom vor einer Sendung bekannt sein muss. Ein verschlüsselndes Datenrelais ist so nicht zu konstruieren.

Der DES-Algorithmus lässt sich allerdings zu einer Form erweitern, die diese Probleme nicht mehr aufweist (*dafür aber neue mit sich bringt*). Die Daten werden dazu zunächst nach ASN.1 strukturiert[67]:

```
des3Data ::= SEQUENCE {
     rand INTEGER;                          (3.2-2)
     data OCTETT STRING;
     pad  OCTETT STRING }
```

Die Strukturierung wird notwendig, weil die Verschlüsselung mit einer festen Blockbreite arbeitet und die Daten ggf. aufgefüllt werden müssen. Die ursprüngliche Länge muss aber bekannt sein, um die Auffüllungen sicher erkennen und bei der Dekodierung wieder beseitigen zu können. Genau diese Informationen werden durch eine Einbettung der Daten in eine ASN.1-Struktur bereitgestellt. An den Anfang der Information wird eine Zufallzahl gestellt, so dass auch bei gleicher Nachricht verschiedene Verschlüsselungen resultieren. Jeder Datenblock wird drei mal mit verschiedenen Schlüsseln verschlüsselt (*Reihenfolge: Kodieren, Dekodieren, nochmals Kodieren, siehe Abbildung 3.2-4*). Eines der Zwischenergebnisse wird ausgekoppelt und bitweise zum nächsten Datenblock addiert. Der Algorithmus existiert in mehreren Versionen mit unterschiedlichen Schlüsselbreiten (*128 Bit, wobei der erste Teilschlüssel im dritten Schritt noch einmal wiederholt wird, oder 192 Bit*) oder Kopplungspunkten des Zwischenergebnisses mit dem nächsten Datenblock. Die Aufstellung eines Entschlüsselungsschemas überlassen wir dem Leser.

---

65 Ein massiver Angriff auf 56-Bit-Schlüssel ist bei der erreichten Geschwindigkeit der Rechner im Bereich des machbaren, wird aber wiederum uninteressant, wenn für das Finden eines nur wenige Minuten lang genutzten Schlüssels mehrere Tage benötigt werden; die übermittelte Information steht dann zwar zur Verfügung, aber es besteht weiterhin keine Möglichkeit, in einen laufenden Dialog einzubrechen.

66 Wir verzichten auf die Diskussion solcher häufig auf der Datensyntax oder lexikalischen Annahmen beruhenden Analysen und verweisen auf die Literatur im Anhang.

67 Vereinfachte Darstellung

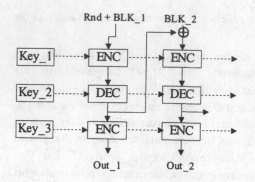

Abbildung 3.2-4: einer der verschiedenen möglichen DES3-Algorithmen

Der DES-Algorithmus erlaubt in dieser Form zwar eine Stromchiffrierung mit hinreichend hoher Schlüsselbreite, besitzt jedoch den Nachteil, dass die drei Durchläufe auch die dreifache Zeit eines einfachen Durchlaufs erfordern. Es verwundert daher sicher niemanden, wenn nach anderen Algorithmen Ausschau gehalten wird.

3.2.2.1.2 Advanced Encryption Standard AES

Die Beschränkung der Block- und der Schlüssellänge auf 64 Bit beim DES-Algorithmus hat zu einer Vielzahl von neuen Entwürfen schneller symmetrischer Algorithmen geführt, von denen wir den AES, vormals Rijndael-Algorithmus für eine Diskussion herausgreifen wollen[68]. Der Algorithmus kann mit unterschiedlichen Block- und Schlüssellängen betrieben werden, wobei Längen von jeweils 256 Bit gebräuchlich sind. Je nach verwendeter Länge ändern sich einige Details im Ablauf. Wir werden uns hier auf die Diskussion der 256-Bit-Variante beschränken. Um die Funktionsweise des Algorithmus darstellen zu können, fassen wir zunächst die Datenbytes blockweise zu vierdimensionalen Spaltenvektoren mit 32 Bit Gesamtlänge zusammen und ordnen diese in einer Matrix mit n_s Spalten an (*ein Matrixelement entspricht einem byte*):

$$(d_1 .. d_n) \rightarrow \begin{pmatrix} a_{00} & a_{01} & a_{02} & .. & a_{07} \\ a_{10} & a_{11} & a_{12} & .. & a_{17} \\ a_{20} & a_{21} & a_{22} & .. & a_{27} \\ a_{30} & a_{31} & a_{32} & .. & a_{37} \end{pmatrix} \; ; \; d_k \rightarrow a_{k \bmod 4, \, k \bmod 8} \qquad (3.2\text{-}16)$$

Dieser Aufbau erlaubt eine Veränderung des Bitmusters der Nachricht beispielsweise in den folgenden vier Arten:

1) Transformation des Bitmusters jedes einzelnen Elementes der Matrix,

2) Transformation der Elementmuster einer Zeile,

3) Transformation der Elementmuster einer Spalte,

---

68 Der Algorithmus ist „Gewinner" einer Ausschreibung für einen sicheren Standard-Algorithmus als Nachfolger von DES und „firmiert" daher mit einem neuen Namen. Dokumente mit den vollständigen Beschreibungen lassen sich problemlos aus dem Internet laden.

4) Verschlüsseln der Datenmatrix mit der (*entsprechend definierten*) Schlüsselmatrix

Die ersten drei Operationen dienen wieder zum Korrelieren der verschiedenen Bits. Erst im vierten wird eine Verknüpfung mit einem geheimen Schlüssel durchgeführt. Wie in den bereits diskutierten Algorithmen müssen die vier Basisschritte deshalb mehrfach durchlaufen werden, wobei das Ziel die Minimierung dieser Wiederholungen ist, um die Ausführungszeit niedrig zu halten.

Bitmustertransformation: jedes Byte wird einzeln einer Transformation unterworfen:

$$T_b : a_{ik} \rightarrow b_{ik} \tag{3.2-17}$$

Die Transformationsvorschrift T besteht aus zwei Teilen:

- Bildung des multiplikativ Inversen:

$$c \equiv a_{ik}^{-1} \; mod \; 256 \tag{3.2-18}$$

Aus Geschwindigkeitsgründen wird diese Operation mittels einer Tabelle durchgeführt. Die Operation wirkt sich insbesondere bei mehrfacher Wiederholung des Algorithmus aus.

- Lineare Transformation der Bit

$$
\begin{pmatrix} b_0 \\ b_1 \\ b_2 \\ \dots \\ b_7 \end{pmatrix}
\equiv
\begin{pmatrix}
1 & 0 & 0 & 0 & 1 & 1 & 1 & 1 \\
1 & 1 & 0 & 0 & 0 & 1 & 1 & 1 \\
1 & 1 & 1 & 0 & 0 & 0 & 1 & 1 \\
1 & 1 & 1 & 1 & 0 & 0 & 0 & 1 \\
1 & 1 & 1 & 1 & 1 & 0 & 0 & 0 \\
0 & 1 & 1 & 1 & 1 & 1 & 0 & 0 \\
0 & 0 & 1 & 1 & 1 & 1 & 1 & 0 \\
0 & 0 & 0 & 1 & 1 & 1 & 1 & 1
\end{pmatrix}
*
\begin{pmatrix} c_0 \\ c_1 \\ c_2 \\ \dots \\ c_7 \end{pmatrix}
+
\begin{pmatrix} 1 \\ 1 \\ 0 \\ 0 \\ 0 \\ 1 \\ 1 \\ 0 \end{pmatrix}
\; mod \; 2 \tag{3.2-19}
$$

Auch diese Operation kann auf Rechnern durch UND-Verknüpfung mit einer Maske, zyklischem Schieben und Paritätsauswertung in hoher Geschwindigkeit abgewickelt werden.

Zu Übungszwecken sei dem Leser die Erstellung der Tabelle mit den Inversen sowie eines Programmes für (3.2-19) empfohlen.

Zeilentransformation des Bytemusters: in jeder Zeile werden die Positionen einzelner Bytes zyklisch vertauscht:

$$T_Z : b_{i,k} \rightarrow c_{j,k} \quad , \quad c_{jk} = b_{i-k \, mod \, n_k, \, k} \tag{3.2-20}$$

An der ersten Zeile ändert sich aufgrund von (3.2-20) nichts, in der zweiten Zeile wird das erste Byte auf die letzte Position verschoben usw.

Spaltentransformation: die Spaltentransformation ist komplexer als die Zeilentransformation und ähnelt mehr der Bitmustertransformation. Für die theoretische Darstellung müssen wir die Ergebnisse der Kapitel 2.1 und 2.2 auf Polynome erweitern. Wie wir bereits wissen, bildet die Menge der Polynome über einem Körper einen euklidischen Ring und besitzt daher ähnliche

Eigenschaften wie $\mathbb{Z}$ bzw. $\mathbb{Z}/m\,\mathbb{Z}$. Nach Prüfen der Rahmenbedingungen können die für ganze Zahlen und ihre Teilmengen erarbeiteten Ergebnisse ohne Änderungen übernommen werden. Auf die wohl mittlerweile entwickelte Fähigkeit des Lesers vertrauend, diese Prüfungen vielleicht mit einigem Zeitaufwand, aber ohne größere Probleme durchführen zu können, halte ich die folgenden Ausführungen daher recht knapp. Zu Übungszwecken sollte der Leser allerdings nicht auf eine ausführlichere Ausarbeitung des folgenden verzichten. Der theoretische Aufhänger für die Problemlösung scheint zunächst einmal wenig mit der Aufgabe zu tun zu haben:

Zunächst interpretieren wir die Bit eines Bytes als Koeffizienten $(mod\ 2)$ eines Polynoms des Grades sieben. Algebraisch ist dies der Ring der Polynome $\mathbb{Z}_2[x]$ über dem Körper $\mathbb{Z}_2$. Beispiel:

$$10_{10} = 1010_2 \ \sim \ x^3 + x \tag{3.2-21}$$

Bei Addition und Multiplikation von Polynomen werden die Koeffizienten des Ergebnispolynoms $(mod\ 2)$ berechnet:

$$57_{16} + 83_{16} \ \sim$$
$$(x^6 + x^4 + x^2 + x + 1) + (x^7 + x + 1) \equiv x^7 + x^6 + x^4 + x^2 \ mod\ 2 \ \sim$$
$$D4_{16} \tag{3.2-22}$$

$$57_{16} * 83_{16} \ \sim \ x^{13} + x^{11} + x^9 + x^8 + x^6 + x^5 + x^4 + x^3 + 1 \ mod\ 2$$

Bei der Addition entsteht dabei wieder ein Polynom vom Grad $\leq$ sieben entsprechend einem Zahlenergebnis <256. Das Ergebnispolynom der Multiplikation weist aber höhere Grade auf entsprechend einem Zahlenwert >255. Da ein Byte aber ein Byte bleiben soll, führen wir eine Restklassenalgebra auf $\mathbb{Z}_2[x]$ ein. Durch eine Division mit Rest durch ein irreduzibles Polynom vom Grad acht können wir jedes beliebige Polynom eindeutig auf einen Restklassenvertreter vom Grad $\leq$ sieben abbilden und erhalten so auch wieder einen Zahlenwert < 256. Irreduzibel bedeutet, dass eine Zerlegung in kleinere Polynome über dem Körper nicht möglich ist:

$$K[x] = \{P(x)\ mod\ 2\}, P(x)\ \text{irreduzibel:}$$
$$(\forall\ Q(x) \in K[x])(Grad(Q) < Grad(P)) \tag{3.2-23}$$
$$(P(x) = Q(x) * F(x) + R(x) \ \wedge \ R(x) \neq 0)$$

Für AES wird folgendes Polynom verwendet:

$$m(x) = x^8 + x^4 + x^3 + x + 1 \tag{3.2-24}$$

Das Ergebnis der Beispielmultiplikation ist hiermit

$$x^{13} + x^{11} + x^9 + x^8 + x^6 + x^5 + x^4 + x^3 + 1 \equiv x^7 + x^6 + 1 \ mod\ m(x)$$

Damit haben wir die Restklassenalgebra aus Kapitel 2.1 auf Polynome ausgedehnt. Als Ergebnis erhalten wir eindeutige Multiplikations- und Additionstabellen, was der Leser mit Hilfe eines Testprogramms leicht experimentell verifizieren kann. Natürlich sind auch Algorithmen wie der erweiterte *ggT*-Algorithmus zur Berechnung des Inversen einsetzbar. Am schnellsten überzeugt man sich davon, indem die Funktion in eine C++ - Vorlagenfunktion (*template*) umgeschrieben und anschließend mit einer Polynomklasse angewendet wird (*die Polynomklasse formuliert man zweckmäßigerweise ebenfalls als Vorlagenklasse, um* $\mathbb{R}$ *gegen* $\mathbb{Z}_2$ *oder andere Basiskörper austauschen zu können*). Wir haben damit einen weiteren Restklassenkörper konstruiert und formalisieren durch die Schreibweise $mod\ GF\ (2^8)$.

Wir sind damit aber noch nicht bei der gewünschten Spaltentransformation angelangt. Wir können zwar einzelne Bytes $mod\ GF\ (2^8)$ miteinander multiplizieren, aber jede Spalte besteht aus vier Bytes. Als Ergebnis einer (*umkehrbaren*) Transformation müssen wiederum vier Bytes vorhanden sein, um den Informationsgehalt zu erhalten. Mit der Restklassenalgebra auf Polynomen haben wir gerade ein solches Werkzeug entwickelt und können es nun erneut anwenden. Wir interpretieren die Bytekomponenten der Spaltenvektoren ebenfalls als Koeffizienten eines Polynoms vom Grad $\leq$ drei und definieren als Transformationsvorschrift eine (*umkehrbare*) Polynommultiplikation, oder mit anderen Worten, wird konstruieren den Polynomring $GF\ (2^8)\ [x]$. Eine Multiplikation eines Spaltenvektors mit einem Transformationspolynom entsprechend der Multiplikation zweier Polynome vom maximalen Grad drei führt zu

$$A\ (x) * B\ (x) = \sum_{k=0}^{6} c_k * x^k \quad , \quad c_k \equiv \left(\sum_{r=0}^{0} a_r * b_{k-r} \right) mod\ GF\ (2^8) \qquad (3.2\text{-}25)$$

Zur Rückführung des Ergebnispolynoms auf einen Restklassenvertreter mit Grad $\leq$ drei verwenden wir das Polynom $x^4 + 1$, bilden also nun den Restklassenring $GF\ (2^8)\ [x]/(x^4 + 1)$. Wie man sich durch Rechnung leicht überzeugen kann, ist das Polynom nicht irreduzibel, jedoch erhält (3.2-25) damit die einfache Form:

$$A\ (x) * B\ (x) \equiv D\ (x)\ mod\ (x^4 + 1) \quad , \quad d_j \equiv \left(\sum_{k=0}^{3} a_k * b_{3-k} \right) mod\ GF\ (2^8) \qquad (3.2\text{-}26)$$

Der Leser sollte zu Übung beides -Zerlegung des Polynoms in kleinere Faktoren sowie (3.2-26)- nachvollziehen. Bei der oben bereits empfohlenen Verwendung von C++ - Vorlagenklassen dürfte das Rechnen auf $GF\ (2^8)\ [x]$ kaum ein praktisches Problem sein. Die einfache Form von (3.2-26) ist natürlich Absicht, da wir den Rechenaufwand im Verschlüsselungsalgorithmus über all der schönen Theorie nicht vergessen dürfen. Damit ist allerdings $GF\ (2^8)\ [x]/(x^4 + 1)$ kein Körper, sondern nur ein nicht nullteilerfreier Ring, und das Transformationspolynom $B\ (x)$ muss teilerfremd zu $x^4 + 1$ sein, um eine eindeutige Umkehrbarkeit zu gewährleisten. Der AES-Standard sieht folgendes Polynom vor:

$$a_k(x) = a_{0k} + a_{1k} * x + a_{2k} * x^2 + a_{3k} * x^3$$
$$d_k(x) \equiv \left(\left(a_k(x) * (3x^3 + x^2 + x + 2) \right) mod\ GF\ (2^8) \right) mod\ M\ (x) \qquad (3.2\text{-}27)$$

Mit dem für Polynomdivision modifizierten erweiterten ggT-Algorithmus verifiziert der Leser nun leicht

$$\left(3\,x^3 + x^2 + x + 2\right) * \left(11\,x^3 + 13\,x^2 + 9\,x + 14\right) \equiv 1 \; mod \; M\,(x) \tag{3.2-28},$$

womit auch die Umkehroperation für die Entschlüsselung geklärt ist. Mit Hilfe von (3.2-26) erhalten wir nun abschließend die einfache Transformationsformel

$$\begin{pmatrix} d_0 \\ d_1 \\ d_2 \\ d_3 \end{pmatrix} \equiv \begin{pmatrix} 2 & 3 & 1 & 1 \\ 1 & 2 & 3 & 1 \\ 1 & 1 & 2 & 3 \\ 3 & 1 & 1 & 2 \end{pmatrix} * \begin{pmatrix} c_0 \\ c_1 \\ c_2 \\ c_3 \end{pmatrix} mod \; GF\left(2^8\right) \tag{3.2-29}$$

Damit können wir diesen Kurzlehrgang zum Thema „wie konstruiere ich Restklassenalgebren?" abschließen. Das Endresultat ist sicherlich hinsichtlich dessen, was bei einer Berechnung im Detail abläuft, nicht mehr sonderlich durchschaubar, und der Leser sollte sich auf die abstrakten Details beschränken und darauf vertrauen, dass der Rechner die Übersicht über die internen Abläufe behält. Das Ergebnis sind Algorithmen, die sich auf Rechnern sehr effizient implementieren lassen. Einen Optimierungsversuch sollte man sich allerdings wegen des notwendigen Aufwands gründlich überlegen.

**Verschlüsselung:** zur Verschlüsselung ähnlich (3.2-16) wird eine Matrix aus dem Schlüssel gebildet und beide Matrizen (mod 2) addiert:

$$E = D \oplus K \tag{3.2-30}$$

Da der Schlüssel oft kürzer ist als der Datenblock, muss er auf mindestens 256 Bit expandiert werden. Diese konstruktive Anforderung lässt sich für die Verschlüsselung größerer Datenmengen oder für Stromchiffrierungen nutzen: anstatt die verschlüsselten Werte iterativ mit dem nächsten Datenblock zu verknüpfen, um andere Bitmuster auch bei gleichem Ursprungsinhalt zu erhalten, wird der Schlüssel fortlaufend reproduzierbar verändert, was zu dem gleichen Ergebnis führt. Bezeichnet n_k die Anzahl der Spaltenvektoren des Schlüssels, so lautet die Iterationsvorschrift für $n_k \leq 6$ [69] zur Berechnung des Spaltenvektors $\vec{w}_i$

$$IF \; (i \equiv 0 \; mod \; n_k) \; THEN$$

$$\vec{w}_i \leftarrow \vec{w}_{i-n_k} \oplus T_B\left(\vec{w}_{i-1}\right) \oplus 2^{\left[i/n_k\right]} mod \; 256 \tag{3.2-31}$$

$$ELSE$$

$$\vec{w}_i \leftarrow \vec{w}_{i-n_k} \oplus \vec{w}_{i-1}$$

Die Transformation T_B ist ein zyklischer Austausch

$$\left(w_{k,0}, w_{k,1}, w_{k,2}, w_{k,3}\right) \; \rightarrow \; \left(w_{k,1}, w_{k,2}, w_{k,3}, w_{k,0}\right) \tag{3.2-32}$$

---

[69] Für $n_k > 6$ gilt eine leicht geänderte Rekursionsformel.

gefolgt von der linearen Transformation (3.2-19). Der Schlüssel kann so auf nahezu beliebige Längen erweitert werden.

Die vier Operationen werden für einen Datenblock mehrfach hintereinander durchgeführt, bis der verschlüsselte Wert ausgegeben wird. Die Schlüsselmatrix wird dabei in jedem Durchgang gemäß (3.2-31) neu berechnet. Die Anzahl der Wiederholungen ist von den Autoren empirisch festgelegt: für kleine Wiederholungsanzahlen sind teilweise systematische Angriffe bekannt, die schneller ablaufen als vollständiges Durchprobieren aller Schlüssel. Die Rundenzahl ist um mindesten fünf Runden höher als der jeweilige Wert festgelegt und liegt derzeit zwischen 10 und 14 Wiederholungen. Ein Nachlegen ist bei neuen Erkenntnissen jederzeit möglich. Bei Anwendungen auf Datenströme sind keine weiteren Maßnahmen notwendig, da infolge von (3.2-31) immer wieder neue Schlüssel generiert werden, wodurch auch gleiche Informationsblöcke des Datenstroms unterschiedliche Chiffrierungen erhalten. Obwohl diese Methode Vorteile gegenüber der Rückkopplung bietet -bei Unterbrechungen im Datenstrom muss nur der Schlüssel fortgeschrieben werden, um Datenblöcke nach der Lücke wieder übersetzen zu können, während bei der Rückkopplung neu synchronisiert werden muss, was mehr Zeit oder größere Lücken verursacht- wird in der Praxis davon allerdings wenig Gebrauch gemacht. Die meisten Implementierungen verhalten sich wie DES-Verschlüsselungen, und für Stromchriffrierungen werden Rückkopplungen eingesetzt. Als Übung konstruiere der Leser ein Verfahren, das bei einem Datenverlust ein erneutes Aufsetzen der Entschlüsselung zumindest einige Datenblöcke hinter der Lücke erlaubt.

Bei der Entschlüsselung sind alle Operationen in umgekehrter Reihenfolge auszuführen. Wir überlassen dem Leser die Aufstellung eines Ablaufschemas, wobei besonders auf die Reihenfolge der Schlüssel zu achten ist. Expermientell geht man zweckmäßigerweise hierbei schrittweise vor und invertiert die Teilalgorithmen, bevor man sie zum Gesamtverfahren zusammenfügt.

Bei einer Optimierung können die verschiedenen Schritte miteinander verzahnt werden, so dass sich die Geschwindigkeit steigern lässt. Der Leser versuche sich nach gründlicher Einarbeitung dazu am besten an einer Analyse fertiger Bibliotheken. Die Ausführungszeit ist überdies nicht von der Schlüsselbreite abhängig, so dass die aus der DES3-Erweiterung entstandenen Probleme damit ausgeräumt sind.

Neben diesem Algorithmus existieren eine Reihe weiterer Verfahren, die dem Leser sicher in der einen oder anderen Sicherheitssoftware unter Bezeichnungen wie „blowfish", „cast", „rc5", „rc6" usw. begegnen. Eine Sammlung dieser und anderer Algorithmen findet man in der Bibliothek „CryptoPP" von Wei Dai, die sich aus dem Internet herunterladen lässt.

3.2.2.2 Asymmetrische Verfahren mit öffentlichen Schlüsseln

Wir beschränken die Diskussion der asymmetrischen Verschlüsselungsverfahren auf zwei Klassen, die nach den jeweiligen Angriffsmethoden benannt werden können:

- **Faktorisierbarkeit** (*RSA-ähnliche Verfahren*): für das Brechen einer Verschlüsselung ist die Faktorisierung großer Zahlen notwendig. Mit diesen Angriffsmethoden beschäftigen wir uns im fünften Teil des Buches

- **Diskreter Logarithmus:** für das Brechen einer Verschlüsselung ist die Berechnung eines diskreten Logarithmus notwendig.

Nur im Anhang und in sehr groben Zügen werden Verfahren behandelt, die auf der Anwendung der Theorie elliptischer Funktionen und Modulformen beruhen. Es würde ein eigenes Buch notwendig machen, wenn über die reinen Formeln hinaus ein Verständnis für die Hintergründe entwickelt werden soll.

3.2.2.2.1 RSA-Verschlüsselung

Mit Hilfe von primen Restklassen zu einem vorgegebenen, aus zwei Primfaktoren bestehenden Modul lässt sich ein asymmetrisches Verschlüsselungsverfahren mit zwei Schlüsseln konstruieren, das die Veröffentlichung eines der Schlüssel erlaubt und als RSA-Verfahren bekannt ist[70]. Die Überlegungen, die zur Konstruktion des Verfahrens geführt haben mögen, können wir folgendermaßen nachvollziehen:

- Wir wir im zweiten Teil des Buches nachgewiesen haben, ist die Berechnung von $\varphi(m)$ zu einer beliebig vorgegebenen Zahl m ein echtes Problem, wenn die Primfaktorzerlegung von m unbekannt ist. Wenn wir m künstlich konstruieren, diese Konstruktion aber geheim halten, so bleibt das Problem für andere bestehen, ohne dass es für uns als Eigentümer der Konstruktionsdetails ebenfalls so sein muss.

- Ist N eine Nachricht, so ist $X \equiv N^a \bmod m$ offenbar eine sinnvolle Verschlüsselung für N. Durch Anwendung des Fermat'schen Satzes (*Satz 2.3-9*), den wir als zahlentheoretischen Spezialfall einer Erkenntnis aus der Gruppentheorie formuliert haben, lässt sie sich aufheben durch $X^b \equiv (N^a)^b \equiv N^{a*b} \equiv N^{\varphi(m)+1} \bmod m$. Dazu ist ein *inverser Exponent* b notwendig, dessen Berechnung wir direkt im Verschlüsselungsalgorithmus formulieren:

Algorithmus 3.2-3: *Teil 1: Konstruktion der Parameter:* der Konstruktionsteil ist vertraulich.

(1) Es werden zwei große („*zufällige*") Primzahlen ermittelt, die sich zur Verhinderung bestimmter Angriffsmethoden deutlich unterscheiden sollten:

$$a,b \in P \quad , \quad a/b \notin (1/c,c) \quad , \quad c \gg 1 \tag{3.2-33}$$

(2) Aus den Primzahlen wird das Modul und der Wert der Euler'schen Funktion des Moduls berechnet:

---

[70] Die Bezeichnung enthält die Anfangsbuchstaben der Entwickler Rivest, Shamir und Adleman. Daraus ist die RSA Security Inc. als Unternehmen hervorgegangen, das auch maßgeblich an der Definition von Protokollen beteiligt ist. Die Internetseiten können als Quelle für verschiedenartige Informationen empfohlen werden.

$$m = a * b \quad , \quad \varphi(m) = \varphi(a) * \varphi(b) = (a-1) * (b-1) \tag{3.2-34}$$

Die Zahlen a und b werden anschließend nicht mehr benötigt und sicherheitshalber gelöscht.

(3) Es wird eine zu $\varphi(m)$ teilerfremde große Zufallzahl p als Verschlüsselungsexponent gewählt. Mittels des erweiterten Euklidischen Algorithmus (*Satz 2.3-6*) wird ein inverser Exponent q berechnet:

$$ggT(p, \varphi(m)) = 1 \quad , \quad 1 = p * Q + \varphi(m) * a \quad , \quad Q \equiv q \bmod \varphi(m) \tag{3.2-35}$$

Die Zahl $\varphi(m)$ wird anschließend ebenfalls nicht mehr benötigt und gelöscht. Damit stehen die Verfahrensparameter fest:

Öffentlich		*Geheim*
Modul	*Schlüssel 1*	*Schlüssel 2*
m	p	q

Tabelle 3.2-5: Parameter für das RSA-Verfahren

2. Teil: *Ver- und Entschlüsselungsalgorithmus:* zu übermitteln sei die Nachricht

$$N \quad , \quad ggT(N,m) = 1$$

Dazu sind folgende Aktionen notwendig (*zeilenweise Bearbeitung*)

Verschlüsselung (öffentlich)	*Entschlüsselung mit Geheimdaten*
	(m,p) öffentlich bereitstellen
Laden der öffentlichen Parameter	
Verschlüsselung: $X \equiv N^p \bmod m$	
Übertragung an den Schlüsselinhaber	
	Entschlüsseln der Nachricht durch $N \equiv X^q \equiv N^{p*q} \equiv N^{\varphi(m)+1} \equiv N \bmod m$

Das folgende Beispiel gibt einen Eindruck vom Verfahrensablauf und den auftretenden Parametern. Zu beachten ist, dass nicht alle N verschlüsselt werden können. Wir nehmen auch dazu ein Beispiel auf:

```
Beispiel 3.2-4: Beschreibung siehe Text

    Bereitstellung der Parameter

    a =    1 28982 38015 68358 12834 41972 35251
    b = 1814 13161 44691 27268 96081 35560 85381

    m = a * b = 2339 91013 55199 12780 17349 58354 24399 93411
                               80554 47191 03776 66989 65631
    phi = (a-1) * (b-1) =
                     2339 91013 55199 12780 17349 58354 22584 51267
                               97847 51563 94860 89456 45000

    p ( ggT(p,phi)=1 ) =  71794 41093 69542 63023
    q mod phi =
                1140 84512 90396 46803 81193 34098 24458 80957
                     59387 04902 47909 39832 49087



    Verschlüsselung einer zulässigen Nachricht

    N (ggT(M,m)=1) =     3 64028 63248 95550 11318 50793 26648
                           88132 36398 61624 46863

    X = N^p mod m =
                   2111 6276 06484 66414 40427 28249 68881 74074
                        08954 78453 96770 95337 53207

    X^q md m = N =      3 64028 63248 95550 11318 50793 26648
                          88132 36398 61624 46863

    Verschlüsselung einer nicht zulässigen Nachricht

    N (ggT(N,m) =  1814 13161 44691 27268 96081 35560 85381 ) =
                 29488 89080 63571 10669 68492 04355 23476 69310

    X = N^p mod m =
                1828 25928 55696 98001 15850 42564 40081 30935
                     21367 51731 06254 53626 24442

    X^q mod m  <> N =
                 2948 88908 06357 11066 96849 20435 52347 69310
```

Die Einschränkung, dass nicht alle Nachrichten verschlüsselbar sind, wird dem Leser schnell
verständlich, wenn er sich Tabelle 2.1-2 in Erinnerung ruft (*falls jetzt noch keine Idee vorhanden ist, was gemeint sein kann, seien ein paar Minuten Nachdenken vor dem Weiterlesen
empfohlen*): das Verfahren ist ausschließlich für solche Informationen N einsetzbar, die keinen gemeinsamen Teiler mit m haben, da ansonsten das Multiplikationsergebnis nicht eindeutig ist. Die „nicht zulässige Nachricht" weist einen gemeinsamen Faktor mit m auf, wie
man leicht nachrechnet (*besser: rechnen lässt*). Neben der fehlenden Möglichkeit der Rekonstruktion hat man damit natürlich auch sofort die Geheiminformation in der Hand. Betrachten

wir die „Gefahr", auf eine solche Nachricht zu treffen: die Anzahl der Zahlen mit $ggT(k,m) \neq 1$ ist $m - \varphi(m)$, die Wahrscheinlichkeit w, eine solche Zahl bei beliebiger Auswahl zu finden, ist dann

$$w = \frac{a+b-1}{a*b} \tag{3.2-36}$$

Wenn a und b in der gleichen Größenordnung liegen (*d.h. nur geringe Unterschiede in der Anzahl der Stellen bezogen auf die gesamte Zahl der Stellen*), ist $w < 2/min(a,b)$. Im oben dargestellten Beispiel mit $m \approx 10^{65}$ liegt die Wahrscheinlichkeit für ein zufällig gewähltes N bei $w \approx 10^{-31}$, ist also für praktische Zwecke zu vernachlässigen. Es lohnt sich weder für den Absender, bei jeder Nachricht zu überprüfen, ob er einen Faktor gefunden hat und in Zukunft die Nachrichten an den Empfänger selbst mitlesen kann, noch für den Empfänger, sich Ausreden bezüglich des Nichtverstehens einer Nachricht einfallen zu lassen.

Fassen wir die Sicherheitsüberlegungen zum Verfahren zusammen: die Sicherheit beruht auf der Unmöglichkeit, ohne Kenntnis der Faktorisierung einer Zahl auf den Wert der Euler'schen Funktion zu schließen. Der Wert der Euler'schen Funktion wiederum ist notwendig, um die inverse Potenz zur Entschlüsselung zu ermitteln. Die Faktorisierung einer Zahl ist nach unseren bislang ermittelten Erkenntnissen nur durch Probedivision möglich, was maximal $\lceil \sqrt{m} \rceil$ Rechenschritte benötigt. Bei Einsatz von Moduln im Bereich $10^{150} - 10^{300}$ [71] ist dies nicht mehr durchführbar[72].

Bei Betrachten der Algorithmen ist recht leicht nachzuvollziehen, dass dieses Verfahren ein Vielfaches des Rechenaufwandes eines symmetrischen Verfahrens erfordert: bei Zahlenbreiten von 500-1.000 Bit sind Multiplikationen notwendig, für die bei n Verrechnungseinheiten ein Aufwand in der Größenordnung $O(n^2)$ betrieben werden muss, während der Aufwand beim symmetrischen Verfahren $O(n)$ beträgt. Ergänzend kommt die bereits erwähnte Problematik der zu verwaltenden Schlüssel hinzu: gegenüber 8-24 Bytes bei symmetrischen Algorithmen, die auch mit kryptologisch geeignetem Inhalt dem menschlichen Gedächtnis ohne große Probleme zugemutet werden können, kommen hier 200-700 Bytes für öffentliche und geheime Parameter zusammen, wobei der Inhalt auch teilweise alles andere als Merkfreundlich ist. Asymmetrische Verfahren werden daher im Mix mit anderen Verfahren eingesetzt, wir wie zu Anfang des Kapitels „Sicherheitsprotokolle" zeigen werden. Eine komplette Übersicht über das RSA-Verfahren einschließlich der ASN.1-Definitionen lässt sich von der Homepage der RSA Security Inc. laden.

---

71 Das optisch schon recht imposante Beispiel im Kasten besitzt knapp 40% der Minimalgröße.
72 Anmerkungen zu der zukünftigen Entwicklung finden sich am Schluss des Buches.

3.2.2.2.2 Algorithmen auf Basis des Diskreten Logarithmus

Die Grundlagen des diskreten Logarithmus haben wir in Kapitel 3.1.1.2 diskutiert. Notwendig sind eine große Primzahl p sowie eine primitive Restklasse g (*oder zumindest eine Restklasse mit großer Zykluslänge*) als allgemeine, öffentliche Parameter und ein Geheimnis x. Die Größe $y \equiv g^x \bmod p$ kann ohne weiteres veröffentlicht werden, ohne dass daraus auf x zurück geschlossen werden kann. (x,y) bildet somit ein Schlüsselpaar, für das nur noch ein nutzbarer Algorithmus entwickelt werden muss. Durch einige Überlegungen lässt er sich leicht finden.

Dem Absender sind (p,g,y) bekannt, dem Empfänger zusätzlich x. Die Nachricht N kann multiplikativ in einer Formel mit den öffentlichen Parametern auftreten, da sie andernfalls aufgrund des Logarithmusproblems nicht rekonstruierbar ist. Die veröffentlichten Parameter können aber nun auch nicht alleine verwendet werden, da sonst N durch Division leicht ermittelbar ist. Mit einer Zufallzahl r als weiterem individuellen Parameter und dem öffentlichen Schlüssel y kann der Absender jedoch

$$Q \equiv y^{\,r} * N \bmod p \tag{3.2-37}$$

als sichere Verschlüsselung der Nachricht berechnen. Zur Entschlüsselung ist für den Empfänger nun noch eine Information über r notwendig, die allerdings ebenfalls verschlüsselt sein muss, um N nicht zu gefährden. Mit dem zweiten öffentlichen Parameter g lässt sich r durch

$$R \equiv g^r \bmod p \tag{3.2-38}$$

verschlüsseln. Die verschlüsselte Nachricht besteht somit aus dem Paar (R,Q). Damit kann nun niemand etwas anfangen, außer dem Inhaber des Geheimschlüssels: der kann die Originalnachricht daraus leicht durch Berechnen von

$$N \equiv \frac{Q}{R^x} \bmod p \tag{3.2-39}$$

wiederherstellen. Diese Verschlüsselungstechnik ist als ElGamal-Verfahren bekannt.

Die hier angewandte Vorgehensweise sollten wir uns merken: erzeugt werden mehrere unterschiedliche verschlüsselte Informationen, die der Empfänger mit seinem Parametersatz zu einem Gleichungssystem verknüpfen kann, das die Hauptinformation wieder frei gibt. Da Multiplikation und Potenz zu Addition und Multiplikation bei den Exponenten führen, kann das Gleichungssystem als linear angesehen werden, was Design des Protokolls und Lösen des Systems erleichtert. Die Formulierung ist hier absichtlich neutral gewählt worden. Wir können sowohl an Gleichungssysteme denken, die wie hier mit Hilfe der geheimen Parameter gelöst werden können, als auch an solche, zu deren Aufstellung geheime Parameter notwendig sind.

Betrachten wir die Unterschiede der beiden vorgestellten asymmetrischen Verfahren: im Unterschied zum RSA-Verfahren ist hier jeweils ein Parameter mehr zu verwalten. Allerdings kann der Parametersatz (p,g) für viele Schlüsselpaare beibehalten werden, da aus der

Kenntnis eines Schlüsselpaares (x,y) keine Information über den geheimen Parameter eines anderen Paares (x',y') erhältlich ist. Wir können die Parameter somit in die Gruppen *(a) allgemeine Parameter, (b) öffentliche Parameter, (c) geheime Parameter* einteilen. Beim RSA-Verfahren verbietet sich dies, da aus einem Schlüsselpaar auch auf weitere Schlüsselpaare geschlossen werden kann (*Gruppe (a) entfällt also*). Jeder Anwender des RSA-Verfahrens muss zunächst ein Paar von Primzahlen ermitteln, um darauf seine Verschlüsselung aufzubauen, während die Anwender des ElGamal-Verfahrens nur eine Zufallzahl für ein neues Schlüsselpaar benötigen. Bei der Generierung neuer Schlüssel liegt das ElGamal-Verfahren bezüglich der Geschwindigkeit daher deutlich vorne; bei einer „Lebensdauer" solcher Schlüsselpaare von mitunter mehreren Jahren für den Techniker nicht gerade ein bedeutsames Merkmal, aber der Leser denke einmal an den normalen Anwender, der von der Technik nicht viel versteht (*und den es meist auch nicht interessiert*) und dessen Rechner sich mit dem Hinweis „*Generiere neue Schlüssel. Das kann einige Zeit in Anspruch nehmen.*" für eine Minute oder mehr ins Denkkämmerlein zurückzieht – bei der heutigen Hektik für den Hersteller von Sicherheitssystemen sicher ein Grund, das ElGamal-Verfahren zumindest als Alternative mit anzubieten.

Die Sicherheit der Schlüsselererzeugung und der Verschlüsselung hängt beim ElGamal-Verfahren auch in hohem Maße von der Güte der Zufallzahlen ab. „Schlechte", d.h. rekonstruierbare Zufallzahlen können zum Brechen der Verschlüsselung einer Nachricht oder des kompletten Systems führen. Dieses Problem trifft zumindest im Teil „Verschlüsselung" auf das RSA-Verfahren nicht zu. Da es gerade bei der Verschlüsselung schnell gehen muss, ist die Gefahr der Verwendung schlechter Zufallzahlen hier am Größten; bei der Schlüsselerzeugung ist genügend Zeit für etwas Sorgfalt vorhanden. Wir kommen im Teil vier des Buches auf diese Problematik zurück.

Ein weiterer Unterschied zwischen beiden Verfahren liegt in der strikten Funktionstrennung von geheimem und öffentlichem Schlüssel, die beim RSA-Verfahren nicht existiert. Dort können die Schlüssel ausgetauscht werden, d.h.

- jeder kann mit dem öffentlichen Schlüssel Nachrichten so verschlüsseln, dass nur der Inhaber des Geheimschlüssels die Nachricht entschlüsseln kann,

- der Inhaber des Geheimschlüssels kann mit diesem eine Nachricht so verschlüsseln, dass jeder sie mit dem öffentlichen Schlüssel wieder lesbar machen kann (*und dann weiß, dass nur der Geheimschlüsselinhaber diese Nachricht verfasst haben kann*).

Beim ElGamal-Verfahren ist eine Verschlüsselung nur mit dem öffentlichen Schlüssel möglich, d.h. der Inhaber des Geheimschlüssels kann mit diesem Algorithmus keine Nachricht erzeugen, die aufgrund ihrer Verschlüsselung den Empfänger von seiner Urheberschaft überzeugt. Mit einigen zusätzlichen Maßnahmen lässt sich aber auch diese Klippe umschiffen, wie wir noch sehen werden.

3.3 Sicherheitsprotokolle

Verschlüsselungsalgorithmen enthalten detaillierte Angaben zur Mathematik eines Verfahrens, berücksichtigen jedoch nicht die praktischen Anforderungen nach Vertraulichkeit, Fälschungssicherheit, Authentizität, ausreichender Geschwindigkeit usw. Es lässt sich schnell zeigen, dass in den meisten Fällen ein Algorithmus allein nicht in der Lage ist, alle Anforderungen der Praxis zu erfüllen. Für die verschiedenen Aufgaben werden daher die unterschiedlichen Methoden geeignet kombiniert. Einige sehr einfache, anwendungstechnisch weit verbreitete Beispiele für Kombinationsverfahren mögen als Einstimmung auf das folgende dienen:

- *Geschwindigkeitssteigerung:* die asymmetrischen Verfahren ermöglichen zwar den Austausch vertraulicher Nachrichten, ohne dass irgendein Teil des Nachrichtenaustausches im Klartext geführt werden müsste, sind aber langsam. Andererseits ermöglichen sie, dass eine Kommunikation komplett verschlüsselt geführt werden kann und das aufwendige Verwalten vieler verschiedener symmetrischer Schlüssel für unterschiedliche Adressaten entfällt (*bei Einsatz eines symmetrischen Verfahrens muss zumindest die erste Information eine Klartextinformation sein, damit der Empfänger den passenden Geheimschlüssel ermitteln kann. Andernfalls wäre er gezwungen, alle ihm bekannten Geheimschlüssel auszuprobieren, um den Sender zu identifizieren*). Auch sind die Schlüssel ohne Probleme zu verbreiten, während der Austausch symmetrischer Schlüssel ein hohes Maß an Sicherheit erfordert. In der Praxis werden daher häufig Mischverfahren verwendet (*z.B. PGP als wohl bekanntestes Beispiel*).

Sender	*Empfänger*
Ermittelt die öffentlichen Schlüsseldaten K_{as} des Empfängers aus einer Datenbank. Option: er bittet den Empfänger um eine Verifizierung, z.B. telefonisch.	
	Übermittelt einen „Fingerabdruck" der öffentlichen Schlüsseldaten in Form eines Hash-Wertes
Überprüft den Fingerabdruck und verifiziert damit, dass er im Besitz der öffentlichen Daten des Empfängers ist.	

Sender	Empfänger
Generiert einen zufälligen symmetrischen Sitzungsschlüssel K_s und berechnet die Verschlüsselungen $Y = f_{as}(K_s, K_{as})$ $X = f_s(N, K_s)$ (X,Y) wird an den Empfänger versandt.	
	Ermittelt K_s aus Y mit seinem Geheimschlüssel und N aus X mit Hilfe von K_s
Nach Beendigung der Kommunikation wird der Sitzungsschlüssel auf beiden Seiten gelöscht.	

Der Absender kann bei dieser Vorgehensweise sicher sein, dass nur der vorgesehene Absender die Nachricht entschlüsseln kann. Der Verifikationsschritt braucht nur einmalig ausgeführt werden und kann auch anders aufgebaut sein. Mit einer vergleichbaren Methode, auf die wir an dieser Stelle aber noch nicht eingehen, lässt sich auch die Identität des Absenders verifizieren. Ein Angreifer, der nur die Kommunikation abhören kann, könnte noch nicht einmal die Identitäten aus dem direkten Datenverkehr ermitteln, wenn anonyme Kanäle verwendet werden.

Ergänzend sei auf das Problem des Zugriffs auf den geheimen Schlüssel hingewiesen. Diesen im Klartext zu Speichern ist ein tödlicher Fehler, da Speichermedien eines der ersten Angriffsziele von Eindringlingen in Systeme sind und die meisten heutigen Systeme zusammen mit der Sorglosigkeit der meisten Anwender dies nicht gerade schwer machen. Die Beispiele im letzten Teil machen auch deutlich, dass das Gehirn des Inhabers kein geeigneter Speicherplatz ist. Dieser hat zwar kein Problem mit dem Schlüssel *„Das ist mein Geheimnis, das ich auf keinen Fall vergessen darf!"*, wohl aber mit einer Zahl mit vergleichbar vielen Stellen (*und die wäre noch zu klein*). Der Ausweg ist ähnlich wie oben:

- Aus dem beliebig langen Klartextschlüssel *„Das ist ..."* wird mit einer Hashfunktion ein Binärschlüssel fester Länge (*128, 196, 256 Bit*) erzeugt.

- Mit dem Binärschlüssel wird die symmetrisch verschlüsselte Datei, die die Geheimschlüssels des asymmetrischen Verfahrens enthält, entschlüsselt. Ein Austausch dieser Datei durch einen Eindringling führt zu nichts, da in diesem Fall die Datenstruktur nach der Entschlüsselung nicht mehr stimmt[73].

---

73 Erfahrungsgemäß stehen einige Anwender dann trotzdem ziemlich dumm da, da sie „vergessen" haben, eine Sicherheitskopie der Datei anzulegen. Daten können dann nicht mehr entschlüsselt werden, im Extremfall bleibt sogar der Absender ein Geheimnis. Wie weiter unten noch erläutert wird, ist es manchmal sogar nicht einmal mehr möglich, die unbrauchbaren öffentlichen Schlüssel zurückzuziehen.

Das ist aber immer noch nicht alles, was angesichts der Verletzlichkeit der Systeme zu tun ist. Wir kommen später darauf zurück.

- *Mehrere Empfänger:* Anwendungsprobleme dieser Art lassen sich wie im ersten Beispiel im asymmetrisch/symmetrischen Hybridverfahren lösen (*aber auch als reine symmetrische Verfahren*). Anstatt die Nachricht für jeden Empfänger neu zu verschlüsseln, wird wie im letzten Beispiel ein Sitzungsschlüssel generiert und dieser allen Empfängern der Nachricht, jeweils mit deren individuellen Schlüsselsystemen gesichert, übermittelt. Alle Empfänger können die Nachricht nach Ermittlung des Sitzungsschlüssels aus dem nur für sie verständlichen Teil lesen.

Anwendungen findet dieses Protokoll in der Abwicklung vertraulicher E-Mails. Details kann der Leser den Dokumenten RFC 1421-1424 entnehmen.

In den weiteren Untersuchungen werden wir spezielle Anwendungsfälle betrachten und dafür jeweils erweiterte Rahmenbedingungen definieren, die beim Nachweis der Eignung der entwickelten Verfahren berücksichtigt werden müssen. Generell sind Nachweise für folgende Eigenschaften zu erbringen :

→ *Unfälschbarkeit (unforgeability)*: ein Angreifer darf nicht in der Lage sein, aus Teilen gültiger oder selbst erstellter Nachrichten eine gültige neue Nachricht zu erstellen.

→ *Erkenntnisfreiheit (zero-knowledge)*: es darf nicht möglich sein, aus der Beobachtung (*oder Simulation*) von Nachrichten auf das Aussehen zukünftiger Nachrichten oder die geheimen Parameterwerte zu schließen.

3.3.1 Individueller vertraulicher Nachrichtenaustausch

Ein häufig in der Kommunikationspraxis auftretender Fall wird durch folgende Rahmenbedingungen beschrieben:

- Die Kommunikation findet zwischen zwei einander unbekannten Kommunikationspartnern A und B statt[74]. Es sind keine Parameter für öffentliche oder private Verschlüsselungssysteme vereinbart, eine Identitätsfeststellung ist nicht notwendig.

- Die Kommunikation soll vertraulich geführt, d.h. Inhalte Dritten nicht bekannt werden.

- Angreifer können sämtliche Nachrichten abhören, also auch diejenigen, die zur Herstellung der Vertraulichkeit dienen. Sie besitzen aber nicht die Möglichkeit, Nachrichten in ihrem Interesse zu verändern oder auszutauschen, ohne dass dies auffällt[75].

---

[74] „Einander unbekannt" bezieht sich ausschließlich auf die Kommunikationsebene, auf der die Verschlüsselung stattfinden soll. Über die tatsächlichen Verhältnisse zwischen A und B soll damit nichts ausgesagt werden.

[75] Das ist ganz streng nicht haltbar, wenn ein Angreifer bereits ab dem ersten Telegramm für die Herstellung der Vertraulichkeit die Rolle des jeweiligen anderen Partners übernimmt. Er kann dann als „man-in-the-middle" alles mithören und muss nur die Informationen jeweils neu verschlüsseln. Der Leser entwerfe zur Übung ein Arbeitsschema für einen solchen Angriff. Zur Unterdrückung solcher Attacken ist eine Identitätssicherung notwendig.

Anforderungen dieser Art finden sich bei vielen E-Commerce-Anwendungen: spätestens bei Austausch der Zahlungsmodalitäten bei einem Kauf im Internet wird eine Verschlüsselungsebene eingeschaltet, die etwa diesem Profil entspricht.

Aufbauend auf der Eigenschaft des diskreten Logarithmus, unter realistischen Bedingungen nicht umkehrbar zu sein, lässt sich eine Methode für die Konstruktion geheimer Sitzungsschlüssel entwickeln, ohne dass zwischen den Partnern geheime Nachrichten ausgetauscht werden müssen. Mit den *allgemeinen Parametern* (p,g) des ElGamal-Verfahrens und zwei Zufallzahlen (a,b) erhalten wir nämlich

$$g^a \equiv X \ mod \ m \quad \wedge \quad g^b \equiv Y \ mod \ m \tag{3.3-1}$$

$$\Rightarrow \quad X^b \equiv g^{a^b} \equiv g^{a*b} \equiv Y^a \equiv K \ mod \ m$$

Die Partner wählen jeweils eine Zufallzahl und tauschen gegenseitig die Verschlüsselungen (X,Y) aus. Nach Abschluss des Verfahrens sind sie im Besitz eines gemeinsamen Geheimnisses K, das als Schlüssel für ein symmetrisches Verfahren verwendet werden kann.

Ein unberechtigt mithörender Dritter kennt zwar die einzelnen Größen (m,g,X,Y), kann jedoch mit dieser Kenntnis unter der Voraussetzung, dass der diskrete Logarithmus „sicher" ist, weder a noch b berechnen. Ohne Kenntnis mindestens einer dieser Größen ist ihm aber auch die Berechnung des Schlüssels K nicht möglich.

```
Beispiel 3.3-1: Vereinbarung eines geheimen Sitzungsschlüssels

Allgemeine Parameter:

m = 2.91434.42681.40790.45466.54737.86882.22440.59894.76658.61713.02783.33721
g = 2.23830.75389.88997.76480.00889.37649.86500.93826.50577

Geheime Informationen:

a = 22692.93664.19666.22812.25390.36336.55802.42864
b = 15094.74313.85730.27571.38356.77604.02285.71058

Ausgetauschte Zwischenwerte:

X = 1.38573.78480.97650.74111.09594.54115.94472.23585.30409.97961.65830.53806
Y = 2.59930.67158.38526.78301.52140.63168.72373.89643.50526.44137.36759.84860

Geheime gemeinsame Information:

K = 98112.16023.93008.97091.26069.07328.06340.62567.42278.41626.69712.58183
```

Dieses Verfahren zur öffentlichen Vereinbarung geheimer Sitzungsschlüssel ist als Diffie-Hellman-Verfahren bekannt und eines der ersten auf der Grundlage der Zahlentheorie entwickelten Verfahren. In einem Protokoll ist der Ablauf natürlich nicht ganz so simpel, und wir üben hier einmal den Gebrauch von ASN.1[76].

---

[76] Das beschriebene Protokoll ist so aufgebaut, dass ein Verständnis für die Vorgänge entwickelt werden kann. Es entspricht nicht den aktuellen Implementationen!

Telegrammbeschreibung 3.3-2:

```
Step1 ::= SEQUENCE {
        request              INTEGER {1} ;
        prime                INTEGER;
        base                 INTEGER;
        public               INTEGER;
        hashAlgs             SET {
                hashId       OBJECT IDENTIFIER; } ;
        crypAlgs             SET {
                cryptId      OBJECT IDENTIFIER;}; }

Step2 ::= SEQUENCE {
        respond              INTEGER {2} ;
        prime                INTEGER;
        base                 INTEGER;
        public               INTEGER;
        testMessage          OCTETT STRING;
        hashAlg              OBJECT IDENTIFIER;
        crypAlg              OBJECT IDENTIFIER;}

Step3 ::= SEQUENCE {
        test1                INTEGER {3};
        testMessage          OCTETT STRING;
        testRespond          OCTETT STRING;}

Step4 ::= SEQUENCE {
        test2                INTEGER {4};
        testMessage          OCTETT STRING; }

dh      SEQUENCE {
        dhKeyAgreement       OBJECT IDENTIFIER { .... } ;
        step  CHOICE {
            step1 Step1;
            step2 Step2;
            step3 Step3;
            step4 Step4;     };}
```

Ablaufbeschreibung: wir unterscheiden zwischen dem initiierenden Partner A und dem akzeptierenden Partner B :

(1) A generiert ein Telegramm mit der Objektkennung „dhKeyAgreement" und sendet an B die allgemeinen Parameter sowie seinen berechneten öffentlichen Wert. Weiterhin sendet er eine Liste verfügbarer Hashalgorithmen zur Berechnung des Sitzungsschlüssels sowie eine Liste verfügbarer symmetrischer Verfahren für die vertrauliche Kommunikation.

(2) B akzeptiert die allgemeinen Parameter und sendet ein Telegramm zurück, das seinen öffentlichen Wert beinhaltet. Aus den von A übermittelten Listen der Hash- und Verschlüsselungsalgorithmen wird jeweils der erste auch B zur Verfügung stehende ausgewählt. Da B bereits in Besitz der gemeinsamen Information ist, berechnet er den Sit-

zungsschlüssel durch Anwendung der Hashfunktion auf die gemeinsame Information und verschlüsselt eine Testinformation (z.B. *eine Zufallzahl*) mit dem ausgewählten Verschlüsselungsalgorithmus. Diese Information wird ebenfalls in das Telegramm übernommen.

(3) A berechnet seinerseits den Sitzungsschlüssel, entschlüsselt die Testinformation und verschlüsselt eine eigene Testinformation. Die beiden Testinformationen werden an B gesandt.

(4) B prüft die eigene Testinformation im Klartext und sendet die entschlüsselte Testinformation von A an diesen zurück.

(5) Kann auch A seine Testinformation im Klartext wiedererkennen, so ist der Sitzungsschlüssel korrekt vereinbart und die vertrauliche Kommunikation kann aufgenommen werden.

Dieses Protokoll ist in mehrfacher Hinsicht unvollständig. Zu berücksichtigen wäre beispielsweise der Fall, dass der Initiator die Standardparameter nicht selbst zur Verfügung stellt, sondern vom anderen Partner erfragt, sowie alle auftretenden Fehlerfälle. Der Leser kann das Protokoll selbst für verschiedene Szenarien vervollständigen oder mit den Protokollstandards vergleichen (*suche unter dem Stichwort PKCS im Internet*).

Außer zur Generierung geheimer Sitzungsschlüssel einander unbekannter Kommunikationspartner kann das Verfahren auch in anderer Weise genutzt werden. Wir formulieren zunächst wieder die Rahmenbedingungen:

● Eine Nachricht soll von Teilnehmer A „signiert" werden, um seine Urheberschaft nachweisen zu können. Der Nachweis wird durch ein „Zeugnis" des Teilnehmers B durchgeführt, der als einziger zweifelsfrei die Signatur überprüfen kann, aber nicht der Empfänger einer Nachricht ist, also in der Regel auch keine Kenntnis über die Kommunikation und ihre Inhalte erlangt. Im Falle der Durchführung eines Echtheitsnachweises darf B allerdings den Inhalt der Nachricht kennenlernen.

Voraussetzung ist eine gegenseitige Verifizierung der öffentlichen Parameter (y, y') des El-Gamal-Verfahrens zwischen A und B. Dies kann z.B. durch persönlichen Kontakt der beiden erfolgen und ist nur einmalig für die gesamte Gültigkeitsdauer der Parameter durchzuführen. Für eine Signatur berechnet A mit seinem Geheimnis x den Schlüssel $k \equiv y'^x \bmod p$, den er mit seiner Nachricht verknüpft und einen Hashwert berechnet. Ein Standardprotokoll für die Verknüpfung besitzt die Form

$$MAC = Hash\,((k \oplus pad_1) \circ Hash\,((k \oplus pad_2) \circ N)) \tag{3.3-2}$$

Die Größen pad_1 , pad_2 sind fest definierte Bitmuster, die mit dem Schlüssel bitweise mit XOR verknüpft werden (*Symbol* $\oplus$). An die Schlüsselgrößen werden die Nachricht bzw. ein vorverschlüsselter Wert angehängt (*Symbol* $\circ$) und alles mittels einer Hash-Funktion komprimiert. Die Nachricht wird zusammen mit diesem „*message authentication code MAC*" an den

Empfänger C versandt. Zur Überprüfung, ob N nun tatsächlich von A versandt wurde, wendet sich C an B. B kann nun ebenfalls mit seinem Geheimnis x' den Wert k berechnen, da

$$y^{x'} \equiv y'^{x} \equiv g^{x*x'} \bmod p \tag{3.3-3}$$

ist, und damit (3.3-2) überprüfen und C die Urheberschaft von A bestätigen. Allerdings lernt er bei seinem Zeugnis zwangsweise den Inhalt der Nachricht kennen, da er ebenfalls nach (3.3-2) den MAC berechnen muss, aber k auf keinen Fall offenlegen darf.

Halten wir fest: ein MAC ist eine Signatur (*Unterschrift*) zur Absicherung der Integrität (*Fälschungsfreiheit*) einer Datenmenge mit einem geheimen Schlüssel. Er stellt gewissermaßen einen privaten „Fingerabdruck" der Daten dar. Nur Inhaber des privaten Schlüssels können den MAC überprüfen. Das beschriebene Szenarium ist deshalb auch nicht der Haupteinsatzbereich für MACs. Er wird vorzugsweise zur Integritätssicherung privater Daten sowie von unverschlüsselten Datenströmen nach Vereinbarung geheimer Sitzungsschlüssel eingesetzt, eignet sich z.B. aber auch anstelle eines Eingriffs in die Arbeitskonstanten einer Hash-Funktion für die Steganografie.

Wir können diese Methodik auch einsetzen, um die *man-in-the-middle*-Problematik in den Griff zu bekommen:

(a) **Einseitige Authentifizierung:** A kennt den Parametersatz (p,g,y') seines Partners B. Er wählt eine Zufallzahl a und berechnet

$$y \equiv g^a \bmod p \quad , \quad k \equiv y'^a \bmod p \tag{3.3-4}$$

Nach Übertragen von y an B kann dieser mit seinem Geheimnis x' ebenfalls k berechnen. Der Angreifer kann nun nicht die Rolle von B übernehmen, da ihm die Kenntnis von x' fehlt.

Protokolle dieser Art werden häufig verwendet, nachdem die öffentlichen Parameter von B durch A als vertrauenswürdig anerkannt sind.

(b) **Doppelte Authentifizierung:** möchte auch B wissen, mit wem er es zu tun hat, so kann er nach Vereinbarung des Sitzungsschlüssels durch eine einseitige Authentifizierung den öffentlichen Parametersatz von A sowie einen MAC für seine Testnachricht anfordern. Auch dies setzt voraus, dass die öffentlichen Parameter des Partners bekannt und als vertrauenswürdig eingestuft sind.

Der Leser sollte die Telegrammbeschreibung 3.3-2 für diese Möglichkeiten erweitern, so dass wahlweise einer der vier (!) möglichen Fälle ausgeführt werden kann, und anschließend nach Anwendungen in Standardprotokollen Ausschau halten.

3.3.2 Identitätsfeststellung der Partner (*Authentifizierung*)

Wir haben nun bereits mehrfach die Problematik angesprochen, die Identität des Kommunikationspartners sicher zu stellen. Für eine Absicherung des Kommunikationsweges gegen Veränderungen der Nachricht genügt eine Verschlüsselung der Nachricht (*oder eines Hash-Wertes davon*) mit dem privaten Schlüssel eines unsymmetrischen Verfahrens. Die korrekte Entschlüsselung mit den öffentlichen Parametern genügt für den Nachweis, dass die Nachricht nicht verändert wurde. Es besteht jedoch noch keine Bindung zwischen den Parametern eines Verfahrens und seinem Inhaber. Immer noch möglich und zu verhindern sind:

- *Falschspielen eines der Kommunikationspartner:* verschleiert A seine Identität vor B durch Angabe einer falschen Identität, so muss dies unmittelbar keinen Einfluss haben. Im weiteren Verlauf der Beziehungen zwischen A und B hat A allerdings jederzeit die Möglichkeit eines „Rückzuges" zu Lasten von B . Der Leser denke hier z.B. an ein riskantes Geschäft, bei dem im Gewinnfall beide Partner partizipieren, im Verlustfall aber plötzlich einer der Partner den gesamten Schaden übernehmen darf.

- *Angriff durch einen Dritten:* gibt sich ein Angreifer C gegenüber B als A aus, so kann direkt ein Schaden entstehen, wobei die Geschädigten je nach Absicht von C entweder A oder B oder beide sind. Beispielsweise könnte C eine größere Bestellung durchführen, so dass A nicht geordnete Waren und Rechnungen erhält. Streit und Schaden zwischen A und B sind unausweichlich.

Die Möglichkeit der Vortäuschung einer falschen Identität kann dadurch ausgeschlossen werden, dass die öffentlichen Parameter von A/B überprüfbar an A/B gebunden sind, d.h. C weder mit den Parametern von A oder B etwas Sinnvolles anfangen kann (*Voraussetzung der Verfahrenssicherheit, insbesondere der geheimen Parameter*) noch diese Parameter durch eigene ersetzen kann noch A oder B eine andere Identität ohne Entdeckung vortäuschen können. Wenn einmal davon abgesehen wird, dass sich A und B persönlich kennenlernen und dadurch Vertrauen schaffen (*das ist vermutlich der Normalfall: A liest die öffentlichen Parameter von B , berechnet einen Hashwert, dessen Hexadezimalwert als Fingerabdruck bezeichnet wird, ruft B an und lässt sich den Fingerabdruck zum Vergleich noch einmal durchgeben*), ist diese Bindung von Parametern an eine Identität nur durch Einschalten einer vertrauenswürdigen dritten Person D möglich, die einen nicht fälschbaren Ausweis mit eindeutigen Identitätskennzeichen für B ausstellt. Hierdurch entsteht auch ein neuer juristischer Zustand: während bei der persönlichen Absicherung zwischen A und B im gerichtlichen Streitfall immer noch Aussage gegen Aussage steht, ist D nun ein Zeuge für die Bindung der Daten an B , und B kann sich im Streitfall nicht mehr herausreden. D kann durchaus in einem langwierigen und komplizierten Verfahren die Identitäten verifizieren; die spätere identitätsgesicherte Kommunikation zwischen A und B erfolgt trotz der zusätzlichen Prüfungen sehr schnell. Wir stoßen damit bei der Identitätsfeststellung auf ein Protokoll, das das Zusammenspiel von mindestens drei Partnern erfordert. Die Randbedingungen lassen sich leicht zusammenstellen[77]:

---

77   Die Einhaltung ist teilweise schon schwieriger. Wir kommen darauf noch zurück.

- **Möglichkeiten des Angreifers:** dem Angreifer C sei unterstellt, dass er die Möglichkeit besitzt, Nachrichten abzuhören und sich zunächst gegenüber A oder B als B oder A auszugeben.

  Es besitzt nicht die Möglichkeit, sich gegenüber A/B auch als Ausweisgeber D, E, ... auszugeben, ohne dass dies auffällt. Er besitzt auch nicht die Möglichkeit, sich gegen- über D als A oder B auszugeben und einen Ausweis zu erhalten.

- **Funktion der „Vertrauensperson":** die Vertrauensperson ist in der Lage, die Identität von A/B durch Ausstellen eines nicht fälschbaren Ausweises zweifelsfrei zu belegen und die eigene Eigenschaft „vertrauenswürdig" durch nicht fälschbare Zeugnisse weiterer Ver- trauenspersonen E, F ... nachzuweisen.

  Die Vertrauensperson besitzt nicht die Fähigkeit, die zwischen A und B ausgetauschten Informationen zu lesen.

Für die Ausstellung von Ausweisen hat sich ein hierarchisches Netzwerk von „*Certification Authorities CA*" im Internet gebildet, die untereinander akkreditiert sind und Antragstellern nach Überprüfung der Identität einen „Ausweis" ausstellen. Die Verfahren sind recht detail- liert in den „policies" der CA's beschrieben. VeriSign als einer der bekannteren großen Zerti- fizierer benötigt dazu etwa 115 Seiten, was dem Leser einen Eindruck von der Komplexität der Materie vermittelt. Vollständige ASN.1-Spezifikationen können wieder auf den Webseiten der RSA Security Inc gefunden werden. Wir halten uns hier wie üblich etwas kürzer, um das Prinzip deutlicher herauszuarbeiten:

Ausweis (Zertifikat):
Versionsnummer der Ausweisform (Feldstruktur)
Seriennummer des Ausweises
Inhaber des Ausweises (*Name, Anschrift*)
Verschlüsselungssystem des Ausweisinhabers
Art des Algorithmus
öffentliche Parameter für den Algorithmus
Beginn der Gültigkeit
Ende der Gültigkeit
Aussteller des Ausweises (CA)
elektronische Unterschrift der CA

Tabelle 3.3-1: Zertifikat oder elektronischer Ausweis (vereinfacht), ausgestellt durch einen Zertifizierer

Der Ausweis bezieht sich auf einen bestimmten öffentlichen Parametersatz des Inhabers für ein bestimmtes Verfahren. Besitzt der Inhaber Parametersätze für mehrere Verfahren oder mehrere Parametersätze für ein Verfahren, so benötigt er für jeden Parametersatz einen eige- nen Ausweis. Wesentlich für die Nutzung eines Ausweises ist der Nutzungszeitraum: Nach- richten, die vor oder nach dem ausgewiesenen Nutzungszeitraum mit den Parametern ver- schlüsselt werden, gelten per Definition als „nicht authentifiziert"[78].

---

78 Im Rahmen von Signaturen muss ggf. auch darüber nachgedacht werden, ob eine Unterschrift über den Zeitraum hinaus gültig ist oder eine „Nachsignatur" stattfinden muss. Dies hängt aber stark von den weiteren Rahmenbe- dingungen ab.

Ein solcher Ausweis wird mit geheimen Parametern des Zertifizierers signiert oder verschlüsselt und ist damit nicht fälschbar. Allerdings besteht bei der Überprüfung des Ausweises das Problem der Vertrauenswürdigkeit des Zertifizierers. Nicht jeder ist bei der gleichen CA akkreditiert (*dann ist es kein Problem, weil man die Signaturprüfschlüssel besitzt*). Wie ist auszuschließen, dass B und D gemeinsam ein betrügerisches Pärchen bilden? Die Gesamtorganisationsstruktur stellt dies sicher:

- In allgemein und auf unterschiedlichen Wegen zugänglichen Internetdokumenten ist eine zentrale Zertifizierungsorganisation als oberste Instanz mit allen notwendigen Daten festgelegt, die für die Ausweisausstellung an Zertifizierer zuständig ist. Sie prüft Zertifizierer nach standardisierten Verfahren und vergibt fest definierte Zertifizierungsrechte, aber keine Ausweise an Einzelpersonen.

- Alle anerkannten Zertifizierer sind entweder direkt bei der Zentralbehörde akkreditiert oder bei akkreditierten Zertifizierern mit der Berechtigung der Ausweisausstellung an weitere Zertifizierungsorganisationen und gelten damit als vertrauenswürdig.

- Der Antragsteller liefert an den Zertifizierer seine persönlichen Daten nebst einem amtlichen, beglaubigten Nachweis der Richtigkeit der Angaben, das verwendete Verschlüsselungsverfahren und die öffentlichen Schlüssel. Die Angaben werden auf einem „sicheren" Weg (*persönlich, Briefpost*) ausgetauscht und verifiziert, so dass Zweifel über die Identität des Antragstellers nicht bestehen.

  Die Geheiminformationen des Verschlüsselungsverfahrens werden dem Zertifizierer nicht mitgeteilt, so dass ein Missbrauch von dieser Seite oder Bekanntwerden durch Korruption ausgeschlossen ist[79].

- Ein „Ausweis" nach dem oben angegebenen Muster wird erstellt und der Hash-Wert über den Ausweis mit dem geheimen RSA-Schlüssel des Zertifizierers nach Algorithmus 3.2-3 verschlüsselt. Er ist mit dem öffentlichen Schlüssel des Zertifizierers wieder entschlüsselbar. Der Ausweis wird mit der Angabe des Zertifizierers im Klartext ergänzt.

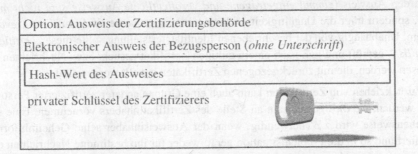

| Option: Ausweis der Zertifizierungsbehörde |
| Elektronischer Ausweis der Bezugsperson (*ohne Unterschrift*) |
| Hash-Wert des Ausweises |
| privater Schlüssel des Zertifizierers |

---

79 Wird hier etwa der Service „wir generieren Ihre Sicherheitsdaten" angeboten, ist Vorsicht geboten. Wer kann schon kontrollieren, ob nicht doch heimlich eine Kopie der Geheimdaten angelegt wird. Auch bei der Umsetzung in nationales Recht wird in manchen Staaten darüber diskutiert, die geheimen Daten gegenüber den Behörden offenzulegen – für den Verfasser im Falle einer Umsetzung in Deutschland ein ausreichender Grund, per notarieller Urkunde verbindlich die Nichtnutzung dieser Daten zu erklären. Glücklicherweise sieht das Signaturgesetz etwas anderes vor.

Eine Identitätsprüfung kann nun einwandfrei durchgeführt werden:

➜ A liest das Zertifikat von B von einer Webseite aus oder erhält es von einem Server oder von B selbst zugesandt.

➜ A überprüft mit dem öffentlichen Schlüssel der CA die Signatur. Der öffentliche Schlüssel wird dem Ausweis der CA entnommen, der mitgesandt wurde oder mit Hilfe der CA-Informationen im Ausweis von B ermittelt und geladen wird.

➜ A überprüft die CA, falls sie ihm nicht bekannt ist,

  ■ durch rekursives Lesen der Daten übergeordneter CAs, bis eine bekannte CA auftritt (*dies ist spätestens die „Wurzel-CA"*) oder

  ■ durch eine Bestätigung der Echtheit des CA-Ausweises durch seine eigene CA:

➜ A sendet eine Kontrollnachricht an B . Die Kontrollnachricht besteht aus einer Zufallsinformation, die mit dem öffentlichen Schlüssel von B verschlüsselt wird. Kann dieser die Nachricht richtig beantworten, d.h. mit seinem privaten Schlüssel entschlüsseln und mit dem öffentlichen Schlüssel von A verschlüsselt zurücksenden, so ist seine Identität sichergestellt.

Auf die gleiche Weise kann sich B von der Identität von A überzeugen. Bei genauer Einhaltung der Vorgehensweise sind alle Randbedingungen erfüllt und es sind keine Täuschungen möglich. Dieser recht komplexe Ablauf ist als Teilschritt „Zertifizierung" in verschiedene andere Protokolle eingebettet. Details findet der Leser in den Internetdokumenten (*RFCs*) oder Dokumenten der CAs.

Haben A und B sich einmal auf diese Weise gegenseitig davon überzeugt, jeweils über einen rechtsverbindlichen Parametersatz des anderen zu verfügen, so gibt es dennoch einen Grund, bei einer Kommunikation eine Zertifikatprüfung vorzunehmen: befürchtet des Inhaber eines Zertifikates, dass seine Geheiminformationen kompromittiert sind (*oder er sie schlichtweg verbummelt hat*), so kann er die Daten vorzeitig zurückziehen, indem er gegenüber der Zertifizierungsbehörde eine entsprechende Erklärung abgibt. Diese ändert daraufhin nicht etwa den Ausweis (*einmal eingetragene und veröffentlichte Ausweise sind nicht mehr änderbar*), sondern trägt die Ungültigkeitserklärung in eine separate Widerrufsliste (*revocation list*) ein. Unabhängig von der beschriebenen Identitätsfeststellung sollte diese „*certificate revocation list*" geprüft und ggf. nach einem gültigen Zertifikat gesucht bzw. Nachrichten zurückgewiesen werden, die mit zurückgezogenen Zertifikaten erstellt worden sind.

Mit dem Zurückziehen von Zertifikaten kann auch eine Gruppe anderer zertifizierter Personen beauftragt werden, die dies gemeinsam an Stelle des Zertifikatinhabers vornehmen. Eine solche Vorgehensweise wird z.B. notwendig, wenn der Ausweisinhaber seine Geheiminformationen verliert und so in die Problemsituation gerät, weder für ihn bestimmte Nachrichten entschlüsseln noch gegenüber der Zertifizierungsbehörde seine Berechtigung nachweisen zu können, ein Zertifikat zurückzuziehen. Der Leser bemerkt: das Thema lässt sich zu erstaunlicher Komplexität steigern, ohne dass man unbedingt behaupten kann, exotische Fälle zu betrachten.

Mit Zertifikaten lässt sich möglicherweise auch das Problem der Sicherheit im Internet angehen. Neben den mangelhaft abgesicherten Betriebssystemen und der Sorglosigkeit der Nutzer liegt einer der Hauptgründe dieser größer-bunter-lauter-Welt an den fehlenden Gesamtkonzepten der Programmiersysteme. So erzählt uns der Erfinder der „Programmiersprache" PHP, er habe sie entwickelt, um gewisse „Tätigkeiten im Rahmen seiner Graduierungsarbeit zu vereinfachen". Andere fanden das Konzept wohl toll, und so fing die Bastelei an – mit dem Ergebnis, dass PHP mittlerweile in der Version 4 vorliegt, die inkompatibel mit allen Versionen davor ist[80]. Ähnlich geht es bei anderen Internet-Programmierwerkzeugen zu: nach einem diffusen oder auch gut geplanten Beginn werden Erweiterungen eingeführt, um neue bunte Funktionen zu realisieren, wobei fahrlässigerweise für böswillige Mitmenschen das eine oder andere Tor zum Eindringen in Fremdsysteme aufgestoßen wird[81]. Daran lässt sich wohl wie an verschiedenen anderen Problemstellen im Internetumfeld, an denen die Realität die ursprünglichen Absichten schlichtweg überholt hat, kaum etwas ändern (*der Leser denke etwa an IPv6, das bislang kaum eine Chance zur weiteren Verbreitung hat*)[82].

Ein Ansatzpunkt, die böswillige Nutzung des Netzes und angeschlossener Maschinen merklich zu erschweren, können Zertifikate und MACs sein: werden die Rechner so konfiguriert, dass kritische Vorgänge nur noch dann ausgeführt werden, wenn das Zertifikat des Anbieters und der MAC des Vorgangs gültig sind, und im zweiten Schritt Anbieter durch Entzug des Zertifikats abgestraft, wenn über seine Anwendungen in andere Systeme eingedrungen wird, wird es für den größten Teil der Hacker sicher sehr viel schwieriger, in andere Systeme einzudringen oder genügend Maschinen für DoS-Attacken[83] zu rekrutieren (*Profis mit entsprechenden Ressourcen lassen sich dadurch voraussichtlich nicht stoppen*). Ein Protokoll für den Zertifikataustausch (*LDAP*) existiert und zumindest an einigen Positionen werden Zertifikatprüfungen bereits durchgeführt, allerdings ziemlich undiszipliniert (*Hand auf's Herz: wie oft sind Sie von Ihrem Browser auf ein Zertifikat hingewiesen worden und haben dann einfach weiter geklickt? Prüfen Sie das nächste Zertifikat einmal nach. Möglicherweise werden Sie erstaunt sein*). Der Rest ist natürlich nicht so einfach, wie ich ihn hier präsentiert habe, und bedarf neben der technischen Durchleuchtung zumindest auch der intensiven juristischen Betrachtung und Absicherung. Beispielsweise bedarf es einer recht ausgefeilten *flaming policy*, damit nicht jeder durch ungerechtfertigtes Anschwärzen seinen Konkurrenten aus dem zertifizierten Bereich drängen kann. Warten wir die Zukunft ab[84]!

---

80   Die allerdings zugegebenermaßen mittlerweile ein recht rundes und leistungsfähiges Programmierwerkzeug für viele Internetanwendungen darstellt. Die konzeptionellen Sprünge von Version zu Version sind allerdings gewaltig.

81   Manchmal wird auch bewusst eine Lücke geschaffen, um eigenen geschäftlichen Interessen Vorschub zu leisten. Das ist an sich nicht ehrenrührig, da es hierbei in der Regel korrekt zugeht. Es besteht nur die (*häufig begründete*) Gefahr, dass kriminelle Elemente in der Lücke eine weitere entdecken und für ihre Zwecke nutzen. Auch die derzeitige Rechtsprechung, die teilweise den Entdecker einer Lücke bestraft, obwohl der den Verursacher ohne eigenen Nutzen zu ziehen nur auf den Fehler hinweisen wollte, mutet sehr eigenartig an.

82   Um gewissen Kritikern zuvorzukommen: ich benutze (oder lasse von meinen Studenten benutzen) vieler dieser Werkzeuge selbst und weiß daher nicht nur vom Hörensagen, wo die Grenzen liegen. Leider ist bei solchen Themen oft eine sachliche Diskussion nicht mehr möglich. Falls jemand wissen will, wie es zur Zeit der Kreuzzüge gewesen sein muss, verliere er ein paar Worte über FORTRAN in einer Java-Newsgroup. Das kommt ungefähr so gut an wie die Bestellung eines Altbiers in Köln.

83   Denial of Service: viele Maschinen fluten bestimmte Server oder Netzbereiche mit relativ banalen Telegrammen und überlasten dadurch die Systeme.

84   Andere Autoren vertreten so ziemlich die gegenteilige Meinung und halten von Zertifikaten gar nichts. In der

3.3.3 Elektronische Unterschriften

Mit Hilfe eines Authentifizierungsprotokolls lassen sich öffentliche Schlüssel bei gleichzeitiger Sicherheit bezüglich der Identität des Kommunikationspartners austauschen und anschließend vertrauliche Dialoge führen, in die ein Einbruch eines Angreifers, auch bei erweiterten Möglichkeiten, im Prinzip nur durch erweiterte Dummheit der Dialogpartner bei der Konstruktion des Dialogs möglich ist[85]. Die direkte gesicherte Kommunikation, die situationsbedingt meist leicht zu kontrollieren ist, ist jedoch auch meist die Ausnahme. Bereits beim Austausch von E-Mails liegt eine indirekte Situation vor, bei der eine Kontrolle nur noch bedingt möglich ist: je nach Informationsinhalt ist nicht unbedingt zweifelsfrei feststellbar, ob eine empfangene Nachricht nur eine Wiederholung einer älteren ist oder die gleiche Information aus neu aufgetretenem Anlass tatsächlich erneut erzeugt wurde[86]. Wir beschreiben das Problem noch etwas allgemeiner durch folgende Rahmenbedingungen

- A und B besitzen Zertifikate zur Feststellung der Identität und zur Übermittlung öffentlicher Verfahrensparameter,

- Die Nachrichten können verschlüsselt oder unverschlüsselt ausgetauscht werden, müssen aber auf jeden Fall eindeutig einem Erzeuger zuzuordnen sein.

- Der Angreifer kann aktiv in die Kommunikation eingreifen, ist also nicht mehr auf eine Lauscher-Rolle beschränkt.

Da nun insbesondere auch unverschlüsselte Nachrichten *und* eine aktive Rolle des Angreifers zulässig sind, folgt:

➜ die Nachricht kann modifiziert werden ,

➜ die Nachricht kann erneut gesendet werden.

Ein Sicherheitsprotokoll muss auf beide Möglichkeiten robust reagieren. Eine Absicherung gegen eine Modifikation erfolgt durch eine Signatur oder Unterschrift, die bei einer Modifikation des Inhalts ungültig wird. Einige Möglichkeiten für eine Sicherung gegen Veränderung haben wir bereitsTabelle 3.3-3 vorgestellt. Die dort beschriebenen Vorgehensweisen schützen aber nicht gegen eine Wiederholung. Durch Einmal-Signaturen lassen sich auch Kopien von Originalen unterscheiden[87], d.h. eine wiederholt gesendete identische Nachricht erhält jedes Mal eine neue Unterschrift, die sich von den vorhergehenden Version unterscheidet. Trifft mehrfach die gleiche Nachricht mit der gleichen Signatur ein, so kann der Empfänger von einer Kopie ausgehen. Der Empfänger sichert zu diesem Zweck die empfangenen Signaturen in einer Datenbank, der Sender legt auf Verlangen Protokolle über die verwendeten Signaturen

---

Form, wie sie heute genutzt werden, kann man sich dem nur anschließen. Unter bestimmten rechtlichen Voraussetzungen nutzt eine Auswanderung nach Bodokudistan aber auch nicht mehr viel, wenn solche Seiten dann nur noch von Personen aufgerufen werden, die auf ihr Grundrecht, betrogen zu werden, nicht verzichten möchten.

85 Die Geschichte lehrt allerdings auch, dass kaum eine Möglichkeit zur Demonstration solcher „erweiterter Dummheit" ausgelassen wird.

86 Der Leser stelle sich eine Aktien-Kauforder an seinen Broker vor. Verdoppelt jemand dieses Dokument und führt der Broker die Order tatsächlich zweimal aus, ist das nicht nur für das eigene Konto peinlich, sondern eröffnet, wenn das Gleiche auf viele Anleger zutrifft, auch Spekulationsmöglichkeiten durch Kursbeeinflussung.

87 Auch gewöhnliche Unterschriften sind nie völlig identisch; Fälschungen sind nachweisbar, wenn auch häufig nur mit großem Aufwand.

vor. Trivialerweise enthält das Protokoll auch die Angabe der Empfänger, um eine Vervielfältigung und Weitergabe an Fremde, die untereinander keinen Abgleich durchführen können, zu verhindern. Der Leser fasse einmal die Unterschiede der elektronischen zur papiernen Welt an dieser Stelle zusammen und stelle ein ASN.1-Modell für ein Protokoll auf.

Wie ist nun ein Unterschriftalgorithmus mit individuellen Unterschriften zu konstruieren ? Fassen wir die Anforderungen an ein Verfahren zusammen und kombinieren wir sie mit algebraischen Grundkenntnissen, so erhalten wir das Funktionsmodell:

- Allgemeine Verfahrensparameter und Algorithmen, die von vielen Nutzern gemeinsam genutzt werden können, sind zulässig und notwendig.

- Es existiert mindestens je ein geheimer Schlüsselwert x und ein öffentlicher Schlüsselwert y . Die Kenntnis eines Wertes genügt nicht, um auf die andere Größe zu schliessen.

- Für die Individualisierung wird ein zusätzlicher variabler Parameter benötigt. Die Nachricht N bzw. deren Hashwert und eine Zufallzahl k werden mittels der allgemeinen Parameter und dem geheimen Schlüssel x zu einer individuellen „Unterschrift" verrechnet.

  Da zwei unabhängig Größen in diese Berechnung eingehen, nämlich N und k , muss der Signaturalgorithmus ebenfalls zwei unabhängige Signaturwerte generieren.

- Die beiden empfangenen Signaturinformationen sind mittels der allgemeinen Parameter und dem öffentlichen Schlüssel so aufzuarbeiten, dass eine eindeutige Beziehung zu N hergestellt werden kann.

  Der Einfluss der Zufallgröße k wird aus den zwei Signaturteilen durch ein algebraisches Verfahren eliminiert, ohne dass der Wert von k dem Empfänger bekannt wird. Hierbei unterstellen wir, dass bei Bekanntwerden von k möglicherweise Informationen über die geheimen Verfahrensparameter durchsickern oder Fälschungen ermöglicht werden.

Algorithmus 3.3-3: die Konstruktion eines brauchbaren Algorithmus ist eine knifflige Aufgabe. Mathematischen Grundprinzipien für die algebraische Verknüpfung der verschiedenen Größen haben wir bereits beim ElGamal-Verfahren kennen gelernt, müssen aber hier etwas anders vorgehen, da der geheime Parameter zur Aufstellung des Gleichungssystems und nicht zu seiner Lösung dient. Außerdem ist natürlich nach jedem Verfahrensschritt zu prüfen, ob nicht eine Einbruchsmöglichkeit besteht. Gegebenenfalls fängt man dann mit der Konstruktion noch einmal einige Schritte früher von vorne an. Wir stellen als Ergebnis der Tüftelei den DSS = „digital signature standard" vor.

Allgemeine, öffentliche Parameter des Verfahrens sind (*Bestandteil des Zertifikats*):

1. Zwei große Primzahlen p und q , wobei q ein Teiler von $\varphi(p)$ ist, aber nicht die strengen Anforderungen $\varphi(p) = 2*q$ erfüllt

$$(q,p) \quad (q \in P \ \wedge \ p \in P \ \wedge \ q|(p-1)) \tag{3.3-5}$$

2. Eine prime Restklasse der Ordnung q :

$$(g \equiv h^{(p-1)/q} \bmod p , g \neq 1) \ \wedge \ (g^q \equiv 1 \bmod p) \tag{3.3-6}$$

3. Ein HASH-Algorithmus (*secure hash algorithm, SHA-1*)

Die Parameter lassen sich durch Probieren schnell finden: man lege z.B. einen geraden Faktor f fest und suche ein Primzahlpaar $(q, p = (q * f + 1))$. Zu p lässt sich mit vertretbarem Aufwand eine primitive Restklasse a finden und daraus $g \equiv a^f \bmod p$ als gesuchter Parameter gewinnen (*zweckmäßigerweise sollte f nur wenige Faktoren aufweisen. Günstig ist $f = 2 * r, r \in P$*). Der Parametersatz (p, q, g) kann von mehreren Anwendern genutzt werden.

Öffentliche und geheime Parameter werden über den diskreten Logarithmus miteinander verknüpft:

$$y \equiv g^x \bmod p \qquad (3.3-7)$$

$(x, ggT(x, q) = 1)$ ist die geheime, y die öffentliche, im Zertifikat angegebene Schlüsselkomponente.

Erstellung der Signatur: der Sender ermittelt eine Zufallzahl k und $X = SHA(N)$. Damit werden die beiden Signaturwerte (s, r) berechnet:

$$r \equiv (g^k \bmod p) \bmod q$$
$$s \equiv (k^{-1} * (X + x * r)) \bmod q \qquad (3.3-8)$$

Diese werden zusammen mit N und dem Zertifikat versandt. Ein Blick auf (3.3-8) überzeugt den Leser schnell davon, dass k wirklich „zufällig" und nicht zu klein sein darf und nach Verwendung gründlich vergessen werden muss. Ein Bekanntwerden von k durch einen einen massiven Angriff zur Berechnung von r führt unweigerlich zur Korruption der geheimen Größe x und damit zur beliebigen Fälschbarkeit von Unterschriften.

Auswertung der Signatur: der Empfänger generiert aus N die Größe X und weiter:

$$u \equiv (X * s^{-1}) \bmod q$$
$$v \equiv (r * s^{-1}) \bmod q \qquad (3.3-9)\,[88]$$
$$w \equiv ((g^u * y^v) \bmod p) \bmod q$$

Die Nachricht N ist bei $r = w$ authentifiziert, denn durch Einsetzen von y, u, v in die letzte Gleichung und algebraische Auswertung folgt:

$$w \equiv g^u * g^{x*v} \equiv g^{s^{-1} * (X + x * r)} \equiv ((g^{s^{-1} * s * k}) \bmod p) \bmod q \equiv r \qquad (3.3-10)$$

Das sieht elegant aus und ist im Nachhinein leicht nachzuvollziehen, aber wie kommt man auf so etwas? Bei einigem Nachdenken wird man feststellen, dass die einzelnen Teile des Algorithmus wie z.B. eine Verknüpfung von Nachricht und Geheimnis durch Addition und Multiplikation in $(X + x * r)$, um eine spätere Rekonstruktion zu erlauben, bereits in anderen Zusammenhängen aufgetreten und begründet worden sind. Nach solchen Zusammenhängen gilt es also zu suchen und diese in verschiedenen zunächst einfachen, nach Prüfung der Verein-

---

[88] Die Berechnung des Inversen s^(-1) (mod q) erfolgt wiederum mit dem Algorithmus aus Satz 2.3-6

barkeit mit den Zielvorstellungen zunehmend komplexeren Konstellationen zu kombinieren. Dem fertigen Algorithmus sieht man natürlich nicht an, wie lang der Weg zu ihm war und was unterwegs wieder verworfen werden musste, und auch hier läßt sich mehr oder weniger nur das Ergebnis präsentieren und begründen. An einer langwierigen Tüftelei kommt man also wohl nicht vorbei, und die oftmalige Existenz einer Vielzahl von Algorithmen für die gleiche Aufgabe zeigt, dass ein einzelner klarer logischer Weg nicht existiert.

Da r und X zur Berechnung von s benötigt werden und die letzte Äquivalenz nur gilt, wenn geheimer und öffentlicher Schlüssel miteinander verträglich sind, werden Fälschungen an der Nachricht oder Teilen der Kontrollinformation sicher erkannt. Das folgende Beispiel enthält Zahlen in der vom DSS-Standard empfohlenen Länge[89]:

Beispiel 3.3-4: Elektronische Unterschrift nach dem DSS-Algorithmus

Allgemeine öffentliche Daten

```
p    =         1239.51338.35853.62037.28474.30452.97097.72628.50172
          .43263.99180.95069.76728.10147.07311.60938.05848.86903.13546
          .73909.27461.67974.68597.25152.28635.75088.19783.86575.22523
          .92407.39593.64734.58708.92743.75932.42043.86693.70555.20171

q    =         1336.91246.71939.10166.03906.28892.16997.77144.41774.91797

g = h^((p-1) % p    =    882.97222.71843.73136.33876.26111.99613.14114.94728
          .95205.99648.55635.10661.07651.59243.85098.21966.01218.62539
          .59158.14355.04219.87627.01193.51730.19896.93832.99122.07444
          .60521.18347.18240.17821.68709.79840.65443.83683.08757.92404
```

Geheimer und öffentlicher Schlüssel

```
x    =                    1.65399.07295.98349.03227.70868.13213

y = g^x % p    =        171.15385.42583.83559.58269.03495.09091.32188.41351
          .12564.05117.94993.60771.25988.98661.74850.10168.71631.18447
          .96517.44756.90267.59264.99339.07664.28611.04545.17811.20725
          .93921.52788.91521.32039.11722.70347.52813.04225.03688.21878
```

Nachricht und Zufallzahl für diese Nachricht

```
Nachricht n  =  2430.96517.46190.94528.46770.82285.08331.18097.47796.93644
Zufallsz. K  =     1.69205.72930.66125.36477.38265.96085.72540.33857.36824
```

Die Signaturwerte

```
Inverses k^-1       =     67529022858894134910641296598569970436664755 4443
r = g^k % p % q      =     68599353509829368839196299902111057519829893 7076
s =k^-1 (n+x*r) % q =     45955238236534692325276606456008252697469325 9172
```

Signaturprüfung

---

89   Die Zahlen sind im Dezimalsystem dargestellt und in 5er-Blöcken durch Punkte geblockt, da die üblichen 3er-Blockungen ab ca. 10^15 mangels Bezeichnungen den Sinn verlieren. Bei bis zu 200 Ziffern Länge trägt jedoch auch dies vermutlich nur begrenzt zur besseren Lesbarkeit bei.

```
w = s^1 % q              =        8235518900062790678689331015386445876910476968
u1 = n*w % q             =       111242101427630902953230656079673380830519278463
u2 = r*w % q             =        994674746463584005326161540640483372064153525
                                                                                 5

v = g^u1*y^u2 %p%q       =        685993535098293688391962999021110575198298937076
r - v                    =                                                        0
```

Wiederholung der Nachricht mit geänderter Zufallzahl (letzte Stelle)

```
Zufallsz. k'             =       169205729306612536477382659608572540338573682
                                                                               5
```

Die Signaturwerte

```
Inverses k^-1            =       112903249058308910857445094488046233312166833758
                                                                                 9
r = g^k % p % q          =        287819189315184223831512433478130576607251349934
s =k^-1 (n+x*r) % q =             116095997819031510066219898031056276831886293280
```

Signaturprüfung

```
w = s^1 % q              =        102214224578725518759797325489815284997474842687
u1 = n*w % q             =        443328444596937002487652324664652960387495839214
u2 = r*w % q             =       100233232836766033233668671322837121356331666620790
v = g^u1*y^u2 %p%q       =        287819189315184223831512433478130576607251349934
r - v                    =                                                        0
```

Sind elektronische Unterschriften vollkommen äquivalent zur handschriftlichen Unterschrift? Nicht ganz: die Parameter für elektronische Unterschriften befinden sich auf irgendwelchen Datenträgern und können gestohlen oder kompromittiert werden, was mit der Hand ohne vollständigen Funktionsverlust nicht möglich ist. Unterschriften mit gestohlenen Parametern lassen sich aber im Gegensatz zu gefälschten handschriftlichen Unterschriften nicht von einer echten Unterschrift unterscheiden. Da das Stehlen der Parameter meist nicht oder zu spät auffällt, ergeben sich dadurch erhebliche Probleme für den rechtmäßigen Inhaber. Man sollte sich über diese Unterschiede schon im Klaren sein.

3.3.4 Unwiderrufbare geheime Unterschriften

Das Protokoll für elektronische Unterschriften ist ein universell verifizierbares Modell, d.h. jeder, der Zugriff auf die öffentlichen Daten des Signaturausstellers und die Signatur selbst hat, ist in der Lage, über die eindeutige Identitätsfeststellung des Signaturausstellers die Unterschrift zu verifizieren. Die Universalität der Überprüfbarkeit und die Methode der Überprüfung muss jedoch in bestimmten Fällen gar nicht in der Absicht der Beteiligten liegen. Der Leser stelle sich z.B. Verträge vor, bei denen ein Vermittler die Beteiligten rechtlich bindet, aber zur Wahrung seiner eigenen Interessen die Identitäten der anderen bis zum Vertragsabschluss voreinander verbergen will. Im Bedarfsfall, beispielsweise bei Rechtsstreitigkeiten, muss ein Prüfer aber trotzdem eindeutig feststellen können, ob die Signatur eines Dokuments von einer bestimmten Person stammt oder nicht. Die Prüfung darf natürlich nicht von der Interessenlage der Beteiligten beeinflussbar sein: das Interesse eines möglichen Signaturausstellers könnte sowohl darin bestehen, die Signatur als eigene anzuerkennen, obwohl sie es nicht ist, als auch eine eigene Signatur zu leugnen. Die Problematik ist also etwas knifflig, und wir definieren für derartige Problemstellungen zunächst einmal wieder Rahmenbedingungen und Anforderungen.

- Beteiligt sind folgende Personen oder Personengruppen:

  A ist Signaturaussteller des Dokuments und Eigentümer von einem für die Ausstellung der Signatur verwendetem

  öffentlichen Parametersatz $P = \{P_1, \dots P_m\}$ mit Zertifikat durch eine CA und

  einem geheimen Parametersatz $Q = \{Q_1, \dots Q_o\}$.

  B ist Inhaber des Dokuments, bestehend aus

  Information N sowie Signatur S

  C ist Prüfer der Signatur S im Auftrag von A oder B und kann für die erste Überprüfung identisch mit B sein.

- Die Signatur ist mit den öffentlichen Parametern nicht unmittelbar überprüfbar, d.h. auch bei Kenntnis von (N, S, P) ist für B oder C keine direkte Möglichkeit der Prüfung gegeben, ob sich S auf N bezieht oder überhaupt von A ausgestellt wurde.

  Eine Überprüfung erfolgt durch den

  → Positivnachweis von A gegenüber C, dass es sich um seine Unterschrift handelt, oder

  → durch den Negativnachweis, dass er nicht der Signaturaussteller sein kann.

  Da wir unterstellen müssen, dass die Interessenlage von A nicht mit der von B übereinstimmt, A also auch betrügen kann, werden die Nachweise in zwei verschiedene Verfahren eingebettet. In beiden Fällen wird bei der Prüfung durch C die Signatur nicht direkt vorgelegt, so dass A nicht entscheiden kann, ob er bei einer vorgelegten Frage kooperieren oder verweigern soll, wenn Verweigerung zu seiner Strategie gehört. C kann bewusst falsche oder andere bereits bestätigte Unterschriften vorlegen, so dass A mit hoher Wahrscheinlichkeit bei einer Verweigerungsstrategie durch falsche Antworten bei Fragen, die er auch in diesem Fall richtig beantworten muss, auffällt. Je nach Fragestellung -richtige oder gefälschte Unterschrift- formulieren wir zwei Verfahrensabläufe:

- **Test 1:** C sei aufgefordert, sich von der Echtheit der Unterschrift von A zu überzeugen. Alle drei Beteiligten kennen das zu überprüfende Tripel $(S, P, SHA(N))$.

  → C stellt A eine Aufgabe, die A nur lösen kann, wenn die Unterschrift von A stammt. Dabei erhält A weder Kenntnis über S noch über $SHA(N)$ [90]. Zur Formulierung der Aufgabe werden die öffentlichen Parameter des Zertifikats von A herangezogen.

  → A beweist die Echtheit der Unterschrift durch Lösen der Aufgabe. Die Wahrscheinlichkeit, dass der Nachweis gelingt, obwohl A nicht der Signaturaussteller ist, ist be-

---

90 A kann somit nicht in seiner Datenbank nachsehen, um was es sich handelt. Er kann nicht entscheiden, ob Betrug oder Kooperation günstiger für seine Interessen ist.

kannt und beschränkt. Aus einem erfolgreichen „Betrug" kann A keine Information für eine weitere Aufgabe gewinnen; C kann die Aufgabe in veränderter Form erneut stellen und damit die Wahrscheinlichkeit, dass A erfolgreich betrogen hat, beliebig erniedrigen.

➔ Löst A eine Aufgabe nicht, so ist er entweder wirklich nicht der Aussteller der Signatur oder er hat nicht kooperiert. C gelangt daher zu keiner eindeutigen Aussage.

● *Test 2:* C sei aufgefordert, sich davon zu überzeugen, dass die Unterschrift nicht von A stammt. $(S, P, SHA(N))$ sei wieder allen Beteiligten bekannt.

➔ C stellt A eine Aufgabe, die A nur lösen kann, wenn er die Signatur nicht ausgestellt hat. Der weitere Verlauf entspricht sinngemäß Test 1.

Bei Durchführung beider Tests wird es im Falle einer Kooperation von A immer gelingen, seine Urheberschaft eindeutig festzustellen oder auszuschließen, einerlei, ob das im Interesse von A liegt oder nicht. Verweigert A die Kooperation, so enden beide Tests im Zustand UNBEKANNT, was im rechtlichen Sinne immer einem Indizienurteil gegen A gleichkommt.

Um Algorithmen für die beiden Prüffälle erstellen zu können, ist zunächst eine Signaturmethode festzulegen. Als Grundlage wählen wir in diesem Fall eine RSA-Verschlüsselung, da A im Testfall ja die Verschlüsselung in irgendeiner Form rückgängig machen muss. Allerdings dürfen die RSA-Exponenten nun beide nicht öffentlich sein, da sonst jederzeit eine Überprüfung oder Fälschung stattfinden kann. Es sind daher weitere öffentliche Parameter notwendig, die A an die Verwendung seiner Geheimexponenten bindet. Auch für diese können wir schon Angaben machen: da sie im Verlauf der Prüfung eingesetzt werden und A hier *nicht* die Möglichkeit der Umkehrung der Prüferfrage haben darf, wird der diskrete Logarithmus zum Einsatz kommen müssen. Einige Tüftelei, die auch die folgenden Nachweisalgorithmen einschließen muss, führt auf[91]:

Algorithmus 3.3-5: Parametersätze und Algorithmus für die elektronische Unterschrift

Geheime Parameter: für das RSA-Modul wird eine Konstruktion aus sicheren Primzahlen verwendet, um das Spektrum so klein wie möglich zu halten und Betrugsmöglichkeiten von A damit zu unterbinden[92]

$$n = p*q \quad , \quad p = 2*p'+1 \quad , \quad q = 2*q'+1 \tag{3.3-11}$$

Der geheime Parametersatz ist das öffentliche/geheime Schlüsselpaar des ursprünglichen RSA-Verfahrens (*Algorithmus 3.2-3*)

$$Q(e,d): \quad e*d \equiv 1 \bmod \varphi(n) \tag{3.3-12}$$

---

91 Wir präsentieren hier eine etwas vereinfachte Version. Eigentlich müsste der Aufbau von den Algorithmen ausgehen, um Algorithmus 3.3-5 genau begründen zu können, aber irgendwie muss ich hier die Tüftelei für den Leser sinnvoll abkürzen.

92 Eigentlich muss nur verhindert werden, dass A eine Konstruktion mit einem Spektrum vorlegt, welches Aussichten eröffnet, bei der Prüfung betrügen zu können. Wie wir später noch sehen werden, lässt sich eine Parameterkontrolle aber nur für den Extremfall (3.3-11) durchführen.

Öffentliche Parameter: einer der geheimen Parameter wird mit einer Restklasse w höchstmöglicher Ordnung zu n verschlüsselt. Er dient als öffentlicher Sicherungsparameter für die korrekte Verwendung der Geheimparameter:

$$T \equiv w^d \bmod n \qquad (3.3\text{-}13)$$

Der öffentliche Parametersatz, der in einem Zertifikat gesichert wird, ist unter Hinzunahme einer Hashfunktion $SHA()$

$$P = \{n, w, T, SHA()\} \qquad (3.3\text{-}14)$$

Signatur: die nur mit Hilfe von A prüfbare Signatur ist

$$S \equiv SHA(N)^d \bmod n \qquad (3.3\text{-}15)$$

S ist nicht von Dritten überprüfbar, da $Q = \{e, d\}$ zu den Geheimwerten gehört. Eine Prüfung kann somit nur durch Kooperation von A in einem aktiven Prüfverfahren erfolgen.

Da die Sicherheit der Prüfung von der Einhaltung der Konstruktionsvorschriften beeinflusst wird, sind diese bei der Ausstellung des Zertifikats zu überprüfen, d.h. die CA versichert sich, dass n aus zwei Primfaktoren mit minimalem Spektrum besteht, w eine Restklasse mit maximaler Ordnung und T Element der Potenzmenge von w ist. Eine solche Prüfung steht natürlich vor dem Problem, dass weder p noch q bekannt sind und eine direkte Prüfung damit nicht möglich ist. Auch hier bleibt nur eine geschickte Art des „Verhörens" von A als Prüfmethode übrig, d.h. A verwickelt sich im Betrugsfall in Widersprüche im Laufe des „Verhörs". Wir beschränken uns hier auf eine Prüfmethode, T als Element der Potenzmenge von w auszuweisen[93]. Sinnvollerweise ist das allerdings die letzte, wenn eine vollständige Prüfung vorgenommen wird.

„Verhöre" dieser Art werden in der englischsprachigen Literatur als „challenge and response" bezeichnet und besitzen folgende innere Logik: der Prüfling berechnet zunächst eine Prüfgröße aus den zur Diskussion stehenden Parametern und einer oder mehreren Zufallzahlen und übergibt diese dem Prüfer. Dieser kann damit zwar direkt nichts anfangen, hat aber die Möglichkeit, dem Prüfling eine beliebige von mehreren verschiedenen Fragen zu stellen. Spielt A korrekt mit, kann er jede dieser Fragen korrekt beantworten, spielt A allerdings falsch, kann er sich lediglich auf eine Frage entsprechend vorbereiten und wird auf die anderen voraussichtlich eine falsche Antwort geben müssen (*in einer abgeschwächten Form sind auch unterschiedliche Wahrscheinlichkeiten < 1 für beide Fälle möglich*). Da er nicht weiß, welche Frage gestellt wird, wird das für ihn zum Glücksspiel. Sind beispielsweise nur zwei Fragen möglich, so ist er nach k Fragen mit der Wahrscheinlichkeit 2^{-k} noch nicht aufgefallen.

Protokoll 3.3-6: der Zusammenhang zwischen (T, w, d) ist $T \equiv w^d \bmod n$

(1) A wählt eine Zufallzahl r, berechnet $R \equiv w^r \bmod n$ und sendet R an C.

(2) C fordert von A eine der Größen r oder $s \equiv (r + d) \bmod \varphi(n)$ von A an und prüft

---

93   Auf weitere Methoden werden wir im Kapitel über Primzahlen zurückkommen.

$$r \;\Rightarrow\; w^r \bmod n \equiv R$$
$$s \;\Rightarrow\; w^s \equiv R * T \bmod n \tag{3.3-16}$$

Gültigkeitsnachweis: A hat zur Berechnung von T eine Größe $w' \neq w$ verwendet. A muss R an C senden, bevor er weiß, welche der Größen (r,s) C abfragt. A kann das Paar (R,r) oder (R,s) so wählen, dass jeweils eine der Gleichungen erfüllt ist. Zur Erfüllung beider Gleichungen müsste A (R,r) korrekt berechnen und anschließend den diskreten Logarithmus

$$s \equiv \log_w \left(w^r * w'^d \right) \bmod p \tag{3.3-17}$$

lösen, was nicht möglich ist. A kann also nur mit der Wahrscheinlichkeit $w = 1/2$ die Probe bestehen. Nach k Proben ist er mit einer Wahrscheinlichkeit von $w = (1 - 2^{-k})$ entlarvt worden.

Ein Austausch $d' \neq d$ führt lediglich zu der Notwendigkeit der Verwendung eines privaten Paramemeters $e'' = f(d,d')$ in den späteren Prüfungen, um überhaupt etwas richtig beantworten zu können, nicht aber zu besseren Täuschungsmöglichkeiten.

Geheimniswahrung: C fordert entweder die Zufallzahl r oder die Summe $(r + d)$ an. Da er im zweiten Fall den Wert von r nicht kennt, kann er in beiden Fällen nicht auf die Geheimparameter schließen.

Wir untersuchen nun zunächst den Fall eines positiven Nachweises, wobei wir unterstellen, dass es im Interesse von A liegt, die Unterschrift als von ihm ausgestellt nachzuweisen. A wird somit kooperieren. Der folgende Test wird mehrfach mit verschiedenen Parametern oder auch mit definitiv von A stammenden Signaturen S' wiederholt, um die Kooperation sicherzustellen[94]. Das Prüfgeschehen folgt wieder dem *„challenge and response"*-Formalismus.

Protokoll 3.3-7: Nachweis der Echtheit der Unterschrift von A. Der Prüfer C kennt (*mindestens*) die öffentlichen, zertifizierten Parameter P, die Signatur und den HASH-Wert der Nachricht. Eine Prüfung erfolgt durch das Protokoll:

(a) C wählt Zufallzahlen (a,b), $(a \equiv 0 \bmod 2)$ [95] und berechnet

$$R \equiv T^a * S^b \bmod n$$

R wird an A gesendet.

(b) A berechnet $U \equiv R^{\,e} \bmod n$ und sendet dieses Ergebnis zurück an C.

(c) C vergleicht $U \equiv w^a * SHA\,(N)^b \bmod n$. Ist die Äquivalenz erfüllt, so ist ein positiver Nachweis erbracht.

---

94   Man kann A auffordern, ein Testdokument zu signieren. Zumindest diese Unterschrift sollte er als seine nachweisen können. Da er im Test voraussetzungsgemäß nicht weiß, was gerade geprüft wird, fällt eine Nichtkooperation ziemlich sicher auf.

95   a sollte eine gerade Zahl sein, um die Betrugschancen so klein wie möglich zu halten. Auf die Hintergründe gehen wir hier jedoch nicht näher ein.

Beweis: durch Einsetzen erhalten wir

$$R^e \equiv (T^a * S^b)^e \equiv ((w^d)^a * (SHA\,(N)^d)^b)^e \equiv w^{a*e*d} * SHA\,(N)^{b*d*e}$$
$$\equiv w^a * SHA\,(N)^b \ mod \ n$$

A ist nur dann in der Lage, einen Nachweis zu liefern, wenn er im Besitz der geheimen Information (d,e) ist, da ansonsten die Äquivalenz für R nicht aufgeht.

A erhält keine Informationen über die Zuordnung der Unterschrift, da er das Zahlenpaar (a,b) nicht kennt und so weder U noch R entziffern kann. Er weiß daher nicht, ob es sich um eine zweifelhafte Signatur S oder eine bereits nachgewiesene Signatur S' handelt.

C erfährt nichts über die geheimen Parameter von A.

Im entgegengesetzten Fall unterstellen wir ebenfalls eine Kooperation von A , d.h. er ist daran interessiert, den Nachweis zu erbringen, dass er nicht signiert hat. Der Test muss nun so aufgebaut sein, dass eine Verknüpfung von $SHA\,(N)$ und S nur dann wieder aufgelöst werden kann, wenn S nicht aus $SHA\,(N)$ berechnet wurde. Dazu können wir die Parameter (T,w) verwenden. Auch dieser Test wird mehrfach durchgeführt. Allerdings kommen wir um einige Zugeständnisse an A nicht herum: für den Test muss C ihm auch die jeweiligen Parameter $(SHA\,(N)\,,S)$ mitteilen. A weiß daher im Zweifelsfall Bescheid, wann er betrügen soll.

Protokoll 3.3-8:

(a) C wählt Zufallzahlen (a,b), $a \equiv 0 \ mod \ 4, a \in K$ [96]. K ist eine mit A vereinbarte, nicht zu große Menge von Zahlen. C berechnet

$$Q_1 \equiv SHA\,(N)^a * w^b \ mod \ n \quad , \quad Q_2 \equiv S^a * T^b \ mod \ n \qquad (3.3\text{-}18)$$

und sendet an A den Datensatz $\left(SHA\,(N)\,,S\,,Q_1\,,Q_2\right)$ und erwartet von A die Berechnung der Zufallzahl a .

(b) A berechnet

$$\frac{Q_1}{Q_2^e} \equiv x \ mod \ n \qquad (3.3\text{-}19)$$

Je nach Sach- und Interessenlage treten folgende Fälle ein:

(1) Ist A doch Aussteller von S , so ist $x = 1$ und A kann die Zufallzahl nur raten. Die Erfolgswahrscheinlichkeit dabei ist $w = 1/|K|$.

(2) Ist A nicht Aussteller von S , so ist

$$x \equiv \left(\frac{SHA\,(N)}{S^e}\right)^a \ mod \ n \neq 1 \qquad (3.3\text{-}20),$$

---

96 Siehe Fußnote zu Protokoll 3.3-7

und A kann, da ihm $\left(SHA\left(N\right),S\right)$ bekannt sind, den Koeffizienten (3.3-20) mit verschiedenen Werten von a berechnen, bis eine Identität gefunden wird, und das Ergebnis an C übermitteln. Wenn K nicht zu groß gewählt wird, ist das problemlos zu bewerkstelligen

(3) Ist A Aussteller von S , versucht aber durch ein falsches e zu betrügen, so enthält der Quotient (3.3-19) den Term $w^{b(1-e*d)} \, mod \, m \neq 1$ und (3.3-20) gilt nicht. Selbst wenn (*was aber unwahrscheinlich ist*) ein $a \in K$ existiert, so dass eine Lösung der Form (3.3-20) gefunden werden kann, so wird diese nicht mit dem von C verwendeten a übereinstimmen, so dass dieser die Aussage verwerfen muss.

(4) C verwendet in der Berechnung der Werte in (3.3-18) andere Daten, als er im Datensatz übermittelt. A findet in diesem Fall wieder $x \neq 1$, aber voraussichtlich kein $a \in K$, und kann C eine entsprechende Fallmeldung senden.

(5) A ist nicht Aussteller von S, liefert aber jedes Mal einen falschen Wert für a , da er $(S, SHA(N))$ kennt und weiß, wann sich ein Betrug lohnt. Eine Gegenmaßnahme ist die Verheimlichung der Signatur S [97] vor A und die Vorlage verschiedener ungültiger Wertepaare $(r, SHA(N))$ neben der echten Prüfgröße. Allerdings stellt sich die Frage, ob die Verheimlichung überhaupt möglich ist. Sinnvoller ist der Positivtest, den A nicht richtig beantworten kann.

Das Protokoll birgt einige Nachteile: es ist relativ komplex und es muss interaktiv durchgeführt werden. Der Empfänger B kann zwar niemanden ohne die Mithilfe von A davon überzeugen, dass A die Nachricht signiert hat, jedoch gilt das auch für ihn selbst, und sollte zu einem späteren Zeitpunkt die Urheberschaft von A doch öffentlich prüfbar werden, so muss neu unterschrieben werden. Wir versuchen, durch folgende Überlegungen zu einem Protokoll zu gelangen, das nicht mehr interaktiv ist und zu einer öffentlichen Unterschrift konvertiert werden kann:

a) Der Sender A erzeugt eine normale Standard-Signatur. Die Nachricht wird dazu allerdings nicht mit einer Standard-Hashfunktion verschlüsselt, sondern mit einer speziellen, vom Empfänger B beigesteuerten Hash-Funktion.

b) Die Empfänger-Hash-Funktion besitzt neben den öffentlichen Parametern, die A für die Berechnung des Hash-Wertes benutzt, auch private, die B Fälschungen erlauben. Die Hash-Funktion wird ebenfalls durch Zertifikate gesichert.

Aufgrund der Fähigkeit, die Unterschrift zu fälschen, kann B nun seinerseits niemandem beweisen, dass A ein spezielles Dokument signiert hat.

c) Im Falle eines Rechtsstreits darf A eine gültige Signatur nicht abstreiten können, eine gefälschte aber wohl.

d) Durch Anfügen zusätzlicher Informationen und Veröffentlichung weiterer Parameter kann die vertrauliche Signatur zu einem späteren Zeitpunkt zu einer öffentlichen werden.

---

[97] N oder $SHA(N)$ wird A aber auf jeden Fall kennen, da er ja zumindest über den Streitpunkt informiert sein muss.

Die Fälschungsmöglichkeit eines Hash-Wertes durch B , d.h. das Verknüpfen der Signatur mit eine anderen Nachricht, führt uns algebraisch zu einem Zahlenpaar (N,r) , das als Argument der Hash-Funktion dient. Wir benötigen eine Funktion mit einer Falltür, die Berechnungen $f(N,r) = f(N',r')$ zulässt. Als Arbeitsbasis entscheiden wir uns in diesem Fall für den diskreten Logarithmus (*eine Lösung auf Basis des RSA-Verfahrens existiert aber auch*). Stellt B auch einen DSS-ähnlichen Parametersatz zur Verfügung[98], kann A folgende Signatur erstellen:

$$h = g^N * y^r \ mod \ p \qquad\qquad\qquad (3.3\text{-}21)$$
$$SIG = (N , r , DSS(h))$$

N ist der SHA-Hashwert der Nachricht, r eine Zufallzahl und $DSS(..)$ die digitale Standardsignatur des Arguments. Sowohl B als auch jede andere Person kann h berechnen und das Zahlentripel auf Konsistenz prüfen. Da A den diskreten Logarithmus in h nicht lösen kann, kann er die Signatur nicht fälschen, und B kann sicher sein, dass die Unterschrift von A stammt.

B andererseits kann mit seinem privaten Parameter x eine Signatur für eine anderen Nachricht erstellen:

$$g^N * y^r \equiv g^{N'} * (g^x)^{r'} \ mod \ p \quad \Leftrightarrow \quad r' \equiv x^{-1} * (N - N') + r \ mod \ q \qquad (3.3\text{-}22)$$

Folglich kann er niemanden ohne die Mithilfe von A davon überzeugen, dass die ursprüngliche Signatur von A geleistet wurde. Eine Fälschung ist sogar recht gefährlich für ihn:

Zunächst kann er eine Signatur nicht von einem Dritten, sagen wir C , stehlen. Selbst unter der Annahme, dass C die gleichen allgemeinen Parameter und nur ein anderes Paar (x',y') geheimer/öffentlicher Parameter verwendet, kann er kein gültiges Tripel SIG erzeugen. Ein Versuch führt im günstigsten Fall zu

$$g^{x'*r+N} \equiv g^{x*r'+N} \ mod \ p \quad \Leftrightarrow \quad r' \equiv x' * x^{-1} * r \ mod \ q \qquad (3.3\text{-}23)$$

Eine Fälschung ist also nur möglich, wenn er von A einmal eine gültige Signatur erhalten hat. Legt er eine solche Fälschung A vor, so passiert folgendes:

$$B: \quad SIG' = (N' , r' , DSS) \quad \wedge \quad A: \quad SIG = (N,r,DSS) \qquad\qquad (3.3\text{-}24)$$
$$\Rightarrow \quad x \equiv (N - N') * (r - r')^{-1} \ mod \ q$$

A hat somit das Geheimnis von B kompromittiert und ist nun selbst in der Lage, beliebig Signaturen zu fälschen. Voraussetzung dafür ist aber, dass A über das Tripel (N,r,DSS) verfügt. Hat er die Informationen vergessen, so kann er den betrug von B nicht mehr nachweisen und die Signatur wird ihm im Falle eines Rechtsstreites zugeschrieben.

Um dem vorzubeugen, kann die Signatur (3.3-21) erweitert werden. Mit einem geheimen symmetrischen Schlüssel K erzeugt A nun

$$M = AES(N , r ; K) \quad , \quad SIG = (N , r , M , DSS(h \circ M)) \qquad\qquad (3.3\text{-}25)$$

---

98   Wir übernehmen an dieser Stelle die Symbolik der DSS-Parameter

Wie vorher, kann nun jeder die Gültigkeit von SIG prüfen, wobei B weiterhin die Möglichkeit der Fälschung besitzt, aber M nicht austauschen kann. M gibt A jederzeit, die Möglichkeit, im Betrugsfall (N',r',M,DSS) eine alternative Lösung (N,r,M,DSS) vorzulegen und den Betrug nachzuweisen, ohne das er mehr als seinen Geheimschlüssel speichern muss. Soll die Signatur später in eine öffentlich lesbare umgewandelt werden, genügt die Veröffentlichung von K.

Auch dieses Protokoll hat einige Schwächen, die das andere nicht aufweist:

➢ Eine Nachricht an mehrere Empfänger muss für jeden Empfänger einzeln signiert werden.

➢ B kann auf jeden Fall nachweisen, dass A zu irgendeinem Zeitpunkt eine signierte Nachricht mit ihm ausgetauscht hat, da er ansonsten keinen gültigen DSS-Wert besitzt, auf dem er einen Betrug aufbauen könnte. Die Anonymität von A ist damit schwächer.

➢ Da jeder Betrugsfall, der A zugetragen wird, mit einer Kompromittierung der geheimen Schlüssel von B endet und damit dessen Zertifikat unbrauchbar macht, dürfte die Schwelle für eine Falschaussage von B sehr hoch liegen. Aufgrund der Überprüfbarkeit von SIG und der Verknüpfung mit der Identität von A ist die öffentliche Vorlage einer Signatur und das Ausbleiben eines Rückrufes des Zertifikats von B fast schon mit einer öffentlichen Signatur von A gleichzusetzen. Auch wenn das kein Beweis ist – für die Gerüchteküche, die mit solchen Unterschriftenaktionen umgangen werden soll, reicht das meist.

Dem Leser stehen nun zwei verschiedene Protokolle für (*nahezu*) den gleichen Zweck zur Verfügung. Er differenziere selbst noch einmal und stelle ein paar Einsatzfälle zusammen.

3.3.5 Unterschrift durch eine Gruppe von Signaturausstellern

Elektronische Unterschriften oder Verschlüsselungen durch eine Gruppe von Geheimnisträgern, die auch bei Fortfall oder Korruption eines Teils der Zeichner noch gültig erstellt werden können, sind weniger als Spezialfälle zu betrachten, als dies im ersten Moment der Fall zu sein scheint. Der Leser denke beispielsweise an Zertifizierer, deren Bedeutung im Rahmen einer gesetzlich geregelten Verbindlichkeit elektronischer Unterschriften hoch einzuschätzen ist. Entsprechend dürften die Server eines Zertifizierers, die die Zertifikate mit den geheimen Daten des Zertifizierers erstellen, bevorzugtes Angriffsziel sein, bietet doch die Kompromittierung dieser Daten dem Angreifer die Möglichkeit, beliebige Identitäten vorzutäuschen. Der Leser wird sicher ohne größere Schwierigkeiten weitere Beispiele für exponierte Server finden.

Eine Möglichkeit der Vorbeugung eines Einbruchs in ein solches System ist die Dezentralisierung der Geheiminformationen. Die Gesamtverschlüsselung kann nur durch Zusammenführen der einzelnen Teile durchgeführt werden, d.h. auch die Kenntnis einiger der Detailgeheimnisse befähigt nicht, die Gesamtverschlüsselung durchzuführen oder eine Entschlüsselung vorzunehmen. Ein Angreifer muss nun, um Erfolg zu haben, konsequenterweise in mehrere Sicherheitssysteme eindringen, was neben dem Zeitproblem auch eine frühzeitige Entdeckung erleichtert, so dass ein Schaden möglichst gar nicht erst eintritt. Die Dezentralisierung soll natürlich am anderen Ende der Kommunikationskette nichts ändern, d.h. der Anwender kann eine Unterschrift oder eine Verschlüsselung auf die gleiche Weise entziffern wie bei einem einzelnen Geheimnisträger. Im weiteren werden wir den Begriff „Signatur" stellvertretend für Zertifikate, Signaturen und Ver- sowie Entschlüsselungen verwenden.

Um uns Klarheit zu verschaffen, was das Ziel einer „Dezentralisierung" sein soll, formulieren wir nun zunächst die Anforderungen an ein solches System, dass bei insgesamt N „Teilnehmern" die Korruption (*d.h. die Unterwanderung durch einen Angreifer*) von bis zu T Teilnehmern erlaubt. Es soll auch dann noch gültige Signaturen liefern, ohne dass der Angreifer in der Lage ist, dies zu verhindern oder für sich auszunutzen:

- ein (N,T) -System[99] besteht aus N Teilnehmern, die jeweils einen den anderen unbekannten Teil der Geheiminformation besitzen. Einzelne Teilnehmer können ausfallen oder kompromittiert werden, d.h. ein Angreifer verschafft sich Zugriff auf die geheimen Daten des Teilnehmers oder kooperiert mit einem oder mehreren Teilnehmern gegen die restlichen.

- Korrupte Teilnehmer können sich je nach Absicht des Eindringlings „normal" verhalten oder falsch spielen, d.h. unkorrekte Teilverschlüsselungen liefern. Sofern die Zahl der Störungen T nicht überschreitet, werden falsch spielende Teilnehmer von den übrigen erkannt und von weiteren Verfahren ausgeschlossen[100]. Für die maximale Anzahl der unterwanderten Systeme gilt

$$T < (N-1)/2 \qquad\qquad (3.3\text{-}26)$$

Die Beschränkung ist leicht zu begründen: bei widersprüchlichen Ergebnissen muss ein Mehrheitsbeschluss über das korrekte Ergebnis herbeigeführt werden. Bei JA/NEIN-Entscheidungen ist das nur mit mehr als der Hälfte aller Abstimmungsberechtigten eindeutig durchführbar.

- Korrupte, aber weiterhin sich korrekt verhaltende Teilnehmer sind auch bei Koalitionen von höchstens T Teilnehmern nicht in der Lage, das korrekte Verhalten des Systems zu simulieren, d.h. sie sind auf Grund der durch die Unterwanderung und die korrekte Teilnahme erhaltenen Informationen nicht in der Lage, alleine eine gültige Signatur zu erzeugen.

- Erweiternd sollen in einem (N,T,K) -System $(K < T)$ K Teilnehmer in beliebiger Konstellation in der Lage sein, das korrekte Systemverhalten wiederherzustellen[101].

---

99 Die Notation weicht etwas von der in der Literatur verwendeten ab. Ich benutze dies, um etwas langsamer vorgehen zu können. Der Leser kann sicher die Beziehungen zu den Literaturnotationen leicht erkennen, wenn er entsprechende Dokumente liest.

100 Mischverhalten ist zulässig, d.h. bei t<T Störungen können immer noch weitere Teilnehmer vorhanden sein, die in der betreffenden „Runde" nicht stören, aber dennoch unterwandert sind.

101 Es muss wohl nicht weiter darauf hingewiesen werden, dass in dieser Rekonstruktion einiges an kryptologischem Zündstoff liegt.

Ein solches System bedarf natürlich einer Initialisierung, d.h. einer Erzeugung und Verteilung der Geheiminformation. Wir definieren dazu einen weiteren Teilnehmer, den Geber, der das Zentralgeheimnis erzeugt und verteilt. Dieser wird meist ein speziell gehärtetes „mageres" System[102] sein und ist per Definition während der Phase der Geheimnisverteilung integer und vertrauenswürdig. Zwischen Geber und Teilnehmern sowie zwischen den Teilnehmern untereinander sind sichere Punkt-zu-Punkt-Verbindungen (*die durch bereits diskutierte Sicherheitsprotokolle leicht realisierbar sind*) sowie ein Rundrufkanal zur gleichzeitigen Benachrichtigung aller Teilnehmer mit eindeutiger Kennung des Absenders eingerichtet.

Im Arbeitsmodus erstellt jeder Teilnehmer mit seinem Teilgeheimnis eine Teilsignatur. Es ist zusätzlich noch ein weiterer Teilnehmer notwendig, der Sprecher, der die einzelnen Teilsignaturen zu einer Gesamtsignatur zusammenfügt und diese veröffentlicht. Der Außenwelt gegenüber ist ein einheitliches, seriöses Bild notwendig. Werden beim internen Einigungsprozess der Teilnehmer einzelne, falsch spielende Teilnehmer ausgeschlossen, so darf deren Anteil im veröffentlichten Ergebnis natürlich nicht auftauchen. Der Leser stelle sich einen Kunden vor, der zwar ein gültiges Zertifikat erhält, aber vorab Zeuge einer Streiterei zwischen den CA-Servern wird. Ob der wohl das Zertifikat verwendet? Der „Sprecher" kann ebenfalls wieder als gehärtetes und mageres System implementiert sein, da er nur das Endresultat nach feststehenden Regeln logisch prüft und freigibt, ohne selbst am Einigungsprozess teilzunehmen.

Ein Angreifer kann einzelne Teilnehmer unterwandern und ihre Geheimdaten sowie ihren Datenverkehr mitlesen, nicht jedoch den Punkt-zu-Punkt-Verkehr zwischen integeren Teilnehmern. Im weiteren kann er das Verhalten der unterwanderten Teilnehmer beeinflussen, in dem er sie einen Ausfall vortäuschen lässt oder zu falschen Telegrammen veranlasst. Auch kann er mehrere Teilnehmer unterwandern und diese zu unterschiedlichen Verhaltensweisen veranlassen. Wir unterstellen aber, dass er in keinem Fall so viele Teilnehmer gleichzeitig unterwandern kann, dass er die Möglichkeit zur Rekonstruktion des zentralen Geheimnisses erhält. Die Zentralinstanzen, der Geber, der Sprecher und ein später einzuführender Auffrischer[103], sind nicht angreifbar (*weil nur kurz und kontrolliert in Betrieb bzw. ohne ausreichende Kenntnis*).

Protokoll 3.3-9: wir beginnen unsere praktische Untersuchung mit einem einfachen Protokoll auf der Grundlage des *RSA-Verfahrens*, das unter anderem als Basis für die Signierung von Zertifikaten dient. Die Betrachtungen sind insbesondere hinsichtlich der Nachweise der Unfälschbarkeit, Robustheit usw. verkürzt, um dem Leser einen leichter nachvollziehbaren Fluss der Ereignisse präsentieren zu können. Einige Anmerkungen finden sich im Abschlusskapitel dieses Buchteils. Im folgenden sei jeweils vorausgesetzt, dass zusammengesetzte Module für das RSA-Verfahren aus sicheren Primzahlen bestehen.

---

102 Alle nicht benötigten Soft- und Hardwareteile werden entfernt, bei den verbleibenden werden alle Funktionen auf ein absolute sicheres Maß beschnitten

103 Solche Begriffe wie „Auffrischer" hören sich zugegebenermaßen nicht gerade elegant an. Viel „eleganter" sind natürlich englische Begriffe, weil die nicht zum normalen Wortschatz gehören, oder noch besser an Mädchennamen erinnernde Abkürzungen, die entstehen, wenn es den englischsprachigen Kollegen selbst in englisch zu unelegant wird und sie zu länglichen Umschreibungen greifen, die sich dann wieder „elegant" abkürzen lassen. Sollte man nicht manchmal besser bei seinen eigenen Sprachmitteln bleiben, wenn die eigentlich ganz gut ausdrücken, was gemeint ist?

Initialisierung: zu verschlüsseln ist eine Nachricht m , die mit Hilfe eines öffentlichen Schlüsselpaares (n,e) wieder entschlüsselt werden kann. Die prinzipielle Konstruktion ohne Berücksichtigung der Nebenbedingung ist nicht schwer zu ermitteln: zu Beginn des Verfahrens erzeugt der Geber sämtliche RSA-Paramater (n,d,e) und stellt die beiden öffentlichen Parameter bereit. Den geheimen Parameter d zerlegt er in N Teile

$$d \equiv \left(\sum_{k=1}^{N} d_k \right) \, mod \, \varphi(n) \qquad (3.3\text{-}27)$$

und teilt jedem Teilnehmer sein persönliches Geheimnis d_k auf einem sicheren PPP-Kanal mit. d bleibt unbekannt. Nach Verteilung des Geheimnisses wird der Geber deaktiviert, ohne dass dabei die Konstruktionsparameter gesichert werden müssen. Als Übung entwerfe der Leser einen Algorithmus für (3.3-27).

Arbeitsmodus: jeder Teilnehmer kann nun für m eine gültige Teilsignatur s_k erstellen, aus der durch den Sprecher die Gesamtsignatur s erstellt und veröffentlicht werden kann:

$$s_k \equiv m^{d_k} \, mod \, n \quad ; \quad s \equiv \left(\prod_{k=1}^{N} s_k \right) \, mod \, n \qquad (3.3\text{-}28)$$

Bei dieser Form der Signaturerzeugung können die Teilsignaturen unverschlüsselt an den Sprecher übertragen werden. So lange die d_k persönliche Geheimnisse der N Teilnehmer bleiben, kann eine Zentralsignatur s nur gemeinsam erstellt werden. Keiner der Teilnehmer oder ein Angreifer kann aus der Beobachtung bereits signierter Nachrichten auf die nächste Signatur schließen oder das Geheimnis ermitteln. Der Leser entwerfe auch hierfür ein Protokoll, das mit der Veröffentlichung oder mit dem Verwerfen der Signatur endet.

Wie der Leser bemerkt haben wird, funktioniert das Verfahren in dieser Form allerdings nur, wenn alle Teilsignaturen korrekt sind. Fällt eine Teilsignatur durch Störung des Servers aus oder ist eine Teilsignatur verfälscht, so ist die Zentralsignatur ungültig, was durch den Sprecher aber leicht durch die Probe $s^e \equiv m \, mod \, n$ erkannt werden kann. Ein solches Verfahren ist als $(N,N-1)$ -Verfahren zu klassifizieren, allerdings mit der Einschränkung, dass außer bei Ausfall eines Teilnehmers ein falsch spielender Teilnehmer nicht identifiziert werden kann. Ein Angreifer kann mehr oder weniger nur die Strategie verfolgen, das Zielsystem durch Störung lahm zu legen[104], etwa durch Veranlassung des Falschspielens eines Teilnehmers. Das System ist erst wieder bei Beseitigung der Störung arbeitsfähig. Das Protokoll ist daher für Anwendungsfälle geeignet, in denen *alle* Beteiligten einem bestimmten Sachverhalt zustimmen müssen, damit dieser Gültigkeit erhält.

Protokoll 3.3-10: um die Arbeitsfähigkeit im dem Fall, dass eine falsche Signatur trotz Beteiligung aller Teilnehmer zustande gekommen ist, schnell und sicher wiederherzustellen (*ggf. auch mittels eines weiteren Algorithmus, der trotz einer falschen Signatur das richtige Er-*

---

104 Eine Strategie „stiller Beobachter" nützt nichts, da der Angreifer dadurch nicht in die Lage versetzt wird, alleine eine gültige Signatur zu erzeugen. Je nach Interessenlage kann er natürlich schon erhebliche Verwirrung stiften.

gebnis liefern kann), ist zunächst festzustellen, welche Teilsignatur verfälscht ist und ausgeschlossen werden muss. Die Ermittlung der falschen Signaturen ist nicht so trivial, wie das im ersten Augenblick scheinen mag. Eine zu den d_k passende Zerlegung von e darf nämlich nicht bekannt sein, da ansonsten eine einfache Rekonstruktion des Parameters d möglich ist[105]. Mit dem Paar (d_k, e_k) lässt sich nämlich über $e_k * d_k \equiv 1 \bmod \varphi(n)$ der Wert von $\varphi(n)$ ermitteln und damit auch das Paar (d,e) rekonstruieren. Wir können daher für die Prüfung der Teilsignaturen nur ein Abstimmungssystem konstruieren, bei dem die Teilnehmer durch zusätzliche Kontrollen untereinander Vertrauens- oder Misstrauensvoten bezüglich einer Teilsignatur s_k aussprechen. Durch Auswertung aller Voten kann ein Satz vertrauenswürdiger s_k durch Mehrheitsentscheid ermittelt werden. Hierbei können natürlich korrupte Teilnehmer als Gruppe gegen die korrekten Teilnehmer votieren, wobei korrekte Teilnehmer die Oberhand behalten müssen. Das ist der Fall, wenn mehr als die Hälfte der Teilnehmer korrekt sind, d.h. $N > 2 * T + 1$.

Prüfmethoden haben wir ja bereits an anderer Stelle entwickelt und können Erfahrungen von dort übernehmen. Zwei Vorgehensweisen stehen zur Verfügung:

a) jeder Teilnehmer erzeugt eine Prüfinformation, die von allen anderen Teilnehmern bewertet wird, oder

b) jeder Teilnehmer erzeugt für jeden anderen Teilnehmer eine Prüfinformation und jeder gibt anschließend bekannt, welche Informationen er für vertrauenswürdig hält.

Wir entscheiden uns hier für Variante zwei mit folgenden weiteren Überlegungen: neben der Geheiminformation d_k wird vom Geber eine weitere Geheiminformation $y_{k,l}$ für den Teilnehmer P_k erstellt, mit der eine Kontrollsignatur gegenüber dem Teilnehmer P_l erzeugt werden kann. Die beiden Geheiminformationen $(d_k, y_{k,l}, l = 1..N)$ sind miteinander verknüpft, wobei Teilnehmer P_k die Verknüpfungsparameter nicht kennt, wohl aber Teilnehmer P_l, der die Signatur prüfen soll und mit Hilfe der Parameter feststellen kann, ob Teil- und Kontrollsignatur miteinander verträglich sind. Solche Verknüpfungen können wieder auf Linearkombinationen unterschiedlich verteilter Parameter und dem diskreten Logarithmus als Sicherungsmethode beruhen. Da wir ein Abstimmungssystem konstruieren, bei dem jeder Teilnehmer seine Meinung zur Vertrauenswürdigkeit eines jeden anderen Teilnehmers machen soll, werden die Kontrollparameter für alle Paarungen erzeugt, wobei jeder Teilnehmer sowohl als Getesteter als auch als Prüfer auftritt.

Initialisierung: vom Geber werden folgende Parametersätze verteilt:

$$
\begin{aligned}
y_{k,l} &= c_{k,l} + b_{k,l} * d_k \\
P_k &\leftarrow (d_k, y_{k,l}), l = 1..N \\
P_l &\leftarrow (c_{k,l}, b_{k,l}), k = 1..N
\end{aligned}
\tag{3.3-29}
$$

---

105 Das wird spätestens dann klar, wenn zwei Teilnehmer vom gleichen Angreifer unterwandert sind. Hat der eine das Komplement zum Geheimnis des anderen, ist es mit dem Zentralgeheimnis vorbei. Wir schließen diesen Modus zum Verteilen der Geheimnisse deshalb grundsätzlich aus.

Der Teilnehmer P_k kann den Zusammenhang zwischen seinen Informationspaaren $(d_k, y_{k,l})$ nur raten, die anderen Teilnehmer können aus ihrer Teilinformation wiederum nicht auf die Geheiminformationen von P_k schließen. Genauso lässt sich die Argumentation für das andere Parameterpaar führen.

Arbeitsmodus: P_k erzeugt die beiden Signaturen

$$s_k \equiv m^{d_k} \bmod n \quad , \quad v_{k,l} \equiv m^{y_{k,l}} \bmod n \tag{3.3-30}$$

und sendet sie im Rundrufverfahren an die anderen Teilnehmer. Diese prüfen

$$s_k^{b_{k,l}} * m^{c_{k,l}} \equiv m^{b_{k,l} * d_k + c_{k,l}} \equiv v_{k,l} \bmod n \tag{3.3-31}$$

Ist die Äquivalenz erfüllt, so ist die Teilsignatur korrekt. Tritt ein Fehler auf, so kann Teilnehmer P_l den Teilnehmer P_k durch öffentliche Bekanntmachung als „nicht vertrauenswürdig" einstufen. Der Leser prüfe nach, dass (3.3-29) keine Modulo-Operation enthalten darf. Diese wäre nämlich aufgrund der weiteren Rechnungen $\bmod \varphi(n)$ zu generieren, was bei einer Kompromittierung zweier Teilnehmer durch einen Angreifer eine Rückrechnung auf (d,e) erlauben würde.

Der Leser stelle die Vorgänge, die wir hier nur summarisch wiedergegeben haben, als vollständiges Protokoll zusammen und analysiere den notwendigen Datenverkehr und Ressourcenbedarf für ein System von fünf Servern. Es kommt einiges zusammen! Ein Ergebnis einer solchen Aktion mit Korruption von zwei Systemen ist in Tabelle 3.3-2 dargestellt: die Teilnehmer (1,2) seien unterwandert. Aufgrund des Aufwandes wird das Kontrollverfahren nur dann durchgeführt, wenn die Gesamtsignatur falsch ist. Einer der Teilnehmer muss somit eine falsche Teilsignatur liefern. Nehmen wir an, dieser sei Teilnehmer Eins. Dies wird mindestens von (3,4,5) erkannt, also mehr als der Hälfte der Teilnehmer, womit Teilnehmer Eins als nicht vertrauenswürdig feststeht. Nehmen wir weiter an, Zwei spiele korrekt, habe sich aber mit Eins verständigt, den ehrlichen Spieler Drei zu diskreditieren. Das beste Ergebnis ist eine zweifache Ablehnung von Drei, was bei zwei Zustimmungen nicht ausreichend ist. Da Zwei als einziger neben dem entlarvten Betrüger Eins gegen Drei optiert hat, ist er aus Sicht von (4,5) vermutlich ebenfalls unterwandert. Die einzige brauchbare Strategie des Angreifers kann somit nur darin bestehen, bei mehreren unterwanderten Teilnehmer nur einen unkorrekt spielen zu lassen in der Hoffnung, aus dem nun notwendig werdenden Ersatzverfahren für die Ermittlung der fehlenden Teilsignatur Nutzen ziehen zu können[106].

---

106 Liegt die unkorrekte Spielweise im Vortäuschen einer Verbindungsstörung, besteht sogar die Chance, dass auch Eins vorläufig im Spiel bleibt.

	1	2	3	4	5
1		+	-	+	+
2	-			+	+
3	-	+		+	+
4	-	+	+		+
5	-	+	+	+	

Tabelle 3.3-2: Zustimmung/Ablehnung einer Teilsignatur

Das Beispielergebnis müssen wir allgemein absichern. Vertrauenswürdige Teilnehmer dürfen nicht in Misskredit fallen, um die Mehrheitsabstimmung (3.3-26) nicht zu gefährden. Als Übung stelle der Leser daher ein Regelwerk zusammen, das die Vertrauenswürdigkeit eines Teilnehmers nach zwei Kriterien beurteilt

(1) dem Verhältnis der Vertrauens- zu den Misstrauensaussagen der anderen Teilnehmer,

(2) dem Vertrauensstatus der von ihm als unzuverlässig eingestuften Teilnehmer nach Auswertung von (1)

Zu beachten sind dabei folgende Spielstrategien eines korrumpierten Teilnehmers:

i. er kann vollständig korrekt spielen (*dies ist die Standartstrategie eines korrekten Teilnehmers*),

ii. er kann eine falsche Teilsignatur erzeugen (*die aufgrund der Rundrufveröffentlichung von allen als falsch erkannt wird*),

iii. er kann einzelne oder mehrere falsche Kontrollsignaturen erzeugen (*d.h. ein Teil der anderen Teilnehmer vertraut ihm, ein anderer misstraut ihm*)[107],

iv. er kann einzelne falsche Signaturen als richtig anerkennen oder umgekehrt.

Letzten Endes müssen die Regeln zur Beurteilung der Vertrauenswürdigkeit so beschaffen sein, dass korrekt spielende Teilnehmer nach Abschluss der gegenseitigen Bewertung in der Restmenge der vermutlich vertrauenswürdigen Teilnehmer vorhanden sind und alle korrekten Teilnehmer auch die gleiche Vertrauenspunktzahl besitzen. Wir überlassen es dem Leser, diesen Nachweis zu erbringen.

Abschließend ist mit diesem Protokoll zwar (*mindestens*) ein Übeltäter bekannt, jedoch liegt weiterhin eine unbrauchbare Signatur vor und es kann nicht ausgeschlossen werden, dass weitere korrupte Teilnehmer unter den verbleibenden sind. Das Protokoll ist weiterhin nur für Anwendungsfälle einsetzbar, in denen alle Teilnehmer zustimmen müssen, allerdings müssen sich die Teilnehmer im Falle einer Ablehnung nunmehr öffentlich dazu bekennen und können nicht mehr heimlich opponieren.

---

107 Das nützt ihm aber nur dann etwas, wenn mindestens ein anderer Teilnehmer eine falsche Teilsignatur erzeugt, da gemäß Voraussetzung das Kontrollverfahren nur dann zur Anwendung kommt, wenn die Gesamtsignatur falsch ist.

Protokoll 3.3-11: eine falsche Signatur ist nun ein recht unbefriedigendes Ergebnis, so dass nach einem Rekonstruktionsverfahren zu suchen ist. Mit einem solchen Verfahren sollen K von N Teilnehmern die fehlende Teilsignatur (*oder im Extremfall die Gesamtsignatur*) ermitteln können, wobei die Gruppe $\{K\}$ beliebig zusammengesetzt sein kann. Ein mathematisches Objekt, durch das ein bestimmtes Datum durch die Vorgabe eines variablen Satzes von K Parametern eindeutig festgelegt wird, lässt sich leicht finden: Polynome besitzen genau diese Eigenschaft.

Initialisierung: der Geber erzeugt in der Initialisierungsphase Polynome der Form

$$f_k(x) = \sum_{i=1}^{K-1} a_{k,i} * x^i + d_k \tag{3.3-32},$$

wobei das Geheimnis d_k des Teilnehmers P_k das freie Glied darstellt. Jeder Teilnehmer P_l erhält für jeden anderen Teilnehmer P_k ein Zahlenpaar $\left(x_l, f_k(x_l)\right)$ übermittelt, besitzt also von jedem Polynom einen Punkt.

Arbeitsmodus: wird im Störungsfall durch Protokoll 3.3-10 der Teilnehmer r als Verursacher ermittelt, so tauschen die verbleibenden Teilnehmer untereinander die Parameter $\left(x_l, f_r(x_l)\right)$ aus. Jeder Teilnehmer kann durch Interpolation mit K beliebig gewählten Parametersätzen das Polynom (3.3-32) interpolieren und $d_r = f_r(0)$ ermitteln. Mit dem rekonstruierten Geheimnis wird eine neuer Anlauf für die Erstellung der Signatur unternommen.

Die notwendigen Kenntnisse über die Interpolation mit Polynomen müssen wir aus Platzgründen weitgehend unterstellen und können nur in wenigen Zeilen der Erinnerung auf die Sprünge helfen. Die Hauptaufgabe einer Interpolationsfunktion ist es, eine vorgegebene Punktmenge zu erfüllen, d.h. der Graph muss durch alle Punkte verlaufen. Werden zu einem Polynom des Grades $K-1$ genau K Punkte vorgegeben, so ist es damit eindeutig festgelegt (*gäbe es nämlich ein weiteres, davon verschiedenes Polynom, so hätte das Differenzenpolynom mindestens K Nullstellen, wäre aber höchstens vom Grad $K-1$. Der Leser führe den Gedankengang zu Ende*). Der einfachste Ansatz für die Berechnung des Interpolationspolynoms ist wohl der Lagrange-Ansatz:

$$P(x) = \sum_{k=0}^{K-1} f_r(x_k) * \prod_{\substack{j=0 \\ j \neq k}}^{K-1} \frac{x - x_j}{x_k - x_j} \tag{3.3-33}$$

Die Auswertung an der Stelle $x = 0$ liefert dann den fehlenden Schlüsselwert.

Betrachten wir die möglichen Erkenntnisgewinne eines Angreifers, so beschränken sich diese darauf, dass er nur dann etwas Neues erfährt, wenn ein von ihm nicht kontrollierter Teilnehmer eine Störung (*Ausfall*) aufweist oder er einen Teilnehmer zum Falschspielen veranlassen konnte, den er zwar unterwandert hat, dessen Geheimnis er aber nicht ermitteln konnte. So lange die Gesamtzahl der von ihm unterwanderten Teilnehmer und der Ausfälle verschiedener weiterer Teilnehmer T nicht überschreitet, ist er nicht in der Lage, alleine eine Gesamtsignatur zu erzeugen. In jedem Fall ist nach einer Störung der betreffende Teilnehmer „verbrannt" und scheidet aus dem Verfahren aus. Da hierdurch der Sicherheitsgrad vermindert wird, ist eine Systembereinigung und Neuverteilung des Geheimnisses notwendig. Hier kommt nun der Auffrischer ins Spiel: die Geheiminformationen aller verbliebenen Teilnehmer sowie die rekonstruierten Geheimnisse werden zusammengeführt und d rekonstruiert. Gelingt dies nicht, weil ein bislang unauffälliger korrupter Spieler nun falsche Daten liefert, müssen zusätzlich die Polynompunkte eingesammelt und ausgewertet werden. Der Leser stelle dies einmal als Ablaufprotokoll zusammen und werte den Aufwand für die verbleibenden vier Spieler aus dem ersten Beispiel aus, wobei unterstellt wird, dass nun auch Spieler Zwei betrügt. Ist d rekonstruiert und alle Systeme bereinigt, so kann wie in der Initialisierungsphase d neu verteilt werden.

Aber auch bei formal ordentlich funktionierenden Systemen ist Paranoia angebracht: meist geht man davon aus, dass ein Angreifer nur begrenzte Zeit ein System unterwandern kann, ohne z.B. durch Eindringlingserkennungssysteme (*intrusion detection system, IDS*) erkannt zu werden. Durch zeitweise Kompromittierung einzelner Teilnehmer nacheinander könnte es ihm aber gelingen, genügend Informationen zu sammeln, um das System zu brechen, und zwar weit vor Ablauf der vorgesehenen Verwendungsdauer von (n,d,e). Dem lässt sich prophylaktisch entgegenwirken, indem sämtliche Geheiminformationen durch den Auffrischer periodisch neu berechnet und verteilt werden (***Pro-aktives Schwellwert-Kryptografie-System***). Die kritische Stelle ist natürlich der Auffrischer, der exponierter ist als der Geber und dessen Design entsprechender Sorgfalt bedarf. Aufgrund der Nebenbedingungen bei der Konstruktion der RSA-Parameter dürfte es schwer fallen, die kritischen Stellen Geber und Auffrischer, an denen die zentralen Geheimnisse zusammenlaufen, zu beseitigen und durch ein Verteilungsschema zu ersetzen, in dem die kritischen Größen nie explizit auftreten (*das scheint bislang auch noch niemandem gelungen zu sein*).

In Protokollen, die auf dem diskreten Logarithmus beruhen, ist das aber möglich beziehungsweise sogar notwendig. Erinnern wir uns an die elektronische Unterschrift (*digital signature standard DSS*): benötigt werden öffentliche Parameter (p,q,g), eine geheime Zufallzahl x und ein öffentlicher Schlüssel $y \equiv g^x \bmod p$ sowie für jede Unterschrift eine Zufallzahl r. Ohne ein Verfahren, das die Aushandlung einer Zufallzahl unter den Teilnehmern erlaubt, ist für r bei jeder Signatur eine Zentralinstanz notwendig, die eine Zufallzahl verteilt, was eine Sicherheitslücke bedeutet. Mit einem solchen Verfahren für r kann jedoch auch x ausgehandelt werden, so dass der Geber unnötig wird. Wie bereits zuvor können wir fordern:

a) (x,r) sind gemeinsame Geheimnisse, also **keinem** Mitspieler komplett bekannt.

b) Für die Vereinbarung eines gemeinsamen Geheimnisses ist eine Mindestanzahl „ehrlich" spielender Teilnehmer notwendig.

c) Bei der Signatur sind Ausfälle durch falsche Teilsignaturen rekonstruierbar.

Protokoll 3.3-12: bei der Konstruktion können wir auf bereits bekannte Prinzipien zurückgreifen: Anzahlen von Teilnehmern in beliebiger Gruppierung zur Generierung eines bestimmten Datums erfordern Polynome, vor anderen verborgene Daten erfordern sichere Punkt-zu-Punkt-Verbindungen zwischen den Teilnehmern, die Kontrolle erfordert einen öffentlichen

Wert, der aber nicht mit dem Geheimnis in Verbindung gebracht werden darf und durch einen zweiten Wert verschleiert wird. Öffentlich werden zunächst die allgemeinen DSS-Parameter, eine weitere Restklasse h für die Kontrolle sowie für jeden Teilnehmer P_k eine Kennzahl x_k festgelegt:

$$(p,q,g) \quad , \quad h \in Z_q \quad , \quad \{(P_k, x_k)\} \tag{3.3-34}$$

Für die Festlegung zentraler Geheimwerte nehmen wir wieder Polynome in Anspruch. Zur Generierung des gemeinsamen Geheim- und eines Verschleierungswertes generiert jeder Teilnehmer zwei Polynome mit Zufallkoeffizienten

$$f_k(z) = \left(\sum_{i=0}^{K-1} a_{k,i} * z^i \right) mod\ q \quad , \quad g_k(z) = \left(\sum_{i=0}^{K-1} b_{k,i} * z^i \right) mod\ q \tag{3.3-35}.$$

Die Rekonstruktion des Zentralgeheimnisses soll wieder durch eine beliebig zusammengestellte Gruppe von K Teilnehmern möglich sein, also durch ein Rekonstruktionspolynom erfolgen. Das Zentralgeheimnis definieren wir durch

$$d = \sum_{k=0}^{N_v} a_{k,0} \tag{3.3-36}$$

Wie der Leser leicht verifiziert, handelt es sich bei d um eine keinem Teilnehmer bekannte Zufallzahl. Wir können keine weiteren Nebenbedingungen an d stellen, weshalb der ganze hier beschriebene Algorithmus in den auf dem RSA-Verfahren basierenden Protokollen nicht zur Anwendung kommen kann. Wie wir auch feststellen können, besitzen die einzelnen Teilnehmer keine Manipulationsmöglichkeiten; eine spezielle Konstruktion von (3.3-35) für Betrugszwecke ist nicht möglich.

Wie in den vorhergehenden Protokollen betrachten wir die Geheimgrößen d_k der einzelnen Teilnehmer als freie Koeffizienten eines Rekonstruktionspolynoms von d mit dem Grad $K-1$. Sie sind, mit den Polynomen (3.3-35) startend, zu konstruieren. Die Summierung bis N_v in (3.3-36) drückt aus, dass wir bereits in dieser Phase mit falsch spielenden Teilnehmern rechnen müssen. Das Geheimnis darf aber nur von den korrekt spielenden Teilnehmern abhängen, so dass $N_v \leq N$ gilt.

In der Verteilungsphase sendet P_k die Informationen

$$P_k \rightarrow P_j: \quad \left(d_{k,j} = f_k(x_j) \quad , \quad e_{k,j} = g_k(x_j) \right)$$
$$P_k \rightarrow \forall P_j: \quad (\forall l) \left(A_{k,l} \equiv g^{a_{k,l}} * h^{b_{k,l}} mod\ p \right) \tag{3.3-37}$$

an die anderen Teilnehmer. Jeder Teilnehmer P_k verifiziert seinerseits jeden anderen Teilnehmer P_j durch Überprüfung der Äquivalenzen

$$P_k => P_j: \quad g^{d_{j,k}} * h^{e_{j,k}} \equiv \left(\prod_{s=0}^{K-1} \left(A_{k,s} \right)^{x_k^s} \right) mod \ p \tag{3.3-38}$$

Wie bereits inTabelle 3.3-2 demonstriert, lassen sich unterschiedliche Betrugsstrategien unterwanderter Teilnehmer aufdecken und die Teilnehmer ausschließen. Das persönliche Geheimnis des Teilnehmers k ist nach Ausschluss aller Falschspieler in dieser Phase

$$\left(a_{k,0} \quad , \quad d_k \equiv \left(\sum_j d_{j,k} \right) mod \ q \right) \tag{3.3-39}$$

Der Leser verifiziert durch Einsetzen leicht, dass (3.3-39) tatsächlich die Koeffizienten für das Rekonstruktionspolynom des Geheimnisses (3.3-36) liefert, zu dem jeder Teilnehmer die Information $\left(x_k, d_k \right)$ beisteuern kann. Es ist nun auch unwesentlich, wenn im weiteren Verlauf des Verfahrens, in dem das Zentralgeheimnis angewendet wird, weitere Teilnehmer durch Korruption oder Störung ausfallen: es ist ausschließlich durch das Rekonstruktionspolynom zu berechnen, das durch eine beliebige Teilnehmer-Teilmenge der Mächtigkeit K interpoliert werden kann.

Bei der weiteren Bearbeitung müssen wir berücksichtigen, dass sich in der Gruppe der verbleibenden Teilnehmer weitere korrupte Teilnehmer verbergen können, die bisher ehrlich gespielt haben. Die Bereitstellung des öffentlichen Schlüssels ist unproblematisch, da wir hierzu das Zentralgeheimnis nicht rekonstruieren müssen. Mit (3.3-36) erhalten wir nämlich direkt[108]:

$$y_k \equiv g^{a_{k,0}} mod \ p \quad , \quad y \equiv \prod_k y_k \ mod \ p \tag{3.3-40}$$

Eine Überprüfung der Korrektheit kann durch Senden von $B_{i,k} \equiv g^{a_{i,k}} mod \ p$ und der Daten aus (3.3-37) in der gleichen Weise wie (3.3-38) durchgeführt werden. Wird der Zentralwert jedoch direkt benötigt, so ist eine öffentliche Rekonstruktion aus den Daten (3.3-39) nicht das geeignete Mittel, da korrupte Teilnehmer so in den Besitz der vollständigen Information kommen. Es bleibt nur, den auszuführenden Algorithmus zu untersuchen und mit Hilfe weiterer verteilter Zufallswerte den Zentralwert zu verschleiern. Wir demonstrieren dies kurz an der Berechnung eines öffentlichen Wertes $t \equiv g^{-d} mod \ p$. Dazu werden auf die beschriebene Art zwei weitere Zufallswerte $\left(v_k, w_k \right)$ mit den Zentralwerten generiert $\left(v \neq 0, w = 0 \right)$ [109]. Jeder Teilnehmer verteilt die Werte

$$u_k \equiv \left(v_k * d_k + w_k \right) mod \ p \quad , \quad t_k \equiv g^{a[v]_k} mod \ p \tag{3.3-41}$$

Aus den u_k lässt sich durch Interpolation $u \equiv v * d \ mod \ p$ gewinnen und damit schließlich

---

108 Die y(k) sind sicher und werden bei der Übertragung von (3.3-37) beim Initialisierungsschritt mit übertragen. Bei der Aussonderung gestörter Stationen werden diese Werte mit ausgesondert, so dass die Daten konsistent sind. In späteren Schritten müssen diese Daten zumindest beim DSS-Algorithmus nicht mehr erzeugt werden.
109 Letzteres lässt sich leicht erreichen, wenn alle a(k,0)=0 definiert werden.

$$g^{-d} \equiv \left(\prod_k t_k \right)^u \bmod p \tag{3.3-42}$$

Die Verteilung der Zufallswerte erfolgt durch das beschriebene Verfahren, so dass Falschspieler ausgeschlossen werden können.

Ein wenig Sorgfalt verlangt das Nachhalten der vertrauenswürdigen Teilnehmer, da ein Teil der Daten aus der Polynominterpolation, also einer fest vorgegebenen Anzahl von Daten, berechnet wird, ein anderer Teil aus der aktuellen Anzahl der als gegenseitig vertrauenswürdig eingestuften Mitspieler. Es sei an dieser Stelle dem Leser überlassen, anhand von Schemata wie Tabelle 3.3-2 unterschiedliche Täuschungsstrategien eines Angreifers durchzuspielen und nachzuweisen, dass alle ehrlichen Teilnehmer die gleiche Menge vertrauenswürdiger Teilnehmer ermitteln. Auch sollte er wieder vollständige Protokollschemata entwickeln und den Kommunikationsaufwand abschätzen.

Am anderen Ende der Gruppensignaturprotokollen steht eine nahezu gegenteilige Anforderung bezüglich des Gruppenverhaltens: ein beliebiges Gruppenmitglied erstellt alleine eine für die gesamte Gruppe repräsentative Unterschrift. Auch dies ist weniger exotisch, als man zunächst annimmt. Wenn man mit einem größeren Unternehmen etwas aushandelt, möchte man bei Abschluss der Verhandlungen ein unterschriebenes rechtskräftiges Dokument erhalten, wobei es uninteressant ist, welcher Vertreter des Unternehmens nun die Unterschrift geleistet hat. Genauso leicht ist vermutlich einzusehen, dass nicht jedesmal der Vorstand der Firma Siemens in Aktion treten will, wenn ein Kunde ein Küchengerät im Wert von 50 • bestellt. Die Grundanforderungen an ein solches Signatursystem besitzen folgendes Aussehen:

➜ Jedes Mitglied der Gruppe kann eine Signatur erzeugen.

➜ Die Signatur ist durch Gruppenfremde überprüfbar eine verbindliche Signatur der Gruppe.

➜ Gruppenfremde können nicht feststellen, welches Gruppenmitglied die Signatur erstellt hat.

➜ Gruppenfremde können auch bei erneuter Signaturerzeugung nicht feststellen, ob die Signatur vom gleichen Gruppenmitglied oder einem anderen ausgestellt wurde.

➜ Innerhalb der Gruppe kann die Identität des Signaturausstellers ermittelt werden.

➜ Einzelne oder mehrere Mitglieder der Gruppe sind nicht in der Lage, intern eine Signatur eines anderen Gruppenmitglied zu fälschen.

➜ Ein Gruppenmitglied kann von ihm nicht ausgestellte Signaturen erfolgreich abweisen.

Es braucht nicht viel Mühe, weitere Anforderungen zu finden, z.B. dass immer eine Mindestanzahl von Unterzeichnern vorhanden ist usw. Viele dieser Protokolle benötigen verschiedene Sorten von Mitspielern, was uns in den diskutierten Protokollen im Geber oder im Auffrischer auch schon begegnet ist. Darüber hinaus sind spezielle Parametersätze notwendig (*was kontrolliert werden muss*) und Prüfungen laufen nach dem „challenge and response"-Formalismus ab – mit anderen Worten: es wird so aufwendig, dass ich auf eine Diskussion im hier gesetzten Rahmen verzichte.

Die hier vorgestellten Beispiele haben aber wohl deutlich gemacht, dass formal nahezu alles aus der physischen Welt in die binäre übertragbar ist, wobei aber auf den Aufwand und auch so manche Feinheit geachtet werden muss. So manches theoretisch entwickelte, formal auch die Problematik lösende Protokoll geht möglicherweise, wenn man die realen Randbedingungen hinzuzieht, haarscharf aber entscheidend an der eigentlichen Absicht vorbei.

3.3.6 Gesicherte Anmeldeverfahren

Bislang haben wir die Kommunikation zwischen Rechnersystemen betrachtet und den Anwender ein wenig vernachlässigt. Mehr oder weniger alle beschriebenen Prozesse werden von einem Anwender an einem System eingeleitet, und auch diese Bedienung gilt es gegen unberechtigte Benutzung abzusichern. Um Zugriff auf bestimmte Ressourcen zu erhalten, muss der Anwender dem betreffenden System persönlich bekannt sein. Er muss sich zu Beginn einer Sitzung identifizieren, was meist durch Nennung des Namens und eines vereinbarten geheimen Schlüsselwortes erfolgt, und bei Verlassen des Arbeitsplatzes wieder abmelden, da sonst ein Fremder seinen Platz einnehmen und mit seinen Rechten und in seinem Namen weiterarbeiten kann. Besonders kritisch ist die Anmeldung, da hierbei mit verschiedensten Methoden das Kennwort ausgespäht werden kann. Wir werden die eine oder andere davon im Laufe des Buches noch erwähnen. Im weiteren werden wir die Anmeldung bei einem Server in einem Netzwerk betrachten, für die folgende Ablaufmöglichkeiten (*und Angriffsmöglichkeiten*) betrachtet werden können:

- Zwischen Arbeitsstation und Server wird eine TCP-Verbindung aufgebaut und der Server fragt im Dialog den Namen und das Kennwort ab. Stimmen die Angaben mit seiner Datenbank überein, so wird der Zugriff gewährt. Ein passiver Angreifer kann (*neben subtileren Einflussmöglichkeiten auf die Arbeitsstation*) den Datenverkehr des Netzes beobachten und erhält hierdurch alle Angaben, um sich selbst unter falschem Namen anmelden zu können, da nichts verschlüsselt ist.

- Zwischen Arbeitsstation und Server wird zunächst eine verschlüsselte Verbindung aufgebaut und erst danach Name und Kenntwort abgefragt. Ein aktiver Angreifer kann sich als Server ausgeben, Namen und Kennwort abfragen und anschließend eine Leitungsstörung simulieren. Auch in diesem Fall ist er im Besitz der Geheiminformationen, ohne dass der Anwender Verdacht geschöpft haben muss.

- Zwischen Arbeitsstation und Server wird eine einseitig authentifizierte Verbindung aufgebaut, so dass die Arbeitsstation und damit auch der Anwender sicher ist, mit dem richtigen Server verbunden zu sein. Das Kennwort des Anwenders liegt im Server in verschlüsselter Form vor, und ein Angreifer kann versuchen, die Kennwortdatei vom Server zu lesen und einen lexikalischen Angriff durchzuführen. Was das ist, werden wir noch erfahren, aber die Chancen für den Angreifer stehen in diesem Fall auch nicht schlecht.

- Der Anwender meldet sich nur mit seinem Namen beim Server an und benötigt sein Kennwort nur für bestimmte Prüfungen auf der Arbeitsstation. Es wird daher zu keinen Zeitpunkt übertragen. Das hört sich zunächst gut an, jedoch gilt es einiges zu prüfen:

  ➢ Ein Angreifer kann die Identität des Anwenders vortäuschen und erhält daraufhin irgendwelche Informationen vom Server, für deren Auswertung er das Kennwort eingeben muss. Die Information darf ihm keine Möglichkeit eröffnen, einen lexikalischen Angriff auf das Kennwort zu führen.

  ➢ Ein Angreifer kann weiterhin versuchen, in den Server einzudringen und die Kennwortdatei zu lesen. Genügt das für eine Kompromittierung, weil die Kennworte z.B. im Klartext vorliegen, muss der Server speziell gegen Angriffe gehärtet sein. Besser ist natürlich eine verschlüsselte Form, die auch keinen lexikalischen Angriff erlaubt.

Wir werden die letzten Möglichkeiten genauer untersuchen und beginnen mit einem symmetrischen Verschlüsselungssystem ohne Übertragung des sicherheitskritischen Kennwortes, dem KERBEROS-Verfahren (*RFC 1510*). Es ist für den Betrieb in großen Netzen mit vielen Arbeitsstationen und Servern entworfen. Wir werden hier von einem Modell mit drei Einheiten ausgehen: der Arbeitsstation mit dem Anwender, dem Kerberos-Server und einem weiteren, beliebige Dienste anbietenden Server. Eine Sitzung mit dem Dienste-Server wird auf folgende Weise eingeleitet:

(1) Der Anwender sendet seinen Namen im Klartext an den Kerberos-Server.

(2) Der Kerberos-Server überprüft den Namen des Anwenders. Ist der Anwender bekannt, wird ein Sitzungsschlüssel sowie ein Ausweis (*Ticket*) generiert. Das Ticket enthält die Anwenderkennung (*Name, Gruppenzugehörigkeit sowie weitere Rechte, die der Anwender auf dem System hat*) und eine Gültigkeitsbeschränkung (*Tabelle 3.3-3*).

   Ticket und Sitzungsschlüssel werden mit dem geheimen Systemschlüssel des Dienste-Servers verschlüsselt. Der Sitzungsschlüssel wird separat mit dem Kennwort des Anwenders verschlüsselt und beides an die Arbeitsstation zurückgeschickt.

(3) Der Anwender entschlüsselt den Sitzungsschlüssel mit Hilfe seines Kennwortes. Er generiert nun seinerseits ein Ticket, das seinen Namen sowie den gewünschten Dienst enthält. Das Ticket wird mit dem Sitzungsschlüssel verschlüsselt und zusammen mit dem Ticket des Kerberos-Servers an den Dienste-Server versandt.

(4) Der Dienste-Server entschlüsselt das Ticket des Kerberos-Servers mit seinem geheimen Systemschlüssel und gelangt so an den Sitzungsschlüssel. Mit diesem wird auch das zweite Ticket entschlüsselt. Passen die Inhalte zueinander und ist das erste Ticket noch gültig, wird der angeforderte Dienst gestartet. Die Kommunikation wird mit dem Sitzungsschlüssel verschlüsselt.

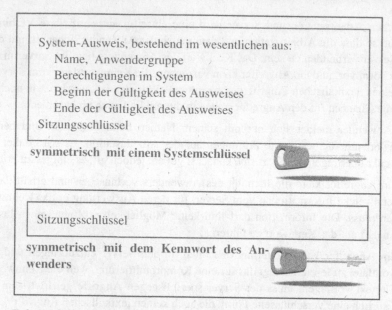

Tabelle 3.3-3: Systemantwort auf die Anmeldung des Anwenders mit seinem Namen beim KERBEROS-Server, schematisch

Modifikationen dieses Ablaufschema sind möglich. So wird der Anwender in großen Netzen mit vielen Servern dem hier beschriebenen Dienste-Server mitteilen, mit welchem Server er Kontakt wünscht. Der Dienste-Server führt eine Prüfung der Rechte durch und stellt ein weiteres Ticket für den gewünschten Server aus, mit dem sich der Anwender dann erst unter Nennung des gewünschten Dienstes in Verbindung setzt. Eine weitere Option ist das sofortige Ausführen des angeforderten Dienstes oder eine erneute spezielle Anmeldung.

Bei einer Sicherheitanalyse stellen wir fest, dass Netzwerkangriffe ziemlich sinnlos sind. Ein Angreifer erfährt zwar den Namen des Anwenders, vermag jedoch mit dem Ticket nichts anzufangen, da ein lexikalischer Angriff auf den Sitzungsschlüssel nichts als eine sinnlose Zeichenkette ergibt. Der einzige sinnvolle Angriffspunkt ist der Kerberos-Server selbst, der alle Kennworte, Systemkennworte sogar im Klartext, enthält. Er muss über eine entsprechend gehärtete Umgebung verfügen, was nicht nur die Hard- und Software betrifft, sondern auch physische Absicherung und Regeln für den Administratorzugriff.

Verweilen wir einen Augenblick bei einem anderen bereits angesprochenen Problem: einen Schwachpunkt fast aller Verfahrens stellt das Geheimwort des Anwenders dar. Auf das Problem des Merkens kryptischer Passworte haben wir schon hingewiesen, auch auf den geeigneten Ausweg von Bandwürmern wie „Huch, ich darf das Passwort nicht vergessen!". Meist sind Kennworte aber viel banaler[110] und werden zusätzlich vom System in der Länge begrenzt. Man kann sich leicht klarmachen, was das bedeutet: das ASCII-Alphabet umfasst weniger als 50% der mit einem Byte darstellbaren Zeichen. Ein kryptischer Schlüssel muss daher mindes-

---

110 Ein Bekannter von mir war es leid, mit häufigem Wechsel seiner Telefonnummer auch seine darauf basierenden Kennworte zu wechseln. Also nahm er beim nächsten Mal den Mädchennamen seiner Frau – und ließ sich einige Monate später scheiden.

tens 35 Byte lang sein, um einen 128-Bit-Sitzungsschlüssel zu ergeben (*der Leser zähle oben einmal nach!*). Werden Worte und Sätze verwendet, schränkt sich der Schlüsselraum weiter ein. Bestimmte Konsonantenfolgen treten nicht oder selten auf, längere Sätze sollten noch irgendeinen Zusammenhang zwischen den Worten ergeben, um merkbar zu sein usw., so dass wir schließlich irgendwo bei Satzlängen oberhalb 100 Bytes für einen echten 128-Bit-Schlüssel landen. In den Kennwortdateien werden meist nicht die Kennworte selbst, sondern deren Hashwerte gespeichert. Gelangt ein Angreifer an diese Datei (*manchmal genügt dazu, ein registrierter Anwender zu sein*), kann er den Inhalt gegen ein Wörterbuch prüfen[111]. Das lässt sich bei längenbegrenzten Passworten in wenigen Minuten erledigen, Variationen von Groß- und Kleinschreibung sind in etwas größeren Zeiträumen abzuwickeln, und auch rein kryptische Kennworte sind bei Beschränkung der Länge nicht lange geheim.

Brauchbare Kennworte für sensible Bereiche, also zu wirklich wichtigen Servern, die voraussichtlich die Hashwerte der Kennworte abspeichern, sind somit eigentlich nur längere Buchstaben/Zahlen/Zeichenkombinationen unter Berücksichtigung von Groß- und Kleinschreibung, und zwar für jeden Server ein eigenes! Ein lexikalischer Angriff ist dann sinnlos und ein Angreifer muss alle Kombinationen ausprobieren. Eine Möglichkeit, mehrere kryptische Kennworte mit Hilfe eines Klartextkennwortes zu notieren, ist die kryptische Verschlüsselung durch eine private Kodetabelle:

Schlüsselwort:						Primzahlpotenz																				
A	B	C	D	E	F	G	H	I	J	K	L	M	N	O	P	Q	R	S	T	U	V	W	X	Y	Z
H	1	R	L	0	9	U	7	G	N	5	G	F	D	5	8	2	1	O	0	6	M	Y	A	Q	J
5	H	7	R	X	I	Z	6	Y	4	R	7	K	F	I	R	E	,	.	+	#	<	G	Y	>	*
Krypt. Wort:						8,GKJ577I0XD*																				

Tabelle 3.3-4: Verschlüsselung eines kryptischen Schlüssels durch eine Tabelle

Das persönliche Schlüsselwort ist ein normales lexikalisches Wort, dessen Buchstaben in der Reihenfolge ihres Auftretens durch die Zeichen der Tabelle (*im Beispiel zusätzlich alternierend aus der ersten und zweiten Zeile*) ersetzt werden. Das Verfahren ist sicher, so lange die Tabelle nicht in fremde Hände gerät. Wird sie bekannt, ist mit ihrer Hilfe natürlich wieder ein lexikalischer Angriff möglich[112].

Fassen wir zusammen: Kennworte werden über das Netz übertragen und sind dort angriffsgefährdet, liegen auf dem Server aber verschlüsselt vor und sind bei einiger Sorgfalt der Kennwortauswahl nur mühsam angreifbar, oder sie werden nicht übertragen, womit sich der Netz-

---

111 Mittlerweile setzen viele Administratorsysteme diese Prüfung ebenfalls ein und lassen Schlüsselworte, die aus Namen, lexikalischen Begriffen oder nur aus Buchstaben bestehen, nicht mehr zu.

112 Anmerkung: für jeden Rechner sollte man eine eigene Tabelle in der Tasche haben. Jeder wird wohl die im Internet verbreitete Unsitte kennen, sich für die lächerlichsten Seiten eine Login-Kennung mit Namen und Kennwort anlegen zu müssen. Erstaunliche Nebenwirkung: in einem Test besaßen die Seiteninhaber nach einer Woche bereits mehrere Master-Kennworte größerer Unternehmen, weil immer wieder die bekannten gleichen Kennworte angegeben wurden. Wenn man bedenkt, dass hier die guten Jungs den Test gemacht haben und die bösen zwecks Ausübung ihrer bösen Absichten vermutlich nichts darüber mitteilen, kann man schon ins Grübeln kommen.

werkangriff erledigt, liegen aber auf dem Server in einer direkt nutzbaren Form vor. Wenden wir uns nun einem Verfahren zu, das die Vorteile vereinigt, d.h. Kennworte werden nicht im Netz übertragen und sind bei Kompromittierung des Servers auch nur verschlüsselt zugänglich.

Zur Konstruktion eines mathematischen Grundmodells gehen wir von zwei Partnern A und B aus (*A sei der Anwender, B der Zentralserver, A meldet sich bei B an*), die jeweils über vertrauliche Informationen g_A bzw. g_B verfügen und für die Anmeldung einer Sitzung Zufallzahlen r_A bzw. r_B erzeugen. Die Informationen (g_A, g_B) des jeweils anderen Partners werden in der Vereinbarungsphase des Verfahrens nicht in dieser Form mit dem Partner geteilt, sonder mittels einer Funktion $P(x)$ verschlüsselt, so dass eine Korruption des Servers dem Angreifer keine nutzbaren vertraulichen Informationen des Anwenders A vermittelt. Zu Beginn einer Sitzung ist der Kenntnisstand auf beiden Seiten jeweils

$$A : \left\{ r_A, g_A, P(g_B) \right\} \quad , \quad B : \left\{ r_B, g_B, P(g_A) \right\} \tag{3.3-43}$$

Die Kenntnis der Größen g_B, $P(g_A)$ reicht für einen Angreifer C nicht aus, sich erfolgreich als A bei B anzumelden. Hat er durch einen Zugriff auf die Dateien des Servers Kenntnis von diesen Größen erhalten, muss er für weitere Erfolge auch g_A ermitteln. Um dies zu verhindern, müssen wir weiterhin bei komplizierten Kennworten bleiben.

Datenaustausch in der Anmeldephase: wir behalten das gegenseitige Verbergen der echten Geheiminformationen bei. Zunächst werden die Zufallzahlen in verschlüsselter Form ausgetauscht:

$$A \to B : \ P(r_A) \quad , \quad B \to A : \ P(r_B) \tag{3.3-44}$$

Aus diesen und den jeweiligen vertraulichen Informationen ist ein gemeinsamer Sitzungsschlüssel zu generieren, den C trotz Kenntnis von g_B, $P(g_A)$ und Abhören von (3.3-44) nicht rekonstruieren kann. Wir beginnen mit der Analyse der zur Verfügung stehenden Mittel: da jeder verschlüsselte Informationen V und unverschlüsselte Informationen U besitzt, ist die Erzeugungsfunktion für den Sitzungsschlüssel K eine Funktion zweier Variabler:

$$K = S(V,U) \tag{3.3-45}$$

U und V sind ihrerseits Funktionen zweier Variabler r und g (r = *Zufallzahl, g = Geheiminformation*)

$$V = V(r,g), \quad U = U(r,g) \tag{3.3-46}$$

Setzen wir (3.3-43) - (3.3-46) zu einer Gesamtbeziehung zusammen, so müssen die Funktionen P, S, V und U folgende Gleichung erfüllen, damit beide Partner den gleichen Sitzungsschlüssel erhalten:

$$S_B \left(V \left(P(r_A), P(g_A) \right), U(r_B, g_B) \right)$$
$$= S_A \left(V \left(P(r_B), P(g_B) \right), U(r_A, g_A) \right) \tag{3.3-47}$$

Die Funktionen wollen wir nun auf der Grundlage der Restklassenarithmetik konstruieren. $P(x)$ und $S(x,y)$ als Endfunktionen besitzen Einwegschlüsselcharakteristik, somit folgt

$$P(x) \equiv g^x \, mod \, n \quad , \quad S(x,y) \equiv x^y \, mod \, n \tag{3.3-48}$$

Mit dem ersten Argument von $S(x,y)$ als Basis und dem zweiten als Exponenten folgen für $V(x,y)$ und $U(x,y)$ eine multiplikative und eine additive Grundform. Wir führen noch einen weiteren öffentlichen „Verzerrungsparameter" u ein, den wir aber erst im Rahmen der Verfahrensanalyse begründen werden. u ist ebenfalls eine im Laufe des Verfahrens generierte Zufallgröße:

$$V(x,y) = x * y^u \quad , \quad U(x,y) = x + u * y \tag{3.3-49}$$

Durch Einsetzen können wir nun leicht die Gültigkeit der gesamten Konstruktion nachweisen:

$$S_B \equiv \left(g^{r_A} * \left(g^{g_A} \right)^u \right)^{r_B + u * g_B}$$

$$\equiv g^{(r_A + u * g_A) * (r_B + u * g_B)} \, mod \, n \equiv S_A \tag{3.3-50}$$

Fassen wir dieses Ergebnis nun mit einigen weiteren Sicherheitszusätzen zu einem Algorithmus für eine sichere Sitzungsanmeldung zusammen. Dabei sind die Ergebnisse einer Sicherheitsanalyse und die daraus folgenden Konsequenzen natürlich bereits berücksichtigt. Der Leser lasse sich daher durch die Details nicht verwirren.

Protokoll 3.3-13: gesichertes Anmeldeverfahren (*secure remote password protocol, srp*).

Öffentlich bekannte Standardvereinbarungen: vereinbart werden eine Primzahl n , eine primitive Restklasse g und eine HASH-Funktion:

$$Q = \{ n , g , SHA(x) \}$$
$$n \in P \quad , \quad n = 2 * q + 1 \quad , \quad q \in P \tag{3.3-51}$$
$$g^k \equiv 1 \, mod \, n \quad \Leftrightarrow \quad k = \varphi(n)$$

Geheime Parameter: A besitzt ein Kennwort, B eine verschlüsselte Kopie davon

$$A_{geheim} : \{ PWD \} \quad , \quad B_{geheim} = \{ v \} \quad , \quad v = g^{HSA(s \circ PWD)} \, mod \, n \tag{3.3-52}$$

Zur Berechnung der Parameter wird ein weiterer individueller s Parameter verwendet, das sogenannte Salz oder „salt", der nicht geheim ist. Dieses „Würzmittel" dient zur Erschwerung lexikalischer Angriffe. Das Salz wird vor Berechnung des Hashwertes mit dem Kennwort vermischt, so dass gleiche Kennworte verschiedener Anwender trotzdem zu verschiedenen Hashwerten führen. Das mach zwar den lexikalischen Angriff bei bekanntem Salz nur unwesentlich schwieriger, verhindert aber das gleichzeitige Einbrechen in mehrere Anwenderkonten. B speichert über A die Informationen

$$P = \{ Name , v , s \} \tag{3.3-53}$$

Das Anmeldeverfahren verläuft in drei Phasen:

1	$A \rightarrow B \quad : \quad Name$	
2	$B \rightarrow A \quad : \quad s$	Austausch der Anmeldedaten
3	$A \rightarrow B \quad : \quad X \equiv g^{r_A} \bmod n$	
4	$B \rightarrow A \quad : \quad u$	
5	$B \rightarrow A \quad : \quad Y \equiv v + g^{r_B} \bmod n$	
6	$A \quad : \quad S \equiv \left(Y - g^{SHA(s \circ PWD)} \right)^{r_A + u * SHA(s \circ PWD)} \bmod n$	Berechnen des Sitzungsschlüssels
7	$B \quad : \quad S \equiv \left(X * v^u \right)^{r_B} \bmod n$	
8	$A,B \quad : \quad K = SHA(S)$	
9	$A \rightarrow B : M = SHA(X \circ Y \circ K)$	
10	$B \rightarrow A \quad : \quad N \equiv SHA(X \circ M \circ K)$	Verifizieren des Sitzungsschlüssels
11	$A,B \quad : \quad$ Verifizieren des Sitzungsschlüssels K	

Tabelle 3.3-5: mathematischer Verlauf einer SRP-Anmeldung

Durch Einsetzen verifizieren wir leicht die Äquivalenz der Zeilen 6 und 7:

$$\left(Y - g^{SHA(s \circ PWD)} \right)^{r_A + u * SHA(s \circ PWD)}$$
$$\equiv \left(v + g^{r_B} - v \right)^{r_A + u * SHA(s \circ PWD)}$$
$$\equiv g^{r_B * (r_A + u * SHA(s \circ PWD))} \bmod n \qquad\qquad \text{3.3-54)}$$

$$\left(X * v^u \right)^{r_B} \equiv g^{r_B * (r_A + u * SHA(s \circ PWD))} \bmod n$$

Das vollständige Protokoll sieht in einer dritten Phase auch die Verifikation des Sitzungsschlüssels K auf beiden Seiten vor. Ohne diesen Verifikationsschritt wäre auf beiden Seiten nach Austausch der Anmeldedaten nicht bekannt, ob die Verbindung korrekt zustande gekommen ist. Lediglich am nicht funktionierenden nachfolgenden Dialog wäre dies festzustellen. Die Konstruktion des Algorithmus gewährt nur in dieser Form mit zusätzlichen Parametern die angestrebte Sicherheit. Schon geringe formale Variationen eröffnen einem Angreifer Möglichkeiten, die wir kurz untersuchen wollen, um die Sinne des Lesers in dieser Richtung zu schärfen. Da wir dem Angreifer eine aktive Rolle zugestanden haben, bestehen für diesen zwei Möglichkeiten, einen Einbruch in das System zu versuchen (*das passive Abhören setzen wir als erfolgt voraus*): er kann durch Übernahme der Serverrolle gegenüber A oder des Anwenders gegenüber B den Dialog mit eigenen Parametern so weit führen, dass der Einbruchsversuch noch nicht auffällt, und dann einen Leitungsfehler vortäuschen. Mit den gewonnenen Zusatzinformationen kann er „off-line" einen Angriff auf die restlichen Parameter starten.

Wir betrachten zunächst die Möglichkeit, dass es einem Angreifer C gelingt, sich gegenüber A als „Server B" auszugeben. Im Algorithmus sei dabei folgende „Vereinfachung" angenommen:

$$Y \equiv v + g^{r_B} \bmod n \quad \rightarrow \quad Y \equiv g^{r_B} \bmod n \tag{3.3-55}$$

C kennt den Wert von s aus dem passivem Mithören des Dialogs zwischen A und B , aber nicht v . Bis zu Zeile 9 des Algorithmus kann C gültige Informationen mit A austauschen, wobei A in Zeile 6 aufgrund der Änderung (3.3-55) S nach der folgenden Formel berechnet:

$$S \equiv Y^{r_A + u * SHA(s \circ PWD)} \bmod n \tag{3.3-56}$$

C simuliert nach Erhalt von M einen Leitungsfehler und schaltet die Verbindung ab, ohne dass A deshalb Verdacht schöpfen müsste. C hat nun die Möglichkeit, im Hintergrund einen lexikalischen Angriff zu starten. Diese Möglichkeit besteht nicht, wenn die Vereinfachung (3.3-55) unterbleibt, wie an Zeile 6 des Algorithmus abzulesen ist[113].

Eine weitere Modifikation im Protokoll würde einem Angreifer sogar eine aktive Einbruchsmöglichkeit eröffnen. Der Angreifer C gebe sich dabei gegenüber B als A aus. Als Modifikation seien die Zeilen 3 und 4 vertauscht, d.h. C erfährt den unverschlüsselt übertragenen Wert u , bevor er den Wert X berechnet und an B sendet[114], oder u ist ein konstanter Parameter im Algorithmus. C nimmt eine Manipulation in Zeile 3 vor:

$$X \equiv g^{r_A} v^{-u} \bmod n \tag{3.3-57}$$

In Zeile 6 berechnet C den Wert

$$S \equiv (Y - v)^{r_A} \equiv g^{r_A * r_B} \bmod n \tag{3.3-58}$$

Den gleichen Wert erhält aber auch der ahnungslose B

$$S \equiv \left(X * v^u\right)^{r_B} \equiv \left(g^{r_A} * v^u * v^{-u}\right)^{r_B} \equiv g^{r_A * r_B} \bmod n \tag{3.3-59}$$

C braucht in diesem Fall die Kennworte der Anwender nicht zu ermitteln und besitzt vollen Zugriff auf alle Ressourcen, so lange die Kennworte nicht geändert werden. Der Leser verifiziert jedoch leicht, dass dies nicht möglich ist, wenn C den Wert X ohne Kenntnis von u generieren muss.

Die Möglichkeit, dass sich C gegenüber A erfolgreich als C ausgeben kann, wenn er g_B , $P(g_A)$ kennt, können wir außer Acht lassen. Ein solcher Fall hätte nur Sinn, wenn A ohne weitere Kommunikation mit B ausschließlich Daten überträgt und ihm der Betrug so

---

113 Der Leser vollziehe dies durch vollständige Formulierung aller Gleichungen nach.
114 Wahlweise kann auch ein äußerst dumm gewählter „Zufallzahlengenerator" den Wert von u vorab verraten, wenn C eine Regelmäßigkeit in den erzeugten Werten findet (s.u.).

nicht auffällt (*wäre dies wirklich der Fall, müssten wir uns entsprechende Gegenmaßnahmen einfallen lassen*).

Die einzige ernst zu nehmende Gefahr geht somit von einem erfolgreichen Angriff auf die Dateien des Servers und der Verwendung schwacher Kennworte aus. Die Sicherheitsbetrachtung führt dem Leser deutlich vor Augen, wie gefährlich augenscheinliche Vereinfachungen sein können bzw., da man sich der Lösung meist von der anderen Seite nähert, mit welcher Akribie die Position des Angreifers untersucht werden muss.

Die bislang diskutierten Protokolle sind hauptsächlich für den Zugriff auf komplette Netzwerke ausgelegt. Soll nur eine Kommunikation zwischen zwei Rechnern durchgeführt werden, können einfachere Schemata verwendet werden: die Systeme verfügen über öffentliche Schlüsselsysteme, über die Sitzungsschlüssel vereinbart werden. Verschiedene Sicherheitsstufen sind möglich:

(a) *Ohne Identitätsnachweis:* der öffentliche Schlüssel des Zielrechners wird ohne Prüfung zur Übermittlung eines Sitzungsschlüssels verwendet.

Alternativ wird der eigene öffentliche Schlüssel übertragen und um die Übermittlung eines Sitzungsschlüssels gebeten.

(b) *Einseitiger Identitätsnachweis:* der öffentliche Schlüssel des Zielrechners ist bekannt und wird als Identitätsnachweis verwendet. Sonst wie vor.

(c) *Doppelter Identitätsnachweis:* der öffentliche Schlüssel des Zielrechners ist bekannt. Ein Sitzungsschlüssel wird angefordert und mit dem beigefügten, dem Zielrechner bekannten öffentlichen Schlüssel des anfragenden Systems verschlüsselt.

Bei der ersten Kontaktaufnahme (*der öffentliche Schlüssel des Fragers ist auf dem Zielsystem noch nicht bekannt*) wird ein vereinbartes Einmalkennwort übertragen.

Verschiedene Modifikationen dieser Schemata sind möglich. Protokolle, die dies nutzen, sind beispielsweise SSL für Internet-Client-Server-Anwendungen, SSH als Nachfolger von Telnet bzw. FTP oder HDBC für die Abwicklung von Bankgeschäften über das Internet. Alle Protokolle sind in ihren Spezifikationen sehr komplex und füllen jeweils mehrere hundert Seiten technischer Dokumentation[115], bringen uns jedoch keine neuen mathematischen Erkenntnisse, so dass die Namen hier genügen sollen.

Abschließend sei ein kurzer Exkurs in Sicherheitsfragen jenseits der reinen Verschlüsselungsalgorithmen erlaubt: alle vorgestellten Verfahren verlangen an irgendeiner Stelle die Eingabe eines Kenn- oder Passwortes, was ein ernstes sicherheitstechnisches Problem darstellt. Einer der ersten Angriffspunkte eines in das Rechnersystem eindringenden Angreifers ist das Mitlesen der Tastatureingaben. Aufgrund der Sorglosigkeit vieler Anwender ist das u.U. sogar ein recht einfaches Unterfangen, indem über das Herunterladen von Programmen oder Daten aus dem Netz ein Virus (*ein Programm in einem Programm oder Datenblock*) oder Troianer (*ein Programm, das vorgibt, etwas anderes zu sein*) auf das System transportiert wird. „SubSeven" oder „BackOrifice" sind bekannte Beispiele und können vom interessierten Leser als komplette Client-Server-Pakete aus dem Internet geladen werden[116].

---

115 Und erfüllen trotzdem nicht immer das, was sie versprechen.
116 Vorsicht! Richten Sie eine Quarantänestation ein für solche Versuche! Es gibt weder eine Garantie, dass Ihre

Abhilfen wären z.B. durch Chipkarten mit eigenen Tastaturfeldern oder Biometriesensoren und abhörsicherer Kommunikation mit dem Hauptsystem möglich. Mit den heutigen Möglichkeiten lässt sich auch eine „virtuelle" Tastatur auf dem Bildschirm erzeugen. Die Buchstaben des Kennwortes werden nacheinander mit der Maus bedient (*das gleichzeitige Verfolgen der Mauszeigerposition und der Maustastenereignisse ist erheblich schwieriger als das Verfolgen der Tastatureingaben, da die rechnende Schnittstelle hier im Betriebssystem liegt*). Allerdings ist bei Bildschirmen auch hier Vorsicht geboten, da hochfrequente elektromagnetische Wellen ausgestrahlt werden, die mittels spezieller Antennentechnik eine Rekonstruktion des Bildschirms erlauben (*entfällt bei den TFT-Bildschirmen*). Der Bildschirminhalt muss daher in besonderer Weise aufbereitet werden: geringe Kontrastunterschiede und unscharfe Zeichengrenzen sorgen für ein noch lesbares Bild auf dem Bildschirm, verhindern aber eine Rekonstruktion über Antennenempfang. Wer noch mehr Geld besitzt, für den eröffnen sich weitere Abhörmöglichkeiten, aber vermutlich hat keiner unter den Lesern solche Feinde.

Diese Bildschirmtechnik ist jedoch anfällig gegen das „Schauen über die Schulter" und lässt sich nur bei entsprechend isolierten Arbeitsplätzen sinnvoll einsetzen. Eine letzte, hier vorgestellte Möglichkeit ist eine Kombination aus sicherer Bildschirmtechnik und Tastenbedienung: auf dem Bildschirm wird eine Konvertierungstabelle dargestellt, deren Kode nach jedem Zeichen des Kennwortes variiert (*z.B. könnte im ersten Schritt 'a'=123 kodiert werden. Nach Eingabe von '1' '2' '3' an der Tastatur wechselt die Kodierung zu 'a'=492*). Ein die Tastatur mitlesender Angreifer sieht nur eine ständig wechselnde Kombination von Zahlen, wobei selbst gleiche Zeichen im Kennwort unterschiedlich kodiert werden.

Wie heikel das gesamte Thema ist, zeigen erfolgreiche Angriffe der Universität Bonn auf bestimmte (*sogar zertifizierte und gesetzeskonforme*) Sicherheitsprodukte, die aus gutem Grund (*vor allen Dingen wegen des ausschließlichen Risikos auf seiten des Nutzers, der einen erfolgreichen Angriff im Streitfall beweisen muss !*) von den zuständigen Stellen unterdrückt oder verharmlost werden. Weitere Informationen erhält der interessierte Leser von den Seiten des Bundesamts für Sicherheit in der Informationstechnik BSI.

3.3.7 Elektronisches Geld

Abschließend diskutieren wir eine Möglichkeit des elektronischen Zahlungsverkehrs. Es kursiert eine ganze Reihe unterschiedlicher Vorschläge dazu. Der hier ausgewählte dient nur als Beispiel für die Einsatzmöglichkeiten verschiedener Algorithmen und erhebt keinen Anspruch, ein besonders guter oder aussichtsreicher Kandidat zu sein. Ausgangspunkt sei ein Anwender, der von einem (*oder mehreren*) Anbietern elektronischer Produkte eine im Voraus nicht näher zu spezifizierende Anzahl von Informationseinheiten empfängt und für jede Einheit einen bestimmten (*kleinen*) Betrag zu entrichten hat. Statt auf der Anbieterseite den Informationsabruf zu protokollieren und eine Gesamtabrechnung zu erstellen (*aus mehreren*

Rechner ohne Neuformatierung der Platte wieder einen sauberen Zustand erreichen noch dass sich die Programme auf die Funktionen beschränken, die in den Handbüchern beschrieben sind!

Gründen eine recht aufwendige Angelegenheit), erhält der Anbieter für jede gelieferte Informationseinheit sofort eine Verrechnungseinheit, die er bei seiner Bank seinem Konto gutschreiben lassen kann. Als Rahmenbedingung gilt natürlich:

➜ die Zahlungsverpflichtung wird garantiert und kann nicht widerrufen werden,

➜ der Anbieter kann den Betrag nicht verändern,

➜ die Verrechnungseinheiten können nur von ihm eingelöst werden.

Wir konstruieren die Verrechnungseinheit als Zahlenfolge: wird das k-te Glied der Folge an den Lieferanten ausgehändigt, so entspricht dies k Verrechnungseinheiten. Bei Bezug weiterer kostenpflichtiger Informationen werden vom Bezieher weitere Folgenglieder übermittelt. Der Lieferant muss nur den letzten erhaltenen Wert sichern und später seiner Bank übermitteln. Solche Zahlenfolgen, bei denen der Folgenindex des letzten übertragenen Wertes leicht verifiziert, aber nicht der Wert des nächst größeren Index ermittelt werden kann, lassen sich mittels einer Hashfunktion leicht erzeugen. Der Anwender legt die maximale Anzahl von auszugebenden Verrechnungseinheiten fest und berechnet die Folge

$$r_N = rnd \quad , \quad r_{k-1} = Hash\,(r_k) \quad , \quad k = 0..N \tag{3.3-60}$$

Gibt der Anwender nun ein beliebiges r_s bekannt, so kann öffentlich überprüft werden, ob der Folgenendwert r_0 erreicht werden kann und welchem Verrechnungswert s entspricht. Es ist mit diesen Kenntnissen aber nicht möglich, auf $t > s$ zu schließen.

Vorbereitung: von seiner Bank erhält der Anwender einen elektronischen Ausweis, der ihn zur Ausstellung eines bestimmten Maximalbetrags berechtigt.

> *Customer Certificate DSS SIGNED by Bank* {
>   *Customer Identity, Acc. information*
>   *valid until*
>   *Currency Unit*
>   *Max Currency Units,*
>   *Algorithm Parameters,*
>   *Signing Certificate,*
>   *Bank Certificate* } $\tag{3.3-61}$

Sitzungseröffnung: zu Beginn einer Sitzung wird (3.3-61) an den Lieferanten übertragen, der die Bankangaben überprüfen kann und sein Signaturzertifikat zurücksendet. Der Anwender wählt eine Zufallszahl $r = r_N$, generiert damit eine Folge (*3.3-60*) und erstellt die Zahlungsverpflichtung

> *Liability Note DSS SIGNED by Customer* {
>   *Customer Certificate,*
>   *Vendor Certificate,*
>   *valid until,*
> r_0 } $\tag{3.3-62}$

Geschäftsabwicklung: im weiteren Verlauf der Sitzung werden nach Auslieferung der Informationseinheiten entsprechende Folgeglieder übertragen. Die Übertragung kann unverschlüsselt erfolgen, der Wert kann vom Lieferanten sofort auf Gültigkeit überprüft werden. Zu einem späteren Zeitpunkt reicht der Lieferant das Ergebnis bei seiner Bank ein:

$$\textit{Cashed Liability DSS SIGNED by Vendor } \{$$
$$\textit{Liability Note}$$
$$r_k \} \qquad\qquad (3.3\text{-}63)$$

Die Banken kontrollieren die korrekte Abzeichnung der Dokumente durch ihre Kunden und führen die Transaktion aus. Die Transaktionsdaten werden einschließlich des Wertes r_k mindestens bis zum Ablauf des Gültigkeitsdatums gespeichert. Werden innerhalb des Gültigkeitszeitraums weitere Geschäfte abgewickelt, so genügt die Übertragung weiterer Folgeglieder. Abgerechnet wird jeweils die Differenz zur letzten Abrechnung.

Kontrolle der Rahmenbedingungen:

(a) Durch das überprüfbare Bankzertifikat wird die Auszahlung sichergestellt. Das Zertifikat enthält die öffentlichen Signaturdaten des Anwenders, so dass nur dieser die weiteren Dokumente gültig unterschreiben kann. Die Unterschriften werden vom Lieferanten und den Banken überprüft.

(b) Die Signaturdaten des Lieferanten sind Bestandteil des Dokuments. Er muss das letzte Dokument mit diesen Parametern signieren, um es auszahlungsfähig zu machen. Da die inneren Teile bereits durch den Anwender signiert sind, bestehen für ihn keine Manipulationsmöglichkeiten. Da Fremde seine Signatur nicht fälschen können, besteht für sie keine Möglichkeit, die Zahlungsverpflichtung zu stehlen.

(c) Die Bank sichert die Auszahlungsdokumente. Eine erneute Einreichung oder eine doppelte Übermittlung führt nicht zu einer erneuten Auszahlung. Trifft eine höhere Zahlungsverpflichtung vor einer geringeren ein, so wird die höhere bezahlt und die geringere ignoriert. Der Lieferant erhält immer die ihm insgesamt zustehende Summe überwiesen.

(d) Der Anwender muss für verschiedene Lieferanten verschiedene Folgen erzeugen. Andernfalls besteht die Möglichkeit, eine abgehörte höhere Summe abzurechnen, ohne dass eine Einspruchsmöglichkeit des Anwenders existiert.

Der Lieferant muss bei verschiedenen Verpflichtungen auf unterschiedliche Folgen achten, da sonst ein Betrag nicht ausgezahlt wird.

Dies ist wie eingangs bemerkt nur eine von vielen diskutierten Möglichkeiten, den elektronischen Zahlungsverkehr im Internet hinsichtlich kleiner Beträge zu verändern. Dem „penny market" wird ein enormes Volumen prophezeit, in welche Richtung sich die Standards bewegen werden, ist allerdings zur Zeit nicht abzuschätzen. Die Qualität oder Simplizität eines Algorithmus spielt bei solchen Entscheidungen nur eine untergeordnete Rolle. Ausschlaggebend sind eher Softwarehersteller, die entsprechende Programme in ihre Produkte übernehmen müssen (*und dabei Wettbewerbsprodukte ungern berücksichtigen*), Banken, von denen eine hinreichende Anzahl mitspielen muss, und Vermarkter anderer Produkte (*beispielsweise Kre-*

ditkartenunternehmen), die ihre Marktanteile gefährdet sehen und ihre Marktmacht dagegen setzen.

3.4 Abschließende Betrachtungen zu Sicherheitsprotokollen

Weitere Anforderungen aus der Praxis, für die Sicherheitsprotokolle zu entwicklen sind, lassen sich schnell finden, z.B.

- Abstimmungen bei Wahlen: die Wähler dürfen nur einmal abstimmen, die Voten müssen gleichwohl anonym bleiben;

- Vergleich gemeinsamer Informationen: stimmen allerdings die Informationen der Teilnehmer nicht überein, dürfen die Informationen nicht offen gelegt werden;

- Verstecken von Information: in einer großen Menge „Datenmüll" sind relevante Daten so unterzubringen, dass ein Angreifer sie nicht sicher bestimmen kann, während dem berechtigten Empfänger dies sehr wohl gelingen muß;

- Abstreitbare Verschlüsselung: der Urheber hat die Möglichkeit, seine Urheberschaft im Bedarfsfall zu verleugnen;

- •••

Ergänzend sind soziale Regelungen zu entwickeln, die durch Mitwirkung der Anwender mehr Vertrauen und Sicherheit schaffen. Für ein Unternehmen kann eine „Abstimmung mit den Füßen", bei der die Kunden zur Konkurrenz wechseln, verheerender sein als juristische Schritte. Im Falle des Internets könnte es ganze Länder empfindlich treffen, wenn sie sich vernünftigen Regelungen entziehen und böswilligen Hackern eine Heimstatt bieten.

Dem Leser wird bei Durchsicht dieser Liste sicher spontan die eine oder andere Lösungsmöglichkeit einfallen. Er sei aufgemuntert, neue Algorithmen dazu zu untersuchen und zu implementieren oder eigene Ideen mit aus einer Internet-Recherche ermittelten Lösungen zu vergleichen. Sicher fallen dem Leser darüber hinaus auch bereits bestehende Protokolle wie HTTPS, SSL, SSH, SET, HDBC usw. ein, die zu diskutieren wären. Hierzu ist zu bemerken, dass diese Protokolle auf den vorgestellten Algorithmen basieren. Sicher lassen sich daran noch viele Techniken vorstellen, wie Protokolle konstruiert werden, um bestimmte Merkmale zu besitzen (*oder um mehr oder weniger mühsam die Unzulänglichkeiten anderer Protokolle zu überbrücken, die zu früheren Zeiten unter anderen Gesichtspunkten entworfen wurden und für bestimmte Zwecke einfach nicht gebaut sind*), jedoch würden wir uns dann in endlose ASN.1- oder andere Beschreibungen begeben, ohne neue Algorithmen kennen zu lernen. Solche Diskussionen gehören eher in ein Buch über Protokolle, weshalb wir hier nicht weiter darauf eingehen. Die letzten vorgestellten Protokolle sind bereits recht anspruchsvoll, und Versuche, ASN.1-Notationen dazu sowie ASN.1-Treiber für Implementationen zu entwickeln, dürfte ausreichenden Übungs- und Vertiefungsstoff für den Leser darstellen.

Wir brechen die Diskussion von Sicherheitsprotokollen an dieser Stelle ab und wenden uns wieder Aspekten der Mathematik zu, insbesondere der Anwendung der Zahlentheorie. Wesentliche Teile kryptografischer Probleme und von Lösungsansätzen dazu dürften aus dem Gesagten deutlich geworden sein. Neben einer „harten Mathematik", die noch weiter untersucht wird, ist für die Vertraulichkeit und Sicherheit wesentlich:

→ Die Partner müssen einander kennen und/oder sicher und vertrauenswürdig identifizieren können. Dies wird durch Verschlüsselungssysteme mit öffentlichen und geheimen Teilen ermöglicht, deren Verknüpfung mit bestimmten Personen oder Organisationen durch ein „amtliches Ausweissystem" garantiert wird. Eine Person kann viele Ausweise für unterschiedliche Sicherheitsprotokolle besitzen.

→ Schlüssel sind ausreichend häufig zu wechseln, so dass ein Angreifer immer wieder auf Neue vor das Problem gestellt wird, einen Schlüssel zu ermitteln und so Nachrichten allenfalls mit einer zeitlichen Verzögerung zu entziffern[117]. Der Grund für den Schlüsselwechsel ist allerdings weniger, dass ein Angreifer das mathematische Verschlüsselungsverfahren bricht, als vielmehr eine Kompromittierung der geheimen Daten durch Unvorsichtigkeiten, schlecht abgesicherte Systeme, Betrug usw.

Organisatorisch kann dies durch „nonsens"-Nachrichten unterstützt werden. Der Angreifer steht vor dem zusätzlichen Problem, viele unbekannte Nachrichten in kurzer Zeit zu dechiffrieren und zu analysieren, für die nicht einmal eine sinnvolle Entschlüsselung existiert[118]. So eine Maßnahme könnte Schnüffelorganisationen wie die NSA empfindlich treffen, da auch Aktivitätsmuster zum Verschwinden gebracht werden können.

→ Die Nachricht ist zu individualisieren, da das häufige Wiederkehren gleicher Daten mit bekannter Struktur einem Angreifer ein erfolgreiches Raten ermöglichen kann[119]. Da meist eine Zerlegung längerer Nachrichten nach (2.2-1) notwendig ist, ist ein individueller Teil, z.B. eine Zufallszahl an den Beginn der Chiffrierung zu stellen. Die folgenden Teile werden rekursiv mit dem ersten Teil verknüpft, z.B.:

$$X_k = f(n_k \oplus X_{k-1}, P) \qquad (3.4\text{-}1)$$

Bei Anwendung eines solchen Algorithmus besitzen auch bis auf eine Unterschrift identische Nachrichten ein völlig verschiedenes Bild an allen Teilen der chiffrierten Nachricht, so dass ein Angreifer auch mit anderen Angriffsmethoden keine Rückschlüsse auf den Dialog ziehen kann.

---

117 Die zeitliche Verzögerung macht die Nachrichten üblicherweise uninteressant(er), da die Aktualität fehlt. Zusätzlich zum Schlüsselwechsel sind ungültig gewordene Schlüssel in offenen Systemen (= Systeme mit öffentlichen Schlüsseln und freier Teilnahme an der Kommunikation) auch als solche eindeutig zu kennzeichnen, um Missbrauch mit veralteten Schlüsseln vorzubeugen.

118 Der berechtigte Kommunikationspartner muss natürlich in der Lage sein, schnell die Spreu vom Weizen zu trennen.

119 Das hat in früheren Zeiten bei militärischen Nachrichten häufig dazu geführt, dass die Schlüssel ermittelt werden konnten, da der Zieltext, z.B. „das Armeekommando 7 ...", bekannt war. Bis zur Ermittlung des Schlüssels kommt man heute natürlich kaum noch, dummes Verhalten bei der Auswahl der Kennworte ausgeschlossen.

Und für die Zukunft ist zu wünschen,

➔ dass das Verhältnis der Anwender zur Technik und zum Hersteller differenzierter wird. Der ungeprüfte Einsatz jeder Softwarekomponente, fehlende minimale Sicherheitsvorkehrungen wie eine Firewall oder ein Virusscanner, von Hobby-Programmierern entworfene Internet-Anwendungen und eine fast nicht vorhandene Produkthaftung laden zum Hacken geradezu ein. Wer heute seinen Goldhamster in der Mikrowelle zu trocknen versucht, hat Anspruch auch Schadensersatz und Schmerzensgeld, wenn der Hersteller nur von der Trocknung von Meerschweinchen abrät und vergisst, Hamster zu erwähnen. Es ist wirklich ein Wunder, dass noch niemand versucht hat, gewisse Softwareriesen anlässlich von Viren wie ILOVEYOU wegen fehlender oder dilettantischer Sicherheitskonzepte zu belangen[120]. Gegen Hacker kann sich eine Einzelperson oder ein Anwender nur schlecht wehren. Anders dürfte es aussehen, wenn ein großes Softwareunternehmen wegen Fahrlässigkeit belangt wird und sich dann bequemen muss, selber technische und juristische Register zu ziehen.

Es existieren eine Reihe weiterer, teilweise von den Eigenschaften der Verfahren abhängende Regeln für die Gewährleistung der Sicherheit, auf die wir hier aber nicht weiter eingehen werden. Die hier diskutieren Verfahren basieren auf dem diskreten Logarithmus oder dem RSA-Formalismus. Neben dem generellen Problem, große Primzahlen zu finden, sind dabei auch bereits einige spezielle Primzahlsorten aufgetreten. Vor der Bearbeitung dieser Problematik und der Betrachtung mathematischer Methoden für Großangriffe auf Verschlüsselungssysteme seien abschließend einige Blicke auf Verfahrenscharakteristika geworfen, die mit einfachen Mitteln zu erlangen sind.

3.5 Spektrum und Sicherheit

Bei der Entwicklung der asymmetrischen Verfahren auf Basis der Zahlentheorie wurden die Hauptsätze der Zahlen- und Gruppentheorie berücksichtigt, aber noch nicht Details wie das Spektrum einer Restklassengruppe. Wir haben zwar bereits festgestellt, dass eine Möglichkeit zur Ermittlung der RSA-Parameter über das Spektrum nicht besteht, müssen aber dennoch die Frage „haben diese Eigenschaften einen Einfluss auf die Qualität des Verschlüsselungsverfahrens ?" noch einmal aufgreifen.

Jedes Restklassenelement besitzt eine eindeutige Ordnung b, so dass $a^b \equiv 1 \, mod \, m$ gilt. Relativ kleine b können wir durch fortgesetzte Potenzierung ermitteln:

Algorithmus 3.5-1: gegeben ist $X \equiv N^d \, mod \, m$, wobei m , d und X bekannt sind. Wir wählen eine Obergrenze n für die Anzahl der Durchläufe und berechnen iterativ

---

120 Der Trend geht eher anders herum: nicht der wird juristisch belangt, der die Fahrlässigkeit begangen hat, sondern derjenige, der die Schlamperei entdeckt und bekannt gibt.

$$i \leftarrow 0 \quad , \quad X_0 \leftarrow X$$

$$\textit{while } i < n$$

$$X_{i+1} \leftarrow X_i^r \, mod \, m$$

$$i \leftarrow i + 1$$

$$\textit{if} \quad X_i = X$$

$$\textit{then} \quad \textit{Ausgabe}\,(N = X_{i-1})$$

$$\textit{Ausgabe}\,(\textit{keine Lösung gefunden})$$

Beweis: im i-ten Iterationsschritt ist

$$X_i \equiv N^{r^i} \, mod \, m \tag{3.5-1}$$

Wegen (3.1-10) gilt aber auch

$$N^{r^i} \equiv N^{r^i \, mod \, \varphi(m)} \, mod \, m \tag{3.5-2},$$

da auch der Exponent zyklisch die gleichen Ergebnisse liefert. Nach einer gewissen Anzahl von Iterationen, spätestens aber bei

$$N \equiv N^{r^{\varphi(\varphi(m))} \, mod \, \varphi(m)} \, mod \, m \tag{3.5-3}$$

wird das Urbild erzeugt, im nächsten Iterationsschritt dann wieder X □

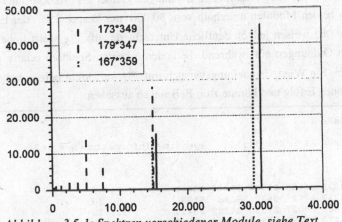

Abbildung 3.5-1: Spektren verschiedener Module, siehe Text

Jede Nachricht N besitzt bei iterativer Verschlüsselung einen Wiederherstellungsindex, dessen mögliche Werte durch das Spektrum von $\varphi(m)$ bestimmt werden. Je kleiner das Spektrum von $\varphi(m)$ ist, desto geringer sind die Chancen, eine Nachricht N mit einem kleinen Wiederherstellungsindex zu finden. Wir verdeutlichen dies an einem Beispiel mit den Module

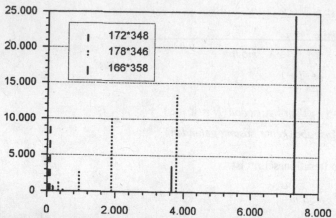

*Abbildung 3.5-2: Spektren der Euler'schen Funktionen verschie-
dener Module, siehe Text*

$$m_1 = 173 * 349 = 60.377$$
$$m_2 = 179 * 347 = 62.113 \qquad\qquad (3.5\text{-}4)$$
$$m_3 = 167 * 359 = 59.953$$

Die Spektren von m_2 und m_3 sind einander recht ähnlich (*Abbildung 3.5-1*): während bei m_1 50% der Elemente der Modulmenge Ordnungen kleiner als 10.000 aufweisen, liegen bei den anderen beiden Modulen unterhalb von 30.000 nur knapp 25% der Elemente. Die Spektren von $\varphi(m)$ weisen jedoch deutliche Unterschiede auf: m_3 weist hohe Besetzungs-zahlen in hohen Ordnungen auf, während die anderen beiden Spektren relativ geringe Ord-nungen zeigen[121]. Ein Wiederherstellungsversuch mit m_1 verspricht bereits bei einer kleinen Zahl von Iterationen Erfolg und könnte zum Beispiel so aussehen:

```
Beispiel (siehe )

m = 60377,  r = 31 , X = 31314     (geheime Information N = 347)

Iterationen:

      49825 36158 15571 32179 13841     ( 1..5)
      33217 6402 30622 59686 35120      ( 6..10)
      25605 28027 27335 44289 20415     (11..15)
      26470 39272 28546 40656 37542     (16..20)
      49306 41867 35466 8651 17301      (21..25)
      8824 347 31314                          (26..28)

Wiederherstellungsindex = 28, N = X(27)=347
```

---

121 Der Leser beachte die Bemerkungen über logarithmische Massstäbe im Kapitel über Spektren. Hier ist ein li-nearer Massstab gewählt, so dass kleine Ordnungen oder geringe Besetzungszahlen optisch verschwinden.

Der Wiederherstellungsindex ist für jede Nachricht eine charakteristische Konstante. Um zu Dechiffrierungen zu gelangen, kann ein Angreifer mit den öffentlichen Daten eines RSA-Verschlüsselungsverfahrens einen statistischen Test auf kleine Wiederherstellungsexponenten durchführen und abschätzen, welcher Bruchteil von Informationen auf diese Weise zugänglich ist. Wenig Erfolg hätte er dabei einem Modul der Art m_3 , das dahingehend konstruiert ist, auch in $\varphi(m)$ ein möglichst kleines Spektrum aufzuweisen. Beim Modul m_2 ist die Konstruktion nur auf ein kleines Spektrum von m selbst ausgerichtet, was aber noch nicht zu vielen Elementen mit großen Wiederherstellungsindizes führt. Die Konstruktionsprinzipien für kleine Spektren kennen wir bereits: in (3.2-5) haben wir uns bei der Untersuchung des diskreten Logarithmus ein Kriterium überlegt, wie Primzahlen mit einer möglichst hohen Anzahl an primitiven Restklassen zu konstruieren sind. Da für die Spektren die Primfaktor-Zerlegungen der Euler'schen Funktionen maßgeblich sind, müssen wir nur dafür sorgen, dass auch möglichst wenige Faktoren in der zweiten Stufe $\varphi(\varphi(m))$ vorhanden sind. Eine Zerlegung des RSA-Moduls zeigt uns:

$$m = p_1 * p_2 \quad , \quad p_1, p_2 \in P \quad \Rightarrow \quad \varphi(m) = (p_1 - 1)*(p_2 - 1)$$

$$\varphi(m) = 2 * p_{11} * 2 * p_{21} \quad \Rightarrow \quad p_k = 2 * p_{kl} + 1 \tag{3.5-5}$$

$$\varphi(\varphi(m)) = 2*(p_{11} - 1)*(p_{21} - 1) = 2*2*p_{12}*2*p_{22}$$
$$\Rightarrow \quad p_{kl} = 2 * p_{k2} + 1$$

Die Primfaktorzerlegung von $\varphi(m)$ ist aus $2^3 * p * q$, besitzt also fünf Faktoren, die insgesamt 15 echte Teiler erzeugen:

$$2,4,8\,,(2,4,8)*p\,,(2,4,8)*q\,,(2,4,8)*p*q\,,p,q,p*q \tag{3.5-6}$$

Da Primzahlkonstruktionen dieses Typs uns bereits mehrfach begegnet sind, ist es gerechtfertigt, diesem speziellen Typ auch einen speziellen Namen zu geben:

Definition 3.5-2: Primzahlen mit der Eigenschaft, dass der Wert der Euler'schen Funktion aus einer großen Primzahl und dem Faktor Zwei zusammengesetzt ist, heißen *sichere Primzahlen*, solche, für die diese Eigenschaft auch für die iterierte Euler'sche Funktion gelten, *doppelt sichere Primzahlen* (*entsprechend sind höhere Iterierte definierbar*).

Wenn wir uns die Frage stellen, welche Bedeutung sichere Primzahlen für die Praxis bedeuten, können wir schnell feststellen, dass wir für die Bereitstellung von Parametern für normale RSA-Verschlüsselungen und Signaturen keinen zusätzlichen Aufwand in diese Richtung treiben müssen. Schon bei Modulen im Bereich um 10^{10} , die nicht einmal aus sicheren Primzahlen bestehen, lassen sich mit 250.000 Iterationen kaum Wiederherstellungsindizes ermitteln. Bei gebräuchlichen RSA-Modulen in der Größenordnung 10^{300} wird auch ein Angreifer mit sehr großer Rechenkapazität keine Vorteile aus einem solchen Angriff erzielen können.

Anders sieht die Sache aus, wenn einigen Beteiligten das Spektrum bekannt ist und sie daraus Nutzen ziehen können, z.B. bei nicht widerrufbaren Signaturen. Trotz der Probleme des Prüfers, das Spektrum oder Teile davon zu bestimmen, kann eine Verwendung sorgfältig konstruierter Primzahlen mit einem großen Anteil relativ kleiner Ordnungen einem Unterschriftgebenden mit großen Rechenressourcen die Möglichkeit zum Betrug während der Prüfung eröffnen. Sichere Primzahlen sind dann zwar auch nicht notwendig, aber für sie existieren Prüfverfahren, wie wir noch sehen werden. Aus diesem Grunde stehen sie auf der Anforderungsliste einiger Protokolle.

Bezüglich der Überschrift dieses Teilkapitels können wir feststellen, dass sich an unseren Erkenntnissen zum Schluss des Kapitels Zwei nichts geändert hat: effektive Angriffsmethoden auf der Grundlage von Spektraleigenschaften sind nicht vorhanden.

4 Eigenschaften von Primzahlen

Nach der Diskussion von Sicherheitsprotokollen ist es nun an der Zeit, sich den unerledigten Grundlagen der Protokolle zuzuwenden: für die auf zahlentheoretischen Methoden basierenden Verfahren werden Primzahlen, besser sogar bestimmte Typen von Primzahlen benötigt. In Satz 2.3-4 wurde nachgewiesen, dass die Anzahl der Primzahlen nicht begrenzt ist, so dass grundsätzlich keine Sorge hinsichtlich der Existenz ausreichend großer Primzahlen bestehen muss. Zu beantworten sind aber mindestens noch die Fragen:

1. *Wie häufig sind Primzahlen ?* Für die Implementierung von Verschlüsselungsverfahren ist es notwendig, innerhalb akzeptabler Zeiten die benötigten Parameter, zu denen Primzahlen gehören, bereitstellen zu können.

2. *Sind die Primzahlen zufällig oder systematisch in der Menge der natürlichen Zahlen verteilt ?* Eine systematische Verteilung bedeutet auch eine einfache Ermittelbarkeit von Primzahlen, was wiederum Angriffe auf Verschlüsselungsverfahren erleichtern würde und bei der Abschätzung der Verfahrenssicherheit berücksichtigt werden muss.

3. *Welche Rückschlüsse lassen sich auf spezielle Sorten von Primzahlen ziehen ?* „Sichere" oder „mehrfach sichere" Primzahlen müssen sich in akzeptabler Zeit finden lassen, um in Verfahren Verwendung finden zu können. Auch ist zu klären, ob sich die Verwendung sicherer Primzahlen nachweisen lässt (*in vielen Protokollen ist der Inhaber dieser Information möglicherweise selbst nicht an der Einhaltung solcher Bedingungen interessiert*).

4. *Ist eine Zahl eine Primzahl ?* Eine Primzahl muss sich mit ausreichender Sicherheit in akzeptabler Zeit von einer zusammengesetzten Zahl unterscheiden lassen können.

Die Bearbeitung dieser Fragen führt wieder etwas von der Praxis fort und hin zur mathematischen Theorie. Dabei werden naturgemäß weitere Themen angestoßen. In einige dieser Themengebiete werden sich die folgenden Untersuchungen „verirren", da sich Theorie und Praxis (= *Untersuchungen mittels eines Computers*) häufig gut vermischen lassen und vielleicht den Leser zu eigenen Übungen auf diesem Gebiet ermuntern.

4.1 Primzahlhäufigkeiten

4.1.1 Der Primzahlsatz

Die Frage nach der Häufigkeit von Primzahlen kann auf unterschiedliche, einander äquivalente Arten mit Einschluss eines Arbeitsziels formuliert werden, zum Beispiel:

➜ Wie viele Primzahlen enthält die Teilmenge der natürlichen Zahlen, die kleiner sind als eine vorgegebene Zahl n ?

→ Wie viele Primzahlen enthält ein Intervall $[a,b]$ der natürlichen Zahlen ?

→ Wie groß ist die Wahrscheinlichkeit, dass eine beliebig gewählte Zahl n eine Primzahl ist?

→ Wie groß ist der mittlere Abstand zwischen zwei Primzahlen ?

→ ...

Wenn die Antwort auf eine Fragestellung bekannt ist, lassen sich alle anderen mit geringem Zusatzaufwand auch beantworten, so dass zum systematischen Umgang eine geeignete zahlentheoretische Funktion ausreicht (*siehe Definition 2.3-8*):

Definition 4.1-1: die Zahlenfunktion $\pi(n)$ gibt die Anzahl aller Primzahlen kleiner oder gleich der Zahl n an

$$\pi(n) = |\{ p \mid p < n \ \wedge \ p \in P \}|$$

Ein erster Eindruck von der analytischen Form dieser Funktion lässt sich durch Auszählen „kleiner" Primzahlen gewinnen. „Klein" sind in diesem Zusammenhang Zahlenbereiche, die sich mit der üblichen Rechnertechnik bewältigen lassen, also etwa der Zahlenbereich 10^7 - 10^9. Zur Feststellung, ob eine Zahl eine Primzahl ist, kann im Prinzip die Probedivision eingesetzt werden, d.h eine Zahle ist prim, wenn

$$(\forall k < \sqrt{n}) \ (ggT(n,k) = 1) \tag{4.1-1}[122]$$

Dieses Verfahren wäre zwar im genannten Zahlenbereich noch vertretbar, jedoch sind seit dem Altertum bereits einfachere Verfahren bekannt, die ohne die Durchführung von Divisionen auskommen. Mit dem folgenden Verfahren werden aus einer Liste aller Zahlen alle Nichtprimzahlen gestrichen (=*ausgesiebt*)[123]. Aufgrund der Arbeitsweise werden solche Verfahren als „*Siebverfahren*" bezeichnet. Siebverfahren werden im weiteren Verlaufe der Untersuchungen noch in komplizierterer Form in Erscheinung treten.

Algorithmus 4.1-2: sei $(p_1 \cdots p_n)$ ein Bitfeld, in dem die Position k die ganzzahlige ungerade natürliche Zahl $2k + 1$ vertritt. Im Feld werden alle Bits gesetzt und anschließend bestimmte Positionen mit dem folgenden Siebalgorithmus gelöscht:

```
for i ← 1 ,  i < n , step i ← i + 1 do
    if  p_i ≠ 0 then
        j ← i + 2 * i + 1
        while  j < n
            p_j ← 0
            j ← j + 2 * i + 1
```

---

122 Die Beschränkung auf $\sqrt{n}$ ist leicht nachzuvollziehen: eine zusammengesetzte Zahl besitzt mindestens zwei Faktoren, von denen eine kleiner oder gleich der Wurzel sein muss.

123 Das Verfahren ist auch als „Sieb des Erathostenes" in der Literatur bekannt.

Die Indizes der Felder $\neq 0$ kennzeichnen die Primzahlen. Ein Beispiel mit einer Rechnung in einem ganzzahligen Feld und Kennzeichnung, welche Felder aufgrund welcher Primzahl gestrichen wurden, ist in Tabelle 4.1-1 dargestellt.

3	5	7	9 (3)	11	13	15 (3,5)	17	19	21 (3,7)
23	25 (5)	27 (3)	29	31	33 (3,11)	35 (5,7)	37	39 (3)	41
43	45 (3,5)	47	49 (7)	51 (3)	53	55 (5,11)	57 (3)	59	61
.....									

Tabelle 4.1-1: Anfang des Siebes des Erathostenes: in Klammern: Primzahlen, die die Zahlen markieren. Alle markierten Zahlen werden zum Schluss gestrichen

Da jede Primzahl nicht als Wert, sondern nur über den Index gespeichert wird und nur ein Bit belegt, lassen sich trotz des meist beschränkten Speicherplatzes in kurzer Zeit recht große Primzahltabellen erzeugen. Der Leser implementiere den Algorithmus als Übung.

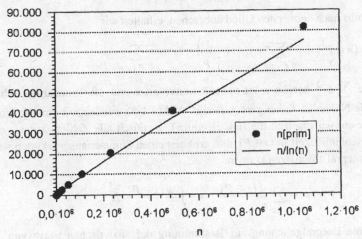

Abbildung 4.1-1: Primzahldichte, Anzahl der Primzahlen unterhalb "n"

Mit einer solchen Siebtabelle lässt sich die Primzahldichte für kleinere Zahlen direkt auszählen. Das Ergebnis ist in Abbildung 4.1-1 dargestellt. Die Lage der Datenpunkte in Abbildung 4.1-1 lässt sich näherungsweise durch

$$\pi(n) \approx \frac{n}{\ln(n)}$$

(4.1-2)

beschreiben, wie bereits Gauß herausfand. Grund zu den Fragen: Wie gut approximiert diese Funktionsvorschrift die Primzahlanzahl? Ist sie auch in größeren Zahlenbereichen noch gültig? Lässt sich die Form begründen? Und noch zur Übung: ist die von uns im Algorithmus gewählte Speicherung einer Primzahl als Position in einem Bitfeld sinnvoll oder gibt es eine Schranke, ab der eine Speicherung als Zahl sinnvoller wird? Lässt sich der Algorithmus noch optimieren, speziell bei nachträglicher Erweiterung des Feldes (*was wird zu viel berechnet*)?

Zur Beantwortung dieser Fragen beginnen wir mit einigen wahrscheinlichkeitstheoretischen Überlegungen[124]. Mit welcher Wahrscheinlichkeit ist ein beliebiges n eine Primzahl? Die Wahrscheinlichkeit, dass ein $p < n$, $p \in P$ die Zahl n teilt, ist $w(p|n) = 1/p$. Die Gesamtwahrscheinlichkeit für $n \in P$ ist das Produkt aller Einzelwahrscheinlichkeiten, von einer kleineren Primzahl nicht geteilt zu werden:

$$w(n \in P) = \prod_{p \in P, \, p < n} (1 - w(p|n)) = \prod_{p \in P, \, p < n} \left(1 - \frac{1}{p}\right) \qquad (4.1\text{-}3)$$

Diesen Ausdruck können wir so nicht auswerten. Es gilt, den Ausdruck durch Abschätzungen so umzuwandeln, dass er nur noch von n selbst, aber nicht mehr von einer unbekannten Menge kleiner Primzahlen abhängt. Indem wir den Ausdruck zunächst logarithmieren und und die Tailor-Reihenentwicklung

$$\ln(1 - x) = -x - 1/2 * x^2 - 1/3 * x^3 + O(x^4) \qquad (4.1\text{-}4)$$

des Logarithmus nach dem ersten Glied abbrechen, erhalten wir

$$\ln(w(n \in P)) = \sum_{p \in P, \, p < n} \ln\left(1 - \frac{1}{p}\right) \approx -\sum_{p \in P, \, p < n} \frac{1}{p} \qquad (4.1\text{-}5)$$

Da die Reihe $\sum k^{-2}$ bereits recht schnell konvergiert und die Primzahlen schnell größer werden, ist die Näherung sicher gerechtfertigt. Auf (4.1-5) wenden wir nun die Überlegungen (4.1-3) erneut an: wir ersetzen die (*unbekannten*) p durch alle Zahlen $x < n$, multipliziert mit der Wahrscheinlichkeit $w(x \in P)$ und erhalten einen Summenausdruck, den wir für große n durch ein Integral abschätzen können.

$$\ln(w(n \in P)) \approx -\sum_{x < n} \frac{w(x \in P)}{x} \approx -\int_2^n \frac{w(x \in P)}{x} \, dx \qquad (4.1\text{-}6)$$

(4.1-6) ist eine Integralgleichung zur Bestimmung der analytischen Form von $w(n \in P)$. Eine Lösung lässt sich durch die Substitution $w(x) = 1/A(x)$ [125] und Differenzieren finden (*wir ersetzen $\approx$ nun wieder durch =*):

---

124 Im streng mathematischen Sinne sind die folgenden Ausführungen daher nur Vermutungen und Plausibilitäts-
      modelle und keine Beweise für mathematische Zusammenhänge. Wir sind hier jedoch mehr an brauchbaren
      praktischen Ergebnissen interessiert.
125 Der Kehrwert der Wahrscheinlichkeit ist ein Maß für den mittleren Abstand zwischen zwei Primzahlen.

$$\frac{d}{dn}\ln(1/A) = -\frac{1}{A}\frac{dA}{dn} = -\frac{1}{A*n} \quad \Rightarrow \quad A(n) = \ln(n) \quad \Rightarrow$$

$$w(n) = \frac{1}{\ln(n)} \quad \Rightarrow \quad \pi(n) = \int_2^n \frac{dx}{\ln(x)} = Li(n) \tag{4.1-7}$$

Um den Wert dieser Näherung abschätzen zu können, integrieren wir (4.1-7) partiell und finden damit eine Verbindung zu (4.1-2)

$$Li(n) = \frac{n}{\ln(n)} - \frac{2}{\ln(2)} + \int_2^n \frac{dt}{\ln(t)^2} \tag{4.1-8}$$

(4.1-7) liefert somit ähnliche, aber systematisch etwas höhere Werte als (4.1-2). Auch der Einfluss der Näherung in (4.1-4) lässt sich abschätzen: in (4.1-7) führt die Berücksichtigung weiterer Glieder zur Substitution $\ln(x) \rightarrow \ln(x) + O(1/x)$ und damit zu unwesentlichen Änderungen der Integrale. Tabelle 4.1-2 zeigt einen Vergleich der berechneten Primzahlanzahlen nach (4.1-2) und (4.1-8) mit ausgezählten Werten.

Die Näherung für $\pi(n)$ lässt sich weiter verbessern, wenn man berücksichtigt, dass $(p|n)$ ausreicht, um n nicht zu den Primzahlen gehören zu lassen, in der Entwicklung aber auch Potenzen $(p^k|n)$ (*und Teiler* $\geq \sqrt{n}$) mitberechnet wurden. Riemann konnte folgenden Zusammenhang nachweisen:

$$\pi(n) = Li(n) - \sum_{k=2}^{\cdots} \frac{1}{k} Li(n^{1/k}) \tag{4.1-9}$$

Auf die tiefergehendere Begründung von (4.1-9) verzichten wir an dieser Stelle.

n	pi(n)	n/ln(n)	Li(n)	Li(n) [2]	Li(n) [5]
1.000.000	78.498	72.382	78.626	78.538	78.523
2.000.000	148.933	137.849	149.054	148.936	148.920
3.000.000	216.816	201.152	216.969	216.830	216.812

Tabelle 4.1-2: Primzahlanzahlen ausgezählt, nach (4.1-2), nach Integralauswertungen (4.1-9)

Für große n konvergiert (4.1-9) zahlenmäßig gegen (4.1-2), sodass wir als Grenzwert

$$\lim_{n \to \infty}\left(\pi(n) - \frac{n}{\ln(n)} \right) = 0 \tag{4.1-10}$$

annehmen können. Der strenge mathematische Beweis von (4.1-10) (*der Primzahlsatz der Zahlentheorie*) ist recht komplex und im Rahmen dieser Betrachtungen wie schon der Nachweis von (4.1-9) nicht sinnvoll durchzuführen; einige einfache Abschätzungen erlauben jedoch die folgenden Eingrenzungen, die zwar „schlechter" als unsere wahrscheinlichkeitstheoretischen Aussagen sind, aber recht gut demonstrieren, wie man sich dem Problem „exakt" nähern kann. Da in mathematischen Beweisen häufiger mit Ungleichungen als mit exakten

Identitäten gearbeitet wird und das Abschätzungsprinzip uns noch häufiger begegnen wird, sei das hier recht ausführlich vorgestellt.

Lemma 4.1-3: (Tschebyschev) für die Primzahlfunktion gilt die Abschätzung

$$\ln(2)/4 * \frac{x}{\ln(x)} < \pi(x) < 6\ln(2) * \frac{x}{\ln(x)}$$

Abschätzung 4.1-4 [126]: sofern (4.1-2) gilt, existiert eine Obergrenze für $\pi(x)$

$$\pi(x) < A\frac{x}{\ln(x)} \quad \Leftrightarrow \quad x^{\pi(x)} < A'\,e^x \tag{4.1-11}$$

Im folgenden zeigen wir, dass (4.1-11) für ein $A' < \infty$ tatsächlich gilt. Wir untersuchen dazu das Wachstum von $\pi(x)$ im Intervall $n = 2^{k-1} \le x \le 2^k = 2n$. Unser Ziel ist eine analytische „Wachstumsformel", mit der wir iterativ eine Obergrenze $\pi(x)$ für beliebige x abschätzen können oder die ihrerseits einen Abschätzungsterm liefert. Aus (4.1-11) erhalten wir für die „Wachstumsrate" $\pi(2n)/\pi(n)$ die erste Abschätzung:

$$e^{2^k - 2^{k-1}} > \frac{(2n)^{\pi(2n)}}{n^{\pi(n)}} > n^{\pi(2n) - \pi(n)} \tag{4.1-12}$$

Für den Term auf der rechten Seite schätzen wir nun eine obere Schranke ab, wobei wir sukzessive durch Abschwächung der Schärfe der Näherungen versuchen, einen analytischen Ausdruck zu erhalten.:

(I) $\pi(2n) - \pi(n)$ ist die Anzahl der Primzahlen im Intervall $[n..2n]$. Substituieren wir die Potenz durch ein Produkt aus größeren Zahlen, so erhalten wir

$$n^{\pi(2n) - \pi(n)} \le \prod_{n \le p}^{p \le 2n} p \quad , \quad p \in P \tag{4.1-13}$$

(II) Das Produkt aller Primzahlen im Intervall $[n..2n]$ ist im Produkt aller Zahlen des Intervalls enthalten. Das Produkt aller Zahlen als Näherung zu verwenden wäre jedoch eine zu grobe Vereinfachung. Ein mathematischer Ausdruck, der zumindest einen Teil der überzähligen (*Nichtprim*-)Faktoren nicht mehr enthält, ist der Binomialkoeffizient für das Intervall:

$$\prod_{n \le p}^{p \le 2n} p \le \binom{2n}{n} \tag{4.1-14}$$

Der Leser kann dies durch Einsetzen der Fakultäten leicht nachvollziehen.

(III) Dieser Binomialkoeffizient ist der größte Koeffizient in der Summe des Binoms $(a + b)^{2n}$. $a = b = 1$ führt unmittelbar auf die letzte Abschätzung, die nur noch elementar auswertbare Größen in der gesuchten Form enthält:

---

126 Es handelt sich hierbei um einen Teilbeweis von Lemma 4.1-3. Zur besseren Übersichtlichkeit erfolgt der Beweis in zwei als eigenständige Textteile ausgewiesenen Abschnitten.

$$\binom{2n}{n} < 2^{2n} \quad \Rightarrow \quad n^{\pi(2n)-\pi(n)} < 2^{2n} \tag{4.1-15}$$

Mit $n = 2^{k-1}$ gemäß Voraussetzung und Vergleich der Exponenten folgt aus (4.1-15)

$$\pi(2^k) < \pi(2^{k-1}) + \frac{2}{k-1}\,2^{k-1} \tag{4.1-16}$$

Dies ist die eine Induktionsformel zur Abschätzung von $\pi(n)$. Setzen wir als Induktionsanfang die Form

$$\pi_{ind}(2^r) = 2 * \frac{2^r}{r} \tag{4.1-17}$$

an, die für $r = k-1 = 1$ wegen $\pi(2) = 2 \ < \ 4 = \pi_{ind}(2)$ zulässig ist, wird aus (4.1-16)

$$\pi(2^k) < 2 * \frac{2^k}{k-1} < 3 * \frac{2^k}{k} \tag{4.1-18}$$

Für $(n < x < 2*n)$ folgt aus (4.1-18) die gesuchte Abschätzung für die Proportionalitätskonstante. $\pi(x)$ mit beliebigem x kann nicht größer sein als $\pi(2n)$, womit wir

$$\pi(2^k) \leq \pi(x) \leq \pi(2^{k+1}) < 3\,\frac{2^{k+1}}{k+1} \ = \ 6\ln(2)\frac{2^k}{\ln(2^{k+1})} < 6\ln(2)\frac{x}{\ln(x)} \tag{4.1-19}$$

erhalten. Die letzte Abschätzung berücksichtigt, dass bei Ersatz von n durch x der Zähler nur größer, der Nenner nur kleiner werden kann. Die grundsätzliche analytische Form von $\pi(n)$ ist damit nach oben hin bestätigt, der Faktor $6*\ln(2)$ aber sicher aufgrund der doch recht großzügigen Zwischenabschätzungen wesentlich zu hoch. ❑

Abschätzung 4.1-5: Ausgangspunkt für die Abschätzung der unteren Grenze ist die Umkehrung von (4.1-14), wobei n wieder in der Form $n = 2^{k-1}$ dargestellt werden soll. Mit ähnlicher Argumentation wie in Abschätzung 4.1-4 erhalten wir:

$$\binom{2n}{n} = \frac{(2n)!}{(n!)^2} \leq (2n)^{\pi(2n)} \tag{4.1-20}$$

Die Gültigkeit der Abschätzung (4.1-20) folgt aus der Zerlegung der Fakultät in Primfaktoren. Die Zerlegung der Fakultät enthält alle Primfaktoren bis zur oberen Grenze mit den Exponenten

$$n! = \prod_{i=1}^{\pi(n)} p_i^{\alpha_i} \quad \Rightarrow \quad \alpha_i = \sum_{k=1}^{\ln(n)/\ln(p)} \left[\frac{n}{p_i^k}\right]^{127} \tag{4.1-21}$$

---

127 [..] ist das Ergebnis einer ganzzahligen Division, d.h. die größte ganze Zahl, die kleiner ist als das rationale Divisionsergebnis

Alle Primfaktoren werden durch $\pi(n)$ abgezählt. Jeder Primfaktor tritt in $[n/p]$ der Faktoren einmal auf, in $[n/p^2]$ der Faktoren zweimal usw., woraus die Exponentenberechnung (4.1-21) folgt. Wegen

$$\frac{(2n)!}{(n!)^2} \quad \Rightarrow \quad \alpha = \sum_{k=1}^{\ln(2n)/\ln(p)} \left[\frac{2n}{p^k}\right] - 2\left[\frac{n}{p^k}\right] \qquad (4.1\text{-}22)$$

folgt $p^\alpha \le (2n)$ für alle Primfaktoren p und damit (4.1-20). Da jeder Faktor der Zählers des Binoms ist mindestens doppelt so groß ist wie ein korrespondierender Faktor des Nenners, können wir weiter abschätzen

$$\binom{2n}{n} = \frac{(n+1)*(n+2)*...2n}{1*2*3*...n} \ge 2^n \quad \Rightarrow \quad \pi(2^k) \ge \frac{2^k}{2k} \qquad (4.1\text{-}23)$$

Gilt wie in Abschätzung 4.1-4 wieder $n \le x \le (2n)$, so folgt bei Verkleinerung des Zählers auf die untere Grenze und Logarithmieren die zweite Aussage von Lemma 4.1-3. Auch diese Abschätzung ist wesentlich zu großzügig, um praktisch brauchbar zu sein, aber das war ja auch nicht beabsichtigt.   ❏

Wie eingangs erwähnt, verbessert diese Betrachtung nicht die Qualität unserer wahrscheinlichkeitstheoretischen Analyse, bestätigt sie jedoch auf unabhängigem Wege und ist ein gutes Beispiel für das Arbeiten mit Ungleichungen in der Mathematik. Wenden wir uns noch einmal der Prüfung der Aussagen an praktischen Beispielen zu.

Für Vergleiche zwischen Theorie und Praxis in größeren Zahlenbereichen können direkte Auszählungen der Primzahlanzahlen wie in Tabelle 4.1-2 nicht mehr herangezogen werden, jedoch können wir die Anzahlen von Primzahlen, über einen kleinen Bereich hinweg gezählt, mit einem Schätzwert, den wir mit Hilfe der Ableitung von $\pi(x)$ gewinnen können, vergleichen:

$$\frac{d\pi(x)}{dx} = \frac{\ln(x)-1}{\ln(x)^2} \approx \frac{1}{\ln(x)} \qquad 4.1\text{-}24)$$

Die Ableitung der Funktion ist bei größeren Werten klein und über auszählbare Bereiche in ersten Näherung als konstant anzusehen (*Abbildung 4.1-2*), so dass die Auszählung der Primzahlen in einem Intervall mittels

$$\Delta\pi(\Delta n) = \frac{d\pi(x)}{dx} * \Delta n \qquad 4.1\text{-}25)$$

einen Vergleich von Theorie und Praxis erlaubt. Mit etwas mehr Aufwand kann ein Näherungswert auch nach (4.1-9) berechnet werden, jedoch sollte dies bei größeren Zahlen immer weniger Einfluss auf das Ergebnis haben. Für ein Rechenbeispiel wurde in Tabelle 4.1-3 eine Folge von 1.000 aufeinander folgenden Primzahlen ausgewertet[128]. Die Zahlen bestätigen die

---

128 d.h. nicht Δn wurde vorgegeben, sondern $\Lambda\pi$. Für die Durchführung der Aufgabe ist natürlich eine Methode der Erkennung großer Primzahlen Voraussetzung. Wir kommen später darauf zurück..

Gültigkeit der Theorie auch in den größeren, praktisch für Verschlüsselungszwecke interessanten Zahlenbereichen.

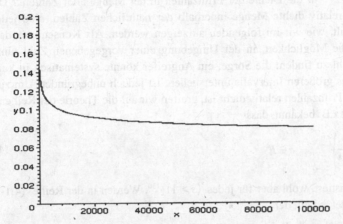

Abbildung 4.1-2: Ableitung der Primzahlfunktion (->Primzahldichte)

Mittlere Primzahlgröße	$\pi'(n)$	Nach (4.1-9)	Gemessen
1.44 10^{15}	0,0278	0,0287	0,0292
1.92 10^{30}	0,0141	0,0143	0,0148
2.32 10^{60}	0,00714	0,0719	0,00737

Tabelle 4.1-3: gemessene und berechnete Primzahldichte bei größeren Zahlen

Bei der Bewertung solcher Zahlenbeispiele ist zu berücksichtigen, dass die Abstände der Primzahlen untereinander stark schwanken und 1.000 Primzahlen in Anbetracht der Gesamtanzahl der Primzahlen in diesem Bereich statistisch möglicherweise nicht sonderlich signifikante Werte ergeben[129]. Das Schwanken der Primzahlabstände ist eine Erkenntnis, die sich auch bereits bei der Auszählung in Abbildung 4.1-1 einstellt und ebenfalls systematisch betrachtet werden sollte: ein systematischer Abstand zwischen den Primzahlen erübrigt Siebalgorithmen wie Algorithmus 4.1-2 und ermöglicht ein systematisches Durchsuchen größerer Zahlenbereiche; die Breite einer statistischen Streuung wiederum kann Einfluss auf allgemeine Suchalgorithmen nach Primzahlen haben.

---

129 Es ist halt ein Kompromiss zwischen dem Anspruch an Aussagekraft und dem dafür notwendigem Aufwand zu schließen. Für den beabsichtigten Trendnachweis reichen die hier benutzten Arbeitsparameter aus.

4.1.2 Dichte und Verteilung von Primzahlen

Was bedeutet (4.1-2) für die Dichte der Primzahlen in der Menge aller Zahlen ? Die Primzahlen bilden eine relativ dichte Menge innerhalb der natürlichen Zahlen, sind jedoch sehr unregelmäßig verteilt, wie wir im folgenden aufzeigen werden. Als Konsequenz daraus besteht daher meist die Möglichkeit, in der Umgebung einer vorgegebenen Zahl hinreichend schnell eine Primzahl zu finden; die Sorge, ein Angreifer könnte systematisch in kurzer Zeit die Primzahlen eines größeren Intervalls untersuchen, ist jedoch unbegründet. Um zu zeigen, dass die Menge der Primzahlen relativ dicht ist, greifen wir auf die Theorie der Reihen zurück. Aus der Analysis ist z.B. bekannt, dass

$$\lim_{n \to \infty} \sum_{k=1}^{n} \left(\frac{1}{k^s} \right) \quad , \quad s \in R \tag{4.1-26}$$

für $(s = 1)$ nicht existiert, wohl aber für jedes $(s > 1)$ [130]. Werden in der Reihe (4.1-26) nur Primzahlen verwendet, so gilt der

Satz 4.1-6: die Reihe über die Kehrwerte aller Primzahlen divergiert:

$$\lim_{n \to \infty} \sum_{i=1}^{n} \frac{1}{p_i} = \infty \tag{4.1-27}$$

Beweis: der Beweis erfolgt mit Hilfe der Riemann'schen Zetafunktion, die auch bei der nicht näher untersuchten Beziehung (4.1-9) eine Rolle spielt.

$$\zeta(s) = \sum_{i=1}^{\infty} \frac{1}{n^s} = \prod_{j=1}^{\infty} \frac{1}{1 - \frac{1}{p_i^s}} \quad , \quad p_i \in P \tag{4.1-28}$$

Wenden wir uns zunächst einem Verständnis von (4.1-28) zu. Die links stehende Summe wird über alle natürlichen Zahlen geführt, das rechts stehende Produkt beinhaltet nur Primzahlen. Die Äquivalenz der beiden Ausdrücke ergibt sich aus der folgenden Überlegung:

Eine Potenzreihe mit Basen $0 \le a < 1$ besitzt die analytische Form

$$\frac{1}{1 - \frac{1}{p}} = \sum_{k=0}^{\infty} \left(\frac{1}{p} \right)^k \tag{4.1-29}$$

Substituiert man (4.1-29) in der rechten Seite von (4.1-28) (*zunächst für $s=1$*) und formt um, so entsteht aufgrund der Unbeschränktheit der Summen und Produkte jede natürliche Zahl einmal als Produkt ihrer Primfaktoren[131]:

$$\prod_{j=1}^{\infty} \left(\sum_{k=0}^{\infty} \left(\frac{1}{p_j} \right)^k \right) = 1 + \sum_{j=1}^{\infty} \frac{1}{p_j} + \sum_{j,k=1}^{\infty} \frac{1}{p_j * p_k} + \ldots = \sum_{n=1}^{\infty} \frac{1}{n} \tag{4.1-30}$$

130 Nachweis zum Beispiel mit Hilfe des Integralkriteriums
131 Zur Beachtung: dies gilt nur, weil unendliche Summen gebildet werden. Für endliche Summen gilt dies nicht !

Wird jede Primzahl p und jede Zahl n unter den Summenzeichen mit einem Exponenten s potenziert, so folgt (4.1-28).

Die Zetafunktion divergiert für $s=1$ und konvergiert für $s>1$. Mit $\zeta(s)$ besitzt aber auch $\ln(\zeta(s))$ das gleiche Konvergenzverhalten. Die Logarithmusfunktion überführt das Produkt in eine Summe, deren Glieder in eine Taylorreihe entwickelbar sind (*siehe (4.1-4)*).

$$\ln\left(\prod_p \frac{1}{1-\frac{1}{p^s}}\right) = \sum_p \sum_{j=1}^{\infty} \frac{1}{j}\left(\frac{1}{p^s}\right)^j \qquad (4.1-31)$$

Wir haben so einen Ausdruck gewonnen, der ebenso wie unsere Behauptung nur Primzahlen enthält, dessen Konvergenzverhalten wir aber genau kennen. Bilden wir die Differenz von (4.1-31) und der Behauptung, so verändert sich lediglich der Index der zweiten Summe von $(j=1)$ auf $(j=2)$. Eine Umformung und Abschätzung dieses Ausdrucks führt zu

$$\sum_p \left(\frac{1}{2}\left(\frac{1}{p^s}\right)^2 * \sum_{j=0}^{\infty} \frac{2}{2+j}\left(\frac{1}{p^s}\right)^j\right) \leq \sum_p \frac{1}{2}\frac{1}{p^s} * \frac{1}{1+\frac{1}{p^s}} \qquad (4.1-32)$$

$$= \frac{1}{2}\sum_p \frac{1}{p^s*(p^s-1)} \leq \frac{1}{2}\sum_n \frac{1}{n*(n-1)} = \frac{1}{2}$$

Die Differenz der Zetafunktion und der Primzahlreihe ist somit, unabhängig vom Parameter s, beschränkt. Da die Zetafunktion für $s=1$ divergiert, so folgt dies zwangsläufig auch für die Primzahlreihe. $\qquad\qquad\qquad\qquad\qquad\qquad\qquad\qquad\qquad \Box$

Auch vom Blickwinkel der Theorie der Grenzwerte von Reihen ist das Ergebnis interessant, existiert doch eine deutliche Grauzone zwischen konvergenten und divergenten Reihen (*und eine Anzahl interessanter Reihen fällt genau in diese Grauzone*). Reicht bereits jede noch so kleine Abweichung $s>1$ hin, um die Reihe (4.1-27) konvergieren zu lassen, so ist ein Streichen aller Nicht-Primzahl-Summanden unzureichend. Die relative Dichte der Primzahlen in der Menge der natürlichen Zahlen ist somit als relativ hoch einzuschätzen. Damit haben wir das erste Ziel der Untersuchungen bereits erreicht.

Es gilt nun noch nachzuweisen, dass die Abstände der Primzahlen untereinander trotz der relativ hohen Dichte keine Systematik aufweisen. Zu einer Bewertung der Abstände zwischen aufeinander folgenden Primzahlen betrachten wir Abbildung 4.1-3.

Wir bemerken: die Primzahlen sind unsystematisch verteilt, die Abstände zur nächsten Primzahl streuen stark zwischen dem Minimalwert Zwei und einer vom Absolutwert der Zahl abhängigen Obergrenze. Abbildung 4.1-4 zeigt den mittleren Abstand und den maximalen Abstand zwischen Primzahlen im Bereich $10^{20} \leq p \leq 10^{50}$ bei jeweils 2.500 Messungen. Der mittlere Abstand nimmt erwartungsgemäß linear mit dem Logarithmus der Primzahlgröße zu, für den Maximalabstand scheint eine ähnliche Beziehung zu gelten. Der Minimalabstand zwei ist auch zwischen größeren Primzahlen zu finden, wenn auch zunehmend in geringeren An-

zahlen. Mit zunehmender Primzahlgröße verteilen sich die Abstände in einem immer größer
werdenden Intervall. Die Häufigkeiten der auftretenden Abstände zeigt Abbildung 4.1-5, wobei zur Orientierung ein approximierender Funktionsgraph eingezeichnet ist, der keinerlei
theoretische Bedeutung besitzt. Mit zunehmender Größe wird die Voraussage eines mittleren
Abstandes zur nächsten Zahl zunehmend unsicherer, oder anders ausgedrückt, die Verteilung
der Primzahlen wird unregelmäßiger, was ja ganz in unserem Sinne ist.

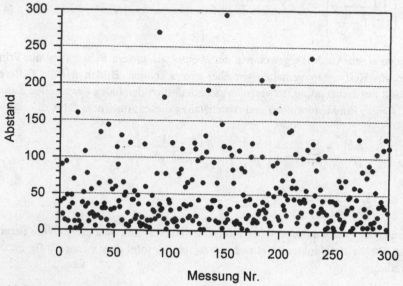

Abbildung 4.1-3: Abstände zwischen Primzahlen, Primzahlgröße ca. 10^{20}

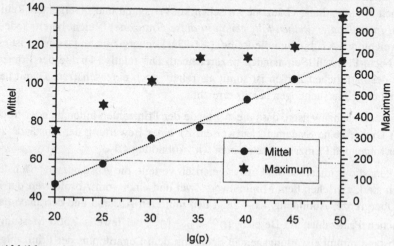

Abbildung 4.1-4: Mittelwert und Maximum der Abstände von Primzahlen

Hierbei muss natürlich angemerkt werden, dass dies rein experimentelle Aussagen sind, die sich auf einen für Verschlüsselungszwecke derzeit interessanten Zahlenbereich beziehen. Besitzen die Primzahlabstände wirklich eine gewisse Verteilung, wie in Abbildung 4.1-5 angedeutet? Und gilt dies nicht nur im experimentell untersuchten Bereich? Fragen, mit denen sich der Leser durchaus intensiver beschäftigen kann. Einige Eckpunkte können wir hier noch weiter untersuchen:

Primzahlen mit dem Abstand Zwei heißen Primzahlzwillinge (*entsprechend lassen sich Drillinge usw. definieren, wobei zu beachten ist, dass bei drei aufeinander folgenden ungeraden Zahlen immer eine durch Drei teilbar ist, also immer ein Zahl auszulassen ist. (11,13,17) ist beispielsweise ein Drilling*). Wie groß können die Abstände zwischen zwei Primzahlen werden, und lassen sich immer Primzahlzwillinge finden? Eine Antwort auf den ersten Teil der Frage gibt Satz 4.1-7:

Satz 4.1-7: der maximale Abstand zwischen zwei aufeinander folgenden Primzahlen ist nicht beschränkt.

Beweis: das Theorem folgt direkt aus dem Primzahlsatz: $\pi'(x)$ kann als die mittlere Wahrscheinlichkeit, dass eine zufällig gewählte Zahl x eine Primzahl ist, interpretiert werden[132], so dass $1/\pi'(x)$ der mittlere Abstand zweier Primzahlen der Größenordnung x ist. Dann exis-

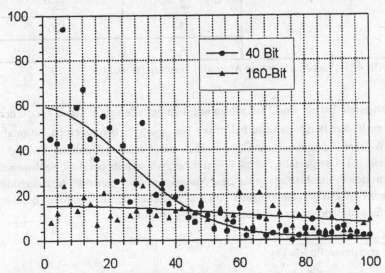

Abbildung 4.1-5: Verteilung der Abstände zwischen Primzahlen. Die waagrechte Achse bezeichnet den Abstand zur nächsten Primzahl, die senkrechte Achse die Anzahl der Primzahlen mit diesem Abstand in 1.000 Messungen. Das Maximum der 40-Bit-Zahlen (1.5*10^12) liegt bei 144, das Maximum der 160-Bit-Zahlen (2.1*10^48) bei 930

---

132 Die Größe $w = \pi(n)/n$ könnte alternativ als triviale Primzahlwahrscheinlichkeit für n interpretiert werden und liefert einen (4.1-33) recht ähnlichen Ausdruck, berücksichtigt jedoch nicht die „Schiefe" der Primzahlverteilung. Dies macht sich auch in Zahlenbeispielen bemerkbar: für x=1.47*10^15 findet man w(gem)=0.0280, w(4.1-33)=0.0278 und w(triv)=0.0286, für x=1.52*10^30 die Werte w(gem)=0.0142, w(4.1-33)=0.0142, w(triv)=0.0144 (Messdaten aus 25.000 Zufallzahlen).

tieren oberhalb von x aber mindestens zwei aufeinander folgende Primzahlen, die den mittleren Abstand überschreiten. Sei M eine beliebige Zahl. Dann lässt sich für

$$\frac{\ln (x)^2}{\ln (x) - 1} > \ln (x) > M \quad \Rightarrow \quad x > e^M \tag{4.1-33}$$

ein Paar aufeinander folgender Primzahlen finden, deren Abstand größer als M ist. ❑

Soll beispielsweise eine Lücke ($M>1000$) ermittelt werden, so können Primzahlen der Größenordnung

$$e^{1000} \approx 10^{434} \approx 2^{1446} \tag{4.1-34}$$

mit garantiertem Erfolg untersucht werden. Eine Beispielrechnung zeigt, dass man hier tatsächlich schnell zu einem Erfolg gelangen kann:

Startzahl 4,78 * 10^{435}	Suchlauf	Abstand
	1	860
	2	255
	3	420
	4	1030

Tabelle 4.1-4: Suche nach großen Abständen zwischen Primzahlen

Wie wir festgestellt haben, sind Primzahlen mit dem geforderten Abstand aber schon wesentlich früher zu finden: beispielsweise haben wir bei $p \approx 2^{160}$ bereits einen Abstand von 930 gefunden. Weitere Zahlenbeispiele einschließlich der Anzahl gefundener Primzahlzwillinge sind in Tabelle 4.1-5 dargestellt. Satz 4.1-7 ist daher, wie bereits bei dem Nachweis der analytischen Form des Primzahlsatzes, eine *„auf Nummer sicher"* gehende Abschätzung, die den ungünstigsten Fall -ein gleichbleibender Abstand zwischen den Primzahlen- beschreibt. Zwischen Theorie und Experiment erhalten wir so das Verhältnis

$$\frac{n \,(\text{Garantie einer Lücke})}{n \,(\text{experimentelle Lücke})} \,(\text{Lücke} = 1000) \quad \approx \quad 10^{380} \tag{4.1-35}$$

Dies zeigt noch einmal deutlich, dass von einer systematischen Verteilung von Primzahlen (*zumindest in dem anwendungstechnisch interessierenden Bereich*) nicht gesprochen werden kann.

Primzahl	Anzahl Zwillinge/1000 PZ	Max. Abstand
$2.1 \cdot 10^{15}$	42	196
$1.9 \cdot 10^{30}$	22	500
$1.8 \cdot 10^{60}$	12	1060

Tabelle 4.1-5: Abstände von Primzahlzwillingen und maximaler Abstand zwischen Primzahlen

Die zweite interessante Frage, die eigentlich schon außerhalb des Kernthemas liegt, die wir aber trotzdem behandeln wollen, lautet: wie groß ist die Anzahl der Primzahlzwillinge bei einer bestimmten Größe von p? Folgende Überlegung führt zu einer Abschätzung der Daten in Tabelle 4.1-5: sei p eine Primzahl. In der dekadischen Darstellung kann sie nur die Entziffern (1 , 3 , 7 , 9) aufweisen, wovon nur Zahlen mit den Endziffern (1 , 7 , 9) für die erste Zahl eines Zwillings in Frage kommen, also ¾ der möglichen Primzahlen. Die Wahrscheinlichkeit, dass $(p+2)$ ebenfalls eine Primzahl ist, ist $2*\pi'(p)$, da gerade Zahlen nicht geprüft werden. Die Gesamtwahrscheinlichkeit für einen Primzahlzwilling unter allen Primzahlen liegt damit bei $3/2*\pi'(p)$. Für Tabelle 4.1-5 erhält man damit die Voraussagen (41 , 21 , 11)[133], die erstaunlich gut mit den experimentellen Werten übereinstimmen, sowie als Schlussfolgerung die Behauptung:

Proposition 4.1-8: für die Funktion $\pi_{(2)}(n)$ der Anzahl der Primzahlzwillinge gilt:

$$\lim_{n \to \infty} \left(\pi_{(2)}(n) - c * \frac{n}{\ln(n)^2} \right) = 0 \quad , \quad c \in \mathbf{R}$$

In die Proposition 4.1-8, die wie die Primzahlfunktion $\pi(n)$ auf wahrscheinlichkeitstheoretischer Grundlage entwickelt wurde, fließt stillschweigend die Annahme ein, dass die Anzahl der Primzahlpaare ebenfalls nicht nach oben begrenzt ist. Alle experimentellen Anzeichen sprechen für die Gültigkeit dieser Voraussetzung, ohne das es jedoch bislang gelungen ist, dies zu beweisen. Proposition 4.1-8 lässt sich beweisen, ohne dass wir hier jedoch darauf eingehen können.

---

133 Größere Differenzen können im Prinzip ähnlich betrachtet werden, allerdings sind dann auch weitere Effekte zu beachten, z.B. für die Differenz 6: ist p eine Primzahl, dann besteht für $(p+6)$ eine erhöhte Primzahlwahrscheinlichkeit, da die Teilbarkeit durch die kleine Primzahl 3 für beide Zahlen entfällt. In Abbildung 4.1-5 führt dies zu höheren Häufigkeiten dieser Kombination.

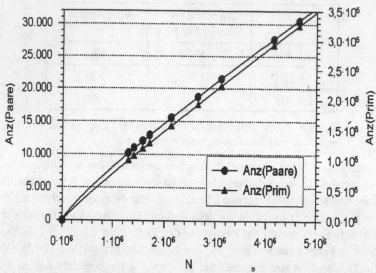

Abbildung 4.1-6: Anzahlen der Primzahlpaare und der Primzahlen durch direkte Auszählung. Die Kurven lassen sich durch die Grenzformeln der Anzahlen, jeweils multipliziert mit Korrekturparametern a=1.077 (Primzahlen) und c=1.554 (Paare) beschreiben

Allerdings folgt aus Proposition 4.1-8 auch

Satz 4.1-9: die Reihe der Inversen der Primzahlpaare konvergiert.

Beweis: die Reihenkonvergenz folgt aus folgender Überlegung: sei P_n der n-te Primzahlzwilling (p_n, p_{n+2}). Zwischen n und P_n gilt die Beziehung:

$$n < c * \frac{p_n}{\ln(p_n)^2} \tag{4.1-36}$$

Eine Umformung ergibt

$$\frac{1}{p_n} < \frac{c}{n * \ln(p_n)^2} < \frac{c}{n * \ln(n)^2} \ (\tag{4.1-37}$$

Wird damit über alle p_n summiert, so erhalten wir

$$\sum_{k=2}^{\infty} \frac{c}{k * \ln(k)^2} < \sum_{k=1}^{\infty} \frac{c * 2^k}{2^k * \ln(2^k)^2} = \sum_{k=1}^{\infty} \frac{c}{k^2 \ln(2)^2} \tag{4.1-38}$$

Die geometrische Reihe (4.1-38) besitzt aber einen Grenzwert.   ❑

Da die Gültigkeit von Proposition 4.1-8 sich mit anderen Methoden grundsätzlich nachweisen lässt, besitzt Satz 4.1-9 Allgemeingültigkeit und hängt nicht von einer aus statistischen Überlegungen hergeleiteten Funktionsvorschrift ab. Das Grundproblem der nicht begrenzten Anzahl von Primzahlzwillingen bleibt aber leider bestehen: wenn laut Satz 4.1-9 die Summe der Inversen bei unbegrenzter Anzahl konvergiert, macht sie dies sicher auch bei begrenzter Anzahl.

Mit diesem Exkurs haben wir auch Teil zwei der Fragestellung, zumindest experimentell für den uns für Verschlüsselungen interessierenden Zahlenbereich, bearbeitet. Welche Schlüsse lassen sich aus den Verteilungseigenschaften der Primzahlen für die Suche nach Primzahlen ziehen? Durch die unsystematische Verteilung existiert kein deterministischer Zugang zu einer Primzahl. Es bleibt kein anderer Weg, als ungerade Zufallzahlen dahingehend zu prüfen, ob sie prim sind (*wie das erfolgen kann, wird in einem späteren Kapitel untersucht*). Hierbei bieten sich zwei Möglichkeiten:

- Untersuchung mehrerer Zufallzahlen der gewünschten Größenordnung, bis sich eine als prim erweist. Die mittlere Anzahl der zu untersuchenden Zahlen ist $1/\pi'(n)$.

- Systematische Untersuchung eines Zahlenbereichs, d.h. beginnend mit einer Zufallzahl alle folgenden ungeraden Zahlen, bis eine Primzahl ermittelt ist.

Welche Suchstrategie ist empfehlenswert? Abbildung 4.1-7 zeigt die summierten Häufigkeiten von Primzahlabständen. Kleine Abstände treten relativ häufig auf. Vergleicht man den mittleren Aufwand zum Finden einer Primzahl, so ist mit einer 65% Wahrscheinlichkeit durch eine systematische Suche schneller ein Ergebnis zu erreichen (Marken —·—·—···). Zusätzlich kann eine systematische Suche mit einer Siebung verbunden werden: ist die Teilbarkeit einer untersuchten Zahl n durch eine kleine Primzahl p festgestellt worden, so können im folgenden die Zahlen $(n+k*p)$ ausgeschlossen werden. Effektiv werden bei einer systematischen Untersuchung 65%-75% der Zahlen auf diese Weise ausgeschlossen, ohne dass eine komplexe Prüfung durchgeführt werden muss. Eine systematische Suche „lohnt" sich daher bis etwa zur dreifachen Marke der Zufallssuche (Marken ·········). Ist bis zu dieser Marke allerdings noch keine Primzahl gefunden, so ist der Startpunkt der Suche möglicherweise in eines der „großen Löcher" gefallen. Die Wahl eines neuen Startpunktes und Wiederaufnahme der systematischen Suche ist in diesem Fall günstiger als eine Gewaltsuche nach dem Ende des Intervalls.

Im Vorgriff auf eine Funktion, die als Antwort auf die Frage nach der Primzahleigenschaft einer Zahl „ja" oder „nein" liefert, sei der Leser aufgefordert, einen Algorithmus aufgrund dieser Überlegungen entwerfen. Kleine Primzahlen sieben bereits die meisten zusammengesetzten Zahlen aus. Eine Primzahlsuche beginnt daher meist mit der Probedivision einer Zahl durch alle Primzahlen einer beschränkten Menge, z.B. $p<1000$. Ist eine Testzahl durch p teilbar, so ist jede weitere p-te Zahl ebenfalls durch p teilbar, was mit Hilfe eines Zählers feststellbar ist. Probedivisionen an den Zahlen einer fortlaufenden Testfolge brauchen daher nur so lange ausgeführt zu werden, bis die erste Teilbarkeit festgestellt wird.

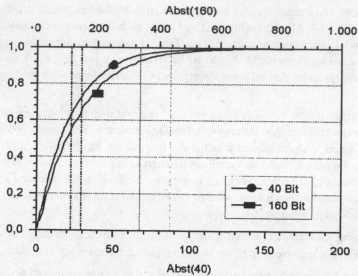

Abbildung 4.1-7: Summierte Häufigkeiten von Primzahlabständen

4.2 Identifizierung von Primzahlen

In den verschiedenen Verschlüsselungsanwendungen werden Primzahlen mit bis zu 650 Dezimalstellen benötigt. Das bislang diskutierte Verfahren zur Feststellung der Primzahleigenschaft - das in Algorithmus 4.1-2 vorgestellte Siebverfahren - eignet sich aber nur für Primzahlen von bis zu sechs bis acht Dezimalstellen. Wir haben im letzten Kapitel für einige Prüfungen ebenfalls bereits recht große Primzahlen verwendet, und es ist nun an der Zeit, Verfahren zur Identifikation von Primzahlen zu diskutieren. Im allgemeinen beginnt die Suche nach einer großen Primzahl mit einer Zufallzahl der gewünschten Größenordnung, in deren Umgebung systematisch nach einer Primzahl gesucht wird. Wir schieben daher zusätzlich eine Betrachtung der Frage ein: wie erhält man eine große Zufallzahl ?

4.2.1 Zufallzahlen und Pseudozufallzahlen

Die Sicherheit von Verschlüsselungsverfahren hängt nicht zuletzt von der „Güte" der Zufallzahlen ab. Der Begriff „Güte" bedarf dabei einer genaueren Erläuterung. Damit ist nämlich nicht, wie naiverweise oft vermutet wird, der Wert einer Zahl als solcher gemeint (*obwohl natürlich auch der eine Rolle spielt*), sondern die Möglichkeit, aus der Kenntnis einer Folge bereits herausgegebener Zahlen die nächsten Werte zu prognostizieren. Schauen wir uns das an Beispielen genauer an:

- **Zahlen:** bei Ziehung aus dem Ensemble $0 \leq x \leq n$ ist ein Zahlenwert $x \leq 2$ für viele Verschlüsselungsanwendungen sicher keine besonders gute Wahl, während sie als Störgröße für Simulationen von Messungen mit Fehlern als „kleine Abweichung" sicher nicht zu den unerwünschten Werte gehört. Die „Qualität" einer einzelnen Zahl lässt sich nur in Bezug auf die Anwendung, in der sie verwendet werden soll, feststellen. Die Ablehnung in einem bestimmten Umfeld beruht nicht auf der „zu geringen Zufälligkeit" dieser Zahl, sondern der fehlenden Eignung aus Gründen, die mit der Zahl selbst nichts zu tun haben. Meist lassen sich ungeeignete Zahlenwerte als gut definierte Menge beschreiben und können dann leicht vermieden werden.

- **Folgen:** eine Folge $\langle x \rangle = \left(x_1, x_2, \cdots x_s \right)$, deren Glieder vorzugsweise in der Nähe von $n/2$ liegen, Werte in Richtung der Grenzen $(1),(n)$ aber seltener auftreten, wird für bestimmte Simulationen eine geeignete Folge darstellen, für Verschlüsselungen jedoch nicht, weil einige Zahlen mit höherer Wahrscheinlichkeit auftreten als andere und ein Angreifer, der dieses Verhalten kennt, damit eine gewisse Chance hat, die eine oder andere Zahl richtig zu raten (*oder durch Durchprobieren einer kleineren Prüfmenge zu finden*). Hier werden wir eher nach Folgen suchen, die möglichst alle Positionen im Intervall $[0,n]$ gleichmäßig belegen, oder, anders ausgedrückt, die statistische Bevorzugung bestimmter Intervalle vermeiden.

Eine ideale Zufallzahlenfolge können wir durch die Bedingung

$$x \in \{1, .. n\} \quad , \quad F_m = (x_0, x_1, \ldots x_m) \; \Rightarrow \; w(x_{m+1} = k) = 1/n \; \neq \; g(F_m) \quad (4.2\text{-}1)$$

beschreiben, d.h. auch bei Kenntnis einer beliebig großen Folge F_m lässt sich über den nächsten Wert keine Aussage machen. Natürliche Quellen, die solche Folgen liefern, sind beispielsweise radioaktive Zerfälle oder das Rauschen von Dioden am Umschaltpunkt. Gemeinsam ist den meisten, dass man sie lieber nicht in seiner Umgebung haben möchte (*wie radioaktive Substanzen*) oder ihr kontrollierter Einsatz in Allerweltscomputern problematisch ist. Folgen von Zufallzahlen werden daher in der Praxis meist durch rekursive mathematische Verfahren erzeugt. Solche Folgen sind aber deterministisch, d.h. eine Folge kann beliebig oft reproduziert werden, wenn der Startpunkt bekannt ist. Aus diesem Grunde spricht man korrekterweise bei solchen Zahlenfolgen von „Pseudozufallzahlen":

$$\begin{aligned} \textit{Statusrekursion:} \quad & s_{k+1} = R(s_k; p_1, .. p_s) \\ \textit{Ausgabewert:} \quad & x_{k+1} = F(s_{k+1}) \end{aligned} \qquad (4.2\text{-}2)$$

Bei dieser Vorgehensweise stoßen wir auf mehrere Probleme:

(a) In den Rekursionsfunktionen sind eine Reihe von Parametern $p_1, \cdots p_s$ enthalten, die geeignet gewählt und gegebenenfalls vor einem Angreifer gesichert werden müssen.

Eine falsche Parameterauswahl führt möglicherweise dazu, dass im Laufe der Rekursion das zur Verfügung stehende Intervall $0 \leq s \leq n$ nicht ausgenutzt wird. Die Folge wiederholt sich früher und weist intern möglicherweise auch erkennbare Strukturen auf.

(b) Für die Auswahl des Startwerts muss $w(s_0 = k) = 1/n$ gelten.

Das lässt sich leicht an einem Beispiel verdeutlichen: wird als Startwert beispielsweise das Startdatum des Programms verwendet, so liegt die Unsicherheit über den Zeitpunkt selbst bei Millisekundenauflösung für einen Angreifer höchstens im Bereich 10^6. Statt eines wahrscheinlich erfolglosen direkten Angriffs auf die Ermittlung eines Schlüsselpaares müssen nun nur einige Millionen mögliche Kombinationen ausprobiert werden.

(c) Die Funktion $F(s)$ muss eine Einwegfunktion sein.

Allzu viele Möglichkeiten, eine Rekursionsfunktion $R(s)$ zu konstruieren, existieren nicht. Die verschiedenen Möglichkeiten sind als bekannt vorauszusetzen. Auch der Parametersatz unterliegt möglicherweise Einschränkungen oder die Funktion $R(s)$ besitzt Eigenschaften, die eine analytische Bestimmung der Parameter ermöglicht. Bei direkter Kenntnis des Status s der Rekursion besitzt der Angreifer damit wahrscheinlich ausreichend Informationen, um die Folge erfolgreich simulieren zu können.

Nach diesen Vorbemerkungen sehen wir uns nun verschiedene Möglichkeiten zur Erzeugung von Pseudozufallzahlenfolgen an und untersuchen die Eignung für unsere Zwecke. Technisch in Sicherheitssoftware eingesetzt wird überwiegend der letzte vorgestellte Generator, und außer dem vorletzten sind die anderen kryptologisch unbrauchbar. Wegen ihrer weiten Verbreitung als Standardgeneratoren und zur Vorstellung von Prüfmethoden werden wir sie trotzdem schrittweise auf die für unsere Zwecke wesentlichen Eigenschaften untersuchen und optimieren.

Eine einfache, uns bereits seit dem zweiten Kapitel des Buches bekannte Möglichkeit zur Erzeugung einer Pseudozufallzahlenfolge ist die rekursive Multiplikation von Zahlen $mod\ m$.

Definition 4.2-1: ein *linearer kongruenter Pseudozufallzahlen-Generator* $LCG(a,b,m,r_0)$ ist definiert durch

$$r_{n+1} \equiv (a * r_n + b)\ mod\ m$$

(r_0 *ist der Startwert für die Iteration*).

Ein LCG kann Zufallzahlen im Intervall $[0, m-1]$ erzeugen, allerdings wissen wir aus den Untersuchungen über Restklassen, dass dies nur unter bestimmten Bedingungen geschieht. Abbildung 4.2-1 zeigt die von LCG(100,3,5,1) und (LCG(134217728,355301,27321,1) mod 100)[134] erzeugten Zahlen (*die Folgen enthalten 150 Zahlen einer Iteration*).

---

134 Ein in älteren Systemen häufig implementierter Standardgenerator

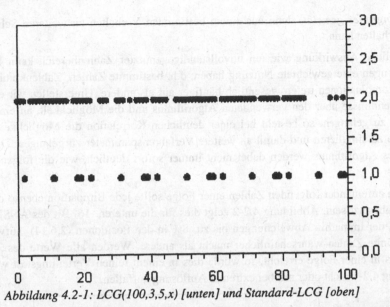

Abbildung 4.2-1: LCG(100,3,5,x) [unten] und Standard-LCG [oben]

Wie wir feststellen können, sind die Zahlen nicht gleichmäßig im Gesamtintervall verteilt: Häufungen von Werten um bestimmte Verdichtungszentren folgen größere leere Intervalle. Eine derartige Einschränkung des Wertebereiches ist aus unterschiedlichen Gründen zu vermeiden: der Wertebereich ist eingeschränkt, so dass ein Angreifer die Anzahl der zu untersuchenden Fälle in einer Simulation begrenzen kann. Außerdem sind Korrelationen leichter zu entdecken, was ein systematischen Vorgehen des Angreifers weiter erleichtert. Die Gründe für die Einschränkung kann der Leser sicher leicht benennen, wenn er sich an Kapitel 2.1 erinnert. Auswahlprinzipien für Parameter, die zu keiner Einschränkung des Wertebereiches führen, sind (*ohne dass wir hier weiter auf die Begründung eingehen werden*)

➔ $m = 2^k$, $a \equiv 5 \bmod 8$, $b \equiv 1 \bmod 2$. Dieser LCG nutzt das Intervall $[0, m-1]$ vollständig aus, ohne dass ein Primzahlenmodul vorliegt.

➔ $m \in P$, $a^{(m-1)/2} \neq 1 \bmod n$, $b = 0$. Dieser LCG benutzt eine Primzahl als Basis und eine primitive Restklasse als Mulitplikator.

Der Leser sei für eigene Versuche aber auch an den Spruch „*glaube keiner Statistik, die du nicht selbst gefälscht hast!*" erinnert. Die Beschränkung in Abbildung 4.2-1 könnte natürlich auch in der begrenzten Anzahl der Stichprobenwerte begründet sein kann. Bei einem Umfang von z.B. 150.000 Datenpunkten statt den verwendeten 150 könnte das Bild auch völlig anders aussehen[135]. Eine „neutrale" Herangehensweise sollte daher prüfen, ob eine Verhaltensaussage bei Änderung der statistischen Parameter konstant bleibt und sich auch, und das ist die schwierigere und häufig auch nicht lösbare Aufgabe, damit beschäftigen, was man (*und damit*

---

135 Um Kritikern zuvorzukommen: in der umfangreichen Literatur über Zufallzahlen werden meist andere Methoden der Darstellung und Auswertung verwendet. Die hier gewählte Darstellungsart ist Absicht, um bestimmte Sachverhalte zu verdeutlichen.

ist der Angreifer gemeint) denn aus einem bestimmten Verhalten an weiteren Schlussfolgerungen erhalten kann.

Eine ähnliche Auswirkung wie ein unvollständig genutzter Zahlenbereich kann für unsere Anwendungen eine gewichtete Nutzung haben, d.h. bestimmte Zahlen, Zahlenkombinationen oder Bitkombinationen treten wesentlich häufiger auf als andere. Unterstellen wir einem Angreifer Kenntnisse über den verwendeten Algorithmus und die Möglichkeit, an eine aktuelle Teilfolge zu gelangen, so besteht bei einer deutlichen Korrelation die Möglichkeit, die Gesamtfolge zu simulieren und damit an weitere Verfahrensparameter zu gelangen. Die Schwächen eines Algorithmus werden dabei nicht immer sofort deutlich, wie die folgenden Tests beweisen:

- In den aufeinander folgenden Zahlen einer Folge sollte jede Bitposition ebenso oft besetzt wie unbesetzt sein. Abbildung 4.2-2 zeigt dies für die unteren 16 Bit des ANSI-C-Generators, der immerhin Abweichungen bis zu 8% in den Positionen (2,6,14) aufweist, also bestimmte Zahlen wahrscheinlicher macht als andere. Werden alle Werte des Zahlenbereiches in einer Folge erreicht, so würde dies in einem reinen Verteilungstest wie in Abbildung 4.2-1 nicht oder nur bei extremer Auflösung auffallen.

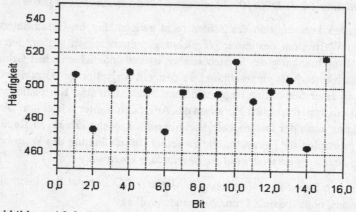

Abbildung 4.2-2: Häufigkeiten der Bit 0-15 in 1.000 Messungen

- Statt die Bit einer Zahl einzeln zu betrachten, lassen sich auch die Zustände verschiedener Bit kombiniert untersuchen. Der Zustand eines Bit sollte keine Auswirkungen auf den Zustand an einer anderen Bitposition aufweisen. Auch dies kann durch Auszählung getestet werden (*z.B. Verhältnis der gleichen Zustände zu allen getesteten Zuständen*). Abbildung 4.2-3 zeigt das Ergebnis für 8 Bit des gleichen Generators; auch hier sind geringe Korrelationen festzustellen.

- In Gitteranalysen werden Zahlentupel $\left(x_n, x_{n+1}, \dots x_{n+k}\right)$ ausgewertet. Hier weisen LCG eine grundsätzliche Schwäche auf, die in den vorgelagerten Prüfungen nicht zum Ausdruck gekommen ist: aufeinander folgende Punkte orientieren sich an einem regelmäßigen Gitter.

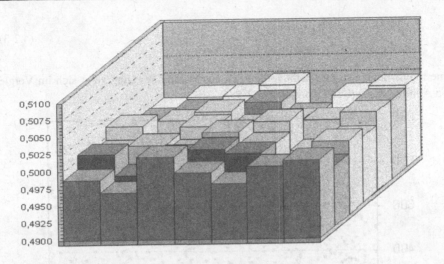

Abbildung 4.2-3: Bitkorrelationen, ANSI-C-Generator (LCG)

Das Gitter ist Folge des linearen Aufbaus (*Definition 4.2-1*). Während man bei der Nutzenanalyse der Bitkorrelationen auf Schwierigkeiten stößt (*zunächst wird dadurch nur die Reihenfolge der Werte verschoben, die bei einer Simulation zu untersuchen wären*), hat das Vorliegen einer Gitterstruktur für einen Angreifer gleich zwei Vorteile: zunächst identifiziert sich der Zufallzahlengenerator eindeutig als LCG; außerdem lassen sich aus den Gitterpunkten die Verfahrensparameter ermitteln (*s.u.*).

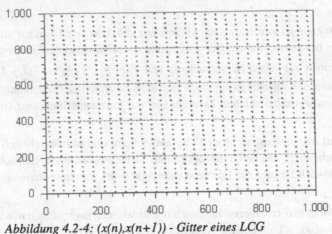

Abbildung 4.2-4: (x(n),x(n+1)) - Gitter eines LCG

Eine geringfügige Verbesserungsmethode, auf die wir später noch einmal zurückgreifen werden, ist bei geeigneter Parameterauswahl zu erreichen, indem wir die bislang noch nicht berücksichtigte Maskierungsfunktion $F(s)$ durch eine weitere Kongruenz einführen:

$$x_i \equiv \left(x_{i-1} * a + b\right) mod\ m$$
$$r_i \equiv x_i\ mod\ p\quad,\quad ggT\ (m,p) < min\ (m,p)$$

(4.2-3)

Eine mögliche, meist aber nicht so deutlich ausfallende Wirkung zeigt sich im Vergleich von Abbildung 4.2-4 und Abbildung 4.2-5.

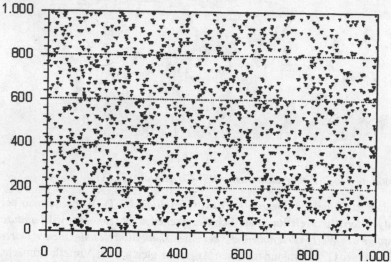

Abbildung 4.2-5: gleicher LCG wie in Abbildung 4.2-4, jedoch Ausblendung eines Bereiches (mod 1000)

Zu den Testverfahren sei bemerkt, dass wir uns aus didaktischen Gründen auf grafisch präsentierbare Tests beschränkt haben. Der vorgestellt zweidimensionale Gittertest lässt sich auf höhere Dimensionen ausweiten (*Untersuchung von Tupeln* $(x_1, x_2, \dots x_k)$). Die Ergebnisse solcher Test lassen sich allerdings nur noch in wenig anschaulichen Zahlenkolonnen darstellen. Die Vorgehensweise bei solchen Tests sei hier nur kurz angerissen und am 2D-Gittertest erläutert:

a) Zunächst sind mathematische Modelle zu entwickeln, die Abhängigkeiten zwischen den Punkten beschreiben und auf eine bestimmte Generatorbauweise rückschließen lassen. Beim LCG-Modell ist dies die lineare Abhängigkeit der Punkte untereinander, allerdings *mod m* .

b) Aus diesen Modellen resultieren Invarianten und weitere Eigenschaften wie Ableitungen von interpolierenden Funktionen, Abständen von Punkten usw. Bezogen auf das LCG-Modell sind

■ bei Auswertung der Steigungen der Verbindungsgraden zweier beliebiger Punkte Häufungen bei bestimmten Werten zu erwarten; die größte Häufigkeit sollte der lineare Faktor des LCG selbst haben;

- bei Auswertung des Abstandes zwischen beliebigen Punkten Lücken zu erwarten, besonders ausgeprägt beim Abstand der Gitterlinien untereinander.

c) Durch Gruppenbildung in der Datenmenge und Prüfung der Invarianteneigenschaften lassen sich die Verfahrensparameter feststellen (*oder auch nicht, wenn das Grundmodell bereits falsch war*). Für die beiden Charakteristika des LCG könnte das so aussehen:

- Bei der Ermittlung der Steigungen werden Intervalle festgelegt und jedem Intervall ein Zähler zugeordnet, der um eine Einheit erhöht wird, wenn die ermittelte Steigung in das Intervall fällt. Die Auswertungsgeschwindigkeit kann durch Nebenbedingungen wir

$$\overline{P_i P_k} : \left(P_{i,x} < P_{k,x} \right) \wedge \left(P_{i,y} < P_{k,y} \right) \tag{4.2-4}$$

erhöht werden. Nach eventuell vorzunehmender Intervallverfeinerung steht die häufigste Steigung unmittelbar zur Verfügung.

- Bei der Abstandsmessung von Punkten können Gruppen gebildet werden, in denen mindestens jeweils zwei Punkte einen vorgegebenen Höchstabstand nicht überschreiten. Liegen zwei Punkte zweier verschiedener Gruppen nahe genug aneinander, so können die Gruppen vereinigt werden. Bei geeigneter Wahl der Schwelle existieren am Ende der Auszählung Gruppen, die jeweils einer der Punktgraden entsprechen und denen der lineare Faktor des LCG wie oben entnommen werden kann.

d) Die Analyse ist beendet, wenn mit den festgestellten Parametern die Folge simuliert werden kann. Das zu beim LCG nur noch die Feststellung der additiven Konstante notwendig.

Wir haben hier nur eine Auswahl von Testmöglichkeiten beschrieben. Die Literatur über statistische Verfahren liefert eine Vielzahl weiterer Verfahren, die jeweils, wie oben in der Modellbildung beschrieben, verschieden aufgebaut werden können. Die Probleme bei der Auswahl von Testverfahren sind:

(a) Anzahl der Messdaten: positive Eindrücke vom Testverhalten des Generators bei 10^6 Messungen können bei 10^3 Messungen in ihr Gegenteil umschlagen, weil Korrelationen durch die größere Anzahl an Messungen verdeckt werden. 10^2 Messungen mit jeweils 10^3 Werten können u.U. aussagekräftiger sein als eine Messung an 10^6 Werten. Auch Messungen „kurzer" und „langer" Reichweiten sind geeignet zu kombinieren.

(b) Anschaulichkeit: je komplexer ein Test ist, d.h. je mehr Daten und Parameter in ihn einfließen, desto problematischer wird die Reduktion auf einen Datensatz, der noch sinnvoll bewertet werden kann. Mit jedem weiteren Ergebniswert steigt die Schwierigkeit, seine Bedeutung zu erkennen, wenige Ergebniswerte verdichten die Information u.U. bis zur Unkenntlichkeit. Beispielsweise sieht ein Ergebniswert 0,4 in einem Test mit dem Erwartungswert[136] 0,5 in einem Messintervall $[0,1]$ schlecht aus, kann jedoch völlig unerheblich sein.

(c) Erkenntnisgewinn: letzten Endes zahlen sich alle Testergebnisse für einen Angreifer nur dann aus, wenn es ihm gelingt, die Pseudozufallfolge erfolgreich zu simulieren oder zumindest über ausreichend große Intervalle so weit einzuschränken, dass nur noch wenige Testfälle übrig bleiben. Welchen Erkenntnisgewinn kann aber ein Angreifer aus einem

---

136 d.h. unsere Vorstellungen von einem optimalen Ergebnis

Testergebnis ziehen ? Wie der Leser feststellt, kann man sich ohne weiteres in einem Dschungel von Fragestellungen verlieren, der Stoff für ein weiteres Buch liefert. Sicherheitshalber sollte man davon ausgehen, dass ein Angreifer über mehr Möglichkeiten verfügt, als man selbst zur Verfügung hat (*schon alleine deswegen, weil er meist mehr Zeit in das Angriffsproblem investiert hat, als die Abwehrstrategie benötigte*). Ein Test „zuviel" kann nicht schaden, auch wenn man selbst keine Konsequenzen aus einem Nichtbestehen ziehen kann.

Aus den Untersuchungen können wir den Schluss ziehen, dass ein LCG als Zufallzahlengenerator für Verschlüsselungen wenig geeignet ist. Da solche Generatoren in manchen Systemen als Standardgeneratoren eingesetzt werden, ist Vorsicht geboten. Vermeiden lassen sich lineare Gittereffekte nur durch nichtlineare Generatoren. Ein Typ ist der inverse kongruente Generator:

Definition 4.2-2: ein inverser kongruenter Generator $ICG\,(m,a,b,x_0)$ wird definiert durch

$$x_{k+1} \equiv \left(x_k^{-1} * a + b \right) mod\, m \quad , \quad b \neq 0$$

Generatoren dieses Typs zeigen bei sorgfältiger Wahl der Parameter keine auffällig regelmäßige Gitterstruktur[137] (*Abbildung 4.2-6*). Weitere Generatoren, z.B. explizite inverse Generatoren, die nicht iterativ, sondern aufgrund eines vorgegebenen Parameters Werte erzeugen, oder polynomiale Generatoren, mit ähnlichen Eigenschaften sind konstruierbar. Gleichwohl kann auch hier nicht ausgeschlossen werden, dass durch analytische Methoden Erkenntnisse über Verfahrensparameter gewonnen werden können.

An dieser Stelle ist es Zeit zuzugeben, bislang ein wenig gemogelt zu haben (*der Leser wird dies sicher schon bemerkt haben*). Wir haben nämlich den zweiten Teil von (4.4-2) bisher nicht verwendet, und nur dadurch sind Angriffe mit den beschriebenen Methoden überhaupt möglich geworden. Darüber hinaus wird man im allgemeinen davon ausgehen können, dass ein Angreifer Kenntnis über den verwendeten Algorithmus erlangt, möglicherweise sogar über einige der verwendeten Parameter. Hinzu kommt, dass für große Zufallzahlen, wie sie in Verschlüsselungsalgorithmen verwendet werden, mehrere Zufallzahlen benötigt werden, da die wenigsten Generatoren eine entsprechende Bitbreite aufweisen[138]. Der Angreifer erhält so mehrere Folgeglieder für eine Analyse. Dem kann durch ein Bündel von Maßnahmen entgegengewirkt werden, die wir in der verspäteten Einführung der Maskierungsfunktion $F\,(s)$ berücksichtigen:

➔ Es wird nicht die komplette generierte Zahl ausgegeben, sondern nur ein Teil. Ein weiterer Teil bleibt geheim und wird zur Generierung des nächsten Wertes verwendet. Der Angreifer muss nun alle ihm nicht bekannten Möglichkeiten durchspielen (*s.o.*).

---

137 Gleichwohl sind oft Strukturen, die sich entlang von Kurven des Typs y=1/x orientieren, zu erkennen, so dass der Typ des Generators ausgemacht werden kann und schlimmstenfalls auch Angriffe auf die Parameter möglich werden.

138 Eine ElGamal-Primzahl von 2.048 Bit wird man z.B. aus 64 Zahlen einer Folge konstruieren müssen, wenn diese nur Zahlen von 32 Bit Breite liefert.

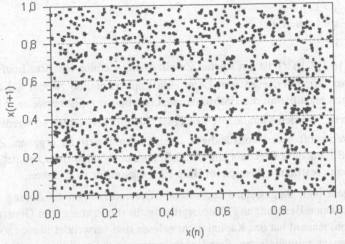

Abbildung 4.2-6: Gitterbild des ICG(1512246013,63559,0,1)

→ Es werden mehrere Generatoren verwendet. Welcher Generator in einer Runde zum Einsatz kommt, hängt von einer möglichst großen Menge an zuvor generierten Zahlen ab. Der Angreifer muss nun zusätzlich die komplette Historie des Generators ermitteln.

→ Die Zufallszahl wird verschlüsselt. Damit ist nun die komplette Zufallszahl unbekannt und der Angreifer muss den gesamten Definitionbereich der Verschlüsselungsfunktion untersuchen, um zunächst einmal die Quelle des „Zufalls" zu finden.

Wir fassen dies zusammen zu einem verschlüsselungstechnisch brauchbaren

Algorithmus 4.2-3: gegeben sei eine Menge $\left\{ ICG_k(m_k, a_k, b_k) \right\}$ von n Generatoren, eine Zahl $s < \log_2(m)$, ein Hashfunktionen $H(x)$, eine Mischfunktion $S(x,y)$ und Startparameter (x, k). Berechnet wird iterativ

$$y \equiv (a_k * x^{-1} + b_k) \, mod \, m_k$$
$$r \leftarrow H(y \, mod \, 2^s)$$
$$k \leftarrow S(k, [y/2^s])$$
$$x \leftarrow y$$

(4.2-5)

Ausgegeben wird die Zufallszahl r [139]. Für die Funktion $H(x)$ kann einer der schnellen Hash-Algorithmen verwendet werden, z.B. MD5 zu Erzeugung von Zahlen mit 128 Bit, SHA1 für 160 Bit (*alternativ auch ein Verschlüsselungsalgorithmus wie AES, wobei Schlüssel und Daten dem Puffer entnommen werden*). Die Algorithmen generieren gleichmäßig verteilte Bitfolgen bei Eingabe von Zufallzahlen. Für $S(x,y)$ kommen beispielsweise einfache Verknüpfungen in Frage wie

---

139 Der Algorithmus enthält stellenweise sicher schon „zuviel des Guten". Alle Operationen sind jedoch ohne größere Laufzeit- und Speicherplatzprobleme abwickelbar.

$$while \quad y > 0$$
$$x \leftarrow x \oplus (y \, mod \, n) \qquad\qquad\qquad\qquad\qquad (4.2\text{-}6)$$
$$y \leftarrow [y/n]$$

Mit $(n,s,m) = (16,128,10^{43})$ ist ein solcher Zufallzahlengenerator aus dem Lauf heraus nicht mehr simulierbar. Wir überlassen dem Leser eine Implementation, wobei wir noch weitere Randbedingungen hinzufügen: die Hashfunktionen bearbeiten typischerweise 512 Eingangs-bits zum Hashwert. Werden Module m_k von etwa 140 Bit verwendet, so werden vier Werte benötigt, um verknüpft einen vollständigen Hash-Eingangswert zu ergeben. Zwei weitere ausgekoppelte Bit aus dem Ergebnis einer ICG-Rekursion können dazu benutzt werden, den neuen Wert an eine bestimmte Position im Hash-Eingangspuffer zu schieben.

Besitzen die recht breit dargestellten statistischen Untersuchungen zu Anfang des Kapitels damit noch irgendeine Berechtigung? Vordergründig für die Prüfung von Generatoren sicher nicht, es sei denn, jemand hat das Kapitel nicht gelesen und verwendet immer noch dem vom Entwicklungssystem mitgelieferten Standardgenerator. Die Darstellungen haben natürlich trotzdem ihren Wert: wir wissen nun, warum wir bestimmte Konstruktionen vermeiden müssen und können eine Reihe von Mindesteigenschaften, die einsatzfähige Systeme besitzen müssen, überprüfen.

Die Eigenschaften einer Hashfunktion haben auch zu Überlegungen geführt, die algebraische Komponenten ganz aus einem Generator herauszunehmen und nur Hashfunktionen zu verwenden. In aktuellen Anwendungen verwendete Generatoren beruhen auf dem folgenden, kryptologisch als sicher angesehenen

Algorithmus 4.2-4: Grundlage ist ein zyklischer Speicher b der Größe M, zwei Zeiger P_1, P_2, eine Reihe von Konstanten $k_1 .. k_3$ und eine Hash-Funktion. Der Inhalt des Spei-cherbereichs (*Bitmaske b[a..b]*) wird mit Hilfe der Hash-Funktion gemischt:

$$b[(P_1 + k_2 \, mod \, M) .. (P_1 + k_2 + 128 \, mod \, M)]$$
$$\leftarrow MD5 \, (b[P_{1..} \, (P_1 + 512 \, mod \, M)]) \qquad\qquad\qquad (4.2\text{-}7)$$

$$P_1 \leftarrow P_1 + k_1 \, mod \, M$$

Beispiel: der zyklische Speicher besitze die Größe $M = 4000$, der Startzeiger sei $P_1 = 0$. Die Bit 0..511 werden durch den MD5-Algorithmus gemischt und das Ergebnis an die Posi-tionen 256..383 geschrieben, danach $P_1 = 128$ gesetzt. Das Ergebnis einer Mischung wird beim nächsten Mischvorgang wieder verwendet, so dass alle Bit des Puffers miteinander kor-reliert werden.

Zur Ausgabe einer Zahl wird

$$r \leftarrow MD5 \, (b[P_2 .. (P_2 + 512 \, mod \, M)]) \, .AND. \, (2^{32} - 1)$$
$$P_2 \leftarrow P_2 + k_3 \, mod \, M \qquad\qquad\qquad\qquad (4.2\text{-}8)$$

ermittelt. Da nur 32 von 128 Bit als Zufallzahl ausgegeben werden, besteht keinerlei Rückschlussmöglichkeit auf den Zustand des Puffers.

Die Gefahr eines dennoch erfolgenden Bruchs der „Zufälligkeit" beider Generatoren Algorithmus 4.2-3 und Algorithmus 4.2-4 liegt hauptsächlich im Startverhalten: bei Start mit den gleichen Startparametern wird bei beiden jeweils die gleiche Zufallzahlenfolge erzeugt. Die Startwerte dürfen daher nicht aus einer relativ kleinen Menge ausgewählt werden, die von einem Angreifer durchprobiert werden kann. Es hat sich dafür auch der Ausdruck eingebürgert, den Generatoren sei „*eine ausreichende Menge an Entropie zuzuführen*". In der Physik bezeichnet der Begriff „Entropie" ein statistisches Maß der Unordnung eines Systems, woraus sicher die Verwendung in der Nachrichtentechnik und der Informatik in der Bedeutung „statistische Unsicherheit" resultiert. Allerdings ist der Ordnungsbegriff in der Physik sekundärer Natur. Der Entropiebegriff ist durch die Thermodynamik anders vorbesetzt und bezeichnet den inneren Zustand eines thermodynamischen Systems, der nicht von Außen zugeführt werden kann, sondern sich selbst einstellt (*mit Beeinflussung durch die Außenwelt*). Die Entropie eines geschlossenen thermodynamischen Systems nimmt bis zu einem Maximalwert zu, wohingegen die Unordnung eines Zufallzahlengenerators formal mit jeder ausgelesenen Zahl abnimmt (*wir können bestimmte Zustände ausschließen*). Sowohl Terminologie als auch zeitliches Verhalten in beiden Bereichen stimmen somit nicht überein. An den den Sachverhalt sicher besser beschreibenden Begriff Negentropie hat sich die Informatik und die Nachrichtentechnik aber wohl nicht so richtig gewöhnen können. Die Begriffsverwirrung zeigt, dass es häufig nicht so eine gute Idee ist, eine Terminologie aus einem anderen Bereich zu übernehmen, bloß weil diese so ähnlich aussieht und sich wissenschaftlich anhört.

Doch genug der Philosophie! Zu diskutieren sind eine Reihe von Möglichkeiten, „zufällige" Startwerte (*Seed*) für die Generatoren zu bestimmen. Letzten Endes soll eine Unsicherheit über den verwendeten Startparameter in der Größenordnung der Hashwerte (*128-160 Bit*) bestehen, d.h. jeder Wert gleich wahrscheinlich sein. Wie schwierig das werden kann, eine so große Unsicherheitsmenge anzusammeln, haben wir bereits bei den Kennworten zur Systemanmeldung diskutiert. Für den Hashgenerator nach Algorithmus 4.2-4 werden dazu Ereignisse auf dem Rechner gesammelt, die eine gewisse Variationsbreite besitzen und, miteinander kombiniert, hoffentlich variabel genug sind, und an irgendwelche Positionen im zyklischen Puffer geschrieben (*das kann mit einem weiteren Zeiger realisiert werden*). Verwendet werden:

- *Systemzeit:* die Uhrzeit wird sehr häufig verwendet, bietet aber keine allzu großen Angriffshindernisse. In vielen Standardgeneratoren bildet sie die einzige Seed-Größe (*und wird ohne speziellen Befehl noch nicht einmal verwendet, d.h. der Generator liefert bei jedem Programmneustart die gleiche Folge*). Die Zahlengröße ist meist auf 32 Bit beschränkt, zudem ist die Startzeit des Algorithmus mehr oder weniger gut abschätzbar. Selbst bei einer Unsicherheit von einem Jahr über den Startzeitpunkt des Programms ergeben sich bei einer Systemzeitauflösung von einer Sekunde nur $3{,}1 * 10^6$ verschiedene Startwerte.

- *Systemlaufzeit:* sofern die Gesamtsystemlaufzeit zur Verfügung steht, lassen sich ähnliche Überlegungen wie bei der Systemzeit anstellen. Die Programmlaufzeit ist ungeeignet, da die Initialisierung meist bei Programmstart durchgeführt wird und die Werte daher weitgehend konstant sind.

- **Systemparameter:** die meisten Systemparameter wie Prozeßzustände usw. besitzen ebenfalls einen eingeschränkten Wertebereich, besonders bei relativ kurzen Systemlaufzeiten. Zudem sind sie oft nicht einfach zugänglich und von System zu System verschieden, also allenfalls etwas für spezialisierte Spezialisten.

- **Tastaturabfragen:** vom Anwender sind Daten mit einer gewissen Streuung beim „hacken" auf die Tastatur zu erhalten. Die Breite der Eingabedaten lässt sich leicht variieren[140]. Neben der angeschlagenen Taste wird das Timing des Tastenanschlags gemessen. Die Tastaturanschläge sind bei einem Eindringen eines Angreifers in das System oft eines der ersten Angriffsziele, die Zeiten lassen sich aber nur schwer ermitteln. Sie stellen eine der Hauptquellen für Zufallparameter dar. Allerdings ist ein spezielles Verhalten des Anwenders gefragt: schnelles Tippen oder gar „Herumtrümmern" auf der Tastatur ist oft alles andere als wirklich zufällig! In manchen Fällen lässt sich aus dem Muster sogar erkennen, welcher Anwender die Tastatur bedient hat.

- **Mausbewegungen:** Mauspositionen bei zufälligem Bewegen des Mauszeigers über den Bildschirm.

- **Netzwerkzustände:** Netzwerkdaten stehen natürlich auch dem Angreifer zur Verfügung, wobei er neben einem Mitlesen auch selbst Daten einspeisen kann.

Die Zufallmuster -oft werden nur wenige Bit pro Ereignis übernommen- werden in den Hauptspeicher und in eine Datei übernommen. Die Datei dient zur Versorgung des Generators mit „frischen" Werten für einen Neustart. Überlegungen zur Dateibehandlung überlassen wir dem Leser. Daneben, insbesondere bei Verwendung der algebraischen Generatoren, wird

- **individuelle Parametrierung** eingesetzt: die Daten werden von einer verschlüsselten Parameterdatei geladen (*der Leser beachte die notwendigen Vorsichtsmaßnahmen bei der Eingabe des Kennwortes für die Entschlüsselung*). Nach dem Einlesen werden die Daten in der Datei so aufgefrischt und erneut verschlüsselt, so dass beim nächsten Start keine Wiederholung (*auch keine versetzte*) stattfindet. Wir überlassen dem Leser die Definition eines Auffrischungsalgorithmus für die Dateidaten, der so konstruiert ist, dass die Folge nach einem Neustart weder an der alten noch an einer anderen Stelle fortgeführt wird.

Auch während des Programmlaufs ist es sinnvoll, von Zeit zu Zeit neue Informationen in die Folge einfließen zu lassen (*bei Algorithmus 4.2-4 ist das Standard: statt darauf zu warten, genügend Unsicherheit vor der Ausgabe der ersten Zufallzahl gesammelt zu haben, hält ein Hintergrundprozess permanent nach neuen Ereignissen Ausschau und fügt diese in den zyklischen Puffer ein*). Stellen wir uns dazu vor, ein Angreifer erfährt in Zeitabständen T_K den kompletten Systemzustand (*was z.B. durch Auslagern des Speicherinhalts einer Anwendung in eine temporäre Datei durch das Betriebssystem und Auslesen der Datei durch den Angreifer durchaus im Bereich des Möglichen liegt*). Das System werde in Zeitabständen T_E wieder

---

140 Die Abfrage der Tastatureingaben gehört zum Standardrepertoire von Angriffsoptionen, weshalb diese Möglichkeit auch vorsichtig beurteilt wird. Allerdings ist in diesem Fall das System auch hinsichtlich der Eingabe von Kennworten offen.

aufgefrischt, d.h. durch einen der oben beschriebenen Möglichkeiten werden bestimmte Statusbits z.B. durch die ⊕-Operation überschrieben, wodurch eine Unsicherheit von n_E Möglichkeiten über den neuen Zuständen entsteht, die der Angreifer durchrechnen muss, um erneut in den Besitz des Gesamtstatus zu gelangen. Seine Möglichkeiten liegen bei $\dot{n}_s$ Simulationen pro Zeiteinheit. Sofern die Bedingungen

$$T_E \ll T_K \ \wedge \ \frac{n_E}{T_E} \gg \dot{n}_s \qquad (4.2\text{-}9)$$

gelten, läuft auch ein kompromittiertes System durch eine solche Auffrischung (*Refresh, Reseed*) mit linearer „Geschwindigkeit" wieder in einen sicheren Zustand. Je nach Paranoia können Generatoren konstruiert werden, die eine neue Zahl nur dann ausgeben, wenn intern ein bestimmtes Mindestverhältnis von altem Status und Auffrischungsinformation eingehalten wird.

Der Leser dürfte nun über Möglichkeiten verfügen, „zufällige" große Zahlen erzeugen zu können, ohne auf Zufallzahlengeneratoren seines Betriebssystems vertrauen zu müssen. Wir können damit nun zu der Probe kommen, ob eine Zahl auch eine Primzahl ist. Betrachtung am Rande: Zufallzahl oder Zufallszahl? Wir verwenden zufällig ausgewählte Zahlen. Das „Zufällige" ist immanent, es besteht aber kein Possessivcharakter zwischen Zahl und Zufall. Das lässt sich an einem anderen Begriff besser verdeutlichen: ein Zufallgenerator ist ein zufällig aus einer größeren Menge von Generatoren ausgewählter Generator (*das können Zufallzahlengeneratoren, Stromgeneratoren, usw. sein*), ein Zufallsgenerator ist aber ein bestimmter Typ von Generator, der eine zufälliges Ereignis generiert, also ein Generator des Zufalls. Der Unterschied ist schon deutlich: Immanenz im ersten Begriffspaar, Possessivität, ausgedrückt durch den Genitiv, im zweiten. Bei Rückkehr zu den Zahlen ist mit dieser Überlegung drückt „Zufallzahl" ohne „s" das Verhältnis korrekter aus als die andere Variante. Im Englischen heißt es übrigens auch „random number generator" und nicht „random's number generator".

4.2.2 Prüfverfahren zur Feststellung der Primzahleigenschaft

Wenn wir die Frage stellen, ob eine gegebene Zahl eine Primzahl ist, so genügt uns die Beantwortung der Frage mit *ja* oder *nein*; die Zerlegung einer Nichtprimzahl in ihre Primfaktoren ist (*noch nicht*) Gegenstand der Frage. Diese Präzisierung der Fragestellung ist nicht unwichtig, denn das uns bislang bekannte sichere Verfahren zur Feststellung der Primzahleigenschaft, die Probedivision, liefert eine Antwort auf beide Fragen, ist aber aufgrund des Aufwands von $\sqrt{n}$ Probedivisionen (*bzw.* $2 * \sqrt{n} / \ln(n)$ *Divisionen, falls wir nur Primzahlen zur Prüfung heranziehen*) für große Zahlen nicht anwendbar. Wir sind also ohnehin gezwungen, nach anderen Methoden zu suchen, können uns aber darauf beschränken, Verfahren zu entwickeln, die nur den ersten Teil der Frage beantworten und dafür im Gegenzug schnell zu einer Entscheidung kommen können. Zusätzlich werden wir die Fragestellung noch weiter abschwächen: falls bei der Entwicklung deterministischer Verfahren[141] Probleme auftreten, wollen wir auch Aussagen der Form „*diese Zahl ist keine Primzahl*" oder „*diese Zahl ist eine Primzahl. Die Wahrscheinlichkeit eines Irrtums bei dieser Aussage ist kleiner als die vorgegebene Obergrenze*" zulassen. Irrtümer können dann zwar möglich sein, durch Vorgeben von Wahrscheinlichkeitsschranken können wir aber statistisch das Auftreten eines Fehlers so weit herabdrücken, dass wir vermutlich nie einen beobachten werden. Verfahren dieser Art heißen „*probabilistische Primzahltests*".

Fassen wir dies noch einmal zusammen: bezeichne $Test_D$ einen deterministischen Test, $Test_P$ einen probabilistischen, dann lauten unsere Bedingungen für Prüfergebnisse:

$$Test_D\,(n \in P) \;\Rightarrow\; Test_P\,(n \in P)$$
$$Test_P\,(n \notin P) \;\Rightarrow\; Test_D\,(n \notin P)$$

(4.2-10)

Mit anderen Worten: eine Nichtprimzahl ist irrtumsfrei eine Nichtprimzahl, eine Primzahl könnte unter Umständen aber auch eine Nichtprimzahl sein.

Korrekterweise müssen die Begriffe aber noch etwas genauer definiert werden. Bei der Unterscheidung „deterministisch" und „probabilistisch" handelt es sich nämlich nur in den allerwenigsten Fällen um einen qualitativen Unterschied der Verfahren; meist geht es nur um quantitative Unterschiede, wobei die Grenze recht willkürlich durch den Aufwand gezogen wird, den der Anwender für das Erreichen eines bestimmten Zieles einzusetzen bereit ist:

- Eine Probedivision mit Primzahlen $< 10^9$ ist ein probabilistischer Test im oben beschriebenen Sinn. Die Irrtumswahrscheinlichkeit ist für eine Zahl $n \approx 10^{25}$ aber noch extrem hoch und fällt auch bei Vergrößerung des Testintervalls nur sehr langsam ab. Eine echte Aussagekraft hat ein solcher Test erst, wenn er in der Nähe seiner deterministischen Version durchgeführt wird.

- Der unten beschriebene Fermat-Test (*oder der Miller-Rabin-Test*) liefert bereits bei relativ kleinen Prüfintervallen Aussagen mit recht kleiner Irrtumswahrscheinlichkeit. Bei Vergrößerung des Prüfintervalls nimmt die Irrtumswahrscheinlichkeit im Verhältnis nur unwesentlich ab. Auch diese Tests sind in einer deterministischen Version durchführbar, jedoch macht diese Aufwandssteigerung keinen anwendungstechnischen Sinn und ist sogar aufweniger als die Probedivision.

Wenn im weiteren von probabilistischen Tests die Rede ist, sollte der Leser jeweils versuchen, die deterministische Variante gedanklich zu konstruieren und mit der Probedivision als Standardverfahren zu vergleichen.

Einen ersten einfachen Test, den „*kleine Fermat-Test*" , können wir als Anwendung von und Satz 2.4-3 konstruieren:

$$(n \in P\,,\, a < p) \;\Rightarrow\; \left(a^{n-1} \equiv 1\ mod\ n\right)$$

(4.2-11)

---

141 Deterministische Verfahren enden mit einer JA/NEIN-Aussage.

Dies gilt für jede Primzahl, aber nicht notwendig für jede zusammengesetzte Zahl. Für zusammengesetzte n ist für die Gültigkeit nämlich notwendig, dass

$$ggT\,(n-1\,,\,\varphi\,(n))=d>1 \tag{4.2-12}$$

und gleichzeitig [a] eine Restklasse der Ordnung d oder oder eines Teilers von d ist. Wie sich experimentell schnell zeigen lässt, existieren Zahlen, für die der Wert der Eulerschen Funktion die Bedingung (4.2-12) erfüllt, d.h. aus dem Bestehen des Tests lässt sich nicht eindeutig auf eine Primzahl schließen. Der umgekehrte Fall ist aber in unserem Sinne erfüllt, d.h. die Aussage

$$a^{n-1}\neq 1\ mod\ n \quad\Rightarrow\quad n\notin P \tag{4.2-13}$$

ist richtig. Der schnell durchführbare Test versetzt uns in die Lage, bereits eine Reihe von Kandidaten auszusondern. Zu untersuchen ist, ob mit etwas größerem Aufwand die Möglichkeit eines Fehlers unter eine beliebig vorgegebene Schranke gedrückt werden kann.

Eine zusammengesetzte Zahl, die den kleinen Fermattest mit einer Basis a besteht, heißt *»Pseudoprimzahl zur Basis a«*. Davon existieren relativ viele, wie der Leser mit Hilfe eines kleinen Testprogramms feststellen kann: Abbildung 4.2-7 zeigt für die Basen $(3,5,7)$ auf der Ordinate den laufenden Index einer Peusoprimzahl, auf der Abszisse deren Größe. Eine Stufe entspricht dem Auftreten einer Pseudoprimzahl, wobei echte Primzahlen nicht berücksichtigt sind. Wie aus den unterschiedlichen Kurvenverläufen abzulesen ist, gilt mit zwei Basen (a,b) auch häufiger

$$a^{n-1}\equiv 1\ mod\ n \quad\wedge\quad b^{n-1}\neq 1\ mod\ n \tag{4.2-14},$$

d.h. eine Pseudoprimzahl zu einer bestimmten Basis muss nicht Pseudoprimzahl zu einer anderen Basen sein. Wie wir der Abbildung ebenfalls entnehmen können, sind Pseudoprimzahlen schon wesentlich seltener als Primzahlen: wir haben zu jeder Basis etwa 50 Pseudoprimzahlen in einem Intervall gefunden, das ca. 8700 Primzahlen enthält. In der Literatur findet man die Abschätzung für die Anzahl $P(x,a)$ der zu einer Basis a pseudoprimen Zahlen unterhalb einer Schranke x (*A.Granville, C.Pomerance, verschiedene, im Internet zugängliche Dokumente*)

$$\exp\left(\ln\,(x)^{5/14}\right)\leq N_a\,(x)\leq x*\sqrt{\exp\left(-\frac{\ln x\,\ln\ln\ln x}{\ln\ln x}\right)} \tag{4.2-15},$$

was aber angesichts des Zahlenbeispiels

$$\left(x=10^{13}\ \Rightarrow\ 20\leq P\,(x,a)\leq 4{,}6*10^{10}\right)\,,$$
$$P_{gem.}\,(x,2)=264.239\ ,\quad \pi\,(x)=3{,}7*10^{11} \tag{4.2-16}$$

wieder einmal eher eine *„auf-Nummer-sicher-Abschätzung"* als etwas Brauchbares ausdrückt. Die Theorie soll uns an dieser Stelle daher nicht weiter beschäftigen.

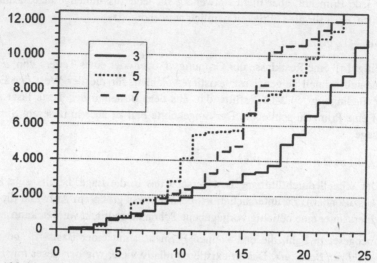

Abbildung 4.2-7: Pseudoprimzahlen zu den Basen (3,5,7), Ordinate: Anzahl der Pseudoprimzahlen zur angegebenen Basis, Abszisse: Intervallgröße [1,n)

Sind diese Erkenntnisse nun als Entwarnung zu interpretieren ? Es können ja mehrere verschiedene Basen zum Test herangezogen werden, ohne dass dies sonderlich in der Rechengeschwindigkeit auffällt. Durch eine ausreichende Anzahl von Prüfungen könnte es ja möglich sein, die Restfehlerwahrscheinlichkeit, dass n nicht prim ist, bei akzeptablem Aufwand unter sehr kleine, vorgegeben Schranken zu drücken. Wie wir mit Hilfe unseres Testprogramm feststellen können, existieren fatalerweise jedoch Zahlen, die den Test für alle Basen (*außer ihren Teilern*) bestehen. Abbildung 4.2-8 zeigt die gleiche Auswertung wie Abbildung 4.2-7, nur dass jetzt nur Zahlen gezählt werden, die zu mindestens zwei Basen pseudoprim sind.

Beispielsweise besteht die Zahl 561=3*11*17 den Test für alle Basen mit $ggT(a,n)=1$, so dass wir ihr nur mit einem Aufwand auf die Spur kommen, der etwa dem der Probedivision entspricht (*bzw. in absoluten Zeiteinheiten möglicherweise überschreitet, da wir ja mehr als nur eine Division durchführen*). Auch weitere Zahlen mit dieser Eigenschaft, die wir mit unserem Testprogramm aufspüren, besitzen mindestens drei Primfaktoren. Sollten in jedem beliebigen, ausreichend großen Zahlenintervall solche Zahlen existieren, hat dies die Konsequenz, dass der kleine Fermattest unsere Anforderungen nicht erfüllt, da die Restfehlerwahrscheinlichkeit außer in der deterministischen Variante nicht beliebig erniedrigt werden kann. Wir sehen uns dieses Phänomen daher genauer an und formulieren unser experimentelles Ergebnis als Satz:

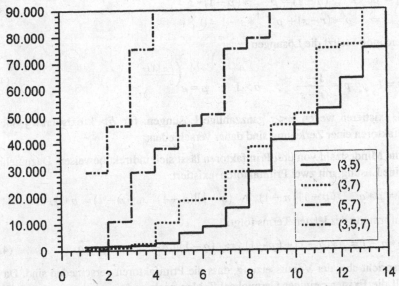

Abbildung 4.2-8: Pseudoprimzahlen zu mehreren Basen gleichzeitig

Definition 4.2-5: zusammengesetzte Zahlen mit

$$\forall\, a < n \quad,\quad ggT\,(a,n) = 1 \quad:\quad a^{n-1} \equiv 1\ mod\ n$$

heißen Carmichael-Zahlen (*nach dem Entdecker dieser Eigenschaft*):

Satz 4.2-6: Carmichael-Zahlen besitzen als kanonische Primzahlzerlegung mindestens drei verschiedenen Primfaktoren

$$\left(n = p_1 * p_2 * \cdots p_k \quad,\quad k \geq 3 \quad,\quad p_i \neq p_j\right)$$

Beweis: Für alle Primfaktoren einer Carmichael-Zahl muss $(p-1)|(n-1)$ gelten. Wir müssen somit nachweisen, dass alle Primfaktoren verschieden und mindestens drei notwendig sind. Zulässig sind auch mehr als drei Faktoren, nicht zulässig aber wären höhere Potenzen eines Primfaktors.

Beweisidee: wir formulieren Faktorzerlegungen für $(n,\ \varphi(n))$ und prüfen, ob die damit formulierbare Gleichung $(n-1) - \varphi(n)*s = 0$ ganzzahlig lösbar sein kann.

Teil (a): $p_i \neq p_j$ lässt sich direkt beweisen. Wir untersuchen dazu $\left(p^b|n \quad,\quad b \geq 1\right)$. Zum Modul p^b existieren Klassen der Ordnung $\varphi(p^b) = p^{b-1}*(p-1)$. Zur Erfüllung der Kongruenz muss in Erweiterung der behaupteten Teilerbeziehung $\varphi(p^b)|(n-1)$ gelten (*damit ist der Fall p^b als Faktor eingeschlossen*). Durch Formulieren der Teilbarkeitsbedingungen als Gleichungen und Eliminieren von n finden wir die Beziehung:

$$n = p^b * r \quad , \quad (n-1) = p^{b-1} * (p-1) * s$$
$$\Rightarrow \quad p^b * (r-s) + p^{b-1} * s - 1 = 0 \tag{4.2-17}$$

Diese Gleichung besitzt die Lösungen

$$b = 1 \; : \; p = \frac{1-s}{r-s} \quad ; \quad b > 1 \; : \; p = e^{\left(\frac{ln(1/r)}{b}\right)} \tag{4.2-18}$$

Für $b = 1$ existieren wegen $r < s$ ganzzahlige Lösungen, für $b > 1$ existieren jedoch nicht. Alle Primfaktoren einer Zerlegung sind daher verschieden.

Teil (b): die Mindestzahl von drei Primfaktoren lässt sich indirekt beweisen. Dazu nehmen wir an, dass eine Lösung mit zwei Primfaktoren existiert:

$$n = p * q \quad , \quad (p-1)|(n-1) \; \wedge \; (q-1)|(n-1) \; \wedge \; (n-1) = p * q - 1 \tag{4.2-19}$$

Durch Umformung des letzten Terms folgt:

$$p * q - 1 = p * (q-1) + (p-1) \; \Rightarrow \; (q-1)|(p-1) \; \Rightarrow \; p = q \tag{4.2-20}$$

Das widerspricht aber der Voraussetzung, dass die Primfaktoren verschieden sind. Da wir experimentell die Existenz einiger Carmicheal-Zahlen nachgewiesen haben, müssen diese mindestens drei Primfaktoren aufweisen. ❏

Im Zahlenbereich $2 ... 10^{12}$ liegen $\approx 3,6 * 10^{10}$ Primzahlen. 343 davon sind *Carmichael-Zahlen*:

$$3 * 11 * 17 = 561 \; .... \; 5.653 * 7.537 * 9.421 = 401.397.353.211 \tag{4.2-21}$$

mit 3 Faktoren. Im Internet sind Auszählungen zu finden, die unter Nutzung spezieller, für diese Zahlen entworfener Siebkriterien 246.683 Carmichael-Zahlen unterhalb 10^{16} auflisten. Theoretische Abschätzungen, auf die wir hier ebenfalls nicht näher eingehen wollen, kommen zu dem Schluss, dass die Anzahl der Zahlen unterhalb einer Schranke x im Intervall

$$x^{2/7} \ll C(x) \ll x * \exp\left(-\frac{\ln x \ln \ln \ln x}{\ln \ln x}\right) \tag{4.2-22}$$

liegt, was für $x = 10^{16}$ zu $37.276 \le C(x) \le 2,04 * 10^{10}$ führt. Als Intervall ist das wieder einmal unbrauchbar, die untere Grenze sagt jedoch ziemlich deutlich aus, dass das Phänomen nicht ignoriert werden darf.

Wollen wir eine Zahl auf die Primeigenschaft testen, so ergeben sich daraus folgende Schlüsse:

● Ist eine Zahl weder eine Primzahl noch eine Carmichael-Zahl, so findet sich voraussichtlich nach einigen Versuchen eine Base , die (4.2-11) nicht erfüllt, und der Algorithmus bricht ab.

- Ist eine Zahl keine Primzahl, aber eine Carmichael-Zahl, so ist (4.2-11) immer erfüllt, aber wir finden Zahlen $a|n$, und der Algorithmus bricht ebenfalls ab. Aus Satz 4.2-6 erhalten wir für die Obergrenze der Basengröße und die Anzahl der Basen (*Primzahlsiebung vorausgesetzt*)

$$\left(a \in \mathbb{N} \; : \; a_{max} = \left[\sqrt[3]{n} \right] \right) \quad , \quad \left(a \in P \; : \; \|a\| = \left[\frac{3 * \sqrt[3]{n}}{\ln(n)} \right] \right) \tag{4.2-23}$$

- Ist n eine Primzahl, so läuft der Algorithmus bis zur Grenze (4.2-23). Die Zahl ist dann sicher eine Primzahl

Das ist zwar schon eine Verbesserung gegenüber der Probedivision, die mit $\sqrt{n}$ Operationen wesentlich länger ist[142]. Für große Zahlen ist aber auch $\sqrt[3]{n}$ immer noch wesentlich zu groß, um eine echte Testalternative zu sein, und die numerische Berechnung von Beispielen für Carmichael-Zahlen zeigt, dass ihre Dichte so hoch ist, dass von einer ausreichend kleinen Irrtumswahrscheinlichkeit bei einem vorzeitigen Abbruch keine Rede sein kann.

Für den Leser, der sich noch ein wenig intensiver mit den Carmichael-Zahlen beschäftigen will, sei an dieser Stelle noch ein experimentelles Ergebnis eingefügt. Wie wir im folgenden Kapitel noch genauer untersuchen werden, gilt für alle Primzahlen

$$p \in P \setminus \{2,3\} \quad \Rightarrow \quad p \equiv \pm \, mod \, 6 \tag{4.2-24}$$

Zählt man die Anteile der Klassenaufspaltungen in Carmichael-Zahlen mit drei Faktoren aus, so erhält man

(p,q,r) *mod 6*	n/n_{gesamt}
$(1,1,1)$	$\approx 0,60$
$(1,1,-1)$	$= 0$
$(1,-1,-1)$	$\approx 0,35$
$(-1,-1,-1)$	$\approx 0,05$

Tabelle 4.2-1: Anteil unterschiedlicher Primzahl-klassen an Carmichael.Zahlen

Die Null für die Klassenaufspaltung (1,1,-1) lässt sich algebraisch exakt begründen (*Übungsaufgabe*), den anderen Verhältnissen nachzugehen, dürfte eine durchaus interessante Aufgabe sein. Doch zurück zu Testverfahren für Primzahlen:

Der Fermat'sche Test lässt sich durch folgende Beobachtung zum **Miller-Rabin-Test** erweitern: ist $p \in P$, dann folgt $2|(p-1)$, und aus a^{p-1} lässt sich mindestens eine Quadratwurzel ziehen, wobei gilt

$$a \equiv 1 \, mod \, p \quad \Rightarrow \quad \sqrt{a} \equiv 1 \, mod \, p \; \lor \; \sqrt{a} \equiv -1 \, mod \, p \tag{4.2-25}$$

---

142 Der Vorteil wird zu einem Teil durch den größeren Aufwand zur Berechnung der Kongruenz wieder ausgeglichen.

Liegt der erste Fall vor und $(p-1)/2$ ist immer noch eine gerade Zahl, so lässt sich eine weitere Wurzel ziehen. Ist p aber keine Primzahl, also $(p-1) = r*d$ und a von der Ordnung d, dann muss (2.4-32) nicht gelten. Dies lässt sich zusammenfassen zu

Satz 4.2-7: sei p prim und $\varphi(p) = p-1 = 2^s * r$ mit $s \geq 1$ und $r \equiv 1 \bmod 2$. Dann ist

$$\left(a^{\,r} \equiv 1 \bmod p\right) \vee \left(\exists t : 0 < t \leq s \;:\; a^{\,2^t * r} \equiv -1 \bmod p\right) \qquad (4.2\text{-}26)$$

Für eine beliebige Restklasse zu p sind alle Kongruenzen einer Folge von Quadratwurzeln aus $a^{p-1} \bmod p$ entweder gleich eins oder die Folge bricht mit einer Kongruenz - 1 ab.

Wie (4.2-11) ist Satz 4.2-7 zunächst für Primzahlen formuliert, was aber wie im davor untersuchten Fall nicht heißt, dass nicht zusammengesetzte Zahlen mit der gleichen Eigenschaft existieren. Experimentell überzeugt sich der Leser schnell davon, dass die überwiegende Zahl der Pseudoprimzahlen unter Einschluss der Carmichael-Zahlen eine algorithmische Zerlegung nach (4.2-26) nicht oder allenfalls für eine geringe Anzahl von Basen übersteht[143]. Zu untersuchen bleibt, ob dieses Ergebnis eine generelle Gültigkeit besitzt oder sich wiederum eine nicht näher festgelegte Zahl an zusammengesetzter Zahlen dem Test widersetzt. Praktisch brauchbar ist auch dieser Test nämlich nur dann, wenn bei einer Prüfung einer zusammengesetzten Zahl ein Widerspruch zum Verhalten (4.2-26) ausreichend schnell und mit vorhersagbarer Irrtumswahrscheinlichkeit eintritt. Falls sich aber zeigen sollte, dass wir letztendlich wiederum eine so große Anzahl von Restklassen für eine ausreichende Sicherheit untersuchen müssen, dass eine Probedivision auch nicht wesentlich aufwendiger wäre, hätten wir wieder nichts gewonnen. Glücklicherweise zeigt eine genauere Untersuchung folgendes:

Definition 4.2-8: eine zusammengesetzte Zahl n, die mit einer Basis a (4.2-26) erfüllt, heißt *Starke Pseudoprimzahl* zur Basis a

Satz 4.2-9: für eine zusammengesetzte Zahl n ist die Anzahl der Zahlen a, für die $ggT(a,n) = 1$, $a < n$, n ist starke Pseudoprimzahl zu a gilt, nach oben durch

$$|\{a\}| \leq \frac{1}{4}(n-1)$$

beschränkt, d.h. höchstens ein Viertel der Restklassen besteht den Test (4.2-26), obwohl n zusammengesetzt ist.

Beweis: folgt schrittweise

Die Aussage des Theorems können wir folgendermaßen interpretieren: besteht eine Zahl die Prüfung nicht, d.h. findet sich an irgendeiner Stelle eine Kongruenz $r \neq \pm 1 \bmod n$, so ist n definitiv zusammengesetzt. Besteht sie die Prüfung, so ist die Wahrscheinlichkeit, dass nicht

---

143 Damit ist natürlich wieder der sicher zugängliche Bereich, also Zahlen aus Siebverfahren bis ca. 10^16, gemeint.

n prim ist, im ungünstigsten Fall, d.h. bei zufälliger Auswahl des „denkbar schlechtesten n"
für diesen Test, $w = 1/4$. Die Menge der „denkbar schlechtesten n" muss aber nicht besonders groß sein, so dass im Mittel n mit einer wesentlich höheren Wahrscheinlichkeit bereits prim ist. Sicherheitshalber gehen wir aber bei den weiteren Untersuchungen vom ungünstigsten Fall aus. Die Mengenschreibweise in Satz 4.2-9 impliziert, dass verschiedene
Basen a nicht miteinander korreliert sind, so dass die Prüfung mit einer anderen Basis wiederholt werden kann, deren Aussagekraft für sich alleine wiederum den gleichen Wert für die
Irrtumswahrscheinlichkeit besitzt. Nach k Prüfungen ist die kummulierte Restirrtumswahr-
scheinlichkeit

$$w(p \notin P) = \left(\frac{1}{4}\right)^k \tag{4.2-27}$$

Bei Prüfung von 50 verschiedenen Basen liegt die Irrtumswahrscheinlichkeit bei
$w(50) = 7.9 * 10^{-31}$, bei 100 Basen bei $w(100) = 6.1 * 10^{-61}$ usw. Aus probabilistischer
Sicht lässt sich durch Vorgabe der zu prüfenden Basenanzahl[144] eine geforderte Sicherheit erreichen[145]. Das Prüfverfahren ist als *Miller-Rabin-Test* bekannt.

Wir beweisen nun die Wahrscheinlichkeitsaussage. Dazu untersuchen wir unterschiedliche
Konstruktionen der Zahl n :

- „Unkritische" n , die bereits einen Test nach (4.2-11) grundsätzlich bestehen. Dies sind
  nach Satz 4.2-6:

  ■ $n = p * q$

  ■ $n = \prod_{k=1}^{s} p_k^{a_k}$, $\left(\exists a_k \geq 2\right)$

  In diesen Fällen werden wir uns auf die Betrachtung der Zahl der Fälle beschränken, die in
  einem Test nach (4.2-11) n nicht als zusammengesetzt identifizieren. Der erweiterte Test
  kann dann nur zur Verbesserung beitragen.

- „Kritische" n , die Carmichael-Zahlen $\left(n = \prod_{k=1}^{s} p_k \;,\; s \geq 3\right)$. Für diese n muss der

  erweiterte Test nach (4.2-26) untersucht werden.

Wie bereits angemerkt und im folgenden gezeigt wird, ist die Wahrscheinlichkeitsaussage
recht großzügig, d.h eine tatsächliche Unsicherheit von ¼ trifft nur in wenigen Fällen zu; für
die meisten Zahlen liegen die Verhältnisse wesentlich besser.

---

144 Bei der Basenauswahl ist darauf zu achten, dass nicht direkte Potenzen einer bereits verwendeten Basis benutzt
werden. Möglich ist z.B. die Auswahl von Primzahlen.
145 Allerdings bleibt es eine Wahrscheinlichkeitsaussage, worauf ausdrücklich hingewiesen werden muss ! Auch ein
sehr kleiner Wert ist keine Gewähr dafür, dass ein Irrtum nicht doch eintritt. Vergleiche auch die vorhergehende
Fußnote.

Beweisteil 1: „unkritische" n

Beweisidee: wir gehen von einer Restklasse aus, die (4.2-11) erfüllt. Dann existieren auch bestimmte Teilerverhältnisse zwischen $n-1$ und den Werten der Euler'schen Funktion der einzelnen Primfaktoren. Die Ordnungen der weiteren Restklassen bezüglich der Primfaktoren und die Anzahl der Restklassen einer bestimmten Ordnung sind durch die Teiler des Wertes der Euler'schen Funktion gegeben. Wir müssen also nur die zuerst gefundenen Verhältnisse mit diesen Teilspektren verknüpfen.

Wir notieren allgemein

$$n = \prod_{i=1}^{k} m_i \quad , \quad ggT\,(m_i, m_j) = 1 \quad ,$$

$$R_k = \{ j \mid 1 \le j < k \ \wedge \ ggT\,(j,k) = 1 \}$$

(4.2-28)

Die Faktoren m_i lassen sich einfachheitshalber mit Primzahlpotenzen identifizieren. Aus Satz 4.2-6 ist bekannt:

$$\left(\exists\, \varphi\,(m_i) \right) \ \left(\varphi\,(m_i) \nmid (n-1) \right)$$

(4.2-29)

Im weiteren treffen die Überlegungen für alle m_i gleichermaßen zu, weswegen wir die Indizes fortlassen. Sei b eine Zahl mit der Eigenschaft

$$b \in R_m \quad , \quad b^{n-1} \equiv 1 \ mod \ n$$

(4.2-30)

Mit primitiven Restklassen a zu den Faktoren m , die immer existieren, wenn m eine Primzahlpotenz ist, existiert nach dem chinesischen Restsatz (*Satz 2.4-9*) zu jedem $b \in R_n$ genau eine eindeutige Zahlenfolge $\langle r \rangle$ mit

$$b \equiv a^{\,r} \ mod \ m$$

(4.2-31)

Mit (4.2-30) folgt

$$a^{\,r*(n-1)} \equiv a^{\,h*\varphi(m)} \equiv 1 \ mod \ m$$

(4.2-32)

Aus dem Vergleich der Exponenten und unter Berücksichtigung von (4.2-29) erhalten wir

$$r*(n-1) = h*t*ggT\,(\varphi\,(m), n-1) \quad \Rightarrow \quad t \mid r$$

(4.2-33)

mit nichttrivialem t bei mindestens einem m . Durchläuft b alle Elemente von R_n , so durchläuft r alle Elemente von R_m . Die Teilerbedingung (4.2-33) kann dann nur auf höchstens $\varphi\,(m)/t$ Elemente zutreffen, und wegen der Eindeutigkeit der Zahlenfolgen $\langle r \rangle$ insgesamt nur auf

$$\left| \left\{ b \in R_n \mid b^{n-1} \equiv 1 \ mod \ n \right\} \right| \le \prod_{i=1}^{k} \frac{\varphi\,(m_i)}{t_i} \le n * \prod_{i=1}^{k} \frac{1}{t_i}$$

(4.2-34)

Im „unkritischen Fall" $n = p*q > 10$ ist $t_p, t_q \geq 2$, im weiteren unkritischen Fall einer Primzahlpotenz gilt

$$\left(\varphi(n) = \varphi(p^k) = p^{k-1} * (p-1) \right) \quad \Rightarrow \quad \left(p \nmid (n-1) \right) \tag{4.2-35},$$

so dass für $n > 10$ Satz 4.2-9 ebenfalls erfüllt ist.

Beweisteil 2: „kritische" n

Die Beweisidee ist die gleiche wie im unkritischen Fall. Für die Carmichael-Zahlen gilt

$$n = \prod_{i=1}^{s} p_i \quad , \quad (n-1) = v * \prod_{i=1}^{s} (p_i - 1) \quad , \quad k \geq 3 \tag{4.2-36}$$

Wie im letzten Beweisteil benutzen wir Indizes nur an den notwendigen Positionen und verwenden die dort eingeführten Notationen. Es lässt sich immer ein $d(i)$ finden mit

$$d(i) = \frac{n-1}{2^i} \quad , \quad (p-1) \nmid d(i) \quad \wedge \quad \frac{p-1}{2} \mid d(i) \tag{4.2-37}$$

Formen wir die Gleichungen (4.2-30) – (4.2-33) unter Verwendung von (4.2-36) und (4.2-37) für unser Problem um, so treten in Abhängigkeit von r und unter Beachtung der Primitivität der Restklassen a folgende Fälle auf:

$$r \equiv 0 \bmod 2 \quad \Rightarrow \quad b^{d(i)} \equiv a^{\frac{r}{2} * d(i-1)} \equiv 1 \bmod p \tag{4.2-38}$$

$$r \equiv 1 \bmod 2 \quad \Rightarrow \quad b^{d(i)} \equiv a^{r * d(i)} \equiv a^{h * \frac{p-1}{2}} \equiv -1 \bmod p$$

Sind in den einzelnen Faktoren $(p-1)$ gleiche Faktoren 2^w vorhanden, so tritt der Fall (4.2-38) für alle Faktoren gleichzeitig ein. Die Zahlenreihe $\langle r \rangle$ ist aber wiederum für jedes b eine eindeutige Größe, so dass gerade und ungerade $r_i \in \langle r \rangle$ mit gleicher Häufigkeit auftreten. Aus der Ungleichheit mindestens zweier Äquivalenzen folgt aber auch, dass (4.2-26) nicht mehr erfüllt sein kann

$$a_i^{h_i} \bmod p_i \neq a_j^{h_j} \bmod p_j \quad \Rightarrow \quad b^{d(i)} \neq \pm 1 \bmod n \tag{4.2-39}$$

Der Test kann somit nur fehlschlagen für

$$\left((\forall r_i) \ \left(r_i \equiv 0 \bmod 2 \right) \right) \quad \vee \quad \left((\forall r_i) \ \left(r_i \equiv 1 \bmod 2 \right) \right) \tag{4.2-40}$$

Für eine Carmichael-Zahl mit s Primfaktoren tritt dieses Ereignis aber nur mit der Wahrscheinlichkeit

$$w(s) = 2^{s-1} \tag{4.2-41}$$

Für Carmichael-Zahlen mit drei Primfaktoren ist dies gerade die Aussage von Satz 4.2-9. Sind nicht alle $(p-1)$ durch die gleiche Potenz der Zahl Zwei teilbar, so kann sich die Anzahl der Fälle, die den Test bestehen, nicht vergrößern. □

Können wir mit diesem Kriterium mit ausreichender Sicherheit Primzahlen identifizieren? Kritisch sind mit Sicherheit nur zusammengesetzte Zahlen des Carmichael-Typs. Eine Prüfung von 500 Carmichael-Zahlen mit drei Faktoren im Intervall $[9*10^9, 1*10^{15}]$ zeigt:

1 Base	2 Basen	3 Basen	4 Basen	5 Basen
420	61	15	3	1

Tabelle 4.2-2: benötigte Basen im Primzahltest zur Erkennung einer Carmichael-Zahl

In den Tests zeigt sich der Trend, dass vorzugsweise Prüfungen mit kleinen Primzahlbasen einen falschen Schluss liefern. Ausgesprochen „hart" zeigt sich z.B. die Zahl[146]

```
6.85286.63395.04691.22442.23605.90273.83567.19751.08278.43866.81071 =
867.41645.01232.98079  *  4337.08225.06164.90391 * 18215.74545.25892.59639
```

die immerhin mit den ersten 25 Primzahlen als Basis eine Primzahl vortäuscht, also immerhin schon bis zur Restfehlerwahrscheinlichkeit $8,88*10^{-16}$ vorgestoßen ist. Theoretische Untersuchungen belegen diesen Trend, vorzugsweise mit kleinen Basen falsche Ergebnisse vorzutäuschen, allerdings liegt die Abschätzung einer Untergrenze, unterhalb der alle kleinen Basen versagen sollen, bei $a \leq \ln(n)^{1/(4*\ln\ln\ln n)}$, also bei Zahlen, die kaum je praktische Verwendung finden werden. Dass dennoch Zahlen wie die oben angegebene gefunden werden, gemahnt uns nachdrücklich daran, kleine Wahrscheinlichkeiten nicht als Unmöglichkeiten zu interpretieren. Eine Zahl, die, sagen wir, zu 200 Basen den Test (4.2-26) besteht, ist mit sehr hoher Wahrscheinlichkeit tatsächlich eine Primzahl (besonders, wenn $n \ll 4^{200}$ gilt), trotzdem halten wir noch nach einem deterministischen Test Ausschau, der uns das bestätigen kann.

Bei unseren bisher entwickelten Verfahren haben wir sowohl bei den Verfahrenskonstruktionen als auch bei den Beweisen auf Bekanntes, wenn auch in einer manchmal etwas komplizierten Verpackung, zurückgreifen können. Für einen deterministischen Test gelingt dies nicht mehr, und wir müssen teilweise mathematisches Neuland betreten. Wir kehren zunächst unsere bisherigen Rahmenbedingungen um:

(a) für $n \in P$ soll der Test in akzeptabler Zeit zu einem deterministischen Ergebnis kommen[147],

---

146 Fragen Sie nicht, wie man solche Zahlen findet! Ich habe sie z.B. durch Suchen in einem Buch gefunden.
147 Wie zu erwarten und wie wir im weiteren auch sehen werden, ist das in dieser Härte natürlich nicht haltbar, da weitere Nebenbedingungen zu erfüllen sind.

(b) für $n \notin P$ muss der Test nicht zu einem Ergebnis kommen bzw. der notwendige Aufwand liegt wieder in der Größenordnung $\sqrt[3]{n}$ oder darüber.

Diese Randbedingungen werden durch den *Lucas-Test* erfüllt. Er ist ein reiner Ergänzungstest, d.h. es sollten nur Zahlen getestet werden, die mit hoher Wahrscheinlichkeit Primzahlen sind, also z.B. solche, die erfolgreich den Miller-Rabin-Test bestanden haben. Eine alleinige Anwendung verbietet sich, da wir in den Rahmenbedingungen eine unserer Grundvorgaben -die schnelle deterministische Erkennung zusammengesetzter Zahlen- nicht mehr aufgenommen haben.

Die Idee des Lucas-Tests ist relativ simpel: man suche eine Basis, die primitiv mit der Periode $n - 1$ ist, da daraus folgt

$$b^{n-1} \equiv 1 \; mod \; n \;\; \wedge \;\; (\forall \, k < (n-1): b^k \neq 1 \; mod \; n) \;\; \Rightarrow \;\; n \in P \qquad (4.2\text{-}42)$$

Nur Primzahlen weisen Restklassen mit der Periode $n - 1$ auf. Die Testidee weist auch gleich auf die Probleme hin. Ist n eine Primzahl, dann besitzt sie $\varphi(\varphi(n))$ primitive Restklassen. Die Primitivität ist nur dann nachgewiesen, wenn alle Teiler von $(n-1)$ als Exponenten nicht die Kongruenz Eins erzeugen. Haben wir eine der trügerischen Carmicheal-Zahlen vor uns, muss mindestens ein Teiler ein anderes Verhalten besitzen. Wir müssen daher eine Faktorzerlegung von $n-1$ als Ausgangspunkt für einen Algorithmus verwenden: durch geschickte Ausnutzung unserer Kenntnisse über das Spektrum von Primzahlen gelingt uns möglicherweise die Konstruktion eines effektiven probabilistischen Suchalgorithmus nach einer primitiven Restklasse – mit der Einschränkung, dass wir bei Misserfolgen bei der Suche eben nicht sicher sein können, eine „harte" Primzahl vor uns zu haben oder eine zusammengesetzte Zahl. Der Leser bemerkt: „deterministisch" besitzt auch hier wiederum eine einseitige Bedeutung. Wir wiederholen mit den Primzahltests eine Vorgehensweise, die wir bereits in Kapitel 3.2.4 über unwiderrufbare Unterschriften angewendet haben.

Um auf möglichst viele Fälle anwendbar zu sein, spaltet der Lucas-Test in zwei Varianten auf, von denen (*hoffentlich*) mindestens eine erfolgreich durchführbar ist:

Variante 1: sofern $n \in P$ richtig ist, kennen wird auch $\varphi(n)$ und sind grundsätzlich in der Lage, das Potenzspektrum der Restklassen zu berechnen. Dies können wir uns zu nutze machen, um eine primitive Restklasse zu finden. Notwendige Voraussetzung dafür ist allerdings die Faktorisierung von $(n-1)$:

$$n - 1 = 2^a * \prod_{k=1}^{r} p_k^{a_k} \qquad (4.2\text{-}43)$$

Die Primfaktoren in (4.2-43) definieren zulässige, bzw. mögliche Ordnungen von Restklassen im Spektrum. Ist n eine Primzahl, so existieren Restklassen, die zu keiner der durch die Primzahlzerlegung definierten Ordnungen gehören, d.h. primitiv sind. Ist n keine Primzahl, so ist $\varphi(n)$ ein Teiler von $(n-1)$ und in der Faktorisierung enthalten. Wir haben damit zwei mögliche Ergebnisse des Tests bei der Durchführung mit einem zufällig gewählten b:

$$\left(\forall \, p_k\right)\left(b^{(n-1)/p_k} \neq 1 \; mod \; n\right) \;\; \Rightarrow \;\; n \in P$$

(4.2-44)

$$\left(\exists \, p_k\right)\left(b^{(n-1)/p_k} \equiv 1 \; mod \; n\right) \;\; \Rightarrow \;\; \left(b \; nicht \; primitiv \; \vee \; n \notin P\right)$$

Bei Vorliegen der ersten Beziehung ist der Test beendet, bei Vorliegen der zweiten haben wir Pech gehabt und müssen ein anderes b ausprobieren. Im Vorgriff auf das Kapitel über das quadratische Sieb kann die Auswahl der Testzahlen b auf den Fall, dass das Legendre-Symbol den Wert $(b/n) = -1$ aufweist, beschränkt werden, was die Anzahl der Kandidaten etwa halbiert. Der Wert des Legendre-Symbols gibt an, ob eine Zahl ein „quadratischer Rest" einer Primzahl ist:

$$
\begin{aligned}
b \equiv a^2 \; mod \; n \;\; &\Leftrightarrow \;\; (b/n) = 1 \\
b \neq a^2 \; mod \; n \;\; &\Leftrightarrow \;\; (b/n) = -1 \\
b \mid n \quad\quad\quad &\Leftrightarrow \;\; (b/n) = 0
\end{aligned}
$$

(4.2-45)

Nimmt das Legendre-Symbol den Wert -1 an, so ist dies nicht der Fall[148]. Ist n keine Primzahl, so lässt sich ein Zahlenwert (b/n) auch in diesem Fall berechnen, besitzt aber nicht die gleiche Bedeutung (*Jacobi-Symbol*). Für den Test entsteht daraus allerdings keine Fehlerquelle. Wie schon in der laufenden Untersuchung, in der wir uns ja mit der Aussage *„eine Primfaktorzerlegung existiert"* zufrieden geben, ohne diese explizit anzugeben, existiert ein einfacher Algorithmus mit der definitiven Aussage *„ b ist kongruent zum Quadrat einer Zahl a modulo n"* (*oder dem gegenteiligen Schluss*), ohne dass zu a eine nähere Aussage getroffen wird. Für die Entwicklung dieses Algorithmus müssen wir aber noch einige Voraussetzungen schaffen. Es sei daher dem Leser empfohlen, in einer Implementation des Lucas-Tests zunächst der Einfachheit halber alle Restklassen einzusetzen, aber bereits eine Weiche für eine spätere Ergänzung zu berücksichtigen.

Der Rechenaufwand kann weiter vermindert werden, da es genügt, zu jedem Primfaktor eine relativ prime Restklasse zu finden, d.h. bei Vorliegen der zweiten Bedingung in (4.2-44) genügt die Untersuchung weiterer Zahlen b ausschließlich für die Primfaktoren, die hier aufgefallen sind. Läßt sich nämlich zu jedem Primfaktor eine relativ prime Restklasse finden, so bedeutet dies, dass $\varphi(n)$ durch sämtliche Faktoren geteilt wird und mithin $\varphi(n) = n - 1$ gilt, n also eine Primzahl ist. Hierdurch kommen wir dem „Determinismus" schon ein erhebliches Stück näher, da sich bei positiven Teilprüfungen die Zahl der verbleibenden Prüfungen drastisch verringert.

Allerdings tritt in der Praxis an dieser Stelle häufig ein weiteres Problem auf: speziell bei der Überprüfung größerer Zahlen kann das Problem recht großer Faktoren in der Faktorisierung (4.2-43) auftreten, die nicht weiter zerlegt werden können. Hier sind drei Fälle möglich:

(a) der bereits zerlegte Anteil ist größer als $\sqrt{n}$: in diesem Fall genügt die Überprüfung mit den gefundenen Primfaktoren, und wir brauchen uns um den verbleibenden Restfaktor nicht zu kümmern. Zur Begründung gehen wir von der Faktorisierung

---

148 Der Leser macht sich leicht klar, dass ein quadratischer Rest nicht zu den primitiven Elementen gehören kann.

$$(n-1) = F * R \quad , \quad F = \prod_{k=1}^{r} p_k^{a_k} \ \wedge \ F > \sqrt{n} \tag{4.2-46}$$

aus und nehmen an, dass n zusammengesetzt und q einer der unbekannten Primfaktoren von n ist, der Lucas-Test aber für F erfolgreich durchgeführt werden kann. Aus

$$b^{n-1} \equiv 1 \ mod \ q \quad , \quad b^{(n-1)/p_k} \neq 1 \ mod \ q \tag{4.2-47}$$

folgt aber, dass p_k die Ordnung von b zum Modul q teilt, also letztlich auch $(q-1)$ als höchste Ordnung $mod \ q$. Da dies für alle p_k gilt, folgt daraus $F | (q-1)$, so dass wegen der Größe von F nur der Schluss

$$\sqrt{n} < F < q \ \Rightarrow \ n = q \tag{4.2-48}$$

bleibt. n kann also keine zusammengesetzte Zahl sein!

(b) Der nicht faktorisierbare Anteil ist eine große Primzahl. In diesem Fall lässt sich der Test für n ebenfalls erfolgreich beenden, allerdings muss natürlich zuvor überprüft werden, ob es sich tatsächlich um eine große Primzahl handelt.

Konkret führt dies auf eine rekursive Anwendung der Testverfahren, d.h. der Faktor wird seinerseits zunächst dem Miller-Rabin-Test und danach dem Lucas-Test unterworfen. Dabei kann natürlich der Fall auftreten, dass weitere Rekursionen notwendig werden.

(c) Der nicht faktorisierbare Anteil ist nachweislich keine Primzahl (*Nachweis z.B. mit dem Fermattest oder dem Miller-Rabin-Test*), lässt sich aber nicht weiter zerlegen. In diesem Fall kann der Lucas-Test auf diesem Weg nicht durchgeführt werden, d.h. wir kommen zu keiner positiven Bestätigung der Primeigenschaft von n.

Den gleichen Schluss müssen wir auch ziehen, wenn der verbleibende Anteil zwar nicht eindeutig als zusammengesetzt nachgewiesen werden kann, der positive Nachweis der Primeigenschaft durch eine Rekursion nach (b) aber auch nicht gelingt.

Bei Misserfolg mit der Testvariante 1, die mathematisch immer noch auf vertrautem Gebiet operiert, können wir es mit Variante 2 versuchen:

Variante 2: auch bei der zweiten Variante ist eine vollständige Faktorisierung Voraussetzung für die Durchführung, nur dass wir an Stelle von (4.2-43) nun nach

$$n + 1 = 2^a * \prod_{k=1}^{m} p_k^{a_k} \tag{4.2-49}$$

suchen. Immerhin besteht einige Aussicht, zumindest eine der Möglichkeiten $(n \pm 1)$ hinreichend weit bearbeiten zu können. Die theoretischen Grundlagen für den weiteren Testablauf werden wir aber erst zu einem späteren Zeitpunkt -beim quadratischen Sieb- genauer untersuchen. Wir beschränken uns hier auf die Benutzung der Ergebnisse. Das Kapitel über die theoretischen Grundlagen ist aber ausreichend unabhängig verfasst, so dass sich der interessierte Leser auch vorab dort informieren kann.

Für den Test benötigen wir eine oder mehrere Lucas-Folgen. Eine Lucas-Folge ist eine Verallgemeinerung der allgemein bekannten Fibonacci-Folge und wird durch das Bildungsgesetz

$$L_n = v_n + u_n * \sqrt{D} = 2^{1-n} (P + \sqrt{D})^n \tag{4.2-50}$$

oder die Rekursion

$$L_{n+1} = P * L_n - Q * L_{n-1} \quad , \quad D = P^2 - 4 * Q \tag{4.2-51}$$

definiert. Für die Fibonacci-Folge als einfachste Form einer Lucas-Folge gilt $P = -Q = 1$. Sie zeichnet sich durch eine Reihe bemerkenswerter Zusammenhänge ihrer Glieder aus, die teilweise von der Lucas-Folge geerbt werden. Darüber hinaus besitzen die Glieder der Lucas-Folge einige bemerkenswerte Teilereigenschaften, die wir für den Primzahltest nutzen. Eine geeignete Lucas-Folge wird durch ein Paar $(P;Q)$ mit

$$(Q/n) = (D/n) = -1 \tag{4.2-52}$$

definiert, wobei mit (a/b) wieder das Legendre-Symbol (4.2-45) gemeint ist, das wir schon in Variante Eins verwendet haben. Die erzeugenden Parameter der Lucas-Folge dürfen mit anderen Worten nicht kongruent zum Quadrat einer weiteren Zahl $mod\ n$ sein. Ist ein solches Paar gefunden, werden L_{n+1} sowie $L_{(n+1)/p}$ für alle Faktoren in (4.2-49) berechnet. Dies schein zwar sowohl bei Betrachtung von (4.2-50) als auch von (4.2-51) mindestens sehr mühsam zu sein, es existieren jedoch einfach Multiplikationsregeln, die dies ohne Probleme erlauben. Wir werden sie in einem späteren Kapitel kennen lernen; der Leser kann als Übung versuchen, für die Fibonacci-Folge den Zusammenhang

$$F_0 = F_1 = 1 \quad , \quad F_{n+1} = F_n + F_{n-1}$$
$$\Rightarrow F_{2n} = F_n^2 + 2 F_n * F_{n-1} \tag{4.2-53}$$

rekursiv nachzuweisen. Zurück zum Lucas-Test: als Ergebnis der Berechnung der Glieder der Lucas-Folge kann einer der folgenden Fälle eintreten:

$$(a) \quad n | U_{n+1} \ \wedge \ \forall\, p : n \nmid U_{(n+1)/p} \ \Rightarrow \ n \in P$$
$$(b) \quad n \nmid U_{n+1} \qquad\qquad\qquad\quad \Rightarrow \ n \notin P \tag{4.2-54}$$
$$(c) \quad n | U_{n+1} \ \wedge \ \exists\, p : n | U_{(n+1)/p} \ \Rightarrow \ n \in P \ \vee \ n \notin P$$

In zwei der möglichen Fälle erhalten wir eine eindeutige Aussage, im dritten Fall müssen wir, ähnlich wie in Variante Eins, eine andere Folge $(P;Q)$ untersuchen.

Bezüglich der Faktorisierung von $(n+1)$ gilt das gleiche wie für $(n-1)$: wenn wir keine ausreichende Anzahl von Primfaktoren finden, müssen wir aufgeben und können den Lucas-Test nicht ausführen. Da wir zwei Möglichkeiten besitzen und für jeden größeren Faktor in der Zerlegung wiederum rekursiv zwei Methoden anwenden können, sollten wir in einer akzeptablen Zahl von Fällen zum Erfolg kommen.

Der Leser sehe es mir nach, dass die Variante zwei des Lucas-Tests abweichend von der sonstigen Vorgehensweise in diesem Buch als „Kochvorschrift" ohne größere Begründung, warum die eine oder andere Beziehung gilt, hier eingeführt wurde, noch dazu mit vielen Fragezeichen, wie denn die eine oder andere Berechnung praktisch überhaupt durchgeführt werden kann. Thematisch lässt sich die Theorie aber an einer anderen Stelle geschlossener präsentieren, so dass ich hier auf die Darstellung einer Teiltheorie verzichtet habe.

Mit diesen Tests sind wir in der Lage, eine Zahl mit steuerbarer Restfehlerwahrscheinlichkeit als Primzahl zu identifizieren oder, mit etwas Glück, die Primeigenschaft sogar zu beweisen. Der Vorteil dieser Tests ist die schnelle Durchführbarkeit: z.B.ist die Zahl $69069 * 2^{8192} + 178379 * 2^{3200} + 2^{320} - 1$ mit ca. 2.470 Dezimalstellen schon recht monströs, lässt sich aber im Miller-Rabin-Test mit wenigen Minuten Aufwand pro Base testen und ist möglicherweise eine Primzahl[149]. Eine Reihe weiterer existierender Tests, teilweise mit probabilistischen und deterministischen Versionen, machen ein tieferes Eindringen in andere mathematische Bereiche notwendig, so dass wir verzichten an dieser Stelle auf ein weiteres Eingehen verzichten.

Für die Praxis muss man eine Entscheidung treffen, wie hoch der Aufwand für einen Primzahltest tatsächlich sein soll. Werden nur relativ selten neue Primzahlen benötigt, so spielt der Aufwand formal eine Nebenrolle. Der Leser sei aber an eine Bemerkung in einem früheren Kapitel erinnert: ein reiner Nutzer von Programmen ohne Verständnis für die Theorie oder Interesse daran hat möglicherweise auch wenig Verständnis für eine längere Denkpause seines Rechners. Entsprechend sind viele kommerzielle Programme auf Geschwindigkeit getrimmt. Beispielsweise benötigt Maple V 5.1 auf einem 700 MHz Pentium ca. 4,5 Sekunden, um von der 148-stelligen Zahl

```
472.32102.93803.94852.57384.75743.57397.39874.57309.40590.37273.
    57475.87397.23740.51902.49182.84017.49124.07107.40718.28417.
    30984.10820.47203.59820.75027.35481.29382.39085.29898.89600
```

auf die nächste Primzahl mit den Schlussziffern .....8.90587 zu gelangen, wobei immerhin 493 Zahlen zu überprüfen sind. Das funktioniert natürlich nur noch mit ausgefeilten Strategien, z.B. mit der Überprüfung nur weniger Basen im Rabin-Miller-Test und Begrenzung des Aufwands für einen Lucas-Test. Das Handbuch bemerkt dazu lakonisch für die Funktion „isprime"

> „It returns false if n is shown to be composite within one strong pseudo-primality test and one Lucas test and returns true otherwise. If isprime returns true, n is ``very probably'' prime - see Knuth ``The art of computer programming'', Vol 2, 2nd edition, Section 4.5.4, Algorithm P for a reference and H. Riesel, ``Prime numbers and computer methods for factorization''. No counter example is known and it has been conjectured that such a counter example must be hundreds of digits long."

---

149 Die Zahl entstammt einer Anfrage im Internet auf Hilfe beim Nachweis der Primzahleigenschaft. Allerdings widersetzt sie sich -kaum verwunderlich- dem Lucas-Test durch mangelnde Faktorisierungsfreudigkeit.

4.3 Sichere Primzahlen

Der Begriff der »sicheren Primzahl« wurde in Definition 3.5-2 im Zusammenhang mit verschiedenen Verschlüsselungsanwendungen eingeführt. Eine Primzahl heißt „sicher", wenn ihr Spektrum minimal ist, was für die analytische Form der Euler'schen Funktion bedeutet

$$\varphi(p) = p - 1 = 2 * q \quad , \quad q \in P \tag{4.3-1}$$

Die Gewährleistung der gewünschten Sicherheitseigenschaften einer Reihe komplexerer Verschlüsselungsanwendungen beruht auf der Verwendung mindestens einfach sicherer Primzahlen. Der Sicherheitsbegriff kann rekursiv erweitert werden, wenn die analytische Form der iterierten Euler'schen Funktion jeweils wieder der gleichen Forderung unterworfen wird:

$$\varphi(\varphi(p)) = \varphi(2 * q) = q - 1 = 2 * r \quad , \quad r \in P \tag{4.3-2}$$

Anwendungsbeispiele für doppelt sichere Primzahlen wurden ebenfalls bereits vorgestellt. Wir untersuchen im folgenden einige Eigenschaften von sicheren Primzahlen, wobei wir den allgemeinen Fall betrachten wollen, auch wenn das anwendungstechnische Interesse zunächst einmal bei doppelt sicheren Primzahlen endet.

Ein Algorithmus zum Finden einer sicheren Primzahl kann eine Primzahl folgender Prüfung unterziehen:

$$(p \in P) \quad \Rightarrow \quad ((p-1)/2 \in P) \vee (2 * p + 1 \in P) \tag{4.3-3}$$

Trifft eine der Bedingungen auf der rechten Seite zu, so ist eine sichere Primzahl gefunden[150], treffen beide Bedingungen zu, so liegt mit $(q = 2 * p + 1)$ sogar eine doppelt sichere Primzahl vor. Werden höhere Sicherheitsstufen gesucht, so kann der Algorithmus sinngemäß erweitert werden. Die Prüfung ist allerdings nicht bei jeder beliebigen Ausgangsprimzahl p sinnvoll, da nur bestimmte Primzahltypen als sichere Primzahlen in Frage kommen. Um dies zu erkennen, betrachten wir diejenigen Restklassen kleiner Module, die ihrerseits Primzahlen enthalten können. Eine einfache Prüfung zeigt beispielsweise, dass für die Module (4, 5, 6, 8) folgende Restklassen als Primzahlträger auftreten

$$\begin{aligned}
p &\equiv \pm 1 \ mod \ 4 \\
p &\equiv \langle 1,3 \rangle \ mod \ 5 \\
p &\equiv \pm 1 \ mod \ 6 \\
p &\equiv \langle \pm 1 , \pm 3 \rangle \ mod \ 8
\end{aligned} \tag{4.3-4}$$

Schauen wir uns die Aufteilung für das Modul sechs an, so führt die Verknüpfung von (4.3-4) mit (4.3-1)-(4.3-3) zu dem

Satz 4.3-1: n-fach sichere Primzahlen sind von der Form

$$p_n = 2^{n-1} * 12 * a - 1 \quad , \quad a \in N$$

---

150 Man beachte, dass im zweiten Fall natürlich q=2*p+1 die sichere Primzahl ist.

Beweis: den Beweis führen wir induktiv. Den Induktionsanfang erhalten wir durch Untersuchung der Restklassen $(mod\ 6)$, die Primzahlen nur in zwei der Restklassen aufweist:

0	1	2	3	4	5
6	7	8	9	10	11
Teiler 2	Prim ?	Teiler 2	Teiler 3	Teiler 2	Prim ?

Außer in den Spalten zwei und sechs besitzen die Zahlen in den anderen Spalten auf jeden Fall einfache Primteiler. Primzahlen sind daher grundsätzlich von der Form

$$p \in P \quad \Rightarrow \quad p = 6*a - 1 \ \lor \ p = 6*a + 1 \qquad (4.3\text{-}5)$$

Mit der Definition 3.5-2 einer einfach sicheren Primzahl erhalten wir daraus die beiden Möglichkeiten:

$$\varphi(q) = q - 1 = 2*r = 2*(6*a - 1) = 12*a - 2$$
$$\Rightarrow \quad q = 12*a - 1 \quad \Rightarrow \quad q \in P \ \lor \ q \notin P \qquad (4.3\text{-}6)$$

$$\varphi(q) = 12*a + 2 \quad \Rightarrow \quad q = 12*a + 3 = 3*(4*a + 1)$$
$$\Rightarrow \quad (\forall q)(q \notin P)$$

Eine einfach sichere Primzahl kann damit nur die Form $(12*a - 1)$ haben, da die zweite Prüfzahl im zweiten Fall immer den Faktor Drei enthält, also nicht prim sein kann.

Für den Induktionsschluss gelte nun $(p_n = 2^{n-1}*12*a - 1)$ für eine n-fach sichere Primzahl und beliebiges n. Die Induktion auf p_{n+1} zeigt:

$$p_{n+1} = 2*p_n + 1 = 2*(2^{n-1}*12*a - 1) + 1 = 2^n*12*a - 1 \qquad (4.3\text{-}7)$$

Mit der Gültigkeit für $(n=1)$ ist der Beweis abgeschlossen. ❑

Satz 4.3-1 erlaubt eine Rastersuche, die ausschließlich Kandidaten für sichere Primzahlen untersucht und die Hälfte aller Primzahlen von vornherein ausschließt. Das Raster kann mit dem Sieb des Erathostenes kombiniert werden, um den Suchvorgang zu beschleunigen. Mittels des Siebes werden Zahlen mit kleinen Primteilern aussortiert, ohne dass die aufwendige Primzahlprüfung durchgeführt werden muss. Die Siebung muss sich nun natürlich auf alle Zahlen der Prüffolge beziehen: es macht wenig Sinn, die Primzahleigenschaft der zentralen Zahl festzustellen, um dann anschließend zu bemerken, dass die Zahlen ober- und unterhalb die Teiler drei und fünf besitzen. Der Leser sei daher zur Implementation des nachfolgenden Algorithmus ermuntert.

Zu Realisierung eines Siebes vereinbaren wir zunächst eine Menge Q kleiner Primzahlen mit der Fünf als kleinster Zahl[151] und der Mächtigkeit s sowie eine $(2n+1, s)$-dimensionale

---

151 Die Primzahl 3 scheidet aufgrund des Siebs modulo 6 als Teiler aus.

Matrix A für den Siebvorgang bei der Suche nach einer mindestens *n-fach* sicheren Primzahl. Die „vertikale" Suche kann sich, ausgehend von einer Zahl $p_n(a)$, nach (4.3-3) nicht nur in Richtung kleinerer, sondern auch größerer Zahlen mit formal höheren Sicherheitsstufen erstrecken, was wir durch die Dimensionierung der Matrix A berücksichtigt haben: die Zeilen $0..(n-1)$ dienen zur Siebung der Zahlen $q_0(a) .. q_{n-1}(a)$ als Kandidaten für die Parameter der iterierten Euler'schen Funktionen, in Zeile n befindet sich das Sieb für die Basiszahl $p_n(a)$, die weiteren Zeilen enthalten die Siebe für die Zahlen $p_{n+1}(a) .. p_{2n}(a)$ als Kandidaten für „höhere" sichere Zahlen, die jeweils die unteren als Terme als Parameter der iterierten Euler'schen Funktionen enthalten. Wie weit dies im Einzelfall ausgenutzt wird, ist aufgrund der Anwendung zu entscheiden: ein größeres Hilfssieb mit der Ausdehnung x in Richtung größerer Zahlen liefert mehr Kandidaten für den Primzahltest, aber auch sichere Primzahlen, die um einen der Faktoren $\left(1, 2, ... 2^x\right)$ größer sind als die entsprechende Basiszahl $p_n(a)$. Wie weit dies für die betreffende Anwendung zulässig ist, muss im Einzelfall entschieden werden.

In „horizontaler" Richtung werden die Zahlen durch die Iteration $(a \leftarrow a+1)$ (*Voraussetzung für die Siebnutzung*) erzeugt. Die Initialisierung der Matrixelemente $a_{k,l}$ von A erfolgt durch Auswertung der Kongruenzen $(q_l \in Q)$:

$$q_l \mid p_k(a_0 \bmod q_l + a_{k,l}) \quad , \quad 1 \le l \le s , 0 \le k \le 2n , 0 \le m < q_l \tag{4.3-8}$$

In jedem Iterationsschritt wird $a_{k,l} \leftarrow a_{k,l}+1$ gesetzt. Eine Berechnung und Auswertung der Zahlen $p_k(a)$ muss nur erfolgen, wenn

$$A * B \,(\bmod\, q_l) = \begin{pmatrix} a_{1,1} \bmod q_1 & ... & ... \\ ... & a_{j,k} \bmod q_k & ... \\ ... & ... & a_{2n+1,s} \bmod q_s \end{pmatrix} \tag{4.3-9}$$

einen $(n \times s)$ -Block ohne Nullen aufweist. Im Prinzip also nur wenig Neues gegenüber dem Siebalgorithmus für kleine Primzahlen, aber mit deutlich gesteigertem Aufwand.

Wie aufwendig gestaltet sich die Suche nach sicheren Primzahlen einer bestimmten Stufe? Wie bei der heuristischen Ableitung einer Näherungsformel für den Primzahlsatz untersuchen wir die Wahrscheinlichkeit, dass eine beliebige Zahl a eine Folge

$$\left(p_0(a), p_1(a), ... p_n(a) \right)$$

von Primzahlen indiziert. Die von der Basiszahl a indizierten Zahlen entstammen sämtlich einer der beiden primzahlhaltigen Restklassen $(\bmod\, 6)$ der natürlichen Zahlen. Unsere Überlegungen zur Wahrscheinlichkeit, dass eine beliebige Zahl m einen Teiler besitzt, bezogen sich auf alle Zahlen, schlossen also die immer faktorisierbaren Zahlenklassen $(\bmod\, 6)$ ein. Mit (4.2-1) und dem gerade begründeten Faktor 3 erhalten wir somit:

$$w_n(a) = w(p_n(a) \in P) = 3 * w(m \in P) = \frac{3}{\ln(2^{n-1} * 12 * a - 1)} \qquad (4.3\text{-}10)$$

Eine n-fach sichere Primzahl erfordert eine Folge

$$\left(p_s(a), p_{s+1}(a), \dots p_{s+n}(a) \right)$$

von Primzahlen (*dies ist der allgemeine Fall der Algorithmus, der größere Zahlen in die Suche einschließt*). Unterstellen wir eine rein statistische Verteilung der Primzahlen, so erhalten wir die Wahrscheinlichkeit für eine Primzahlfolge als Produkt der Einzelwahrscheinlichkeiten (4.3-10) und die Wahrscheinlichkeit für einen Treffer mit unserem Algorithmus als Summe über die Wahrscheinlichkeiten der zulässigen Folgen:

$$w_{n,f,s=0}(a) = \prod_{k=s}^{n+s} w_k(a)$$

$$\qquad (4.3\text{-}11)$$

$$W_{n,A}(a) = \sum_{k=0}^{n} w_{n,f,k}(a)$$

Eine Auswertung von (4.3-11) ist in Abbildung 4.3-1 dargestellt. Wir können danach erwarten, dass sichere und doppelt sichere Primzahlen im derzeit für Verschlüsselungszwecke benötigten Zahlenbereich bis $a = 10^{150}$ technisch vertretbar zu ermitteln sind.

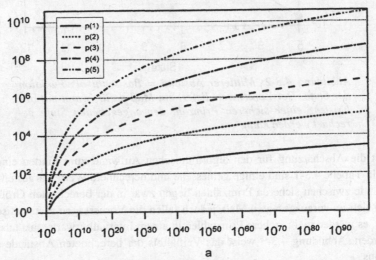

Abbildung 4.3-1: mittlerer Abstand sicherer Primzahlen verschiedener Stufen als Funktion der Basiszahl a

Die Berechnungsgrenzen, unterstellen wir etwa 10^6 Suchschritte als technisch noch sinnvoll, liegen bei

$$p_1 \left(10^{1300}\right), p_2 \left(10^{129}\right), p_3 \left(10^{39}\right), p_4 \left(10^{19}\right), p_5 \left(10^{11}\right), \ldots \tag{4.3-12}$$

Sichere Primzahlen höherer Stufen fallen recht schnell aus diesem Berechnungsrahmen. In Abbildung 4.3-2 ist die Größenordnung dargestellt, bei der der mittlere Abstand (*bei vorgegebener Stufe*) der Basiszahl entspricht. Bei einer Suche nach einer sicheren Primzahl einer bestimmten Stufe sollte das untersuchte Intervall größer sein als der jeweilige Äquivalenzwert, um Aussicht auf Erfolg zu haben. Praktisch bedeutet dies, dass oberhalb von Stufe neun oder zehn nach dieser Abschätzung kaum mit einem experimentellen Erfolg bei der Suche nach einer einer Folge zu rechnen ist (*es sei denn, man findet neue bessere Siebalgorithmen*).

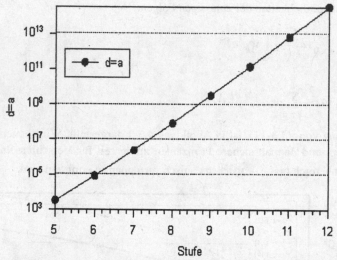

Abbildung 4.3-2: Mittlerer Abstand = Basiszahl als Funktion der Stufe. Der Zahlenwert liefert ein Maß dafür, wann mit der Existenz einer sicheren Primzahl der angegebenen Stufe gerechnet werden kann.

Wie gut ist die Abschätzung für den algorithmischen Aufwand zum Finden einer sicheren Primzahl? In Tabelle 4.3-1 sind einige gemessene und berechnete Werte dargestellt. Die mittleren Abstände zwischen sicheren Primzahlen liegen zwar in der berechneten Größenordnung und ändern sich im vorausgesagten Maß, jedoch fallen die Vorhersagen systematisch zu niedrig aus, d.h. es werden mehr sichere Primzahlen in einem Intervall erwartet, als tatsächlich gefunden werden. Abbildung 4.3-3 weist das Verhältnis der berechneten Abstände zu den gemessenen aus.

Stufe	a	M(p/a)	D(gem)	D(ber)
0	$1.4 * 10^{15}$	6	12,4	12,2
1	$1.6 * 10^{15}$	17,26	89	78
1	$1.7 * 10^{30}$	17,36	319	289
1	$2.3 * 10^{45}$	18,0	732	635
2	$1.2 * 10^{15}$	53,9	1.034	670
2	$2.0 * 10^{30}$	56,5	7.626	4.790
3	$1.7 * 10^{15}$	165	17.541	7.063
4	$2.1 * 10^{15}$	524	183.902	81.788

Tabelle 4.3-1: gemessene und berechnete Abstände sicherer Primzahlen. M(p/a) gibt das mittlere Verhältnis der Basis und der gefundenen sicheren Primzahl an.

In der Stufe Null $\left(p_0(a) = 6 * a - 1 \right)$ stimmt der nach (4.3-10) berechnete mittlere Abstand zwischen den Primzahlen mit dem gemessenen überein. Bei höheren Stufen wird das Messergebnis nur dann reproduziert, wenn anstelle des Faktors 3 die in Tabelle 4.3-2 dargestellten Faktoren verwendet werden.

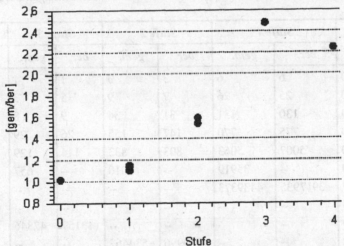

Abbildung 4.3-3: Verhältnis der gemessenen und berechneten Abstände sicherer Primzahlen bis zur Stufe 4

Stufe 0	Stufe 1	Stufe 2	Stufe 3	Stufe 4
3,0	2,6	2,2	2,1	3,0

Tabelle 4.3-2: Faktoren in den Prim-Wahrscheinlichkeiten

Zur Berechnung der Faktoren der Stufe n wurden rekursiv die gefundenen Faktoren der Stufe $(n\text{-}1)$ als konstant angesehen und nur der hinzukommende Faktor so angepasst, dass die Messergebnisse reproduziert werden. Die gleichen Faktorenverhältnisse finden wir beim Vergleich der berechneten und gemessenen Anzahlen sicherer Primzahlen im Zahlenbereich $\left(1 \le a \le 10^9\right)$ wieder (*Tabelle 4.3-3*). Bei Benutzung der Faktoren der Tabelle 4.3-2 lassen sich die gefundenen Anzahlen durch die theoretische Berechnung reproduzieren.

Das Ergebnis ist in mehrfacher Hinsicht interessant: die Abweichungen der nach (4.4-7 bis 4.3-11) berechneten Werte von den gemessenen deuten an, dass bestimmte Primzahlsukzessionen nicht rein statistisch-zufällig in N verteilt sind. Bei sicheren Primzahlen der Stufe vier findet möglicherweise eine Trendumkehr statt. Allerdings ist Vorsicht bei solchen Aussagen geboten: der hier untersuchte Zahlenbereich erstreckt sich gerade einmal bis etwa 10^{10}, ist also relativ klein und enthält insbesondere von den Vertretern hoher Sicherheitsstufen nur wenige Exemplare. Es könnte sich also durchaus nur um einen Effekt handeln, der gerade hier zu beobachten ist und in größeren Zahlenbereichen schnell verschwindet. Sowohl theoretische Untersuchungen als auch die Suche nach Algorithmen, die in höhere Zahlenbereiche vorstoßen können, sind notwendig, um den Boden der bloßen Spielerei hin zu gesicherten Erkenntnisse zu verlassen. Die mehrfach sicheren Primzahlen, obwohl praktisch derzeit nicht sonderlich interessant, bieten sich somit als Spielwiese für eigene Untersuchungen des Lesers an.

A	Stufe 1		Stufe 2		Stufe 3		Stufe 4	
	ber.	gem.	ber	gem.	ber	gem.	ber	gem.
10	6	6	3	3	1	1	0	0
100	25	26	7	9	5	3	2	1
1000	130	131	31	34	9	8	2	3
10000	775	770	147	155	26	29	4	7
100000	5007	5063	803	833	114	129	22	27
1000000	--	35919	--	5010	--	657	--	117
201142897	3917935	4439373	--	--	--	--	--	--
237455855	--	--	--	--	--	--	6593	6048
253636670	--	--	--	--	43157	47846	--	--
278557392	--	--	530996	534462	--	--	--	--

Tabelle 4.3-3: gefundene und berechnete Anzahlen von sicheren Primzahlen mit den Faktoren aus Tabelle 4.3-2

Schließen wir das Kapitel mit zwei weiteren Auswertungen unseres Suchalgorithmus ab: in sind die relativen Abstände aufeinander folgender sicherer Primzahlen[152] als Funktion der relativen Anzahl ermittelter Zahlen dargestellt. Der relative Abstand ist das Verhältnis eines gemessenen Abstands zum maximalen gemessenen Abstand der jeweiligen Messreihe. Der mittlere Abstand aus Tabelle 4.3-1 entspricht einheitlich etwa 0,2 Einheiten auf der Y-Achse, d.h. bei den Messungen wurden jeweils Maximalabstände ermittelt, die dem fünffachen des mittleren Abstands entsprechen (*der Leser vergleiche die Verteilung der Primzahlabstände; eine genügend große Zahl an Messungen muss natürlich jeweils vorausgesetzt werden*). Bei ca. 63% aller Messungen findet man bereits bei einem kleineren als dem mittleren Abstand eine weitere sichere Primzahl, wobei aufgrund der Suche in beiden Richtungen auch der Abstand Null mehrfach auftritt[153]. Relativ selten treten die großen Abstände vom bis zu fünffachen des mittleren Abstands auf. Der Leser sei ermuntert, hieraus in ähnlicher Weise, wie bei der Primzahlsuche anhand von Abbildung 4.1-7 erläutert, Optimierungsstrategien für den Suchalgorithmus zu entwickeln.

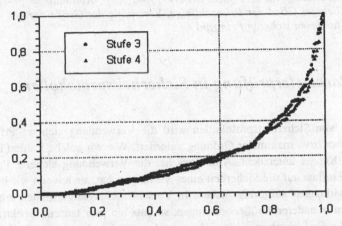

Abbildung 4.3-4: relative Abstände zur nächsten sicheren Primzahl als Funktion der kummulierten Anzahl der Gesamtmessungen (relativ), Zahlenbereich 2,6*10^16

In Abbildung 4.3-5 ist die Größenverteilung der gefundenen sicheren Primzahlen bei zulässiger Aufwärtssuche dargestellt. Auf der Ordinate ist wieder der Bruchteil an der Gesamtanzahl der Messungen aufgetragen, die Abszisse enthält die relative Größe der Primzahl. Ca. 27% der gefundenen sicheren Zahlen sind Basiszahlen, etwa 53% entfallen auf Basiszahlen und die nächsthöhere Stufe usw. Der Anteil der höheren Stufen nimmt aufgrund der wachsenden Zahlengröße leicht ab, die senkrechten Hilfslinien entsprechen den erwarteten Anteilen.

---

152 Abbildung 4.3-4 beschränkt sich auf Darstellungen von Messungen der Stufen 3 und 4. Die Messdaten anderer Stufen decken sich damit, sind aber aus Gründen der Übersichtlichkeit nicht dargestellt.

153 Der Leser verdeutliche sich: eine 4-fach sichere Primzahl enthält zwei 3-fach sichere, eine 5-fach sichere drei, usw. Findet der Suchalgorithmus in einer Folge gleich mehrere sichere Zahlen, ist der Suchabstand natürlich Null.

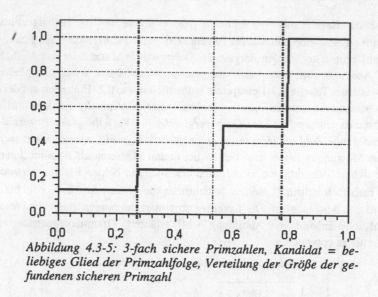

*Abbildung 4.3-5: 3-fach sichere Primzahlen, Kandidat = be-
liebiges Glied der Primzahlfolge, Verteilung der Größe der gefundenen sicheren Primzahl*

4.4 Parameterprüfung in Sicherheitsprotokollen

In einer Reihe von Sicherheitsprotokollen wird die Verwendung sicherer Primzahlen und
Restklassen hoher bzw. maximaler Ordnung gefordert. Wie wir solche Zahlen finden, haben
wir im letzten Kapitel untersucht. Allerdings hat die Verwendung sicherer Primzahlen im
Prinzip wenig Einfluss auf die Sicherheit eines Verfahrens hat, auch wenn wir in Kapitel 3.4
mögliche Auswirkungen aufgezeigt haben. In Verschlüsselungsalgorithmen arbeiten wir jedoch mit Zahlen in anderen Größenordnungen, so dass ein paar tausend Spektrallinien mehr
oder weniger für die Sicherheit nicht viel ausmachen. Praktisch genügt es, die Verwendung
„normaler" Primzahlen zu fordern und auf die bewusste Konstruktion von Primzahlen, die in
dem einen oder anderen Algorithmus eine Betrugsmöglichkeit eröffnen, zu verzichten (*auch
das ist natürlich möglich*). Die Ursache der Forderungen nach sicheren Primzahlen und Restklassen maximaler Ordnung liegt mehr in der Überprüfbarkeit als in der Sicherheit, auch wenn
sich theoretisch die maximale Sicherheit natürlich gut macht. Der Ausschluss betrügerischer
Konstruktionen soll uns in diesem Kapitel beschäftigen.

In einigen Fällen ist es im Interesse des Eigentümers der Geheiminformationen, die Forderung
der Verwendung betrugssicherer Zahlen tatsächlich einzuhalten, in anderen kann es für ihn
aber auch günstiger sein, gerade dies nicht zu machen. Der Leser denke etwa an unwiderrufbare Unterschriften (*Kapitel 3.2.4*), bei denen es für den Signierer schon vorteilhaft sein kann,
die Signatur zu einem späteren Zeitpunkt doch verleugnen zu können. Hier ist es im Interesse
des Kommunikationspartners (*oder des Zertifizierers*), die Einhaltung der Parameterkonstruk-
tion zu prüfen. Bei diesen Prüfungen darf er natürlich keine Kenntnisse über die Geheiminformationen erhalten, d.h. die Prüfung muss zwangsweise indirekt erfolgen. Wir erinnern uns

an bereits verwendete Schemata: der Prüfer muss dem Kandidaten Fragen stellen, die bei Einhalten der Vorgaben oder Verletzen derselben nur mit statistisch signifikant unterschiedlichem Erfolg beantwortet werden können, oder besser, wie schon bei den Primzahltests, den Charakter eines einseitigen statistischen Tests aufweisen:

- hat der Kandidat die Konstruktionsmerkmale eingehalten, so kann er die Fragen des Prüfers immer richtig beantworten;

- hat er eine andere Konstruktion gewählt, so kann er die Frage nur mit einer begrenzten Wahrscheinlichkeit w korrekt beantworten. Werden mehrere Fragen gestellt, so sind diese voneinander unabhängig, d.h. nach k Fragen ist die Wahrscheinlichkeit, jeweils eine richtige Antwort gegeben zu haben, w^k.

So lange der Kandidat in den Prüfungen nicht auffällt, gilt er als vertrauenswürdig; ein einmaliges Versagen im Test entlarvt ihn aber als Betrüger. Bei Durchführung rein statistischer Tests sind bei geringerer Sicherheit (=*größerer Restfehlerwahrscheinlichkeit*) meist mehr Testläufe zur Trennung der verschiedenen Fälle notwendig, was solche Tests auch ineffektiver macht. Da sie aber auch relativ selten durchgeführt werden müssen (*nämlich nur bei Bereitstellung neuer Schlüsselpaare*), relativiert sich dieses Problem.

Im weiteren untersuchen wir die Konstruktion von RSA-Parametern aus sicheren Primzahlen sowie die Verwendung von Restklassen hoher Ordnung. Auf den ersten Blick scheint das Vorhaben, die Nachweise

$$n = p_a * p_b \quad , \quad p_j = 2 * q_j + 1 \quad , \quad p_j, q_j \in P \tag{4.4-1}$$

$$a^r \equiv 1 \bmod 1 \quad , \quad r \approx kgV\,(p_a - 1, p_b - 1) \tag{4.4-2}$$

führen zu wollen, ohne etwas über die Primzahlen zu erfahren, recht verwegen zu sein, aber bei genauerem Hinsehen besitzen wir bereits eine recht große Menge an Kenntnissen, die es nur zu koordinieren gilt. Wir beginnen mit einer Darstellung von vier Tests, die zwar die Aufgabe nicht vollständig lösen, aber doch schon recht wertvolle Vorarbeit leisten können.

Protokoll 4.4-1, Ordnung von a : setzen wir voraus, dass n aus zwei sicheren Primzahlen besteht, dann kann a nur eine der Ordnungen

$$Ord\,(a) \in \left\{ 2, q_a, q_b, 2q_a, 2\,q_b, q_a * q_b, 2 * q_a * q_b \right\} \tag{4.4-3}$$

besitzen. Ist $Ord\,(a) < q_a * q_b$, also o.B.d.A. q_a , so folgt

$$a^{q_a} \equiv 1 \bmod n \;\Rightarrow\; a^{q_a} \equiv 1 \bmod p_a \;\wedge\; a^{q_a} \equiv 1 \bmod p_b \tag{4.4-4}$$

Wegen (4.4-1) gehört q_a aber nicht zum Spektrum von p_b , so dass $a \equiv 1 \bmod p_b$ folgt, und daraus nun wieder $(a - 1)|n$. Der Prüfer muss somit nur folgende Tests durchführen, um das vom Kandidaten angegebene a zu zertifizieren:

$$a \neq \pm 1 \ mod \ n$$
$$a^2 \neq 1 \ mod \ n \tag{4.4-5}$$
$$ggT \ (a-1,n) = 1$$

Aufgrund der Voraussetzungen ist dies der letzte durchzuführende Test, d.h. er macht erst Sinn, wenn die Konstruktion (4.4-1) von n nachgewiesen ist. Aufgrund seiner Einfachheit stellen wir ihn hier an den Anfang. Im Realfall ist der folgende Test als erster durchzuführen:

Protokoll 4.4-2, n besteht aus verschiedenen Primfaktoren: mit diesem Test schließen wir aus, dass Primzahlpotenzen in der Faktorisierung n vorhanden sind, d.h.

$$n \neq p^r * s \quad , \quad r \geq 1 \tag{4.4-6}.$$

Wird n doch mit einer Primzahlpotenz konstruiert, so folgt für die Euler'sche Funktion

$$\varphi \ (n) = p^{r-1} * (p-1) * \varphi \ (s)$$
$$ggT \ (n, \ \varphi \ (n)) \geq p^{r-1} > 1 \tag{4.4-7}$$

und die Kongruenz

$$m \equiv n^{-1} \ mod \ \varphi \ (n) \tag{4.4-8}$$

existiert wegen des $ggT \neq 1$ nicht, wie wir bereits seit Kapitel 2.1 wissen. Wir nutzen dies aus und führen mit dem Kandidaten folgende Dialog:

$$P \rightarrow K : x \leftarrow random \ ()$$
$$K \rightarrow P : y \equiv x^m \ mod \ n \tag{4.4-9}$$
$$P: ? \left(y^n \equiv x \ mod \ n \right) ?$$

Hätte der Kandidat ein n verwendet, das eine Primzahlpotenz in der Faktorisierung aufweist, so kann er (4.4-9) allenfalls für eine begrenzte Anzahl von x richtig beantworten (*deshalb ist der Test mehrfach auszuführen*). Wie der Leser leicht nachprüfen kann, gelingt ihm dies höchstens für

$$\varphi \ (n) / \ p^{r-1} \quad \Rightarrow \quad w \ (Betrug) = 1 / \ p^{r-1} \tag{4.4-10}$$

verschiedene Restklassen, so dass wir die verbleibende Restfehlerwahrscheinlichkeit gut steuern können. Ist n andererseits korrekt konstruiert, so existiert der inverse Exponent (4.4-8) , und der Kandidat kann aufgrund seiner Kenntnis von $\varphi \ (n)$ immer ein richtiges Ergebnis abliefern.

Der Test kann nur durchgeführt werden, wenn der Kandidat die Konstruktionsparameter für die öffentlichen und geheimen Parameter seines Sicherheitsalgorithmus kennt. Das gleiche gilt für die folgenden Prüfungen. Das „nachhaltige Vergessen" der Parameter darf daher erst dann stattfinden, wenn das Zertifikat ausgestellt ist. Da wir nun wissen, dass keine Primzahlpotenzen in n auftreten, besteht der nächste Test konsequenterweise darin, die Anzahl der verwendeten Primzahlen auf genau zwei einzugrenzen:

Protokoll 4.4-3, n besitzt genau zwei Primfaktoren: auch dieser Test ist ein statistischer Test, wobei wir aber für den ersten Konstruktionsversuch die Zielrichtung verändern: der Kandidat soll nun bei korrektem Verhalten nicht immer eine richtige Antwort geben können, sondern auch nur für einen bestimmten Anteil der Fragen. Dieser Anteil verändert sich, wenn er sich unkorrekt verhält. Für eine Entscheidung sammeln wir so viele Ereignisse, dass wir eine statistisch signifikante Aussage über den Anteil richtiger Antworten besitzen. Dieser Test wird also eine längere Kommunikation in Anspruch nehmen.

Die Testidee besteht darin, vom Kandidaten die Wurzel aus einer vom Prüfer vorgegebenen Zahl $mod\ n$ ziehen zu lassen. Ist nämlich r eine primitive Restklasse zu einer Primzahl p, so durchläuft $r^k\ mod\ n$ alle Restklassen zu p, aber nur die Restklassen, für die $k \equiv 0\ mod\ 2$ ist, lässt sich durch

$$x \equiv y^2 \equiv (r^{k/2})^2\ mod\ p$$

als Quadrat einer anderen Restklasse darstellen. Für zusammengesetztes n folgt

$$x \equiv r^2\ mod\ n \quad \Rightarrow \quad x \equiv r'^2\ mod\ p_a \ \wedge \ x \equiv r''^2\ mod\ p_b \tag{4.4-11}$$

Kennzeichnen wir einen quadratischen Rest zu einem der Primfaktoren von n durch $(+1)$, einen nicht-quadratischen Rest mit (-1), so tritt jeder der folgenden Fälle im Mittel bei einem Viertel aller zufällig gewählten x ein:

$x \equiv r^2\ mod\ p_a$	$x \equiv r^2\ mod\ p_b$
+1	+1
+1	-1
-1	+1
-1	-1

Tabelle 4.4-1: Existenz quadratischer Reste bei $n=p(a)*p(b)$

Nur in einem Viertel aller vom Prüfer ausgegebenen Zahlen wäre der Kandidat in der Lage, eine Quadratwurzel zu liefern. Hätte er mehr Primfaktoren zur Konstruktion von n verwendet, führen gleichartige Überlegungen dazu, dass bei k Faktoren nur noch in 2^{-k} Fällen eine Wurzel existiert.

In dieser Form müssen wir nun eine Reihe von Prüfungen durchführen, um sicher zwischen den korrekten Antwortwahrscheinlichkeiten $w \approx 1/4$ und $w < \approx 1/8$ unterscheiden zu können. Im Zweifelsfall kann der Test dadurch sehr aufwendig werden. Wir können aber noch zusätzliche Randbedingungen einführen, die die Auswahl von p_a, p_b etwas einschränken, aber dafür schärfere Testbedingungen ergeben. Bei der weiteren Untersuchung quadratischer Reste im Zusammenhang mit Faktorisierungsmethoden werden wir nämlich auf folgenden Zusammenhang von $p \equiv v\, mod\, 8$ und speziellen Restklassen stoßen :

v	$w^2 \equiv 2\, mod\, p$	$w^2 \equiv -2\, mod\, p$	$w^2 \equiv -1\, mod\, p$
1	+1	+1	+1
3	-1	+1	-1
5	-1	-1	+1
7	+1	-1	-1

Tabelle 4.4-2: Existenz der quadratischen Reste (+2), (-2) und (-1) für Primzahlen mod 8 . Ist das Tabellenfeld +1 , so ist der Wert quadratischer Rest, bei -1 existiert keine Zahl, die quadriert (x mod p) ergibt.

Mit Hilfe dieser Beziehungen können wir den rein statistischen Test in einen eindeutiger auswertbaren einseitigen statistischen Test umwandeln:

$$P \rightarrow K : x \leftarrow random\, ()$$
$$K \rightarrow P : r \equiv \left(\langle \pm 1\, ,\pm 2 \rangle\, x \right)^{1/2} mod\, n \tag{4.4-12}$$
$$P : ?\, (\, r^2 \equiv x\, mod\, n\ \lor$$
$$r^2 \equiv -x\, mod\, n\ \lor\ r^2 \equiv 2x\, mod\, n\ \lor\ r^2 \equiv -2x\, mod\, n\ )\, ?$$

Der Kandidat muss bei der Auswahl der Primzahlen die zusätzlichen Nebenbedingungen

$$p_a \neq p_b \neq 1\, mod\, 8\ \land\ p_a \neq p_b\, mod\, 8 \tag{4.4-13}$$

beachten. Wie wir später beweisen werden, kann man z.B. $2x$ auf die Eigenschaft „quadratischer Rest" prüfen, in dem man die Zahlenwerte von Tabelle 4.4-1 und Tabelle 4.4-2, die den bereits an anderer Stelle eingeführten Legendre-Symbolen entsprechen, miteinander multipliziert. Ist das Ergebnis positiv, so existiert eine Wurzel. Liegt z.B. $(x/p) = -1$ vor und ist $p \equiv 3\, mod\, 8$, so existiert ein w mit $w^2 \equiv 2x\, mod\, p$ .Wie der Leser durch Auswertung des beiden Tabellen leicht feststellen kann, ist nun immer eine der Kongruenzen quadratischer Rest, so dass der Kandidat immer eine Lösung liefern kann. Dies funktioniert nicht mehr, wenn n mehr als zwei Primfaktoren aufweist oder die Nebenbedingungen nicht beachtet werden, wie der Leser durch entsprechende Tabellen ebenfalls nachweisen kann. Zur Übung prüfe der Leser, mit welcher Wahrscheinlichkeit ein Betrug bei Nichteinhalten von (4.4-13) oder einem n mit mehr als drei Faktoren auffällt.

Zur Berechnung einer Wurzel wertet der Kandidat zunächst die Legendre-Symbole der vom Prüfer gelieferten Zahl x mit seinen Primfaktoren aus. Wie im Kapitel über das quadratische Sieb gezeigt wird, ist dies durch einige Divisionen ausführbar. Sobald feststeht, welcher

Prüfwert zu verwenden ist, wird die Wurzel mit Algorithmen berechnet, die ebenfalls im Kapitel „Das quadratische Sieb" vorgestellt werden.

Betrachten wir den schärferen Test noch hinsichtlich des Prüfziels „sichere Primzahlen". Die Einschränkung (4.4-13) darf natürlich nicht dazu führen, dass nun keine sicheren Primzahlen mehr gefunden werden können. Aus Satz 4.3-1 und (4.4-13) folgt, dass wir nur Zahlen verwenden können, in denen

$$a = \frac{k*8+r}{12} \quad , \quad r \in \{4,6,8\} \tag{4.4-14}$$

ganzzahlig ist. Das beschränkt die Auswahl der Primzahlen auf

$$p \equiv 3 \bmod 8 \quad \wedge \quad q \equiv 7 \bmod 8 \tag{4.4-15}$$

und nur für jedes dritte k erhält man ein ganzzahliges a. Im Suchalgorithmus ist das als zusätzliches Siebkriterium zu implementieren. Wir halsen durch Verbessern des Tests dem Kandidaten damit einigen Aufwand bei der Bereitstellung der Parameter auf, und der Leser sei wieder einmal aufgefordert, dies in seinen Programmen nachzuvollziehen.

Protokoll 4.4-2 und Protokoll 4.4-3 weisen zusammen nun bereits nach, dass n von der Form $n = p_a * p_b$ ist. Im nächsten Schritt schließen wir allzu einfache Betrugsversuche aus, indem eine Teilereigenschaft prüfen, die bei sicheren Primzahlen in jedem Fall gewährleistet ist:

Protokoll 4.4-4, Primteilerverschiedenheit von $(n-1)$ *und Euler'schen Funktion:* sofern n korrekt als Produkt zweier sicherer Primzahlen konstruiert ist, muss $ggT(n-1, \varphi(n)) = 1$ gelten. Wir können einen zu Protokoll 4.4-2 analogen Test konstruieren, der genau dies nachweist. Dazu einigen sich Prüfer und Kandidat zunächst mit Hilfe der Funktion

$$Odd(s) \quad (:= while(s \equiv 0 \bmod 2) \quad s \leftarrow s/2) \tag{4.4-16}$$

auf einen Prüfexponent. Der Kandidat berechnet dazu den inversen Exponent $\bmod \, \varphi(n)$

$$\begin{aligned} P \text{ und } K: \quad & m \leftarrow Odd(n-1) \\ nur \, K: \quad & m' \equiv (1/m) \bmod \varphi(n) \end{aligned} \tag{4.4-17}$$

Im Prüfungsteil wird eine Variante des bekannten Dialogs geführt. Der Kandidat erhält mehrere Zufallzahlen, die er mit dem inversen Exponenten verschlüsselt und zurücksendet. Hat er korrekt gehandelt, kann der Prüfer die ursprüngliche Zufallzahl rekonstruieren

$$\begin{aligned} P \to K: \quad & x \leftarrow random() \\ K \to P: \quad & y \equiv x^{m'} \bmod n \\ P: ? \, & (x \equiv y^m \bmod n)? \end{aligned} \tag{4.4-18}$$

Wie bereits in Protokoll 4.4-2 begründet, liegt die Wahrscheinlichkeit, dass der Test erfolgreich verläuft, bei

$$Odd(ggT(n-1, \varphi(n)))^{-1} \, .$$

Sofern der Test erfolgreich bestanden wird, bedeutet dies allerdings nicht, dass der Kandidat tatsächlich sichere Primzahlen verwendet hat: Die mittlere Anzahl von Primfaktoren einer zusammengesetzten Zahl ist relativ beschränkt, so dass auch Zahlen (q_a, q_b) konstruierbar sind, die aus mehreren Primfaktoren bestehen und trotzdem keinen davon mit $n-1$ gemeinsam besitzen. Der Bereitstellung entsprechender Zahlen verursacht allenfalls etwas Aufwand für den Kandidaten im Falle eines Betrugsversuchs, ohne ihn allerdings daran hindern zu können.

Damit haben wir die Palette an einfachen Vortests erschöpft. Für die entgültige Prüfung der Einhaltung von (4.4-1) bleibt nun nur noch ein direkter Frontalangriff, d.h. wir müssen prüfen, ob die Primfaktoren p_a, p_b tatsächlich in der vorgegebenen Art aus zwei Primzahlen q_a, q_b zusammengesetzt sind. Das beinhaltet (*mindestens*) zwei Prüfungen, nämlich $(p-1) = 2*q$ und $q \in P$. Die folgenden Protokolle bauen schrittweise aufeinander die Möglichkeit dazu auf. Zuvor müssen wir noch festlegen, wie ein Primzahlnachweis für q_a, q_b aussehen soll. Ein vollständiger Nachweis ist sicher nicht notwendig (*wir müssen dem Kandidaten das Leben bei einem Betrug nur so schwer machen, dass die Verwendung korrekter Parameter lohnender ist*), und wir beschränken uns auf einen verkürzten Rabin-Miller-Test, d.h. wir suchen verschiedene Restklassen, die beide Lösungen von $a^{(q-1)/2} \equiv \pm 1 \bmod q$ mindestens einmal im Test generieren. Wenn der Kandidat korrekt gearbeitet hat, ist das ohne größere Schwierigkeiten möglich. Das Problem ist dabei natürlich, dass keine der vier Zahlen p_a, p_b, q_a, q_b im Laufe des Test bekannt werden darf. Zur Verschlüsselung greifen wir auf den diskreten Logarithmus zurück: alle Zahlen x, die im Verlauf des Tests nicht aufgedeckt werden dürfen, lassen sich mittels eines großen Primzahlmoduls $M \gg n$ und dazu primitiven Restklassen (g,h) verbergen, in dem Kongruenzen $X \equiv g^x \bmod M$ oder, falls x hierdurch im weiteren Verlauf des Test nicht ausreichend geschützt wird, Kongruenzen $X \equiv g^x h^r \bmod M$ mit einer Zufallzahl r gebildet werden. Wir werden hierfür im weiteren die Abkürzungen $(X,x)_g$ bzw. $(X,x,r)_{g,h}$ mit Groß- und Kleinbuchstaben verwenden (*so weit möglich, auch gleiche Buchstaben für die zusammengehörenden Paare*).

Dem Prüfer und dem Kandidaten bekannt sind die Parameter n, M, g, h. Dem Kandidaten sind die Kongruenzen $(X,x)_g$ bzw. $(X,x,r)_{g,h}$ vollständig bekannt, dem Prüfer in der Regel nur die mit Großbuchstaben bezeichneten Werte. Dies ist zunächst zu verifizieren: sobald der Kandidat einen Wert X an den Prüfer übermittelt hat, wird durch ein Protokoll absichern, dass der Kandidat tatsächlich im Besitz der vollständigen Information $(X,x)_g$ ist und nicht irgendwelche Betrügereien versucht. Das Protokoll P_{DL} leistet genau dies:

Protokoll 4.4-5, Kenntnis des diskreten Logarithmus: die Idee für diesen Nachweis kennen wir bereits: der Kandidat erzeugt einen Zahlenwert und erhält nach der Veröffentlichung einen weiteren Wert vom Prüfer. Spielt er korrekt, so kann er damit eine Gleichung in den Exponenten lösen und eine dritte Zahl bereitstellen, die der Prüfer mit den beiden anderen in Beziehung setzen kann. Der Kandidat kann die Lösung nur dann bereitstellen, wenn ihm $(X,x)_g$ bekannt ist. Wichtig ist hier wieder, wie bereits bei anderen Protokollen dieses Typs, die Reihenfolge der Telegramme. Beide Teilnehmer erzeugen Zufallzahlen r_1, r_2 und führen folgendes Protokoll durch:

$$P_{DL}(X,g,x):$$

$$
\begin{aligned}
loop\,(k) \\
K: \quad & r_1 \leftarrow random\,() \;, \;\; (R, r_1)_g \;, \;\; (X,x)_g & \text{(4.4-19)} \\
K \rightarrow P: \quad & R \;, \;\; X \\
P: \quad & r_2 \leftarrow random\,() \\
P \rightarrow K: \quad & r_2 \\
\\
K: \quad & s \equiv (r_1 - r_2 * x)\,mod\,M \\
K \rightarrow P: \quad & s \\
P: \quad & ?\left(g^s * X^{r_2} \equiv R\,mod\,M\right)?
\end{aligned}
$$

Wie leicht zu prüfen ist, muss der Kandidat im Betrugsfall einen diskreten Logarithmus lösen und fällt daher mit hoher Wahrscheinlichkeit auf. Der Test wird mehrfach durchgeführt.

Wie wir bei der Konstruktion der weiteren Protokolle feststellen werden, ist in einigen Fällen die zusätzliche Bedingung $-2^l < x < 2^l$ mit vorgegebenem l notwendig. Das Protokoll $P_{DL}(X,g,x)$ lässt sich dazu modifizieren:

Protokoll 4.4-6: Wir modifizieren (4.4-19) dazu folgendermaßen (*mit random(a..b) bezeichnen wir eine Zufallzahl aus dem Intervall (a,b), mit random(a,b) die zufällige Auswahl von a oder b*):

$$P_{DL<}(X,g,x,l):$$

$$
\begin{aligned}
loop\,(k) \\
K: \quad & r_1 \leftarrow random\,(-2^l \ldots 2^l) \;, \;\; (R, r_1)_g \;, \;\; (X,x)_g \\
K \rightarrow P: \quad & R \;, \;\; X \\
P: \quad & r_2 \leftarrow random\,(0,1) & \text{(4.4-20)} \\
P \rightarrow K: \quad & r_2 \\
K: \quad & s \equiv (r_1 - r_2 * x)\,mod\,M \\
K \rightarrow P: \quad & s \\
P: \quad & ?\left(-2^l < s < 2^l \;\; \wedge \;\; g^s * X^{r_2} \equiv R\,mod\,M\right)?
\end{aligned}
$$

Wenn der Kandidat ein x außerhalb des vereinbarten Bereiches verwendet, muss er seine Zufallzahl auch außerhalb dieses Bereiches wählen, um den Betrug zu kompensieren. Da er r_2 nicht kennt, bevor er selbst R_1 veröffentlicht hat, fällt ein Betrugsversuch mit einer Wahrscheinlichkeit $w = 1/2$ auf, nämlich entweder eine Zufallzahl im korrekten Bereich, womit er x bei einer entsprechenden Abfrage nicht kompensieren kann, oder eine zu große Zufallzahl, die aber entdeckt wird, wenn sie alleine abgefragt wird. Durch mehrfache Wiederholung des Protokolls lässt sich die Wahrscheinlichkeit, dass x doch nicht vereinbarungsgemäß gewählt wurde, unter eine gewünschte Grenze drücken.

In der Beschreibung der weiteren Schritte setzen wir stillschweigend voraus, dass das Protokoll P_{DL} zur Vereinbarung von Paaren $(X,x)_g$ eingesetzt wird, ohne dass wir dies, aus Gründen der Übersichtlichkeit, in jedem Fall ausdrücklich sagen werden. Wir beginnen nun mit der schrittweisen Überprüfung von (4.4-1)-(4.4-2). Aus Protokoll 4.4-2 und Protokoll 4.4-4 wissen wir bereits, dass n das Produkt zweier Primzahlen ist. Zwischen Kandidat und Prüfer kann $(P_a, P_a)_g$ und $(P_b, P_b)_g$ mit dem Protokoll P_{DL} ausgehandelt werden. $(N,n)_g$ ist, da n zu den öffentlichen Parametern gehört, beiden vollständig bekannt. Die beiden Größen repräsentieren die Faktoren von n, wenn

$$P_a^{P_b} \equiv P_b^{P_a} \equiv N \ mod \ M \tag{4.4-21}$$

ist. Logarithmieren wir den ersten Term zur Basis g und den letzten zur Basis P_b, so muss gelten:

$$p_a \equiv \log_g (P_a) \equiv \log_{P_b} (N) \ mod \ M \tag{4.4-22}$$

Wir benötigen somit das

Protokoll 4.4-7, Nachweis der Gleichheit von Logarithmen verschiedener Basen:
Ein diese Äquivalenz absicherndes Protokoll

$$P_{DL} = (X,g,Y,h,x) \left(:= (X,x)_g \ \wedge \ (Y,x)_h \right)$$

lässt sich durch eine einfache Erweiterung von Protokoll 4.4-5 erhalten, in dem beide Kongruenzen gleichzeitig behandelt werden:

$$P_{DL} = (X, g, Y, h, x) :$$

$loop\,(k)$

$$K: \quad r_1 \leftarrow random\,() \quad , \quad (R, r_1)_g \quad , \quad (T, r_1)_h \quad , \quad (X, x)_g \quad , \quad (Y, x)_h$$

$$K \rightarrow P: \quad R \quad , \quad T \quad , \quad X \quad , \quad Y$$

$$P: \quad r_2 \leftarrow random\,() \tag{4.4-23}$$

$$P \rightarrow K: \quad r$$

$$K: \quad s \equiv (r_1 - r_2 * x)\,mod\,M$$

$$K \rightarrow P: \quad s$$

$$P: \quad ?\left(g^s * X^{r_2} \equiv R\,mod\,M \quad \wedge \quad h^s * Y^{r_2} \equiv T\,mod\,M \right)?$$

Mit der Protokollfolge

$$(a) \quad P_{DL}(P_b, g, p_b)$$
$$(b) \quad P_{DL} = (P_a, g, N, P_b, p_a) \tag{4.4-24}$$

haben wir nun die Stellvertreter (P_a, P_b) für die beiden Primfaktoren (p_a, p_b) von n vereinbart. Mit dem Protokoll $P_{DL}(Q_k, g\,q_k)$ können nun die Repräsentatoren der Faktorzerlegung der p_k übertragen. Wegen $p = 2 * q + 1$ prüfen wir zusätzlich die Kongruenz

$$Q_k^2 * g \equiv P_k\,mod\,M \tag{4.4-25}$$

um abzusichern, dass es sich bei den Q_k auch um die Repräsentatoren der Faktoren der p_k handelt.

Im letzten Teil des Tests führen wir den verkürzten Primzahltest für die Faktoren q durch. Das ist nicht ganz so einfach, denn der Kandidat muss die Kongruenz $a^{(q-1)/2} \equiv \pm 1\,mod\,q$ $mod\,q$ belegen, die gemeinsame Rechenbasis mit dem Prüfer erlaubt aber nur die Berechnung von Kongruenzen $mod\,M$. Im ersten Schritt können Repräsentatoren für den Exponenten und die Kongruenz mit dem Protokoll P_{DL} vereinbart werden. Sie lassen sich ähnlich (4.4-25) mit den bereits bekannten Repräsentatoren verifizieren:

$$P_{DL}(B, g, (q-1)/2) \quad \wedge \quad B^2 * q \equiv Q\,mod\,M$$
$$P_{DL}(Q_-, g, q-1) \quad \wedge \quad Q_- * g \equiv Q\,mod\,M \tag{4.4-26}$$

Die Auswahl der Restklasse a kann weder dem Prüfer noch dem Kandidaten alleine überlassen werden. Wählt der Kandidat a alleine aus, so könnte er bei geschicktem Vorgehen eine Betrugsmöglichkeit finden. Wählt der Prüfer a aus, so könnte er mit dieser Kenntnis im weiteren Verlauf des Verfahrens möglicherweise auf die Geheimnisse schliessen. Wir benötigen daher ein Protokoll, das zu einer für den Kandidaten zufällig ausgewählten Restklasse führt, deren Verwendung der Prüfer kontrollieren kann, deren Wert er aber nicht kennt:

Protokoll 4.4-8, Vereinbarung einer einseitig bekannten Zufallzahl beschränkter Größe:
die verwendeten Restklassen a müssen die Bedingung $a<q$ erfüllen. Der Kandidat wählt
zunächst eine Zufallzahl innerhalb eines vereinbarten Intervalls aus und sichert den dazuge-
hörenden Platzhalter mit dem Prüfer ab:

$$-2^l \le a_K \le 2^l \quad , \quad P_{DL<}(A_K, g, a_K, l) \tag{4.4-27}$$

Dieser sendet dem Kandidaten daraufhin seine Zufallzahl a_P , die der Kandidat zur Prüfzahl
a verarbeitet und ebenfalls absichert:

$$a \equiv a_K + a_P \bmod q \quad , \quad t = a - a_P - a_K$$
$$P_{DL<}(A, g, a, l) \tag{4.4-28}$$
$$P_{DL<}(T, g, t, l)$$

Die Größe T kann durch

$$T \equiv \frac{A}{A_P * A_K} \bmod M \tag{4.4-29}$$

überprüft werden. Wie leicht nachzuvollziehen ist, ist der Kandidat nun im Besitz einer Zufallzahl $a<q$, an deren Auswahl der Prüfer beteiligt war (*d.h. er kann keine für seine Zwecke
günstige Zahl auswählen*). Der Prüfer wiederum kennt zwar die Zahl selbst nicht, kann aber
jederzeit überprüfen, ob sie benutzt wird.

Mit den vereinbarten Zufallzahlen sind nun die Kongruenzen $a^{(q-1)/2} \bmod q$ zu bilden und
zu überprüfen. In einem Schritt ist das nicht zu bewerkstelligen, und wir zerlegen wir das
Problem mittels des Bitmusters von $(q-1)/2$ in binäre Teilschritte:

$$(q-1)/2 = \sum_{k=0}^{s} b_k * 2^k$$
$$a^{(q-1)/2} = \prod_{k=0}^{s} a^{b_k * 2^k} = \prod_{k=0}^{s} a_k^{b_k} \tag{4.4-30}$$

Die Prüfaufgabe lässt sich damit in drei einfachere Einzelprüfungen zerlegen:

(1) Die Vereinbarung einer Potenzfolge

$$a_{k+1} \equiv a_k^2 \bmod q \tag{4.4-31}$$

für a , wobei die Vereinfachung darin liegt, dass in jedem Schritt nur quadriert wird.

(2) Die Vereinbarung des Bitmusters $(b_0, b_1, .. b_s)$ von $(q-1)/2$.

(3) Die Synthese von (1) und (2) durch Bilden des rechten unteren Produktterms in (4.4-30).

Protokoll 4.4-9, Quadrat eine Zahl mod q : dem Prüfer steht A als Repräsentant des ersten Gliedes der Folge zur Verfügung. Wird a quadriert, so folgt wegen $M > q^2$ und $a < q$ zwischen den Kongruenzen $mod\ q$ und mod der Zusammenhang

$$a_k^2 \equiv a_{k+1}\ mod\ q \ \Rightarrow\ \left(a_k^2 - a_{k+1} \equiv r*q\ mod\ M\ \wedge\ r < q \right) \tag{4.4-32}$$

Der Prüfer kontrolliert, ob r und a_{k+1} im zulässigen Intervall liegen und der diskrete Logarithmus bei der Quadrierung (*bei der Vereinbarung der Repräsentatoren eine fortgesetzte Exponentiation mit a*) erhalten bleibt. Dazu führt er das Protokoll

$$P_{DL=} (A_k, g, L_k, A_k, a_k)\ \ ,\ \ L_k \equiv g^{(a_k^2)}\ mod\ M$$
$$P_{DL<} (A_{k+1}, g, a_{k+1}, l) \tag{4.4-33}$$
$$P_{DL<} (R, Q, r, l)$$

aus. Die quadratische Kongruenz ist korrekt ausgetauscht, wenn

$$L_k * (A_{k+1})^{-1} \equiv R\ mod\ M \tag{4.4-34}$$

Wenn sich der Kandidat nicht an die Vereinbarung hält und eine höhere Potenz als das Quadrat oder ein nicht hierher gehörendes a_{k+1} einsetzt, ist die Bedingung $r < q$ nicht mehr ohne weiteres erfüllbar. Der Leser prüfe durch Einsetzen der verschiedenen Fälle nach, dass bei $2^l \approx \sqrt{M}$ die Betrugswahrscheinlichkeit in der Größenordnung $w \approx M^{-\ln(M)/2}$ liegt.

Der Prüfer kennt nun (Q, B, Q_-, A_k). Im nächsten Schritt sind die Repräsentanten B_k der Bit b_k zu vereinbaren. Wegen $b_k \in \{0,1\}$ muss hierfür eine Doppelverschlüsselung verwenden, auf die wir zu Beginn dieser Protokollsequenz bereits hingewiesen haben (*siehe Einleitung zu Protokoll 4.4-5*). Der Kandidat wählt Zufallzahlen r_k und übermittelt

$$(B_k, b_k, r_k)_{gh} \tag{4.4-35}$$

Gegenüber dem Prüfer weist er je nach Zustand von b_k die Kenntnis einer der beiden folgenden Größen nach

$$b_k = 0\ \Rightarrow\ P_{DL}(B_k, h, r_k)$$
$$b_k = 1\ \Rightarrow\ P_{DL}(B_k/g, h, r_k) \tag{4.4-36}$$

Der Prüfer darf dabei jedoch nicht erfahren, welchen der beiden Fälle der Kandidat nun beweist. Wir benötigen dafür ein Protokoll, das den Kenntnisnachweis für einen von zwei verschiedenen diskreten Logarithmen erlaubt, ohne dass der Prüfer erfährt, für welchen der Nachweis gilt:

Protokoll 4.4-10, Kenntnis eines von zwei Logarithmen ($P_{DL\vee}$): es seien zwei Größen Y,Z gegeben. Dem Kandidaten ist o.B.d.A. der diskrete Logarithmus $y = \log_g(Y) \, mod \, M$ bekannt. Ähnlich Protokoll 4.4-5 erzeugt er Prüfinformationen für y. Für Z erzeugt er direkt den Term, den der Prüfer später kontrolliert. Dazu benötigt er zwei weitere Zufallzahlen und berechnet

$$(r,s_2,c_2 \;\leftarrow\; random)$$

$$Y \equiv g^y \, mod \, M \quad , \quad T \equiv g^r \, mod \, M \quad , \quad U \equiv g^{s_2} Z^{c_2} \, mod \, M \tag{4.4-37}$$

Der Prüfer sendet nach Empfang der Größen (Y,Z,T,U) eine Zufallzahl c an den Kandidaten, der damit die Prüfinformation für y erzeugt:

$$c_1 \leftarrow c \oplus c_2$$
$$s_1 \leftarrow r - c_1 * y \tag{4.4-38}$$

Der Prüfer erhält die vier Werte (c_1,c_2,s_1,s_2) und überprüft

$$c = c_1 \oplus c_2 \;\wedge\; T \equiv g^{s_1} * Y^{c_1} \, mod \, M \;\wedge\; U \equiv g^{s_2} * Z^{c_2} \, mod \, M \tag{4.4-39}$$

Der Leser überzeugt sich leicht, dass für den Kandidaten nun die Kenntnis eines Logarithmus genügt. Einen muss er jedoch kennen, da er die Kongruenzen veröffentlichen muss, bevor er die Zufallzahl c vom Prüfer erhält und nicht genügend eigene Zufallzahlen erzeugen darf, um beide Werte zu fälschen. Der Prüfer kann an (c_1,c_2,s_1,s_2) nicht erkennen, welche Kombination sich auf den diskreten Logarithmus bezieht und welche die Fälschung verursacht, erhält also keine Kenntnis über das Geheimnis.

Der Rest ist eine wiederholte Ausführung der Austauschprotokolle mit anschließenden Plausibilitätsprüfungen. Sind alle Repräsentatoren übertragen und handelt es sich um das korrekte Bitmuster von $(q-1)/2$, so ist die Größe

$$T \equiv \left(\prod_{k=0}^{l-1} B_k^{2^k} \right) / B \equiv h^r \, mod \, M \tag{4.4-40}$$

eine Kongruenz der Basis h . Der Kandidat weist dies durch das Protokoll

$$r = \sum_{k=0}^{s} r_k \quad , \quad P_{DL}(T,h,r) \tag{4.4-41}$$

nach, und die gesicherte Repräsentatorenmenge erhöht sich auf (Q,B,Q_-,A_k,B_k) . Die Verknüpfung der Quadrate und der Bitmuster zur Kongruenz $a^{(q-1)/2} \, mod \, q$ erfolgt durch iteratives Berechnen und Vereinbaren von

$$d_{k+1} \equiv d_k * a^{b_k * 2^k} \, mod \, q \quad , \quad (D_k,d_k,s_k)_{g,h} \tag{4.4-42}$$

Wie der Leser leicht überprüfen kann, besitzt der Prüfer aufgrund der Doppelverschlüsselung der Bitwerte und der D_k und der Verknüpfung der Werte D_k untereinander nicht die Möglichkeit, den Wert eines Bit durch gegenseitige Verrechnung von B_k, D_k zu ermitteln, kann aber durch

$$T \equiv B_k * D_k / D_{k-1} \bmod M$$
$$P_{DL\vee}(T, T/(g*A_k), h, t_k)$$
$$(4.4\text{-}43)$$

sicherstellen, dass der Kandidat $t_k = r_k + s_k - s_{k-1}$ kennt und somit das richtige Bitmuster verwendet. Nach Vereinbarung des letzten Wertes muss eines der Protokolle

$$s = \sum s_k \quad, \quad P_{DL}(D_l/g, h, s) \ \vee \ P_{DL}(D_l/Q_-, h, s) \qquad (4.4\text{-}44)$$

durchgeführt werden können, entsprechend den Kongruenzen $\pm 1 \bmod q$. Der Leser achte darauf, dass an dieser Stelle nicht das Protokoll $P_{DL\vee}$ verwendet werden darf: im Laufe der Gesamtprüfung müssen beide Kongruenzen mindestens je einmal auftreten.

Damit haben wir nun die Überprüfung der Verwendung bestimmter Parameter für ein RSA-Verfahren abgeschlossen. Der Leser sollte noch einmal sorgfältig überprüfen, dass wir kein Protokoll zu viel entwickelt haben, und eine Implementation des kompletten Räderwerks wird sicher viel Freude bereiten.

Außer für den diskutierten speziellen Fall eignen sich die Protokolle für weitere Arten vertraulicher Berechnungen, in denen überprüfbar bestimmte Summen, Produkte oder Potenzen berechnet werden sollen, ohne dass der eingesetzte Prüfer Kenntnis der Werte erhält. Mit Hilfe von Protokollen $P(a+b)$, $P(a*b)$, $P(a/b)$, $P(a \wedge b)$, jeweils einschließlich der ASN.1-Spezifikationen für die Telegramme, und einem Formelinterpreter für Ausdrücke der Art $rand(a)^{(q-1)/2} \bmod q$ ist eine komplette Anwendung denkbar, die eingegebene Formeln automatisch abarbeitet.

Besteht darüber hinaus weiterer Bedarf an derartigen Prüfverfahren? Im Grunde nur eingeschränkt, denn wir müssen nur Fälle untersuchen, in denen der Inhaber der Geheiminformationen Betrugsabsichten haben könnte. In den meisten Anwendungsfällen ist die Problematik aber genau anders herum: der Inhaber der Geheiminformationen möchte verhindern, dass er betrogen wird. Ob er sich dabei geschickt anstellt, muss uns als Dritte natürlich nicht interessieren.

5 Faktorisierungsverfahren

Wenn man vom geheimen Eindringen in ein Rechnersystem und Mitlesen der Kennworte oder Auslesen unverschlüsselten Dateien, Stehlen des Systems oder einer Smartcard und Brechen der Sicherheitssperren, dummes oder auch gewaltsames Ausfragen des Geheimnisinhabers und einigen anderen rüden oder subtilen Verfahren absieht, besteht eine dauerhafte[154] Einbruchsmöglichkeit in RSA-ähnliche Verschlüsselungsalgorithmen bei sorgfältiger Konstruktion des Algorithmus nur in der Faktorisierung des Moduls m. Wir diskutieren in diesem Kapitel verschiedene Algorithmen zur Faktorisierung und ihre theoretischen Hintergründe. Die einfachsten Algorithmen sind mehr oder weniger nur zur Einstimmung auf das Thema und für Übungszwecke zum Entwurf effizienter Algorithmen geeignet; praktische Bedeutung besitzen sie nicht, wie der Leser im folgenden unmittelbar bemerken wird.

Faktorisierungsversuche an Zahlen ergeben nur dann einen Sinn, wenn die Zahlen zusammengesetzt sind. Die folgenden Verfahren setzen daher stillschweigend voraus, dass man sich davon überzeugt hat (*z.B. durch einen der diskutierten Primzahltests*). Die Verfahren lassen sich in deterministische und probabilistische Verfahren trennen. Wir haben die Bedeutung dieser Begriffe bereits bei den Prüfverfahren für die Primzahleigenschaft diskutiert. Der Leser möge sich das dort Gesagte noch einmal in Erinnerung rufen. Jedes Verfahren besitzt einen bestimmten Einsatzrahmen (*Größe der zusammengesetzten Zahl n oder der Teiler p*), innerhalb dessen es optimal arbeitet. In der Praxis werden daher häufig aufeinander abgestimmte Verfahren nacheinander eingesetzt.

Das einfachste deterministische Verfahren ist sicherlich die *Probedivision*: für die Zahl n werden die Kongruenzen

$$\left(\forall\, p \le \left[\sqrt{n} \right] \;,\;\; p \in P \right)\;\; \left(r \equiv n \bmod p \right) \tag{5-1}$$

berechnet. Das Verfahren stoppt, wenn ein Teiler gefunden ist $(r = 0)$, und benötigt maximal $\left[\sqrt{n} \right]$ Schritte (*und ist damit für große Zahlen unbrauchbar, wie bereits mehrfach festgestellt wurde*).

Die Probedivision ist für Prüfungen von Zahlen beliebiger Größe auf kleine Primzahlteiler geeignet, da systematische Primzahltabellen nach Algorithmus 4.1-2 nur bis zu einer bestimmten Größe sinnvoll erzeugbar sind, und kann zu Beginn eines Faktorisierungsversuches durchgeführt werden. Die Filterwirkung ist bei größeren Zahlen allerdings beschränkt, wie folgendes Beispiel zeigt: ab $\left(10^{25} + 1 \right)$ finden sich unter den nächsten 10.000 ungeraden Zahlen 327 Primzahlen. Mittels Probedivision mit verschiedener Basengröße weisen folgende Anzahlen der verbleibenden Zahlen keine Faktoren in der Basis auf:

---

154 Unter „dauerhaft" sind Informationen zu verstehen, die auch zukünftige Nachrichten korrumpieren. Ein einmaliger Einbruch in eine Nachricht, der nicht wiederholt werden kann, zählt nicht dazu.

Basengröße	100	1.000	10.000	100.000
N.F	1.433	904	613	448

Tabelle 5-1: Ergebnisse einer Probedivision

Der Einsatz der Probedivision ist bei der Prüfung der Primzahleigenschaft (*siehe Lucas-Test*) und bei der Kontrolle von Hilfsparametern in komplexeren Verfahren zu suchen. Bei vermuteten Teilbarkeitsverhältnissen liefert eine Probedivision, nun aber nicht unsystematisch, sondern mit ausgewählten Parametern, Gewissheit. Wie ein Blick auf die Algorithmen lehrt, gehört die Division aber auch zu den aufwendigsten Elementarverfahren. Man wird man daher stets versuchen, die Anzahl der „ausgewählten" Parameter so weit wie möglich zu reduzieren, bevor Probedivisionen durchgeführt werden.

5.1 Der Fermat'sche Algorithmus

Der **Fermat-Algorithmus** ist eine Implementierung folgenden Theorems:

Satzes 5.1-1: sei n zusammengesetzt und ungerade. Dann gilt

$$\left(\exists\, a,b \in N\right)\left(1 < a < b < n\right)\left(b^2 - a^2 = n \quad \Leftrightarrow \quad (b-a)|n \,\wedge\, (b+a)|n\right) \quad (5.1\text{-}1)$$

Beweis: *(1) Teilereigenschaft* es gilt nach dem binomischen Satz

$$(b+a)*(b-a) = b^2 - a^2 \quad\quad\quad\quad\quad\quad (5.1\text{-}2)$$

Wenn die Differenz der Quadrate gleich n ist, dann ist $(b-a)$ ein Teiler von n.

(2) Existenz sei $n=a*b$ *(also zusammengesetzt)*, dann sind a und b ungerade Zahlen wegen n. Wir setzen $x=(a-b)/2$, $y=(a+b)/2$ und erhalten

$$y^2 - x^2 = \tfrac{1}{4}*(a^2 + 2ab + b^2 - a^2 + 2ab - b^2) = a*b = n \quad (5.1\text{-}3)$$

Es existiert immer ein Zahlenpaar, dessen Differenz der Quadrate n ergibt. ❑

Dieser Satz ist die Grundlage für fast alle probabilistischen Faktorisierungsalgorithmen, wie wir im weiteren sehen werden. In der Hauptsache unterscheiden sich die verschiedenen Algorithmen durch die Ansätze, wie geeignete Zahlenpaare (a,b) ausgewählt werden können. Wir untersuchen zunächst die deterministische Form, d.h. das systematische Ausprobieren von Zahlenpaaren ohne irgendwelche Filterungsversuche. Auf den ersten Blick scheint eine solche Vorgehensweise kaum Vorteile gegenüber einer Probedivision zu bieten. Eine genauere Untersuchung zeigt jedoch eine Reihe von Tuningmöglichkeiten auf, weshalb wir diesem Algorithmus trotz seiner relativen Bedeutungslosigkeit für die Praxis etwas genauer untersuchen werden. Der Leser betrachte die folgenden Ausführungen als Vorübung und Einführung in die Optimierung von Algorithmen.

Der Algorithmus beginnt mit der Auswahl der Zahlenpaare bei $y = \left[\sqrt{n}\right] + 1$ (falls $\left[\sqrt{n}\right] \neq n$) und prüft, ob die Differenz von y^2 zu n dem Quadrat einer kleinen Zahl x entspricht. Im weiteren wird die Zahl y schrittweise erhöht. Der Algorithmus ist, wie die Probedivision, deterministisch und endet (falls n doch prim ist) bei

$$a = \tfrac{1}{2}(n + 1) \, ; \, b = \tfrac{1}{2}(n - 1) \tag{5.1-4}$$

Der zu treibende Aufwand ist letztendlich der gleiche wie der der Probedivision, was auch diesen Algorithmus für praktische Faktorisierungsversuche unbrauchbar macht. Die Suche beginnt jedoch genau am anderen Ende des Intervalls als die Probedivision. Werden M Versuche unternommen, so lassen sich

➔ mit der Probedivision Faktoren im Intervall $1 < f \leq M$,

➔ mit dem Fermat'schen Algorithmus Faktoren im Intervall $\sqrt{n} \geq f \geq \sqrt{n} - M$ finden.

Die beiden Verfahren ergänzen sich somit in gewisser Weise, wenn auch das Loch in der Mitte in der Praxis immer riesig ausfällt.

Doch nun zur Optimierung: laut der formalen Beschreibung benötigen wir alle mathematischen Elementaroperationen sowie das Wurzelziehen als zusammengesetzte Operation. Durch eine erste Untersuchung können wir einige der Operationen einsparen:

Optimierung 5.1-2, Reduktion auf Addition und Subtraktion: betrachten wir die Größe

$$r = y^2 - x^2 - n \, , \tag{5.1-5}$$

die Null wird, wenn ein passendes Paar (x,y) gefunden ist. Durch wechselseitiges Erhöhen von y oder x in zwei verschachtelten Schleifen wird r jeweils positiv oder negativ. Das Wurzelziehen ist nicht notwendig, und auch die aufwendige Division tritt nicht mehr auf.

Über das Wurzelziehen hinaus lässt sich auch das Quadrieren und damit die Multiplikation vermeiden. Wird x um v Einheiten erhöht, so erhöht sich das Quadrat um:

$$x \to (x + v) : x^2 \to (x + v)^2 = x^2 + 2 * v * x + v^2 \tag{5.1-6}$$

Bei Übergang von x nach $(x + v)$ ändert sich der Wert des Quadrates um $(2 * v * x + v^2)$. Die Änderung ist also eine lineare Funktion der Basis. Bei einem weiteren Schritt finden wir

$$2 * v * x + v^2 \to 2 * v * (x + v) + v^2 = 2 * v * x + 3 * v^2 \, , \tag{5.1-7}$$

und die iterierte Zunahme steigt konstant jeweils um $2v^2$. Der Algorithmus kann daher ausschließlich mit Addition und Subtraktion implementiert werden, wobei als Vorschub jeweils eine Einheit gewählt wird. Durch den Fortfall der aufwendigen Operationen Division und Multiplikation lässt sich der Algorithmus effizienter gestalten als eine Probedivision (*bei der man, wie der Name sagt, um die Division nicht herum kommt*). Die Untersuchung hat sich somit gelohnt !

Bei einer Implementation wird man bemerken, dass bei Erhöhung von y jeweils eine ganze Reihe von Additionen für x notwendig sind, um das Vorzeichen erneut umzukehren. Durch teilweise Wiedereinführung der eingesparten Operationen lässt sich die Anzahl wirkungsvoll reduzieren und sich der Algorithmus weiter verbessern:

Optimierung 5.1-8, Vorschubsteuerung: bei größeren Zahlen liegen x und y weit auseinander. Die Annäherung an den Vorzeichenwechsel bei Erhöhung von x erfolgt in diesem Fall besser durch einen großen (*aber möglicherweise nicht exakten*) Schritt unter Verwendung einer Multiplikation. Die Feinprüfung erfolgt anschließend auf der Basis »Addition/ Subtraktion« in wenigen Schritten.

Werden v Additionen hintereinander durchgeführt, so folgt für die Änderung von r :

$$\Delta r = v*x + 2*\sum_{k=1}^{v-1} k = v*(x+v-1) \tag{5.1-9}$$
$$\Delta x = 2*v$$

Zu berechnen ist für jeden Schritt die Zahl v bis zum Vorzeichenwechsel. Setzen wir $r_{max} = y - x$, so folgt für v_{max} :

$$v_{max} = -\frac{x-1}{2} + \sqrt{\frac{(x-1)^2}{4} + r_{max}} \tag{5.1-10}$$

Diese Gleichung ist natürlich nicht geeignet, in der Hauptschleife des Algorithmus die Anzahl der Additionen abzubauen; man kann sie aber in der Initialisierungsphase für eine Prognose des ersten Wertes von v zu benutzten, da gerade bei den ersten Schritten die größten Inkrementintervalle auftreten. Um zu Abschätzungen von v_m während der Hauptprogrammschleife zu gelangen, betrachten wir das weitere Verhalten genauer. Da mit „besseren" Formeln als (5.1-10) kaum zu rechnen ist, benutzen wir eine semiempirische Vorgehensweise anstelle einer exakten mathematischen Behandlung und suchen eine einfache, nur annähernd genaue Beziehung, die nicht mehr als eine Multiplikation oder Division benutzen soll. Wie eine Messung zeigt, fallen die Werte von Δv in aufeinander folgenden Programmschleifen unabhängig von den Absolutwerten stark ab (*Abbildung 5.1-1*). Die erste Änderung von v ist abhängig von n und y , da die ganzzahlige Wurzel nahe an n oder auch relativ weit entfernt liegen kann. Ab der 2. Änderung hängt der Wert im wesentlichen nur noch von y und x ab und ist (*fast*) unabhängig vom Startwert. Die relative Änderung ist näherungsweise proportional zur reziproken Schleifenzahl.

Der Absolutwert ist proportional zur Wurzel aus y und lässt sich in der Initialisierungsphase einmalig berechnen. Die Anzahl der Additionen lässt sich damit reduzieren durch Einführung einiger Multiplikationen und einer Division:

$$\begin{aligned}
r &= r - v*(x+v-1) \quad &\{ \text{ v-facher Vorschub im Quadrat } \} \\
x &= x + 2*v \quad &\{ \text{ Anpassung der Quadratbasis } \} \\
v &= v*k_1/(k_2*loop) \quad &\{ \text{ Anpassung von } v \}
\end{aligned} \tag{5.1-11}$$

Da eine Reihe von Vereinfachungen vorgenommen wurden, muss um die Zielwerte mit Additionen/Subtraktionen feiner positioniert werden. Daraus lassen sich ggf. weitere Korrekturwerte für die Anpassung von v gewinnen.

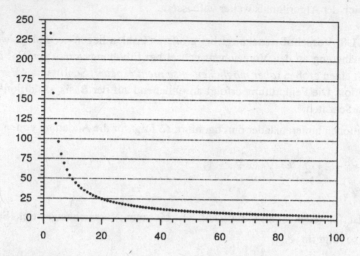

Abbildung 5.1-1: Relative Änderung von y als Funktion der Schleifenanzahl

Kosten/Nutzenbetrachtung der zweiten Optimierung: die Multiplikation in der Hauptschleife des Algorithmus ist gegenüber der reinen Addition günstiger, so lange

$$k_1 * b^2 - (v + k_3) * k_2 * b < 0 \qquad (5.1-12)$$

gilt. Dabei sind k_1 und k_2 von n unabhängige Konstanten, b ist die Bitbreite von y. In den Elementaralgorithmen ist der Multiplikationsaufwand quadratisch in der Zahlenlänge, die Addition linear. Dies erlaubt, innerhalb des Algorithmus die Optimierung in zwei Stufen auszublenden: Ausblenden der Division bei zu kleinen v - Korrekturen (*der Fall tritt relativ früh ein*) , Ausblenden der Multiplikation (*der Fall tritt außer bei relativ kleinen Zahlen, die komplett berechnet werden können, nicht ein*).

Wie effektiv ist der einfache Fermat'sche-Algorithmus im Vergleich zur Probedivision? Da er vorzugsweise auf große Faktoren reagiert (*Primfaktoren und zusammengesetzte Faktoren*), die jedoch relativ dünn in der Testmenge vorhanden sind, ist im Mittel nicht mit einem besseren Erfolg als bei der Probedivision zu rechnen. Tatsächlich gelingt es nicht, mit dem gleichen Aufwand (*10.000 Zyklen*) eine der in Tabelle 5-1 bei der Probedivision übriggebliebenen Zahlen zu faktorisieren. Die ausführliche Diskussion ist, wie schon eingangs bemerkt, nur als Übung zu betrachten.

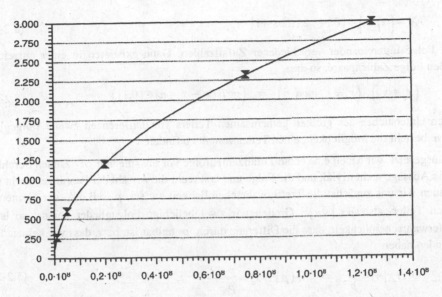

Abbildung 5.1-2: Absolutwerte der Änderung (Startwerte) als Funktion von SQRT(y)

5.2 Pollard's ρ- und (p-1) - Algorithmus

Wir kommen nun zu einigen probabilistischen Verfahren. Nachdem die deterministischen Algorithmen die Ränder des Testintervalls bearbeitet haben, bleibt ihnen die Prüfung des weiten Mittelbereiches überlassen. Wenn auch nicht zwingend notwendig, werden wir bei den theoretischen Begründungen im weiteren voraussetzen, dass die Testzahl n nur zwei große Primzahlen als Teiler aufweist. Die ersten beiden Algorithmen schließen sich an die diskutierten deterministischen Verfahren an und decken einen mittleren Zahlenbereich bis $\approx 10^{20} - 10^{25}$ ab.

Es sei daran erinnert, dass probabilistische Verfahren mit einiger Wahrscheinlichkeit relativ rasch zu einem Ergebnis kommen, aber auch vollständig versagen können. Sofern der Leser in guter Fortsetzung der bisher geübten Praxis die Algorithmen in Implementationen umsetzt, seien stillschweigend Kontrollmechanismen zum Abbruch der Programme als vorhanden vorausgesetzt, ohne dass wir dies speziell notieren[155].

Der erste Algorithmus prüft verschiedene Zahlenpaare nach einem Zufallsprinzip.

Algorithmus 5.2-1, ρ-**Algorithmus**: die grundsätzliche Vorgehensweise ist schnell beschrieben: sei $n=p*q$ zusammengesetzt und

---

155 Bei ausgeprägtem Hang zum Risiko und zur Vereinfachung kann natürlich auch auf den Resetknopf, den Netzschalter, gewaltsamer Herausziehen des Steckers aus der Dose und ähnliches gebaut werden .

$$X = \left\{ x_1, \ldots \right\} \subseteq \left\{ 0, 1, 2, \ldots n-1 \right\} \tag{5.2-1}$$

eine Folge untereinander verschiedener Zufallzahlen. Dann existieren in einer ausreichend großen Folge Zahlenpaare, so dass

$$\left(x_i \neq x_j \right) \left(x_i \equiv x_j \bmod p \right) \;\Rightarrow\; \left(ggT\,(x_i - x_j, n) \notin \{0,1\} \right) \tag{5.2-2}$$

Durch Untersuchen des größten gemeinsamen Teilers von Differenzen zweier Folgeglieder mit n besteht die Möglichkeit, einen Teiler von n zu finden.

Vorausgesetzt, wir haben eine echte Zufallzahlenfolge vor uns, die alle n Zahlen durchläuft, ist die Aussage recht trivial, und die Folge und erst recht die Anzahl der Paarungen recht groß. Schauen wir uns zunächst die Trefferwahrscheinlichkeit an: sei p o.B.d.A. der kleinere der beiden Teiler, also $p \leq \left[\sqrt{n} \right]$. Greifen wir zwei beliebige Folgeglieder heraus, so ist die Trefferwahrscheinlichkeit, dass die Differenz durch p teilbar ist, bzw. dass wir keinen Teiler gefunden haben

$$w(\Delta x \mid n) = \frac{1}{p} \quad\Leftrightarrow\quad w(p \nmid \Delta x) = \frac{p-1}{p} \tag{5.2-3}$$

Nach d „Ziehungen" verschiedener Differenzen ist die Wahrscheinlichkeit, dass der Algorithmus noch nicht zu einem Ende gekommen ist, also kein Teiler gefunden wurde

$$w(p \nmid (\prod \Delta x)) = \frac{\displaystyle\prod_{k=1}^{d}(p-k)}{p^k} \tag{5.2-4}$$

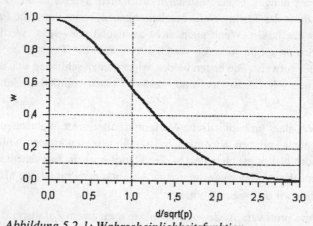

Abbildung 5.2-1: Wahrscheinlichkeitsfunktion

Diese Funktion ist in Abbildung 5.2-1 dargestellt. Bei $d = \sqrt{p}$ liegt die Wahrscheinlichkeit bei 0,5 , darunter fällt sie relativ schnell auf Null. Im Mittel ist der zu erwartende Aufwand somit

$$O \sim \sqrt{p} \sim \sqrt[4]{n} \qquad (5.2\text{-}5)$$

Muss der Algorithmus vollständig ablaufen, so besitzt ein schlechteres Laufzeitverhalten als die beiden bisher untersuchten: aufgrund der Anzahl der möglichen Paare liegt der Aufwand in der Größenordnung von n^2 , ganz abgesehen von dem Buchführungsproblem, bereits untersuchte Differenzen nicht ein zweites mal zu untersuchen. Im Gegensatz zu den anderen Algorithmen, die ein lineare Verteilung aufweisen, besitzen aber nur wenige Parameterkombinationen diese ungünstige Eigenschaft und er endet daher mit hoher Wahrscheinlichkeit trotzdem schneller als die beiden anderen – aber eben nur mit hoher Wahrscheinlichkeit.

Implementation 5.2-2: das möglicherweise ungünstigere Laufzeitverhalten ist nicht der einzige Anlass, den Algorithmus 5.2-1 als probabilistisch zu bezeichnen, sondern wir können hierzu auch die Zahlenfolge X bemühen. Wie wir aus Erfahrung wissen, existiert eine echte Zufallzahlenfolge eigentlich nicht, und wir müssen auf unsere Erfahrungen mit Zufallzahlengeneratoren zurückgreifen. Prinzipiell können wir jeden beliebigen Generator verwenden, bekommen jedoch dann ein Problem der Buchführung bereits untersuchter Zahlenpaare. Wir wählen daher eine etwas andere als die bereits untersuchten Formen: ist $f(x)$ ein irreduzibles Polynom der Form

$$f(x) = x^2 + c \quad \vee \quad f(x) = x^2 + x + c \, , \qquad (5.2\text{-}6)$$

dann können wir einen nichtlinearen Generator für Pseudo-Zufallzahlen in der Form

$$x_{i+1} \equiv f(x_i) \bmod n \qquad (5.2\text{-}7)$$

konstruieren. Bei geeigneter Wahl des Generatorpolynoms wird eine große Zahl von Restklassen *mod n* durchlaufen (*möglicherweise nicht alle, was dem Algorithmus eine prinzipielle Wahrscheinlichkeit des Versagens aufzwingt*). Prüfen wir die Glieder der Folge paarweise der Reihe nach und finden ein erstes Paar, für das

$$x_i \equiv x_j \bmod p \, , \quad i < j \qquad (5.2\text{-}8)$$

gilt, so bleibt diese Äquivalenz zwischen den Nachfolgern dieser Glieder bestehen:

$$\left(x_{i+1} \equiv f(x_i) \bmod n \ \wedge \ x_j \equiv x_i \bmod p \right) \Rightarrow \left(x_{j+1} \equiv x_{i+1} \bmod p \right) \qquad (5.2\text{-}9)$$

Die fortlaufende Zyklizität ist durch Einsetzen der Generatoren (5.2-6) unmittelbar nachvollziehbar. Unbekannt ist jedoch, ab welchem Indexpaar (i,j) ein Zyklus erreicht wird, wie groß der Abstand $d = |i - j|$ ist und ob für einen speziell gewählten Generator überhaupt ein Zyklus existiert.

Wir können diese Eigenschaft in der Implementation dazu ausnutzen, sowohl i als auch j zu variieren, ohne allzu lange bei einem möglicherweise ungünstigen Index stehen zu bleiben oder bereits geprüfte Indexdifferenzen noch einmal zu prüfen. Festzulegen und im Laufe einer Berechnung ggf. anzupassen sind zunächst:

1. Anzahl *MAX* der Iterationen
2. Auswahl des Generatorpolynoms

3. Auswahl der Konstanten c des Generatorpolynoms

Ausgehend von einem beliebig gewählten Startelement $x_0 \in M$, lautet der Algorithmus

$k \leftarrow 1$

$while\,(k < MAX)$

$\quad m \leftarrow 2^k - 1$

$\quad s \leftarrow 1$

$\quad j \leftarrow 2^{k+1} - 2^{k-1}$

$\quad while\,(j < 2^{k+1} - 1)$

$\quad\quad s \leftarrow s * (x_m - x_j)$

$\quad\quad j \leftarrow j + 1$ (5.2-10)

$\quad if\,(ggT\,(s,n) > 1)$

$\quad\quad Ausgabe\,(Faktor\ ermittelt)$

$\quad k \leftarrow k + 1$

Schauen wir uns die „Feinheiten" des Algorithmus etwas genauer an: ausgewertet werden nacheinander die Differenzen der in der folgenden Tabelle rechts stehenden Folgeglieder zum jeweils links stehenden Basisglied:

$$x_0 \ - \ x_1$$
$$x_1 \ - \ x_3$$
$$x_3 \ - \ x_6 \ , \ x_7$$
$$x_7 \ - \ x_{12} \ , \ x_{13} \ , \ x_{14} \ , \ x_{15}$$
$$x_{15} \ - \ x_{24} \ ,\dots \ x_{31}$$
...

Tabelle 5.2-1: rho-Algorithmus, Indizes bei Differenzenprüfung

Da unbekannt ist, ab welchem Indexpaar (i,j) die Kongruenz (5.2-8) auftritt, müssen formal sehr viele Folgeglieder ermittelt und paarweise ausgewertet werden. Der Algorithmus verzichtet auf die Ermittlung des ersten Indexpaars (i,j) und begnügt sich mit $(i+t, j+t)$. Z.B. würde bei $(3,8)$ beginnender Zyklus erst an der Stelle $(7,12)$ entdeckt. Andererseits ist (5.2-9) nicht umkehrbar, d.h. der Schluss

$$\left(x_i \equiv x_j \, mod \, p \ \Rightarrow \ x_{i-t} \equiv x_{j-t} \, mod \, p\right)$$ (5.2-11)

darf nicht gezogen werden. Das Basiselement i darf daher nicht konstant sein. Nach einer Anzahl von Prüfschritten wird es durch das letzte, zur Differenzbildung herangezogene Element ersetzt. Die Anzahl der Prüfschritte (*Differenzbildungen*) bestimmt die mögliche auffindbare Indexdifferenz. Sie wird jeweils verdoppelt. Nicht erneut geprüft werden bereits untersuchte Indexdifferenzen. Die Differenz $d=15-7$ ist z.B. bereits mit x_7 als Basiselement überprüft worden und wird bei Wechsel zu x_{15} nicht erneut geprüft, sondern der Algorithmus fährt mit der nächsten Differenz $d=24-15$ fort. Zusätzlich wird innerhalb eines Prüfzyklus aus Effizienzgründen nicht nach jedem Schritt der ggT berechnet, sondern einige Differenzen *mod n* akkumuliert.

Die Methodik des Basiselementvorschubs und der Verdopplung der Differenzenanzahl in jedem Prüfzyklus hat dem Algorithmus auch zu seinem Namen verholfen: die anfänglichen Durchläufe liegen vermutlich noch nicht im zyklischen Bereich und entsprechen symbolisch dem Anstrich im Zeichen ρ , nach einiger Zeit wird aber (*wahrscheinlich*) der zyklische Bereich erreicht, was durch den Kreis des Zeichens symbolisiert wird.

Führen wir mit diesem Algorithmus einen Faktorisierungsversuch auf dem Zahlenintervall durch, das in Tabelle 5-1 untersucht wurde, so bleiben bei 100.000 geprüften Differenzen noch 115 der nach der Probedivision verbliebenen 448 zusammengesetzten, aber nicht faktorisierbaren Zahlen übrig. Bei Erhöhung auf 10^6 Differenzen verringert sich die Anzahl auf 19. Statt 4,1% widersetzen sich jetzt nur noch 0,2% der Zahlen einem Faktorisierungsversuch. Außerdem befinden wir uns noch unterhalb von $\sqrt[4]{n}$ und können mit einem weiteren Erfolgsschub rechnen, wenn wir die Zahl der Prüfungen weiter erhöhen, während eine Ausweitung der Probedivision kaum weitere Faktorisierungen ermöglicht (*bei der Verringerung der widersetzlichen Zahlen von 115 auf 19 können wir bei der Probedivision mit dem gleichen Absolutaufwand, wenn wir Tabelle 5-1 extrapolieren, allenfalls einen Erfolg von 448 auf ca. 400 erwarten*).

Neben dem ρ-Algorithmus stammt ein weiterer vergleichbarer Algorithmus ebenfalls von dem Mathematiker Pollard, der **(p-1)-Algorithmus 5.2-3:** er basiert auf der Anwendung des Fermat'schen Satz 2.2-3: es gelte $n=p*q$ und $ggT(a,p)=1$. Wenn $(p-1)$ überwiegend kleine Teiler besitzt, dann lässt sich mit vertretbarem Aufwand ein m finden, so dass

$$a^m \equiv 1 \bmod p \quad \Leftrightarrow \quad ((p-1)|m \ \lor \ m|(p-1)) \qquad (5.2\text{-}12)$$

gilt. Liegt ein geeignetes Paar (m,a) vor, so folgt daraus

$$r \equiv a^{\,m} \bmod n \equiv 1 \bmod p \ \Rightarrow \ ggT(r-1,n) \neq 1 \qquad (5.2\text{-}13)$$

Durch Prüfung ausreichend großer, nicht primer Exponenten m und verschiedener Basen a besteht so die Möglichkeit, einen Teiler von n zu finden. Ein einfacher Algorithmus ist

$$j \leftarrow 1$$
$$while\ (\,j < j_{max})$$
$$a = rand\,(1..n-1) \quad ; \quad j \leftarrow j+1 \quad ; \quad k \leftarrow 1$$
$$while\ k < k_{max} \tag{5.2-14}$$
$$a \leftarrow a^k\ mod\ n \quad ; \quad k \leftarrow k+1$$
$$if\ (ggT\,(a-1,n) > 1)\ then\ Ausgabe\,(Faktor\ gefunden)$$

$$Ausgabe\,(kein\ Faktor\ gefunden)$$

Der Leser überzeugt sich schnell davon, dass dieser Algorithmus im k-ten Schritt den Exponenten

$$a\,(k) \equiv a^{\ k!}\ mod\ n \tag{5.2-15}$$

berechnet. Allerdings ist dieser Algorithmus mehr vom Zufall (*oder Glück*) abhängig als der vorhergehende, da mindestens einer der Faktoren nur kleine Teiler aufweisen darf und eine Restklasse a mit kleiner Ordnung bezüglich des Teilers gefunden werden muss. Sichere Primzahlen widersetzen sich dem Algorithmus mit Erfolg.

Wenden wir diesen Algorithmus wieder auf unser Beispielintervall an, so bleiben nun 206 der 448 Zahlen bei einem $m = 10^5!$ unfaktorisiert. Diese Algorithmus steht damit leistungsmäßig hinter dem zuvor diskutierten zurück, was nicht weiter verwundert, da er von seinem systematischen Charakter her eher einer Provedivision entspricht.

5.3 Quadratisches Sieb

Die bislang vorgestellten Algorithmen sind nur zur Faktorisierung von kleineren Zahlen brauchbar und stammen noch aus der Zeit vor den vorgestellten Verschlüsselungsalgorithmen. Ihre Zielsetzung ist denn auch nicht ein Angriff auf RSA-Module. Wir kommen jetzt zu Algorithmen, die durchaus ernsthaft für Angriffe auf Verschlüsselungen konstruiert sind. Allerdings ist das Brechen von aktuellen Verschlüsselungen auch nicht das Ziel dieser Algorithmen: jeder Verschlüsselungsalgorithmus kann mühelos ein paar Zehnerpotenzen in der Zahlengröße zulegen, ohne dass dies in der Rechengeschwindigkeit auffiele, und den Faktorisierungsalgorithmen damit den Wind aus den Segeln nehmen. Das Verhältnis von verwendeten Modulgrößen zu Faktorisierungserfolgen -heute ca. $10^{300} - 10^{600}$ gegenüber der derzeitigen Faktorisierungsobergrenze bei einer Zahl der Größenordnung 10^{135} - zeigt sehr deutlich, dass es hier nicht um einen Wettlauf geht; den hat die Verschlüsselungstechnik derzeit gewonnen[156]. Die Situation lässt sich ein wenig durch eine Anleihe aus der Biologie beschreiben, wo

---

156 Vergleiche aber auch die Anmerkungen zum Schluss des Buches. Vor gar nicht allzu langer Zeit hielten die meisten Wissenschaftler Faktorisierungen oberhalb 10^30 für unmöglich. Es gibt keine Garantie, dass nicht ir-

sich der Wettlauf zwischen Jägern und Gejagten in der Regel so stabilisiert, dass der Jäger nur alte oder kranke Tiere erwischt. Möglicher Grund für den unterschiedlichen Grad der Rüstung: *„die Gazelle rennt um ihr Leben, der Löwe nur für ein Abendessen.“*

Gleichwohl macht die Suche nach besseren Faktorisierungsalgorithmen natürlich Sinn: der mathematische Erkenntnisgewinn alleine würde zur Begründung schon ausreichen, aber auch praktisch sind solche Arbeiten wichtig. Staatliche wie kriminelle Organisationen (*man kann sich häufig darüber streiten, wo der Unterschied liegt*) sind vielfach sehr daran interessiert, Verschlüsselungen zu brechen, und sie besitzen auch das Finanz- und Mitarbeiterpotential, diesem Hobby effektiv nachzugehen (*wussten Sie, dass die US-amerikanische NSA fast die dreifache Größe, personell wie finanziell, der berühmten CIA besitzt und der größte Hardwareeinkäufer weltweit ist?*). Die Bemühungen der besten zivilen Köpfe setzen so auch ein Maß für das, was man solchen Organisationen zutrauen kann: wenn die besten offiziellen Versuche bei 10^{135} enden, verdopple man in bekannter Paranoia die Zehnerpotenz und hat dann eine Erwartungsgrenze, was der geheime Gegener kann oder in können wird. Liegt man drüber (*und das machen die heutigen Schlüsselsysteme*), dann hat man hoffentlich die nächsten zehn Jahre Ruhe.

Nach diesen Vorbemerkungen stellt sich die Frage, welcher der Faktorisierungsalgorithmen Gegenstand dieses Kapitels werden soll. Kandidaten gibt es mehrere, und der derzeit effektivste besitzt den klangvollen Namen „verallgemeinertes Zahlenkörpersieb“. Wie der Name schon andeutet, ist es zur Faktorisierung einer recht speziellen Klasse von Zahlen entwickelt und später auf den Allgemeinfall erweitert worden. Um doch weitgehend auf den Grundlagen aufbauen zu können, die bisher gelegt wurden, habe ich mich hier für den Kandidaten Zwei entschieden: das „quadratische Sieb“. Die offiziellen Erfolge mit diesem Algorithmus enden etwa drei bis fünf Zehnerpotenzen unter dem Zahlenkörpersieb, aber mit einigen Monaten zusätzlicher Rechenzeit auf einigen 100 Workstations ließe sich auch diese Lücke schließen – also kein deutlicher Verlust für den Leser, der nur auf Rekorde aus ist.

5.3.1 Der methodische Ansatz

Methodisch setzt das Quadratische Sieb wieder beim Fermat'schen Faktorisierungsalgorithmus an und sucht systematisch nach Kongruenzen der Art $x^2 \equiv y^2 \bmod n$. Ist n zusammengesetzt, so ist die Wahrscheinlichkeit, dass mit einer Kongruenz auch ein Faktor gefunden wird,

$$w(\ ggT\,(x \pm y, n) \notin \{1\,,\,n\}\ ) = 1/2\ ^{157} \tag{5.3-1}$$

Sind a Lösungen (x,y) bekannt, so ist die Wahrscheinlichkeit, dass eine Zahl nicht faktorisiert werden kann, nur noch proportional 2^{-a}. So weit ist das noch nichts wesentlich Neues. Der Trick besteht nun darin, die Suche nach den Paaren (x,y) zu effektivieren. Wir erinnern

---

gendein findiger Kopf sich in Kürze einen Algorithmus ausdenkt, der die Grenze auf $10^{\wedge}1000$ hochschiebt.

157 Im ungünstigen Fall ist $(x \pm y) \in \{1,n\}$, und wir erhalten keinen Faktor.

uns: beim Fermat'schen Faktorisierungsalgorithmus ist es durch Untersuchung der verschiedenen Terme gelungen, zunächst das Quadrieren einzusparen. Die gleiche Überlegung übertragen wir nun auf unsere größere Aufgabe[158] : werden Zahlen x »in der Nähe« von $\sqrt{n}$ quadriert, so erhalten wir Zahlenpaare $x^2 \equiv f \ mod \ n$, von denen eine bereits ein Quadrat ist. Als „Nähe" definieren wir eine Schranke M , um die die zu quadrierende Zahl von $\sqrt{n}$ abweichen darf und die so gewählt wird, dass die Kongruenzen f der Quadrate $mod \ n$ durch einfache Subtraktion zu ermitteln sind. Wir erhalten so eine geordnete Menge $B\,(M,n)$ von zu „nahen Quadratzahlen" kongruenten Zahlen f_k :

$$B\,(M,n) = \{(k,\,f_k): f_k = ([\sqrt{n}] + k)^2 - n \ \wedge \ -M \le k \le +M\}$$
$$\Rightarrow \ \sup\left(\left|f_k\right| \approx M * [\sqrt{n}]\right) \tag{5.3-2}$$

Zu prüfen ist nun, ob diese f_k ebenfalls Quadrate sind. Dies könnte natürlich durch Probeziehen der Wurzel erfolgen. Da wir einen Algorithmus zum Wurzelziehen ohnehin benötigen, stellen wir dem Leser an dieser Stelle die Aufgabe, einen solchen zu entwickeln. Das lässt sich recht schnell erledigen, wenn man sich an das Newton'sche Iterationsverfahren für einfache Nullstellen von Funktionen aus der Analysis erinnert, mit dem sich die seit dem Altertum bekannte Iterationsformel $x_{k+1} = (x_k + n/x_k)/2$ für $\sqrt{n}$ ableiten lässt. Da wir es hier aber mit ganzen und nicht mit Reellen Zahlen zu tun haben, sind einige Umformungen in der Herleitung der Formel nicht erlaubt, und die Iterationsformel besitzt ein etwas anderes Aussehen (*Übung*).

Wir werden hier eine andere Strategie zum Einsatz bringen: um festzustellen, ob eine Zahl f_k eine Quadratzahl ist, zerlegen wir sie in ihre Primfaktoren[159]:

$$P_{n,m} = \{p : p \in P\} \ \wedge \ \left|P_{n,m}\right| = m \quad , \quad f_k = \prod_{i=1}^{m} p_i^{a_{k,i}} * f_{k,rest} \tag{5.3-3}$$

Die f_k sind allerdings ebenfalls recht große Zahlen, so dass eine vollständige Faktorisierung aller Zahlen durch eine aufwendige Probedivision ebenfalls im rechentechnischen Nirvana enden würde. Wir schränken daher die Faktorisierungsversuche ein, in dem wir die Menge der Primzahlen, die für die Faktorisierung verwendet werden, auf die Größe m beschränken. Zahlen, die sich dem widersetzen und einen nicht faktorisierten größeren Rest aufweisen, ignorieren wir einstweilen, werden sie aber später noch einer „Sonderbehandlung" unterwerfen. Das Ergebnis der Faktorisierung ist die Menge

$$F = \left\{(f_k,r_k) \mid f_k = ([\sqrt{n}] - r_k)^2 - n = \prod_{p \in P_{n,m}} p^{\alpha}\right\} \tag{5.3-4}$$

---

158 Da wir es mit größeren Zahlen zu tun haben und weitere Beziehungen ermittelt werden, ändern wir die Nomenklatur passend ab. Auch werden die Schritte auf mehrere Stufen verteilt, um die Klarheit der Gesamtdarstellung zu wahren. Der Leser wird jedoch unschwer die Ähnlichkeiten erkennen.

159 Um eine große Zahl Faktorisieren zu können, machen wir das gleiche also zunächst mit etwas kleineren!

der Mächtigkeit $K \ll M$. Aus Untersuchungen in früheren Kapiteln wissen wir, dass nicht zu jeder Restklasse eines Moduls eine Quadratwurzel existiert. Bei der Auswahl der Primzahlen müssen wir daher davon ausgehen, dass die Zusammenstellung der Primzahlen von der zu faktorisierenden Zahl n abhängt und es sich nicht um die ersten m Primzahlen handeln muss. Sind alle Exponenten a_{ki} nach Faktorisierung und Aussonderung der Zahlen mit Faktorisierungsrest in (5.3-3) gerade Zahlen, so ist f_k bereits das Quadrat einer Zahl, und wir können prüfen, ob wir damit einen Faktor von n gefunden haben.

Die Wahrscheinlichkeit für das Auftreten eines „spontanen Quadrates" ist allerdings fast Null, so dass dieser Fall vermutlich nicht eintritt (*deshalb haben wir es auch gar nicht erst mit Wurzelziehen versucht*). Wir können die faktorisierten Zahlen jedoch zur Konstruktion eines Quadrates benutzen: bilden wir ein Produkt mehrerer f_k, so ist bei Auswahl einer geeigneten Teilmenge zu erwarten, dass im Produkt nur noch gerade Exponenten auftreten. Setzen wir die Faktorzerlegung der f_k ein, so suchen wir:

$$Y^2 = \prod_{k=i}^{K} f_k^{c_k} = \prod_{i=1}^{m} p_i^{\sum_{k=1}^{K} c_k * a_{k,i}}$$

(5.3-5)

$$\Rightarrow c_k \in \{0,1\} \quad , \quad \sum_{k=1}^{K} c_k * a_{k,i} \equiv 0 \; mod \; 2$$

Eine geeignete Kombination von f_k lässt sich somit durch Lösen eines linearen Gleichungssystems *mod 2* finden. Liegt eine ausreichende Anzahl von Faktorisierungen vor (*typischer weise* $K \approx m$), so ist das Gleichungssystem lösbar, da alle f_k voneinander verschiedene Faktorisierungen aufweisen und die Gleichungen damit linear unabhängig sind. Ein so gefundenes F ist kongruent *mod n* zu

$$X^2 = \prod_{k=1}^{K} \left([\sqrt{(n)}] + k \right)^{c_k * 2}$$

(5.3-6)

Werden $K > m$ Faktorisierungen ermittelt, so erhalten wir mehrere unabhängige Lösungen, womit die Wahrscheinlichkeit, einen nichttrivialen Faktor

$$1 < ggT\left((X \pm Y), n\right) < n$$

$$Y = \prod_{i=1}^{m} p_i^{\left(\sum_{k=1}^{K} c_k * a_k\right)/2} \; mod \; n$$

(5.3-7)

$$X = \prod_{k=1}^{K} \left(\sqrt{n} + r_k\right)^{c_k} \; mod \; n$$

zu finden, steigt.

Damit haben wir das Prinzip des quadratischen Siebes bereits beschrieben. Um diese Gesamt-strategie in einen brauchbaren Algorithmus umzusetzen, sind folgende Einzel- und Zusatz-aufgaben zu untersuchen bzw. lösen:

➜ Die f_k werden sich um so leichter Faktorisieren lassen, je größer die Anzahl m der Primzahlen ist. Zu rechnen ist mit zwei gegenläufigen Effekten:

  ➢ Eine (*bestimmte*) große Primzahl tritt als Faktor relativ selten auf, so dass ab einer be-stimmten Größenordnung bei einer weiteren Erhöhung der Primzahlanzahl nur noch mit einer mäßigen Leistungssteigerung zu rechnen ist.

  ➢ Verschiedene große Primzahlen sind in großen Zahlen so häufig vertreten, dass mit ei-ner größeren Anzahl nicht zerlegbarer f_k gerechnet werden muss.

➜ Wir erwarten, dass in $P_{n,m}$ sind nicht alle kleinen Primzahlen sinnvoll sind. Neben einer Prüfung dieser These ist auch ein Auswahlalgorithmus für geeignete Primzahlen notwen-dig.

  Aus einer Beschränkung der geeigneten Primzahlen ergibt sich auch die Frage nach einer Auswirkung auf das Zerlegungsergebnis der f_k. Möglicherweise erweisen sich be-stimmte n infolge der Beschränkung als „härter" als andere.

➜ Für die Lösung des linearen Gleichungssystems sind etwa m faktorisierte f_k notwen-dig[160]. Die notwendige Anzahl $(2*M)$ der insgesamt zu erzeugenden f_k hängt von der Wahrscheinlichkeit ab, mit der eine Zahl gegebener Größe faktorisiert werden kann. Es ist zu erwarten, dass bei größer werdendem n nur ein geringerer Teil der Zahlen faktori-sierbar ist (*siehe ersten Spiegelstrich*), so dass $M \gg m$ ist.

➜ Die Faktorisierung einer Zahl lässt sich nur durch eine aufwendige Probedivision durch-führen. Da nur bei wenigen Zahlen eine vollständige Zerlegbarkeit zu erwarten ist, sollten aus der Gesamtmenge $B(M,n)$ durch ein schnelles Verfahren zunächst die Kandidaten für eine Faktorisierung ermittelt werden, die sich mit hoher Sicherheit auch vollständig zerle-gen lassen.

➜ Falls die Anzahl der faktorisierten f_k bei großen n trotz aller veränderbaren Parameter nicht ausreichend ist, sind Ersatzstrategien zur Ermittlung weiterer Zahlenpaare notwendig. Zu denken ist an

  ➢ die Nutzung von f_k mit bestimmten, nicht zerlegbaren Restfaktoren sowie

  ➢ andere Algorithmen, die ausreichend kleine f_k für weitere Versuche liefern.

---

160 Der Leser beachte den Begriff „etwa". In der linearen Algebra hat der Leser gelernt, dass hier „genau" stehen muss. „Genau" bedeutet auch hier die Garantie für eine Lösung. Da die Lösung aber *mod 2* gesucht wird, ist es durchaus möglich, aufgrund der zusätzlichen Bedingung bereits vorher eine Lösung zu ermitteln. m Gleichun-gen können sogar zu mehr als einer Lösung führen. In diesem Sinne ist das „etwa" zu verstehen.

5.3.2 Primzahlbasis

5.3.2.1 Elemente in der Basis

Wir untersuchen zunächst die Menge $P_{n,m}$ hinsichtlich der vermuteten Einschränkung, nicht alle kleinen Primzahlen als Elemente dieser Menge zuzulassen. Die Richtigkeit der Vermutung lässt sich leicht belegen. Ist p ein Primteiler von f_k, so folgt aus (5.3-2)

$$n \equiv \left([\sqrt{n}] + k \right)^2 \bmod p \tag{5.3-8}$$

und n ist als Quadrat einer Zahl $\bmod\ p$ darstellbar. Die Primzahlbasis muss auf solche Primzahlen beschränkt werden, für die n ein solcher „quadratischer Rest" ist.

Zu suchen ist damit nun zunächst ein Algorithmus, der die Feststellung erlaubt, ob n quadratischer Rest zu einem vorgegebenen p ist. Der Algorithmus muss außerdem hinreichend schnell sein, da die Primzahlbasis (vermutlich) recht umfangreich werden wird. Die folgenden Überlegungen demonstrieren, mit wie erstaunlich einfachen Mitteln das Ziel zu erreichen ist. Wir starten mit der einfachen Definition einer Symbolik für die Eigenschaft „quadratischer Rest" (der Leser erinnere sich an die Vorabdefinition (4.2-45) im Kapitel „Primzahlprüfung" und andere bereits erfolgte Anwendungen. Wir holen nun die theoretischen Grundlagen nach):

Definition 5.3-1: für $p \in P$ ist das Legendre-Symbol (r/p) definiert durch

$$(r/p) = +1 \quad \Leftrightarrow \quad (\exists\, t)(r \equiv t^2 \bmod p)$$
$$(r/p) = 0 \quad \Leftrightarrow \quad p\,|\,r$$
$$(r/p) = -1 \quad \Leftrightarrow \quad (\forall\, t)(r \neq t^2 \bmod p)$$

Im weiteren setzen wir $p \nmid r$ voraus, da wir ansonsten einen Teiler gefunden hätten und fertig wären. Aus der Definition folgt unmittelbar

Korollar 5.3-2:

(a) $\quad a \equiv b \bmod p \;\Rightarrow\; (a/p) = (b/p)$

(b) $\quad (a^2/p) = 1$

(c) $\quad g$ ist primitive Restklasse $\bmod\ p \;\Rightarrow\; (g/p) = -1$

(d) $\quad (a/p) \equiv a^{(p-1)/2} \bmod p$

Aussage (c) des Korollars ist leicht nachzuvollziehen, da $(p-1)$ die Ordnung einer primitiven Restklasse ist, also $g^p \equiv g \bmod p$ mit p als kleinstem Exponenten gilt. Da p ungerade ist, lässt sich aus diesem Ausdruck keine Wurzel ziehen; er ist also kein quadratischer Rest.

Aussage (d) ist die unmittelbare Verallgemeinerung von (c), wobei mit der betragsmäßig reduzierten Repräsentatormenge mit Vorzeichen für die Restklassen argumentiert wird (*siehe (2.1-10)*). Diese Berechnungsvorschriften sind zwar eindeutig, aufgrund der Potenzberechnung aber nicht gerade sonderlich effektiv. Praktisch ähnlich unbrauchbar ist das ebenfalls eindeutige folgende Abzählschema von Gauß auf der gleichen Repräsentatormenge (*wir benötigen die Aussage später trotzdem*):

Lemma 5.3-3: der Wert des-Symbols ist gegeben durch

$$(a/p) = (-1)^{\mu}$$

$$\mu = \left| \left\{ r(aj) \; : \; r(aj) \equiv aj \bmod p \quad \wedge \quad r(aj) < 0 \quad \wedge \quad 1 \le j \le \frac{p-1}{2} \right\} \right|$$

μ ist die Anzahl der negativen multiplikativen Restklassen (*die Anzahl der Reste mit negativem Vorzeichen, wenn* $r(aj)$ *die Folge* $a, 2a, 3a, \dots$ *durchläuft*).

Beweis: wir führen die Abzählung auf Fall (d) von Korollar 5.3-2 zurück. Die $r(aj)$ sind betragsmässig eindeutig und bilden die Menge

$$\left\{ |r(aj)| \; : \; 1 \le j \le \frac{p-1}{2} \right\} = \left\{ 1, 2, 3, \dots \frac{p-1}{2} \right\} \tag{5.3-9}$$

Betragsgleiche Reste $r(a\,i), r(a\,j)$ mit verschiedenem Vorzeichen sind äquivalent zur Aussage $a(i-j) \equiv 0 \bmod p$, was wegen $0 < i + j < p$ nicht möglich ist. Bilden wir das Produkt aller $r(aj)$, so erhalten wir

$$\left(\prod_{i=1}^{(p-1)/2} r(aj) = (-1)^{\mu} \left(\frac{p-1}{2} \right) ! \right)$$

$$\equiv \left(\prod_{j=1}^{(p-1)/2} aj \equiv a^{(p-1)/2} \left(\frac{p-1}{2} \right) ! \right) \bmod p \tag{5.3-10}$$

und durch Kürzen und unter Verwendung von Korollar 5.3-2 (d) die Behauptung

$$(-1)^{\mu} \equiv a^{(p-1)/2} \bmod p = (a/p) \tag{5.3-11}$$

$\square$

Definition 5.3-1, Korollar 5.3-2 und Lemma 5.3-3 ermöglichen uns nun die Herleitung sehr einfach auszuwertender Rechenregeln.

Regel 5.3-4: Aus Korollar 5.3-2 erhalten wir mit $a = -1$ die Rechenregel

$$(-1/p) = (-1)^{(p-1)/2} \quad \Leftrightarrow \quad (-1/p) \equiv p \bmod 4 \tag{5.3-12},$$

da $(p-1)/2$ gerade für $p \equiv 1 \bmod 4$ und ungerade für $p \equiv 3 \bmod 4$ ist.

Regel 5.3-5: für $a = 2$ folgt aus Lemma 5.3-3

$$(2/p) = (-1)^{(p^2-1)/8} \quad \Leftrightarrow \quad (2/p) = \begin{cases} 1 & \text{für} \quad p \equiv \pm 1 \bmod 8 \\ -1 & \text{für} \quad p \equiv \pm 3 \bmod 8 \end{cases} \qquad (5.3\text{-}13)$$

denn für $a = 2$ erhalten wir die negativen Reste

$$r(2j) < 0 \qquad \Leftrightarrow \qquad \frac{p-1}{4} < j \leq \frac{p-1}{2} \qquad\qquad (5.3\text{-}14)$$

Für $p \equiv 1 \bmod 4$ sind dies $\mu = (p-1)/4$ Werte, und für $p \equiv 3 \bmod 4$ ist $\mu = (p+1)/4$
Für μ folgt daraus

$$\mu \equiv 0 \bmod 2 \quad \Leftrightarrow \quad (p \equiv 1 \bmod 8 \ \lor \ p \equiv -1 \bmod 8) \qquad\qquad (5.3\text{-}15)$$

Weitere direkte Regeln lassen sich nicht finden, dafür aber Reduktionsregeln, die eine schrittweise Reduktion auf (5.3-12) oder (5.3-13) erlauben. Wir betrachten zunächst den Sonderfall (p/q) , $p,q \in P$, $p < q$. Hierfür lässt sich eine

Umkehrungsregel (*Reziprozitätsregel 5.3-6*) finden, die $(p/q) \to (q/p)$ abbildet. Nach Definition 5.3-1 ist hier q durch $q' \equiv q \bmod p$ substituierbar. Die Größen im Legendre-Symbol sind insgesamt kleiner geworden, und eine mehrfache Anwendbarkeit dieser Operation, die wir aber noch getrennt nachweisen müssen, führt schließlich zu den auswertbaren Ausdrücken der Regel 5.3-4 oder Regel 5.3-5. Die Reziprozitätsregeln besitzen die Form

$$\begin{aligned} (q/p) &= (p/q) \quad &\Leftrightarrow \quad (p \equiv 1 \bmod 4 \ \lor \ q \equiv 1 \bmod 4) \\ (p/q) &= -(q/p) \quad &\Leftrightarrow \quad (p \equiv q \equiv 3 \bmod 4) \end{aligned} \qquad (5.3\text{-}16)$$

Beweis: mit Lemma 5.3-3 wird das Produkt der beiden reziproken Legendre-Symbole

$$(q/p) * (p/q) = (-1)^{s+t} \qquad\qquad (5.3\text{-}17)$$

Wir zählen wieder die negativen Reste aus. Wir betrachten $-r = i * q - j * p$ und wählen (i,j) so, dass

$$0 < r < \frac{p-1}{2} \qquad\qquad (5.3\text{-}18)$$

Wegen $q * i \equiv p * j - r \equiv -r \bmod p$ ist $-r$ einer der Reste, die durch Lemma 5.3-3 gezählt werden. Insgesamt sind dies s Stück. Mit der gleichen Überlegung für q erhalten wir mit

$$-r = i * q - j * p \quad , \quad -\frac{q-1}{2} < r < 0 \quad \Rightarrow \quad p * j \equiv q * i + r \equiv r \bmod q \qquad (5.3\text{-}19)$$

t weitere Reste. Die Menge

$$S = \left\{ -\frac{q-1}{2} < q*i - p*j < \frac{p-1}{2} \right\} \quad , \quad 1 \leq i \leq \frac{p-1}{2} \quad , \quad 1 \leq j \leq \frac{q-1}{2} \quad (5.3\text{-}20)$$

enthält $(s+t)$ Elemente, womit wir (5.3-17) mit Lemma 5.3-3 begründet haben. Vertauschen wir die Indizes (i,j) symmetrisch zu ihrem Definitionsintervall, so folgt

$$(i,j) \quad \rightarrow \quad \left(\frac{p+1}{2} - I \;,\; \frac{q+1}{2} - J \right)$$

$$1 \le i,I \le \frac{p-1}{2} , 1 \le j,J \le \frac{q-1}{2}$$

$$(5.3\text{-}21)$$

$$q*i - p*j = q*\left(\frac{p+1}{2} - I \right) - p*\left(\frac{q+1}{2} - J \right)$$

$$= \frac{q+1}{2} - \frac{p+1}{2} - q*I + p*J$$

Mit dem Indexpaar (i,j) ist damit auch das Indexpaar (I,J) in S enthalten. Die Anzahl der Elemente von S ist dann ungerade, wenn ein Indexpaar existiert, so dass

$$(i,j) \quad = \quad \left(\frac{p+1}{2} - i \;,\; \frac{q+1}{2} - j \right)$$

$$(5.3\text{-}22)$$

Das ist nur dann der Fall, wenn $p \equiv q \equiv 3 \bmod 4$ ist, wie durch Umformen zu sehen ist. ❑

Der Reziprozitätssatz und die anderen Regeln[161] gelten nach unseren bisherigen Definitionen nur für $q,p \in P$. Unser Interesse gilt jedoch zusammengesetzten Zahlen, angefangen bei einer wiederholten Anwendung der Reziprozitätsregel. Wir erweitern die Definitionen und Regeln daher auf diesen Fall:

Definition 5.3-7: das Jacobi-Symbol für ungerade Zahlen (m,n) ist definiert durch

$$(m = \prod p_k^{\alpha_k}) \quad (p_k \neq 2) \quad ((n/m) = \prod (n/p_k)^{\alpha_k})$$

Im Klartext: das Jacobi-Symbol das Produkt der Legendre-Symbole der Primfaktorzerlegung des Nenners.

Das Jacobi-Symbol ist eine reine Rechengröße, denn aus $(n/m) = 1$ folgt nicht, dass n automatisch auch ein quadratischer Rest zu der zusammengesetzten Zahl m ist. Der Leser erinnere sich in diesem Zusammenhang an Version zwei des Lucas-Tests zur Feststellung der Primzahleigenschaft. Wie anhand der Definition 5.3-7 leicht festgestellt werden kann, ist das nur dann der Fall, wenn $(n/p) = 1$ für jeden Primfaktor p von m gilt. Aus der Definition erhalten wir auch unmittelbar die Rechenregeln

$$n' \equiv n \bmod m \quad \Rightarrow \quad (n/m) = (n'/m)$$
$$(n/m)*(n'/m) = ((n*n')/m)$$
$$(n/m)*(n/m') = (n/(m*m'))$$

$$(5.3\text{-}23)$$

---

161 Wir haben (5.3-12) ff. als „Rechenregeln" formuliert, da wir sie im weiteren in dieser Form nutzen werden. Im Rahmen der Theorie genießen unsere Regeln jedoch durchaus den Status von „Sätzen"

Wenig Aufwand erfordert auch der Nachweis der erweiterten Regeln

$$(-1/m) = (-1)^{(m-1)/2}$$ (5.3-24)

$$(2/m) = (-1)^{(m^2-1)/2}$$

Setzen wir für $m = p*q$ Regel 5.3-4 und Regel 5.3-5 in (5.3-24) ein, so erhalten wir

$$(p*q-1) \equiv (p-1)+(q-1) \ mod \ 4$$ (5.3-25)

$$(p^2*q^2-1) \equiv (p^2-1)+(q^2-1) \ mod \ 16$$

Die Gültigkeit beider Äquivalenzen lässt sich leicht direkt nachrechnen und induktiv auf den allgemeinen Fall mehrerer Faktoren erweitern. Aus (5.3-23) und dem Reziprozitätssatz erhalten wir abschließend

$$(n/m)(m/n) = (-1)^{(n-1)/2 *(m-1)/2}$$ (5.3-26)

Die Rechenregeln des Jacobi-Symbols ermöglichen einen schnellen Algorithmus zur Berechnung einer Primzahlbasis: eine Primzahl ist genau dann Element der Basis, wenn das Legendre-Symbol $(n/p) = 1$ ist. Die Regeln erlauben nun Umformungen der Art

$$(n/p) = (a/p) = \pm 1 *(p/a) = \pm 1 *(b/a) = ... = \pm 1 \quad ,$$ (5.3-27)

$$\text{mit} \quad a \equiv n \ mod \ p \ , \quad b \equiv p \ mod \ a \ , ...$$

wobei der „Nenner" der Symbole im Laufe der Umformungen keine Primzahl mehr ist. Nach Festlegung der Basisgröße m prüfen wir alle Primzahlen ≥ 3 durch die Iteration:

Algorithmus 5.3-8: gegeben n , zu prüfen für $p \in P$ ist (res *enthält den Wert des Legendre-Symbols*).

$r \leftarrow 1$
if $n*p < 0$
　$n \leftarrow |n|$
　$p \leftarrow |p|$
　$res \leftarrow s \ mod \ 4$

while $n > 1$
　if $n > p$
　　$n \leftarrow n \ mod \ p$
　if $n \equiv 0 \ mod \ 2^a$
　　$n \leftarrow n/2^a$
　　if $(a \equiv 1 \ mod \ 2) \wedge (n \equiv \pm 3 \ mod \ 8)$
　　　$res \leftarrow - res$
　if $n < s$
　　if $(n \equiv 3 \ mod \ 4) \wedge (p \equiv 3 \ mod \ 4)$
　　　$res \leftarrow - res$
　　$swap \ (n \leftrightarrow p)$

Bei $res = 1$ kann die Primzahl in $P_{n,m}$ übernommen werden

Beispiel: $(383/443) = -(443/383) = -(60/383) = -(2^2/383)\,(15/383)$

$\qquad\qquad = -(15/383) = (383/15) = (8/15) = (2^2/15)\,(2/15) = (2/15) = 1$

Wir überlassen dem Leser die Implementation des Algorithmus.

5.3.2.2 Untersuchungen zur Basisgröße

Welche Erfolgsaussichten haben wir, mit einer vorgegebenen Primzahlbasis eine Zahl n vollständig zu faktorisieren? Falls es uns im ersten Anlauf nicht gelingt, eine ausreichende Anzahl der f_k in ihre Primfaktoren zu zerlegen, können wir die Primzahlbasis oder die Anzahl der untersuchten f_k vergrößern (*oder aufgeben*). Auf jeden Fall ist aber davon auszugehen, dass eine erhebliche Rechenzeit investiert werden muss, und zwar auch bereits für den ersten Versuch. Aus reinen Kostengründen sollten wir daher vorab abschätzen können, welche Erfolgsaussichten wir haben und ob sich gegebenenfalls weiterer Aufwand lohnt oder wir bereits die Obergrenze für dieses Verfahren erreicht haben.

Wir werden nun zunächst eine Näherungsformel zur Berechnung des Faktorisierungserfolges herleiten. Dieses Problem ist nicht neu im Bereich der Zahlentheorie, und grundlegende Überlegungen wurden bereits in den 30er Jahren des 20. Jahrhunderts angestellt, brauchbare Näherungen sind aber offenbar nur mit beträchtlichem Aufwand zu erhalten. Getreu unserem bisherigem Anspruch werden wir daher nur mit begrenztem theoretischen Aufwand in das Thema eindringen und ergänzend rechnerische Abschätzungen hinzuziehen. Es ist zwar nicht schwer einzusehen, dass rechnerische Lösungen nur begrenzt zu erhalten sind, da Zahlenbereiche in der Größenordnung $10^{30} \le k * \sqrt{n} \le 10^{70}$ außerhalb dessen liegen, was Simulations- oder Abzählalgorithmen bewältigen können, aber Theorie und begrenzte Praxis zusammen erlauben schon recht brauchbare Aussagen.

Die Zahlen f_k, deren Faktorisierungen wir suchen, spannen das Intervall

$$\left[-M * [\sqrt{n}]\,, + M * [\sqrt{n}] \right] \tag{5.3-28}$$

auf. Wir können die f_k in guter Näherung als Zufallzahlen in diesem Intervall betrachten und den wahrscheinlichen Faktorisierungserfolg für eine Zufallzahl untersuchen. Dazu definieren wir die zahlentheoretische Funktion $\psi(x, P_{n,m})$ als die Anzahl aller Zahlen kleiner x, die durch eine Primzahlmenge $P_{n,m}$ vollständig faktorisiert werden. Mit ihr ist

$$K = 2 * M * \frac{\psi(M * \sqrt{n}\,, P_{n,m})}{\sqrt{n}} \tag{5.3-29}$$

ein Schätzwert für die Anzahl der zu erwartenden Faktorisierungen K in einem Siebvorgang mit $2M$ Testzahlen.

Die Funktion $\psi(x,y)$ können wir als Zählfunktion formulieren, wobei wir vereinfachend zunächst annehmen werden, dass $P_{n,m}$ die ersten m Primzahlen enthält, also noch nicht durch den Jacobi-Filter reduziert ist. $y = p_m$ ist dann die größte Primzahl in $P_{n,m}$. Wir erhalten die rekursive Form

$$\psi(x,p_m) = \sum_{P < x} 1$$
$$P \in \left\{ R(\alpha_1, \dots \alpha_m) \mid R = \prod_{k=1}^{m} P_k^{\alpha_k} \;,\;\; 0 \le \alpha_k \le [\ln(x)/\ln(p_k)] \right\} \tag{5.3-30}$$

Auch wenn es auf den ersten Blick etwas verwegen aussieht: (5.3-30) lässt sich tatsächlich bis einer Größenordnung auszählen, die einen Vergleich mit analytischen Ausdrücken für die Funktion $\psi(x,y)$ erlaubt. Bevor wir uns einem Auszählungsalgorithmus zuwenden, wollen wir zunächst einen analytischen Ausdruck für den Vergleich ermitteln. Der Wert der Funktion $\psi(x,y)/x$ wird um so kleiner ausfallen, je größer das Verhältnis x/y ist. Es liegt also nahe, eine Einteilung des Verhältnisses x/y in verschiedene Klassen durchzuführen mit dem Ziel, über eine oder einige Klassen Aussagen zu erhalten und daraus auf die Eigenschaften anderer Klassen zu schließen. Als Klassenmerkmal verwenden wir das logarithmische Verhältnis der beiden Zahlen. Dazu führen wir anstelle von y den Parameter u ein:

$$y = x^{1/u} \quad \Leftrightarrow \quad u = \frac{\ln(x)}{\ln(y)} \tag{5.3-31}$$

Nehmen wir als Klassengrenzen jeweils die ganzzahligen Werte von u an, dann sind die u-ten Wurzeln aus x Klassengrenzen im Intervall $[1,x]$. Trivialerweise gilt für das nullte Intervall

$$0 < u \le 1 \quad \Rightarrow \quad \psi(x, x^{1/u}) = [x] \tag{5.3-32}$$

Für $1 < u \le 2$ müssen wir die durch Primzahlen $p > x^{1/u}$ teilbaren Zahlen abziehen. Wegen

$$p_a, p_b > y \quad \Rightarrow \quad p_a * p_b > x \tag{5.3-33}$$

müssen Produkte von Primzahlen nicht berücksichtigt werden, und wir erhalten

$$\psi(x,y) = [x] - \sum_{y < p \le x} \left[\frac{x}{p} \right] \tag{5.3-34}$$

Diesen Ausdruck arbeiten wir mit den bekannten Methoden analytisch auf. Zunächst ersetzen wir $[x/p]$ durch x/p, um von ganzzahligen zu reellen Werten zu gelangen, auf die wir Methoden der Analysis anwenden können. Pro Summand führen wir dadurch einen Fehler $0 \le r(x,p) < 1$ ein, den wir aber mit Hilfe des Primzahlsatzes abschätzen können:

$$\psi\,(x,y) = x * \left(1 - \sum_{y < p \le x} \frac{1}{p} \right) + \sum_{y < p \le x} r\,(x,p)$$

$$\le x * \left(1 - \sum_{y < p \le x} 1 / p \right) + \pi\,(x) - \pi\,(y)$$

(5.3-35)

Für Summen von Funktionen mit Primzahlargumenten können wir für genügend große Zahlen die bereits bei der heuristischen Ableitung des Primzahlsatzes verwendete Näherung

$$\sum_p f\,(p) \approx \sum_n f\,(n) * w\,(n \in P) \approx \sum_n \frac{f\,(n)}{\ln\,(n)} \approx \int_{(N)} \frac{f\,(x)}{\ln\,(x)}\,dx$$

(5.3-36)

benutzen und erhalten

$$\psi\,(x,y) \le x * \left(1 - \int_y^x \frac{1}{n * \ln\,(n)}\,dn \right) + \pi\,(x)$$

$$= x * \left(1 - \ln\,\ln\,(x) + \ln\,\ln\,(y) \right) + \pi\,(x)$$ [162]

(5.3-37)

$$\Rightarrow \quad 1 < u \le 2 \quad \Rightarrow \quad \psi\,(x,y) = x * (1 - \ln\,(u)) + O\!\left(\frac{x}{\ln\,(x)} \right)$$

Für $u > 2$ nehmen wir an, dass $\psi\,(x,y)$ eine ähnliche analytische Form besitzt und verwenden den Ansatz

$$\psi\,(x,y) = x * \rho\,(u)$$

(5.3-38)

Zur Ermittlung der Funktion $\rho\,(u)$ verwenden wir induktive Strategie: anstelle eines direkten Versuchs der Ermittlung der Funktion betrachten wir ihre Änderung. Wenn dies gelingt, erhalten wir eine Differentialgleichung, die mit den Anfangsbedigungen (5.3-37) zu lösen ist. Sei also $\psi\,(x,Y)$ bekannt, und wir untersuchen die Änderung

$$\psi\,(x,Y) \to \psi\,(x,y) \quad , \quad y < Y$$

(5.3-39)

durch Auszählen. Bei Aufstellen einer Auszählformel ähnlich (5.3-34) müssen nun Mehrfachzählungen aus Termen der Art

$$p_k > y \quad , \quad p_1 * p_2 * \dots p_{[u]} < x$$

(5.3-40)

berücksichtigt werden. Abzählen nach dem aus der diskreten Mathematik oder der Mengenlehre bekannten Inklusions-Exklusionsprinzip liefert dann

$$\psi\,(x,y) = \psi\,(x,Y) - \sum_{y < p \le Y} \left[\frac{x}{p} \right] + \sum_{y < p \le Y,\ p < q \le x} \left[\frac{x}{p * q} \right] - \dots$$

(5.3-41),

---

162 Zur Erinnerung: eine Funktion $f(x)$ ist von der asymptotischen Ordnung $g(x)$ ($f(x)=O(g(x))$), wenn für $x>X$ gilt $f(x) \le c*g(x)$. Die Funktion $f(x)$ ist von der Grenzordnung $g(x)$ ($f(x)=o(g(x))$), wenn $\lim\,(x \to \infty)\ f(x)/g(x) = 1$

wobei der letzte Summenterm das Produkt aus $[u]$ Faktoren enthält. Alle Terme in den Summen enthalten $[x/p]$. Mit der Summenformel

$$\psi\left(\frac{x}{p}, p\right) = \left[\frac{x}{p}\right] - \sum_{p < q \le x/p}\left[\frac{x}{p*q}\right] + \sum_{p < q,r \le x/p}\left[\frac{x}{p*q*r}\right] - \dots \qquad (5.3\text{-}42)$$

erhalten wir schließlich

$$\psi(x,y) = \psi(x,Y) - \sum_{y < p \le Y} \psi\left(\frac{x}{p}, p\right) \qquad (5.3\text{-}43)$$

Wenden wir auf diesen Ausdruck nun unseren Ansatz (5.3-38) an und betrachten wie in den beiden ersten Klassen die Änderung

$$(Y \to y) \quad \to \quad (u-1) \to u,$$

so folgt

$$\psi(x,x^{1/u}) = x*\left(\rho(u-1) - \sum_{x^{1/(u-1)} < p \le x^{1/u}} \frac{1}{p}*\rho\left(\frac{\ln(x)}{\ln(p)} - 1\right)\right) \qquad (5.3\text{-}44)$$

Die Summe können wir durch ein Integral ersetzen. Unter Verwendung der Primzahlfunktion $\pi(x)$ und der Substitution $p = x^{1/t}$ erhalten wir schließlich eine Integralgleichung für $\rho(u)$

$$\sum_{x^{1/(u-1)} < p \le x^{1/u}} \frac{1}{p}*\rho\left(\frac{\ln(x)}{\ln(p)} - 1\right)$$

$$= \int_u^{(u-1)} \frac{\rho(t-1)}{x^{1/t}} \, d\,\pi(x^{1/t}) \approx \int_{(u-1)}^u \frac{\rho(t-1)}{t} \, dt \qquad (5.3\text{-}45),$$

$$\Rightarrow \rho(u) = \rho(u-1) - \int_{u-1}^u \frac{\rho(t-1)}{t} \, dt$$

Dies ist, wie man sich durch Einsetzen leicht überzeugen kann, äquivalent zu der Differentialgleichung

$$u*\rho'(u) + \rho(u-1) = 0 \qquad (5.3\text{-}46)$$

Für $1 < u \le 2$ besitzt die Differentialgleichung die Lösung (5.3-37), die wir bereits unabhängig ermittelt haben. Für größere Werte von u integrieren wir $\rho(u)$ numerisch durch

$$\rho(u) - 1 \text{ für } 0 < u \le 1 \quad \text{oder} \quad \frac{1}{u}\int_{u-1}^u \rho(t) \, dt \text{ für } u > 1 \qquad (5.3\text{-}47)$$

Algorithmus 5.3-9:

   Initialisierung

   $u < -Input$
   $n < -Intervallanzahl$
   $for \ 1 \le i \le n$
      $a[i] = 1;$
   $ua < -1 + 1/n$

   $while \ (ua < u)$
      $s < -\sum (a[k], 1 \le k \le n)$
      $s < -s/(n*ua)$
      $for \ 1 \le i \le n-1$
         $a[i] < -a[i+1]$
      $a[n] < -s$
      $ua < -ua + 1/n$

   Ausgabe: $a[n]$

Nachdem wir nun eine Aussage der Theorie über den Faktorisierungserfolg haben, können wir nun zum zweiten Teil, dem Vergleich mit einer Auszählung von (5.3-30) kommen. Die maximal in einer Zerlegung auftretende Potenz

$$a_k = [\ln (M * \sqrt{n})/\ln (p_k)] \tag{5.3-48}$$

der Primzahlen kennen wir. Um zu einem praktikablen Zählalgorithmus zu gelangen, ordnen wir die Zahlen der Basis und ihre Potenzen in einem rechteckigen Schema sortiert an:

$$A = \begin{pmatrix} p_1^0 & p_1^1 & \dots & \dots & p_1^{a_1} \\ p_2^0 & p_2^1 & \dots & p_2^{a_2} & \dots \\ \dots & \dots & \dots & \dots & \dots \\ p_m^0 & p_m^1 & p_m^{a_m} & \dots & \dots \end{pmatrix} \tag{5.3-49}$$

Wir nehmen aus jeder Zeile einen Faktor und berechnen das Produkt. Die Anzahl möglicher Produkte ist

$$n_P = \prod_{k=1}^{m} a_k \tag{5.3-50}$$

Arbeiten wir **A** von oben nach unten und von links nach rechts ab; so kann die Produktbildung abgebrochen werden, sobald ein Teilprodukt der ersten Faktoren die Obergrenze überschreitet. Alle weiteren Produkte mit höheren Gliedern der letzten erfassten Zeile oder höheren

Zeilen sind größer als das (*bereits zu große*) Teilprodukt. Hierdurch wird die Anzahl der auszuwertenden Produkte wirkungsvoll nach oben begrenzt, wie folgendes Beispiel zeigt

Beispiel 5.3-10: Wir betrachten das Intervall $[1000,1500]$ und die Teilermenge $P_{20} = \{2,3,5,7,11,13,17,19\}$. Das auszuwertende Schema ist

$$A = \begin{pmatrix} 1 & 2 & 4 & 8 & 16 & 32 & 64 & 128 & 256 & 512 & 1024 \\ 1 & 3 & 9 & 27 & 81 & 243 & 729 \\ 1 & 5 & 25 & 125 & 625 \\ 1 & 7 & 49 & 343 \\ 1 & 11 & 121 & 1331 \\ 1 & 13 & 169 \\ 1 & 17 & 289 \\ 1 & 19 & 361 \end{pmatrix}$$

Insgesamt ergeben sich hierbei 166.320 verschiedene mögliche Produkte, von denen durch die Begrenzung aber nur 1.174 ausgewertet werden müssen.

Wie üblich sei der Leser aufgefordert, das Abzählschema zu implementieren. Vor einer einfachen Rekursion sei allerdings gewarnt: bei 1.000 – 2.000 Primzahlen in der Basis könnte das eine oder andere System die Mitarbeit verweigern[163]. Die Multiplikation kann durch eine Addition von Logarithmen substituiert werden

$$M * \sqrt{n} \geq \prod_{k=1}^{m} p_k^{a_k} \quad \rightarrow \quad \ln(M * \sqrt{n}) > \sum_{k=1}^{m} \ln(p_k^{a_k}) \tag{5.3-51}$$

Die Logarithmen werden einmalig zu Beginn des Algorithmus in einer ganzzahlig normierten Form berechnet (*z.B.* $\ln(p_k)/\ln(M * \sqrt{n}) * 2^{31}$, *problemabhängig einstellen*), so dass während der Berechnung ausschießlich schnelle ganzzahlige Operationen benötigt werden. Das führt zwar je nach Reduktion der Stellenanzahl zu kleinen Fehlern, die aber durch Geschwindigkeits- und Speicherplatzgewinn gerechtfertigt werden können.

Welcher Zahlenbereich erschließt sich uns in der Auszählung? Die Anzahl der Zählungen nimmt annähernd linear mit x zu, so dass die Grenze für sinnvolles Rechnen etwa bei $x \sim 10^{12}$ liegt. Die Anzahl der theoretisch möglichen Produkte liegt hier in der Größenordnung $\gg 10^{250}$ (*bei* ≥ 2.000 *Primzahlen in der Basis*). Durch die Auszählung lässt sich daher der Bereich $1 \leq u \leq 5$ experimentell erschließen.

Abbildung 5.3-1 zeigt im Intervall $(10^6 \leq x \leq 10^{12}$, $500 \leq y \leq 16.000)$ ausgezählte Daten in dreifach logarithmischer Darstellung. Sie bestätigt unsere bereits geäußerte Vermutung, dass

---

163 Dazu stellt kaum ein System Hilfen bereit: während bei Zeigervariablen noch bekannt gegeben wird, wenn kein Speicher mehr zur Verfügung steht, gilt diese bei Funktionsaufrufen nicht mehr und die meisten Systeme stürzen bei Stacküberläufen im besten Fall einfach ab. Die Zahl der Sicherheitsverletzungen in Netzwerken oder komplexen Anwendungen, die durch „Speicherüberläufe" verursacht werden, weisen auf eine ernst zu nehmende Unterschätzung dieser Problematik in den aktuellen Programmierparadigmen hin.

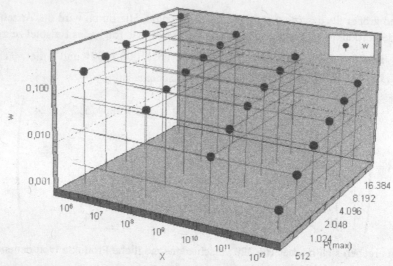

Abbildung 5.3-1: Wahrscheinlichkeiten der vollständigen Faktorisierung für verschiedene Grenzen x und Primzahlgrössen p(max)

eine Erhöhung der Anzahl der Primzahlen in der Basis nur beschränkt von Nutzen ist. Bei großen Basen steigt die Anzahl der Faktorisierungserfolge nur noch langsam an, während sich der Aufwand für die zusätzlichen Rechnungen stark steigert.

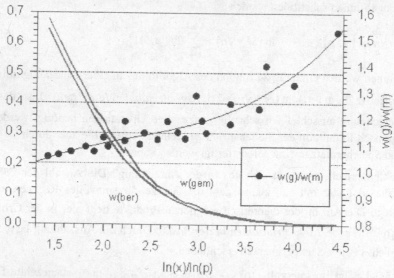

Abbildung 5.3-2: berechnete und ausgezählte Werte der Funktion $\psi(x,y)/x$, Verhältnis der beiden Werte als Funktion von u

Der Vergleich zwischen ausgezählten und theoretisch berechneten Werten zeigt erwartungsgemäß eine zufriedenstellende Übereinstimmung, da die Zahl der Vereinfachungen in der Theorie nicht sehr groß war. Wir können die Theorie in die Zahlenräume extrapolieren, die wir mit unserem Faktorisierungsalgorithmus bearbeiten müssen, ohne größere Fehler befürchten zu müssen (*Abbildung 5.3-2*).Vergleichen wir gemessene und berechnete Daten für verschiedene Zahlenbereiche, so können wir auf eine asymptotische Gültigkeit der Theorie für $x,y \rightarrow \infty$ schließen (*Abbildung 5.3-7*), da sich für gleiche Basen, aber verschiedene Obergrenzen jeweils ein leicht anderes Verhalten einstellt. In den für den Faktorisierungsalgorithmus interessanten Bereichen $10^{30} < f_k < 10^{60}$ und $6 \leq u \leq 10$ dürften Theorie und Praxis kaum weiter als um einen Faktor Zwei auseinander liegen (*falls der Leser dies genauer nachweisen möchte: wir erinnern an die Auszählung von großen Primzahlen, die ab einer bestimmten Zahlengröße auch nicht mehr vollständig sein konnten. Ähnliche Strategien bieten sich an dieser Stelle auch an*).

Abbildung 5.3-3 zeigt eine Projektion der Parameter in die praktisch interessanten Zahlenbereiche. Für Basengrößen bis zu 100.000 Primzahlen ist rechts zur Information die höchste Primzahl angegeben. Bei Erhöhen von f_k um jeweils fünf Zehnerpotenzen erhöht sich u um etwa eine Einheit, wobei das Ergebnis nur geringfügig durch eine Vergrößerung der Basis beeinflusst werden kann. Abbildung 5.4-1 zeigt den Zusammenhang zwischen Faktorisierungswahrscheinlichkeit und u auf. Für den uns interessierenden Zahlenbereich erhalten wir

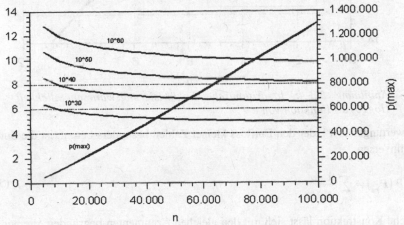

Abbildung 5.3-3: p(max) bei bestimmten Basengrößen n (rechts) und dazu korrespondierende Werte von u für verschiedene Zahlengrößen (links)

$10^5 \leq w(\,fakt\,) < 10^{-11}$. Für unseren Algorithmus bedeutet dies, dass bei Siebgrößen von $M > 10^7$ bereits eine Anwendungsobergrenze im Bereich $n \approx 10^{60}$ erreicht wird. Für größere Zahlen werden wir uns, wie bereits angedeutet, effektive Zusatzstrategien einfallen lassen müssen (*und dass dies funktioniert, zeigen die veröffentlichten Ergebnisse*).

Noch nicht berücksichtigt haben wir die Filterwirkung des Jacobi-Symbols bei der Zusammenstellung der Primzahlbasis, durch die im Schnitt jede zweite Primzahl aus einer vollständigen Basis entfernt wird. Die Theorie hilft uns hier im Moment nicht weiter, aber dem Leser bereitet es sicher keine Schwierigkeiten, seinen Zählalgorithmus mit der Primzahlauswahl zu

verknüpfen und einige Beispiele zu ermitteln. Tabelle 5.3-1 zeigt einen Ausschnitt einer gefilterten Basis für verschiedene Zufallzahlen sowie in der ersten Spalte den ermittelten Bruchteil
an Faktorisierungen. Ausgezählt wurden Faktorisierungen für $f < 10^8$ mit Basen von jeweils
50 Elementen. In der letzten Zeile ist die Auszählung einer vollständigen Basis für Ver-
gleichszwecke angefügt. Wie nicht anders zu erwarten, sinkt die Faktorisierungswahrscheinlichkeit nochmals stark ab, und zwar offenbar um so stärker, je weniger kleine Primzahlen in
der Menge vorhanden sind.

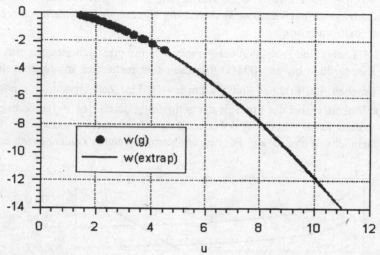

*Abbildung 5.3-4: logarithmische Faktorisierungswahrscheinlichkeit
(log10) als Funktion von u*

Ein „Bewertungsfaktor", der den Einfluss kleiner Zahlen besonders betont, ist die Summe der
Primzahlinversen:

$$B\left(P_m\right) = \sum_{k=1}^{m} \frac{1}{p_k} \tag{5.3-52}$$

Eine solche Konstruktion lässt sich mit den gleichen Argumenten begründen, die wir zur Ableitung der Primzahlfunktion $\pi(n)$ verwendet haben: die Wahrscheinlichkeit, dass eine Zahl
p die Zahl n teilt, ist proportional $1/p$, und je größer die Wahrscheinlichkeit für n ist,
durch viele Zahlen geteilt zu werden, desto größer ist auch die Wahrscheinlichkeit für eine
vollständige Teilbarkeit. Gleichwohl ist (5.3-52) zunächst nur ein empirischer Ansatz, der jedoch die gesuchte Beziehung erfolgreich zu beschreiben vermag (*Abbildung 5.3-5*). Auf der
linken Seite der Abbildung ist die Faktorisierungswahrscheinlichkeit einer Zahl $n \approx 2 * 10^{10}$
durch eine Basis vorgegebener Größe (500 *Zahlen*) dargestellt (*unterer Graph*), auf der rechten Seite die maximale Primzahl in der Basis. Bei einer Verdopplung der Größe der höchsten
Zahl in der Basis infolge der Filterung (*die Anzahl der Zahlen in der Menge bleibt ja konstant*) finden wir selbst unter günstigsten Umständen eine Abnahme der Faktorisierungen um

den Faktor Vier. Ungünstige Basiszusammensetzungen können dies nochmals um einen Faktor 10 beeinflussen.

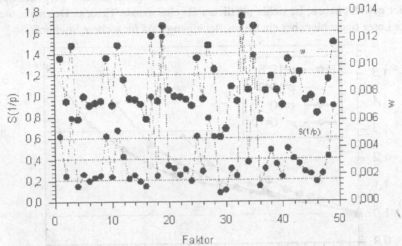

Abbildung 5.3-6: Verbesserung der Basis durch Multiplizieren von n mit einem kleinen Faktor, Ausgangszahl n=44.46058.89173 , der untere „Graph"ist die Funktion S(p), der obere w

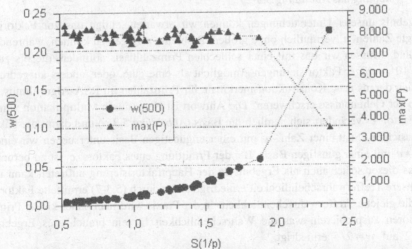

Abbildung 5.3-5: Faktorisierungsgrade und maximale Primzahl für eine Basis von 500 Zahlen, als Funktion der Summe der Primzahlinversen, Zahlengröße $\approx 2*10^{10}$

Wie der Leser sich sicher denken kann, ist die Fragestellung der Bewertung bestimmter Primzahlbasen nicht neu und von Zahlentheoretikern intensiv untersucht worden. Allerdings gehen die dort verwendeten mathematischen Methoden weit über das hinaus, was wir in diesem Buch vermitteln wollen, und trotz des Aufwandes tragen die Ergebnisse kaum zu einer besse-

ren praktischen Verwertbarkeit bei. Wie schon bei anderen Gelegenheiten bei unseren Untersuchungen beobachtet, handelt es sich um Ergebnisse mit asymptotischer Geltung oder große
Intervalle, die recht weit von der Praxis entfernt sind. Eine pragmatische Vorgehensweise, wie
wir sie hier gewählt haben, ist sicher nützlicher als eine exakte Theorie. Der mehr theoretisch
veranlagte Leser findet hier aber ein weites Betätigungsfeld für weitere Studien.

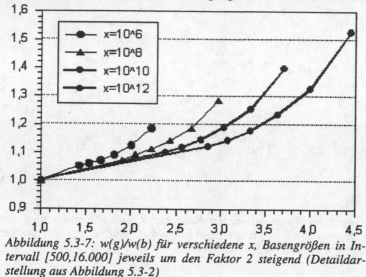

Abbildung 5.3-7: w(g)/w(b) für verschiedene x, Basengrößen in Intervall [500,16.000] jeweils um den Faktor 2 steigend (Detaildar-
stellung aus Abbildung 5.3-2)

Als Ergebnis unserer Untersuchungen können wir erwarten, einige uns zur Faktorisierung
vorgelegte Zahlen n vermutlich ohne größere Probleme zerlegen zu können, während andere
„hart" sind. Müssen wir uns mit einer schlechten Primzahlbasis abfinden, die bis zu einem
Faktor 10 weniger Faktorisierungen ermöglicht als eine gute, oder, anders ausgedrückt, ergeben sich daraus neue Konstruktionsmerkmale für Primzahlen im RSA-Algorithmus, die ein
Brechen der Geheimnisse erschweren? Die Antwort ist Nein: durch Multiplikation von n mit
einem Faktor c verändert sich nämlich die Basis (Abbildung 5.3-6) und damit die Faktorisie-
rungsaussichten. Statt einer Zahl n mit einer ungünstigen Basis untersuchen wir eine Zahl
$n' = n * c$ mit einer günstigen Basis. Bei der Ermittlung eines Faktors c ist zu berücksichtigen, dass dieser später auch als Ergebnis in der Hauptfaktorisierung auftreten kann und dadurch unsere Trefferwahrscheinlichkeit erniedrigt. Jeder durch (5.3-7) ermittelte Faktor von n
besitzt die gleiche Trefferwahrscheinlichkeit. In der Praxis wird man daher kleine Primzahlen
als Faktoren ausprobieren, was die Wahrscheinlichkeit für ein brauchbares Ergebnis von
$w = 1/2$ auf $w = 2/5$ erniedrigt.

Abbildung 5.3-6 belegt, dass wir unseren empirischen Bewertungsfaktors (5.3-52) ohne Be-
denken auch für Basisoptimierung in Zahlenbereichen heranziehen können, die einer Auszählung nicht mehr zugänglich sind. In der Praxis kann man so vorgehen, dass man für bestimmte
Basisgrößen mittels des empirischen Ergebnisses in Abbildung 5.3-5 das dessen Optimum
abschätzt, was erreichbar ist, und mit kleinen Primzahlfaktoren > 1000 versucht, in die Nähe
des Optimums zu gelangen. Der Leser kann an dieser Stelle wieder eine praktische Pause in
der Lektüre einlegen und einen Algorithmus dafür konstruieren.

W(50)	Primzahlen der Basis																
0,000557	13	17	41	61	67	71	73	79	83	89	101	103	107	109	113	127	131
0,000679	5	13	37	41	47	59	61	67	71	79	103	131	139	149	157	163	167
0,000765	7	13	17	29	31	41	43	53	61	67	103	109	131	149	151	173	191
0,000768	3	11	31	37	41	61	67	89	103	127	131	137	157	163	179	181	193
0,001620	3	5	17	23	47	53	59	67	73	79	83	89	101	109	137	139	151
0,001640	2	11	13	19	29	37	43	47	59	67	89	107	139	151	173	193	197
0,001760	2	11	29	41	43	47	59	61	67	73	83	103	107	109	131	139	149
0,001894	3	7	11	13	17	37	41	43	53	59	73	79	107	109	113	127	131
0,001995	3	7	11	19	23	41	47	59	61	67	71	73	79	89	97	107	113
0,002859	3	5	7	11	29	31	43	53	59	67	71	73	97	101	103	107	109
0,003022	2	3	23	29	31	41	47	59	61	83	97	101	109	113	137	149	151
0,003056	2	11	13	17	19	29	31	43	59	61	71	73	83	103	109	113	131
0,003227	2	5	11	23	29	31	41	47	53	59	61	67	71	83	103	107	139
0,003445	2	5	7	17	19	31	41	43	47	53	67	83	97	139	163	173	179
0,003893	2	3	11	13	17	31	37	43	53	67	71	73	103	107	131	157	173
0,004879	2	3	5	11	23	37	41	59	61	67	83	89	103	131	139	151	163
0,005661	2	3	11	19	23	29	31	41	43	53	59	61	71	89	101	103	107
0,006984	2	3	5	7	11	17	31	41	59	79	97	103	107	109	127	139	149
0,009859	2	3	5	11	13	19	29	31	37	41	47	59	61	67	71	73	83
0,010104	2	3	5	11	13	19	23	29	37	53	59	61	67	79	89	101	103
0,010165	2	3	5	7	11	17	29	41	43	47	53	59	61	71	79	83	101
0,030517	2	3	5	7	11	13	17	19	23	29	31	37	41	43	47	53	59

Tabelle 5.3-1: Primzahlbasen und Faktorisierungswahrscheinlichkeiten für Zufallzahlen $r \approx 10^8$ nach Anwendung des Jacobi-Filters mit eine Basisgröße von 50 Zahlen

Schätzen wir abschließend nochmals den voraussichtlichen Erfolg des Faktorisierungsverfahrens anhand der gewonnenen Erkenntnisse grob ab: bei einer Basisgröße von 10.000 Primzahlen und einer Siebgröße von fünf Millionen Zahlen schließen wir auf eine Obergrenze von n :

$$|P_m| = 10.000 \quad \wedge \quad M = 5 * 10^6$$

$$\Rightarrow \quad w \approx 0,002 \quad \Rightarrow \quad u \approx 4,5 \quad \Rightarrow \quad n \leq 5 * 10^{47}$$

(5.3-53)

Das entspricht einer Zahl von 148 Bit, die in Relation zu setzen ist mit dem Faktorisierungsrekord von 431 Bit (*mit dem quadratischen Sieb*) und den 1.024-2.048 Bit der heute gebräuchlichen Schlüsselsysteme. Eine Vergrößerung der Primzahlbasis hat ab einer bestimmten Größe nur noch geringen Einfluss auf das Ergebnis. Eine Vergrößerung des Siebes führt zwar auch zu einer geringer werdenden Effektivität, da die Zahlen größer werden, jedoch stoßen wir hier auch bald an physikalische Speichergrenzen. Unabhängig davon, ob das Verfahren etwas besser oder schlechter als erwartet arbeitet: wir müssen verfahrenstechnisch nachlegen, um im akademischen Bereich mitsprechen zu können, ohne dass wir gegenüber der Praxis eine Chance bekommen.

5.3.3 Quadratische Reste

Mit der ermittelten Primzahlbasis ist im weiteren die Faktorisierbarkeit der Zahlen f_k zu untersuchen. Haben wir einmal eine Teilbarkeitsbeziehung $p | f_k$ gefunden, so folgt wie beim Sieb des Erathostenes auch $p | f_{k+i*p}$. Sobald wir einen Anfang für jede Primzahl gefunden haben, kommen wir schneller voran, da wir dann nur noch die Zahlen abzählen müssen. Prinzipiell könnte man natürlich mit Probedivisionen einen Anfang suchen; da die Primzahlen der Basis aber auch recht groß werden können, wäre dies ein nicht zu vertretender Aufwand: immerhin enthält die Basis etliche tausend Primzahlen in der Größe 10^6 , wobei für jede im Durchschnitt 500.000 Probedivisionen notwendig werden, bis die Startzahlen für das Abzählen erreicht sind. Da eine Quadratwurzel bekanntlich zwei Lösungen besitzt, benötigen wir auch zwei Startzahlen, d.h. wir können eine Probedivision auch nicht nach Auffinden der ersten Teilbarkeit abbrechen, was den notwendigen Aufwand weiter vergrößert. Und damit hätten wir noch nicht einmal die Faktorisierbarkeit einer der Zahlen f_k überprüft, sondern wären immer noch bei der Vorbereitung der Siebphase.

Eine einfachere Möglichkeit eröffnet die folgende Äquivalenz

$$p \;|\; f_k = \left([\sqrt{n}] + M - k\right)^2 - n \quad \Leftrightarrow \quad \left([\sqrt{n}] + M - k\right)^2 \equiv n \equiv x^2 \; mod \; p \qquad (5.3\text{-}54)$$

Lösen wir diese Äquivalenz nach k auf, wobei wir wieder beachten müssen, dass bei Ziehen einer Wurzel zwei Lösungen existieren, so erhalten wir die Startindizes

$$x - \left([\sqrt{n}] - M\right) \equiv k_1 \; mod \; p$$
$$-x - \left([\sqrt{n}] - M\right) \equiv k_2 \; mod \; p \qquad (5.3\text{-}55)$$

Wir benötigen somit eine schnelle Methode zur Berechnung der quadratischen Kongruenzen $x \; mod \; p$, um die aufwendige Probedivision einsparen zu können. Dafür benötigen wir unter anderem die Hilfe bestimmter Lucas-Folgen, weshalb wir zunächst ein eigenes Kapitel der Betrachtung dieser Folgen widmen (*und damit einen weiteren theoretischen Baustein der Primzahlbestimmung nachholen*).

5.3.3.1 *Lucas-Folgen*

Im Kapitel über „Primzahltests" ist uns bereits der Begriff der „Lucas-Folge" begegnet. Bei einer Variante eines deterministischen Tests zum Nachweis der Primeigenschaft einer Zahl haben wir von bestimmten Teilbarkeitseigenschaften der Folgeglieder Gebrauch gemacht. Für die Ermittlung quadratischer Reste erweisen sich die Folgen wiederum als recht nützlich. Wie bereits erwähnt, sind Lucas-Folgen eine Verallgemeinerung der Fibonacci-Folge, die wohl allgemein bekannt sein dürfte und sich daher als Einstiegspunkt anbietet. Sie besitzt die einfache rekursive Definition

$$F_{n+1} = F_n + F_{n-1} \quad , \quad F_0 = F_1 = 1 \tag{5.3-56}$$

Aus dieser Definition resultiert eine solche Fülle von Beziehungen, dass sogar eine eigene wissenschaftliche Zeitschrift diesem Thema gewidmet ist. Wir werden uns bei dem Umfang dieses Gebietes daher nur auf das nötigste konzentrieren, wobei die Themenauswahl sicher zunächst willkürlich erscheint und sich die Bedeutung in Bezug auf das Hauptthema erst später erschließt – aber das ist bei gefilterten Informationen wohl nicht anders möglich. Die meisten, im weiteren genannten Beziehungen lassen sich durch elementare algebraische Umformungen problemlos aus den Definitionen gewinnen. Der Leser sei deshalb nicht verwundert, wenn die Darstellung der Rechenwege im folgenden teilweise recht kurz ausfällt, zumal er ja auch bereits Übungsaufgaben zu diesem Thema bearbeitet hat. An den jeweils mit „*Leserübung*" gekennzeichneten Stellen ist der Leser aufgefordert, übungshalber die notwendigen Umformungen auszuführen bzw. zu ergänzen[164].

Mit Hilfe einer Matrixdarstellung von (5.3-56) lässt sich eine geschlossene Darstellung der Glieder der Fibonacci-Folge angeben:

$$\begin{pmatrix} F_{n+1} & F_n \\ F_n & F_{n-1} \end{pmatrix} = \begin{pmatrix} 1 & 1 \\ 1 & 0 \end{pmatrix} * \begin{pmatrix} F_n & F_{n-1} \\ F_{n-1} & F_{n-2} \end{pmatrix} \quad \Rightarrow$$

$$\begin{pmatrix} F_{n+1} & F_n \\ F_n & F_{n-1} \end{pmatrix} = \begin{pmatrix} 1 & 1 \\ 1 & 0 \end{pmatrix}^n \tag{5.3-57}$$

Durch Vergleich von (5.3-56) mit dem *ggT*-Algorithmus lässt sich auch leicht nachweisen, dass der Quotient (F_{n+1}/F_n) durch den Kettenbruch

$$\frac{F_{n+1}}{F_n} = \cfrac{1}{1 + \cfrac{1}{1 + \cfrac{1}{\dots + \cfrac{1}{2}}}} \tag{5.3-58}$$

dargestellt wird. Daraus lässt sich auch, ohne dass wir dies hier weiter begründen wollen, ein weiterer geschlossener Ausdruck für die Fibonacci-Folge, der eine irrationale Wurzel enthält, gewinnen:

$$\lim_{n \to \infty} \frac{F_{n+1}}{F_n} = \frac{1+\sqrt{5}}{2} \quad , \quad F_n = \frac{1}{\sqrt{5}} \left(\left(\frac{1+\sqrt{5}}{2} \right)^n - \left(\frac{1-\sqrt{5}}{2} \right)^n \right) \tag{5.3-59}$$

Eine Lucas-Folge ist nun eine Verallgemeinerung der Fibonacci-Folge der Form

---

164 Formulierungen wie „wie man unschwer sieht, gilt .." oder „nach elementaren Umformungen folgt .." sind ja bekanntlich beliebte Verniedlichungen in der Mathematik, für die man dann doch oft mehrere Seiten Papier benötigt, um die Ergebnisse nachzuempfinden.

$$L_{n+1} = P * L_n - Q * L_{n-1} \qquad \text{oder}$$

$$\begin{pmatrix} L_{n+1} & L_n \\ L_n & L_{n-1} \end{pmatrix} = \begin{pmatrix} P & -Q \\ 1 & 0 \end{pmatrix} * \begin{pmatrix} L_n & L_{n-1} \\ L_{n-1} & L_{n-2} \end{pmatrix} \tag{5.3-60}$$

mit irgendwelchen Anfangsgliedern (L_0, L_1) und Parametern (P, Q). Durch diese Verallgemeinerung gehen natürlich einige Eigenschaften der Fibonacci-Folge verloren, andere werden weiter benutzbar sein[165]. Um auch wieder zu geschlossenen Darstellungen wie (5.3-57) oder (5.3-59) zu gelangen, müssen alle Parameter gewisse Nebenbedingungen erfüllen. Wir suchen nun Lucas-Folgen mit der geschlossenen Darstellung

$$L_n = 2^{1-n} \left(a + \sqrt{D} \right)^n \tag{5.3-61}$$

Eine elementare Rechnung liefert damit die Rekursionsformel

$$\begin{aligned}
L_{n+1} &= 2^{2-(n+1)} \left(a + \sqrt{D} \right)^{n+1} \\
&= 2^{1-n} \left(a + \sqrt{D} \right)^{n-1} * \frac{1}{2} \left(a^2 + 2a\sqrt{D} + D \right) \\
&= 2^{1-n} \left(a + \sqrt{D} \right)^{n-1} * \left(a^2 + a\sqrt{D} - (D - a^2)/2 \right) \\
&= 2^{1-n} \left(a + \sqrt{D} \right)^{n-1} * \left(a^2 + a\sqrt{D} - 2c \right) \\
&= 2^{1-n} \left(a + \sqrt{D} \right)^n * a - 2^{1-(n-1)} \left(a + \sqrt{D} \right)^{n-1} * c \\
&= a * L_n - c * L_{n-1}
\end{aligned} \tag{5.3-62}$$

Durch Vergleich mit (5.3-60) erhalten wir unmittelbar für die Parameter

$$a = P \quad , \quad D = P^2 - 4 * Q \quad , \quad (v_0, u_0) = (2, 0) \quad , \quad (v_1, u_1) = (P, 1) \tag{5.3-63}$$

Dabei muss D quadratfrei sein. Durch Ausmultiplizieren nach dem binomischen Satz lässt sich die Folge auch darstellen durch (*Leserübung*)

$$L_n = v_n + u_n * \sqrt{D} \tag{5.3-64},$$

Setzen wir (5.3-61) und (5.3-63) in (5.3-60) ein, so liefert eine Rechnung (*Leserübung*)

$$\begin{aligned}
L_{n+1} &= P * 2^{1-n} (P + \sqrt{D})^n - Q * 2^{2-n} (P + \sqrt{D})^{n-1} \\
&= P * 2^{1-n} (P + \sqrt{D})^n - (P^2 - D) * 2^n (P + \sqrt{D})^{n-1} \\
&= 2^{-n} (P + \sqrt{D})^n * (P + \sqrt{D})
\end{aligned} \tag{5.3-65}$$

Durch Vergleich mit (5.3-64) führt dies auf die Rekursionformel

$$v_{k+1} = \frac{1}{2} \left(P * v_k + D * u_k \right) \quad , \quad u_{k+1} = \frac{1}{2} \left(v_k + P * u_k \right) \tag{5.3-66}$$

---

165 Diese Argumentation ist natürlich genau falsch herum geführt und dient nur der Vereinfachung des Einstiegs. Korrekt betrachtet, „erbt" die Fibonacci-Folge natürlich zunächst die Eigenschaften ihrer Verallgemeinerung, der Lucas-Folgen, und entwickelt darüber hinaus weitere, spezielle Eigenschaften.

Auf ähnliche Art findet man Rekursionformeln für weiter auseinander liegende Folgeglieder, wobei insbesondere solche Ausdrücke interessant sind, die eine Verdopplung der Indizes in wenigen Schritten erlauben. Den Beweis der folgenden Ausdrücke überlassen wir dem Leser:

$$2\,u_{i+k} = u_i * v_k + u_k * v_i$$
$$2\,v_{i+k} = v_i * u_k + D * u_i * v_k$$

(5.3-67)

$$2\,Q^k * v_{i-k} = v_i * v_k - D * u_i * u_k$$
$$2\,Q^k * u_{i-k} = u_i * v_k - u_k * v_i$$

(5.3-68)

$$v_{2\,i} = v_i^2 - 2 * Q^i$$
$$v_{2*i+1} = v_i * v_{i+1} - P * Q^i$$

(5.3-69)

Speziell (5.3-69) eröffnet die Möglichkeit, recht schnell Folgeglieder v_k für große k zu berechnen. Die Erweiterung auf eine schnelle Rekursion für große u_k erfolgt weiter unten. Mit beiden Rekursionen zusammen erhält man mit $(u_k, u_{k+1}, v_k, v_{k+1})$ auch jeweils ein drittes Paar (u_{k+2}, v_{k+2}), und wir werden einen Algorithmus entwickeln, der durch geschickte Kombination zweier dieser Zahlenpaare ein Tripel doppelter Größe und letztendlich jeden beliebigen Index berechnet.

Interessant für uns sind nun Teilbarkeitsbeziehungen zwischen verschiedenen Folgegliedern, die wir aus den Beziehungen unmittelbar entnehmen können (*Leserübung*)

$$m \mid u_k \;\Rightarrow\; m \mid u_{i*k}$$

(5.3-70)

$$m \mid v_k \;\Rightarrow\; m \mid v_{(2*i+1)*k}$$

(5.3-71)

$$\left(m \mid u_k \;\wedge\; m \mid v_k\right) \;\Rightarrow\; \left(m \mid 4 * Q^k\right)$$

(5.3-72)

(5.3-70) lässt sich noch verschärfen. Dazu definieren wir den Rang ein Zahl durch

$$Rang\,(m) = e = \inf_k \left(m \mid u_k\right)$$

(5.3-73)

Unter der Nebenbedingung $ggT\,(m, 2*Q) = 1$ folgt dann

$$m \mid u_k \;\Leftrightarrow\; e \mid k$$

(5.3-74)

Setzen wir nämlich $k = q*e + r$, so folgt aus $2Q^{qe}\,u_r = u_k\,v_{qe} - u_{qe}\,v_k$ und der Minimalität von e folgt unter Beachtung der Nebenbedingung $r=0$.

Etwas komplexer sind folgende Eigenschaften, die uns den Schlüssel zum Verständnis der Variante Zwei des Lucas-Primzahltests liefern. . Wir beschränken die Untersuchung zunächst auf ein $p \in P$ und betrachten die Kongruenz

$$v_p + \sqrt{D}\, u_p \equiv 2^{1-p} \left(P + \sqrt{D} \right)^p \tag{5.3-75}$$

$$\equiv P^p + \sqrt{D}\, D^{(p-1)/2} \equiv P + (D/p)\sqrt{D} \bmod p$$

Die Entwicklung ist leicht nachzuvollziehen, da aus dem Gauß'schen Satz $2^{1-p} \equiv 1 \bmod p$ folgt und aus der Entwicklung der Klammer nach dem binomischen Satz alle Summanden, die p als Faktor enthalten, zu streichen sind. Mit Hilfe von (5.3-67) und (5.3-63) erhalten wir unter Beachtung von (5.3-73) zusammengefasst ((D/p) *ist das Legendre-Symbol, Leserübung*)

$$u^{p-(D/p)} \equiv 0 \bmod p \quad \Leftrightarrow \quad Rang(p) \mid p-(D/p) \tag{5.3-76}$$

$$v_{p-(D/p)} \equiv 2 * Q^{(1-(D/p))/2} \bmod p$$

Bei der Variante Zwei des Primzahltest nach Lucas haben wir den Fall $(D/p)=-1$ betrachtet[166]. In diesem Fall erhalten wir aus (5.3-67) und (5.3-69) unter Berücksichtigung der letzten Ergebnisse (*Leserübung*)

$$u_{p-(D/p)} = u_{(p-(D/p))/2} * v_{(p-(D/p))/2}$$

$$v_{(p-(D/p))/2} \equiv v_{p-(D/p)} + 2\, Q^{(p-(D/p))/2} \tag{5.3-77}$$

$$\equiv 2\, Q^{(1-(D/p))/2} * \left(1 + Q^{(p-1)/2}\right)$$

$$\equiv 2\, Q^{(1-(D/p))/2} * \left(1 + (Q/P)\right) \bmod p$$

Dies können wir zusammenfassen zu der Teilbarkeitsaussage

$$(Q/p)=1 \quad \Rightarrow \quad p \mid u_{(p-(D/p))/2}$$
$$(Q/p)=-1 \quad \Rightarrow \quad p \mid v_{(p-(D/p))/2} \tag{5.3-78}$$

Nur für $(Q/p)=(D/p)=-1$ können wir $Rang(p)=p+1$ erwarten, und genau diesen Fall haben wir im Lucas-Test untersucht, indem wir eine Lucas-Folge gesucht haben, die mit keinem Teiler von $(p+1)$ eine Teilbarkeit durch p ergeben hat.

Wir müssen nun noch ausschließen, dass eine zusammengesetzte Zahl n ebenfalls den Rang $(n+1)$ aufweisen kann. Dazu nehmen wir zunächst $n = p^k$ an. Mit der Definition der Lucas-Folge erhalten wir

$$v_{p*m} + u_{p*m} * \sqrt{D} = 2^{1-p} \left(v_m + u_m * \sqrt{D} \right)^p \tag{5.3-79}$$

erhalten wir nach Auflösen der Klammer und Sortieren der Terme nach $\sqrt{D}$ den Ausdruck

$$2^{p-1} u_{p*m} = p * v_m^{p-1} * u_m + \ldots + u_m^p * D^{(p-1)/2} \tag{5.3-80}$$

---

166 Der Fall (D/p)=1 wurde bekanntlich durch einen anderen Algorithmus abgedeckt.

Dies erlaubt die Schlussfolgerung

$$p^k \mid u_m \Rightarrow p^{k+1} \mid u_{p*m} \tag{5.3-81}$$

und wegen (5.3-75), das uns einen gültigen Induktionsanfang liefert,

$$e \mid g(n) = 2^{1-r} * \prod_{k=1}^{r} \left(p_k - (D/p_k) \right) * p_k^{q_k - 1} \tag{5.3-82}$$

Ist $n = p^k$, dann folgt aus (5.3-82) unmittelbar, dass $Rang(n) = n+1$ nur für $r = 1$ möglich ist (also $n = p$), für $r > 1$ aber stets kleiner sein muss. Auch für zusammengesetzte n mit mehreren Primfaktoren folgt durch die Abschätzung

$$g(n) = 2 * n * \prod_{k=1}^{r} \left(\frac{1}{2} - \frac{(D/p_k)}{2p_k} \right) \tag{5.3-83},$$

$$\leq 2 * n * \prod_{k=1}^{r} \frac{p_k + 1}{2 \, p_k} \leq \frac{24}{35} \, n < n - (D/p)$$

dass $Rang(n) < n+1$ ist. Damit haben wir den Nachweis für die Eindeutigkeit des Lucas-Tests nachgewiesen. Der Leser vollziehe selbst noch einmal das Vorliegen zweier definit verschiedener und zweier übereinstimmender und daher nicht eindeutig entscheidbarer Ergebnisse nach.

Befassen wir uns abschließend mit einem Algorithmus zur Berechnung von Gliedern einer Lucas-Folge. Die notwendigen Initialisierungen bezüglich (D,Q) setzen wir im weiteren als erfolgt voraus, alle Rechnungen werden modulo des jeweiligen Teilerarguments durchgeführt. Die zu berechnenden Folgeglieder besitzen zum Teil sehr große Indizes, so dass ein sinnvoller Algorithmus eine potentielle Progression aufweisen muss. Grundlage des Algorithmus sind die Beziehungen (5.3-67) – (5.3-69). Ausgehend von

$$(v_1, u_1) = (P, 1) \quad , \quad (v_2, u_2) = (P^2 - 2Q, P) \tag{5.3-84}$$

können wir die Indizes in jedem Schritt verdoppeln. Liegen zu Beginn eines Schrittes des Algorithmus die Folgeglieder $(u_k, v_k, u_{k+1}, v_{k+1})$ vor, so lassen sich daraus die folgenden sechs Ergebnisse gewinnen:

$$v_{2k} \equiv \left(v_k^2 - 2 \, Q^k \right) mod \; p$$
$$v_{2k+1} \equiv \left(v_k * v_{k+1} - P * Q^k \right) mod \; p \tag{5.3-85}$$
$$v_{2k+2} \equiv \left(v_{k+1}^2 - 2 * Q^{k+1} \right) mod \; p$$

$$u_{2k} \equiv \left(u_k * v_k \right) \bmod p$$

$$u_{2k+1} \equiv 2^{-1} \left(v_k * u_{k+1} + D * v_{k+1} * u_k \right) \bmod p \qquad\qquad (5.3\text{-}86)$$

$$u_{2k+2} \equiv \left(v_{k+1} * u_{k+1} \right) \bmod p$$

Es ist leicht einzusehen, dass durch geschickte Auswahl des Folgeindexpaares $(k,k+1) \to (2k,2k+1)$ oder $(k,k+1) \to (2k+1,2k+2)$ jeder beliebige Indexwert erreichbar ist. Liegt in einem Zwischenschritt des Algorithmus der Zielindexwert j vor, so ist bei geradem j das erste, bei ungeradem j das zweite Folgepaar zu generieren, um für den Schritt $(j+1)$ wieder die gleichen Ausgangsbedingungen zu schaffen. Dieses Abzählschema ist nun, wie der Leser bemerkt haben wird, invers zum Progressionsschema der Potenzierung. Wir erhalten so den

Algorithmus 5.3-11: sei B das Bitmuster des Indexes des zu berechnenden Endgliedes der Folge und

$$e = max_k \left(2^k \mid B \right)$$

die Position des höchsten Bit. Seien $(u[k],v[k],k=1,2)$ gemäß (5.3-84) initialisiert und $Q0 = Q$. Der Algorithmus endet mit den gesuchten Gliedern der Lucasfolge in $(v[1],u[1])$, wobei $F(..)$ stellvertretend für die Formeln (5.3-86) steht[167].

$$i \leftarrow (e-1)$$
$$while\ i \geq 0$$
$$\qquad (v_1 .. u_3) \leftarrow F \left(v[1],v[2],u[1],u[2] \right)\ ;\quad i \leftarrow i - 1$$
$$\qquad if\ (B \wedge 2^i) = 1$$
$$\qquad\quad then\quad v[1] \leftarrow v_2, v[2] \leftarrow v_3, u[1] \leftarrow u_2, u[2] \leftarrow u_3, Q \leftarrow Q * Q * Q_0$$
$$\qquad\quad else\quad v[1] \leftarrow v_1, v[2] \leftarrow v_2, u[1] \leftarrow u_2, u[2] \leftarrow u_2, Q \leftarrow Q * Q$$

Damit haben wir sämtliche Untersuchungen für die Durchführung von Primzahltests mit Hilfe von Lucasfolgen nachgeholt. Der Leser sollte an dieser Stelle eine Implementation des Algorithmus zur Berechnung beliebiger Glieder einer Lukasfolge modulo einer Zahl p einschließlich der notwendigen Initialisierungen entwickeln. Wenden wir uns mit diesen Zwischenergebnissen nun der Berechnung quadratischer Kongruenzen zu.

---

167 In einer Implementation wird man die überflüssigen Glieder natürlich nicht berechnen. Werden nur die Glieder v[k] benötigt, so können darüber hinaus die Terme 3-6 aus (5.3-86) gestrichen werden.

5.3.3.2 Berechnung quadratischer Reste

Wir wir bereits festgestellt haben, können wir die Zahlen f_k ohne die Durchführung von Divisionen gewinnen, indem wir quadratische Kongruenzen $x_{1,2}$ zu $n \equiv x^2 \, mod \, p$ bestimmen. Bei negativen f_k spalten wir bei der Faktorisierung zunächst (-1) als zusätzlichen Primfaktor ab. Die Berechnung der Wurzeln $x_{1,2}$ führen wir in Abhängigkeit von inneren Eigenschaften der Primzahlen unterschiedlich durch.

Wir erinnern uns an bereits verwendete Klassifizierungen: Primzahlen gehören jeweils einer der folgenden Klassen an:

$$p \equiv \pm 1 \, mod \, 4 \hspace{4cm} (5.3\text{-}87)$$
$$p \equiv \pm 1 \, mod \, 8 \quad \lor \quad p \equiv \pm 3 \, mod \, 8$$

Mit dem Gauß-Fermat'schen Satz erhalten wir durch Einsetzen unmittelbar folgende Berechnungsvorschriften für x :

Proposition 5.3-12: da n quadratischer Rest ist, ist die Wurzel aus $n^{p-1} \equiv 1 \, mod \, p$ Eins. Wir betrachten zunächst den Fall $p \equiv -1 \, mod \, 4$, also $p = 4*k+3$, $k \in N$. Mit

$$n^{4k+2} \equiv n^{2k+1} \equiv 1 \, mod \, p \quad \Rightarrow \quad n^{2k+2} \equiv n \equiv x^2 \, mod \, p$$

folgt dann

$$(p = 4*k+3) \quad \Rightarrow \quad (x \equiv n^{k+1} \, mod \, p)$$

$$\square\square\square$$

Der Fall $p \equiv -1 \, mod \, 4$ schließt die Klassen $p \equiv 3 \, mod \, 8$ und $p \equiv -1 \, mod \, 8$ ein. Für die vierten Wurzeln der Fermat'schen Beziehung müssen wir die Fälle

$$n^{(p-1)/4} \equiv \pm 1 \, mod \, p \hspace{3cm} (5.3\text{-}88)$$

unterscheiden und können damit auch die Klasse $p \equiv -3 \, mod \, 8$ erschöpfend behandeln:

Proposition 5.3-13: sofern die vierte Wurzel aus $n^{p-1} \equiv 1 \, mod \, p$ ebenfalls Eins ist, können wir auch einen Teil des Falls $\{p \equiv 1 \, mod \, 4\} \supset \{p \equiv -3 \, mod \, 8\}$ erledigen:

$$(p = 8*k+5) \quad \land \quad (n^{2*k+1} \equiv 1 \, mod \, p)$$
$$\Rightarrow \quad (x \equiv n^{k+1} \, mod \, p)$$

Proposition 5.3-14: ist die vierte Wurzel (-1) , so erhalten wir durch Multiplikation mit dem nicht-quadratischen Rest Zwei den Ausdruck

$$\frac{(4*n)^{2*k+2}}{4} \equiv 2^{4*k+2} * n^{2*k+2} \equiv (-1)*(-1)*n \equiv n \bmod p$$

$$\Rightarrow \quad (p = 8*k+5) \;\wedge\; (n^{2*k+1} \equiv -1 \bmod p) \quad \Rightarrow \quad (x \equiv (4*n)^{k+1}/2 \quad \bmod p)$$

Diese Erweiterungsmöglichkeit leitet sich unmittelbar aus der Eigenschaften der Legendre-Symbole ab, einen zusammengesetzten „Zähler" in ein Produkt der Legendre-Symbole der Faktoren aufspalten zu können. Wir haben davon bei der Konstruktion von Testmethoden für RSA-Parameter bereits Gebrauch gemacht.

Mit x ist natürlich auch jeweils $(-x)$ eine Lösung. Der aufmerksame Leser wird bemerkt haben, dass Primzahlen des Typs $p \equiv 1 \bmod 8$ noch nicht berücksichtigt sind und wir bislang auch die Lucas-Folgen noch nicht verwendet haben. Zur Ermittlung der quadratischen Kongruenzen des fehlenden Anteils bemühen wir nun die Lucas-Folgen. Aus (5.3-78) wissen wir, dass $p \mid v_{(p+1)/2}$ ist, sofern $(D/p) = -1$ gilt, unabhängig vom Wert von (Q/p) . Setzen wir hier $Q = n$, also $(Q/p) = 1$ ein, so folgt aus (5.3-69) und (5.3-76) (*Leserübung*)

$$v_{p+1} = v_{(p+1)/2}^2 - 2\, n^{(p+1)/2}$$

$$v_{(p+1)/2}^2 = 2\, n + 2\, n^{(p+1)/2} \tag{5.3-89}$$

$$\equiv 2\, n + 2\, n\, (n/p) \bmod p \;\equiv 4\, n \bmod p$$

Durch direkte Rechnung weist der Leser damit leicht folgende Proposition nach:

Proposition 5.3-15:

$$\frac{p+1}{2} * v_{(p+1)/2} \equiv \pm x \bmod p$$

Die Proposition gilt für alle Primzahlen, ist also im Prinzip generell einsetzbar. Die zuvor gefundenen Ausdrücke sind jedoch wesentlich schneller zu berechnen und decken den größeren Teil der Primzahlen ab, so dass Fallunterscheidungen in einer Implementation Sinn machen. Im Vergleich zum Lucas-Test zum Nachweis der Primzahleigenschaft einer Zahl genügt hierbei die Berechnung der Folgeglieder v_k , was die Berechnungszeit, insbesondere da viele Kongruenzen zu berechnen sind, verkürzt.

Über die Teilbarkeit durch eine Primzahl p können wir auch den Fall der Teilbarkeit durch eine Primzahlpotenz p^a betrachten. Die zu faktorisierenden Zahlen f_k sind groß genug, um von allen Primzahlen der Basis höhere Potenzen als Teiler enthalten zu können. Aus den Eigenschaften der Legendre-Symbole wissen wir

$$(n/p^a) = (n/p^{a-1})*(n/p) \tag{5.3-90}$$

Ist n quadratische Kongruenz zu p , so gilt dies auch für jede Potenz von p . In Satz 2.4-5 hatten wir eine Methode gefunden, von einer primitiven Restklasse zu p^a auf eine solche zu p^{a+1} zu schließen. Wir wenden diese Methode hier zum Beweis des folgenden Satzes an:

Satz 5.3-16: sei $n \equiv r_k \bmod p^k$ und $(n / p^a) = 1$. Dann folgt

$$x^2 \equiv r_a \bmod p^a \quad \Rightarrow \quad (x + k * p^a)^2 \equiv r_{a+1} \bmod p^{a+1}$$

für die Lösung von p^{a+1} , und k ist Lösung der Kongruenz

$$k \equiv (2 * x)^{-1} * \left(\frac{r_{a+1} - x^2}{p^a} \right) \bmod p$$

Der **Beweis** erfolgt direkt und führt auf den Ausdruck

$$(2 * x) * k * p^a \equiv (r_{a+1} - x^2) \bmod p^{a+1}$$

p^a ist Teiler des linken Ausdrucks, des Moduls p^{a+1} und Aufgrund der Voraussetzung auch von $r_{a+1} - x^2$. Er ist auch gleichzeitig größter gemeinsamer Teiler mit dem Modul, so dass nach Division durch p^a die Behauptung mit einer eindeutigen Lösung für k folgt. ☐

Damit haben wir unser Ziel erreicht: wir können die Teilbarkeit eines jeden f_k durch eine Primzahl der Basis feststellen, ohne eine Division durchführen zu müssen. Ein einfacher Algorithmus erlaubt die Berechnung von teilbaren Zahlenpaaren im Siebintervall, aus denen sich die weiteren teilbaren Zahlen durch Abzählen ermitteln lassen Wir kombinieren nun diese Erkenntnisse, um Kandidaten für vollständig faktorisierbare f_k zu ermitteln.

5.3.4 Siebung und vollständige Faktorisierung

Wir können nun feststellen, welche Zahlen unseres Testintervalls durch eine oder mehrere Zahlen der Basis teilbar sind. Die vollständige Faktorisierbarkeit einer Zahl ist jedoch nur durch eine Probedivision feststellbar. Alle Zahlen aufzulisten und nacheinander gezielt durch die verschiedenen Primzahlen zu dividieren, macht jedoch aufgrund des Aufwands keinen Sinn. Das nächste Ziel ist daher, durch einen Siebalgorithmus zunächst die Zahlen herausfiltern, die durch so viele Primzahlen der Basis teilbar sind, dass eine Gesamtfaktorisierbarkeit sehr wahrscheinlich wird. Sowohl die Berechnung der Zahlen als auch die Probedivision ist auf die aussichtsreichen Kandidaten zu beschränken. Wir greifen dazu Methoden aus unserer

Teilbarkeitsstudie auf, in der wir in einem Algorithmus auch bereits ein Produkt durch eine Summe ersetzt. Wir formulieren auf gleiche Art

$$f_k = \prod_{i=1}^{s} p_i^{a_i} \iff \ln(f_k) = \sum_{i=1}^{s} a_i * \ln(p_i) \tag{5.3-91}$$

Da wir die Indizes k für jede Primzahl kennen, bei der eine Teilbarkeit vorliegt, können wir in einem Feld der Größe $2M$ die Logarithmen aufaddieren. Erreichen die Summen eine bestimmte Größe, dürfen wir von einer guten Faktorisierungschance ausgehen und eine Probedivision versuchen. Wir erhalten so den Auswahlalgorithmus

Algorithmus 5.3-17:

$$i \leftarrow 1 \quad , \quad \forall k : s_k \leftarrow 0$$

$$while \left(i < \left\| \{ P_n \} \right\| \right) do$$

$$\quad j \leftarrow +x(p_i) - \left([\sqrt{n}] - M \right) mod \, p_i$$

$$\quad while \, (j < 2 * M) \, do$$

$$\quad\quad s_j \leftarrow s_j + \ln(p_i)$$

$$\quad\quad j \leftarrow j + p_i$$

$$\quad j \leftarrow -x(p_i) - \left([\sqrt{n}] - M \right) mod \, p_i$$

$$\quad while \, (j < 2 * M) \, do$$

$$\quad\quad s_j \leftarrow s_j + \ln(p_i)$$

$$\quad\quad j \leftarrow j + p_i$$

Der Leser wird bemerkt haben, dass in Algorithmus 5.3-17 die Exponenten a_k aus (5.3-91) nicht explizit auftreten. Diese können wir in der Menge $P_{n,m}(S)$ verstecken. Je nach gewünschtem Aufwand können wir zwischen den Extremen

$$P_{n,m} = \left\{ p_1, p_2, \dots p_k \right\} \subseteq P_{n,m}(S)$$
$$\subseteq P_{n,max} = \left\{ p_1, p_1^2, \dots, p_1^{[\ln(n/p_1)]}, p_2, \dots p_k^{[\ln(n/p_k)]} \right\} \tag{5.3-92}$$

variieren (*allerdings nur in diesem Teil des Gesamtalgorithmus ! In den anderen Bereich ist* $P_{n,m}$ *zu verwenden*). Experimentell zeigt sich, dass man sich meist auf $P_{n,m}$ beschränken kann, was sich auch leicht begründen lässt: Primzahlen und deren Potenzen tragen nur dann etwas zu einer wesentlichen Menge an Summentermen bei, wenn

$$M \gg p^a \tag{5.3-93}$$

gilt, sie also auch wesentlich kleiner als die Länge des Siebbereiches sind. Das sind aber nur wenige Potenzen der kleineren Primzahlen, während größere Primzahlen etwa ab dem Index 150 bereits im Quadrat größer als die Länge des Siebes werden. Die Berücksichtigung von

Quadraten ist daher nur bei etwa 50-60 Primzahlen der Basis sinnvoll, die Berücksichtigung höherer Potenzen bei einer noch kleineren Anzahl. Der Hauptanteil an den Summenwerten wird vorzugsweise von kleineren Primzahlen beigesteuert, und man kann die Extremwerte guten Gewissens vernachlässigen, zumal immer noch entschieden werden muss, welche Summenwerte „groß" genug sind, um eine Probedivision auszulösen.

Welche Werte sollte eine Summe erreichen? Für $\ln(f_k)$ erhalten wir aus

$$f_k = ([\sqrt{n}] - M - i)^2 - n$$

durch Ausmultiplizieren und streichen der kleinen Terme die Obergrenze

$$\ln(f_M) \approx \ln(n)/2 + \ln(M) \ , \tag{5.3-94}$$

wobei M die halbe Siebgröße ist. Mit p als größter Primzahl der Basis können wir als Auswahlkriterium für Faktorisierungsversuche

$$s_k \geq \ln(n)/2 + \ln(M) - c * \ln(p) \tag{5.3-95}$$

mit irgendeiner passend zu wählenden Konstanten c festlegen.

Bevor wir zu Ergebnissen mit diesem Verfahren kommen, werfen wir noch einen Blick auf weitere Tuning-Möglichkeiten für den Algorithmus. Nach den Erkenntnissen über die Teilbarkeit von Zahlen mit den Primzahlen der Basis können wir von rund 100.000 Primzahlen und einem Siebbereich von $M \geq 3 * 10^6$ ausgehen. Das zur Speicherung der Summenwerte verwendete Feld sollte daher so kompakt wie möglich sein. Berechnen wir den Logarithmus zu einer Basis a , so dass

$$a: \ 255 > \log_a(f_M) > 200 \tag{5.3-96}$$

und weisen allen Logarithmen der Primzahlen gerundete ganze Zahlen zu, so dass die Summe zu

$$s_k \ \leftarrow \ s_k + \left[\log_a(p_k)\right] \tag{5.3-97}$$

wird, so genügt ein Byte für ein Summenfeld. Bei größtmöglicher Ausnutzung dieses Bereiches, d.h. $a = 2 \ \Leftrightarrow \ \log(a) = 1$ und $\ln(n)/2 + \ln(M) \approx 250 * \ln(2)$, liegt die Obergrenze bei $n \approx 3,3 * 10^{136}$, also an der Obergrenze dessen, was bislang mit diesem Algorithmus umgesetzt ist. Aufgrund der vielen Rundungen bei der Maximalnutzung (*die größte Primzahl besitzt einen ganzzahligen Wert von* $\ln(p) \approx 21$ *; um einen Überlauf auszuschließen, sind Aufrundungen im Prinzip unzulässig*) muss ggf. die Konstante c etwas größer gewählt werden. Deren Wert ermitteln wir experimentell in Kalibrierungsläufen. Wenn bei einer Vergrößerung die neu hinzugekommenen Zahlen (*fast*) nicht mehr zu neuen Faktorisierungen führen, haben wir eine sinvolle obere Grenze erreicht. Wir werden aber später noch untersuchen, wie nicht faktorisierte Zahlen ebenfalls genutzt werden können, und gegebenenfalls die Grenze weiter hinausschieben.

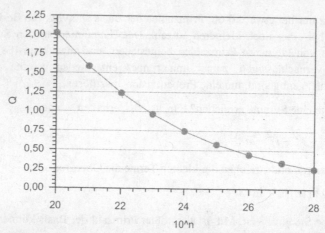

Abbildung 5.3-8: Verhältnis [gefundene]/[notwendige] Faktorisierungen, Basisgröße 5.000 Primzahlen, Siebgröße 10^6

Mit dem Feld $s[0..2M]$ und einer Schranke S haben wir nun unser Sieb realisiert. Nur für $s[k] \geq S$ berechnen wir die Zahl f_k und prüfen durch fortgesetzte Probedivision durch die Primzahlen der Basis, ob sie vollständig zerlegbar ist. Die Probedivision wird mit den kleinen Primzahlen begonnen und abgebrochen, wenn das Quadrat einer Basisprimzahl größer ist als der verbleibende Rest (*ein kleinerer Teiler als die Testprimzahl ist nämlich nicht möglich, da bereits alle kleineren Primzahlen als Teiler geprüft wurden*). Da nach (5.3-55) die Teilerbeziehung $p \mid (k - k[1/2])$ gilt, kann für jede Primzahl vorab festsellt werden, ob sie ein Teiler von f_k ist, und nur für solche Primzahlen wird iteriert dividiert. Wegen $f \gg \Delta k$ zahlt sich diese Vorprüfung aus. Die Indizes r_k vollständig zerlegbarer Zahlen speichern wir in einem Feld $\vec{R}$, die Exponenten in einer Matrix A. Betrachten wir als Zwischenbilanz, was wir erreicht haben:

Zunächst müssen wir zu einer zu faktorisierenden Zahl n, von der wir uns überzeugt haben, dass sie weder prim ist noch kleine Primfaktoren enthält (*z.B. durch den Miller-Rabin-Test, Probidivisionen mit einigen tausend kleinen Primzahlen und einigen Runden im ρ-Algorithmus*), eine Primzahlbasis festlegen, die wir durch kleine zusätzliche Faktoren $k*n$ mit Hilfe von (5.3-29) optimieren. Summieren wir z.B. über die kleinsten 250 Primzahlen in der Basis, so finden wir $1,20 < B(P_{n,m}) < 1,96$, so dass wir von einer vernünftigen Basis bei $B(P_{n,m}) > 1,90$ ausgehen können. Die größeren Primzahlen der Basis können wir dabei vernachlässigen, da sich bei zunehmender Größe Änderungen der Basiszusammensetzung weder im Optimierungsergebnis auswirken noch zum Faktorisierungserfolg beitragen. Mit einer optimierten Basis erreichen wir im Schnitt die Hälfte der Faktorisierungen wie mit einer vollständigen Basis gleicher Größe. In Abbildung 5.3-8 ist mit diesen Werten das Verhältnis voraussichtlich erreichbarer zu den notwendigen Faktorisierungen als Funktion von n darge-

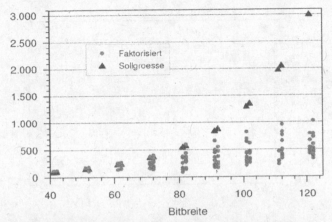

Abbildung 5.3-9: Sollanzahl und Istanzahl der Faktorisierungen mit erweiterten Standardparametern (siehe Text) als Funktion der Zahlengröße

stellt. Bei den hier gewählten Parametern, 5.000 Zahlen in der Basis und 10^6 Zahlen im Sieb, finden wir als Obergrenze $n \le 10^{23}$.

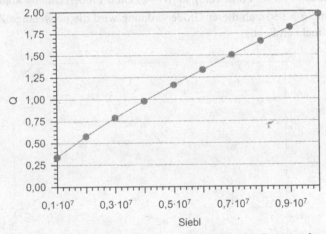

Abbildung 5.3-10: Q als Funktion der Siebgröße, Basisgröße 5000, n=10^27

Um zu größeren Bereichen von n vorzudringen, können wir die Basis oder den Siebbereich vergrößern. Bei der Vergrößerung der Basis müssen wir berücksichtigen, dass zwar mehr Zahlen faktorisiert werden, aber auch die Anzahl der notwendigen Faktorisierungen steigt (*die Anzahl der benötigten Faktorisierungen entspricht der Anzahl der benutzten Primzahlen*). Die Vergrößerung der Basis ist somit nur bedingt von Nutzen und oberhalb einer Grenze sogar kontraproduktiv (*Abbildung 5.3-11*). Anders verhält es sich mit einer Vergrößerung des Siebbereiches (*Abbildung 5.3-10*) : bei einer Vergrößerung flacht die Kurve nur langsam ab. Die

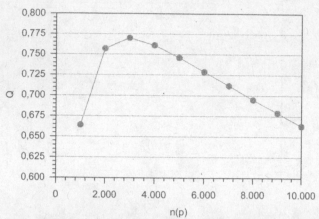

Abbildung 5.3-11: Änderung der Basisgröße, n=10^24,
Siebgröße 10^6, Q wie vor

Grenze wird hier durch die Leistungsfähigkeit der Maschine vorgegeben, die in der Lage sein muss, das Feld noch im schnellen Speicher zu verwalten.

Fassen wir diese Überlegungen zusammen, so erhalten wir rechnerisch eine Grenze für den Einsatz des Siebes in dieser Form bei $n \approx 10^{30}$. Durch Proberechnung können wir dies bestätigen (*Abbildung 5.3-9*) : ab dieser Größenordnung wird die notwendige Zahl der Faktorisierungen nicht mehr erreicht.

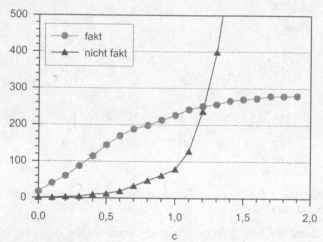

Abbildung 5.3-12Einfluss des Korrekturfaktors c, 1000 Ba-
*sisprimzahlen, Siebbereich 10^6, n=4*10^28*

Zu Prüfen ist noch der Einfluss des Faktors c aus (5.3-95). Durch Verkleinern der Schranke für die Probedivision der f_k lassen sich weitere Faktorisierungen gewinnen (*aufgrund der verschiedenen Vereinfachungen werden einige Summen zu klein*), jedoch geht der Gewinn erwartungsgemäß relativ gegen Null, während der Anteil der Fehlversuche stark zunimmt (*Abbildung 5.3-12*). Eine brauchbare Grenze scheint bei $c = 1$ zu liegen[168].

Wenden wir uns abschließend dem Speicherproblem der Exponenten zu. Bei einer Speicherung der Exponenten in einer „normalen" Matrixstruktur mit vier Bit pro Exponent benötigen wir bei 20.000 Zahlen in der Basis 200 Megabyte Speicherplatz für die Exponenten von 20.000 faktorisierten Zahlen. Dabei begrenzen wir die Exponenten auf Werte <16, was bei den kleinsten Primzahlen zum Wegfall einiger Faktorisierungen führen kann. Diese Speichermethode verschwendet jedoch viele Ressourcen: selbst bei sehr großen Zahlen ist kaum zu erwarten, dass die Anzahl der verschiedenen Primfaktoren 0,5% der Primzahlen in der Basis erreicht oder überschreitet. Die meisten Exponenten werden den Wert Null aufweisen. Anstelle einer vollständigen Matrix können wir für jede Zeile eine Liste anlegen, die Einträge der Form (*Spaltenindex* , *Exponent*) enthält. Bei 16-32 Bit für den Spaltenindex und acht Bit für den Exponenten nimmt diese Speicherform bei 6-10 Exponenten mit dem Wert Null in Folge nicht mehr Platz ein als eine vollständige Matrix. Wie die folgende Rechnung zeigt, tritt dieser Fall bereits bei sehr kleinen Primzahlindizes ein: teilt eine Primzahl p_k eine Zahl, so ist die Wahrscheinlichkeit, dass die nächsten 10 Primzahlen dies nicht machen,

$$w\left(p_{k+1} \nmid f \wedge \ldots p_{k+10} \nmid f\right) = \prod_{i=1}^{10} \left(1 - 1/p_{k+i}\right) \tag{5.3-98}$$

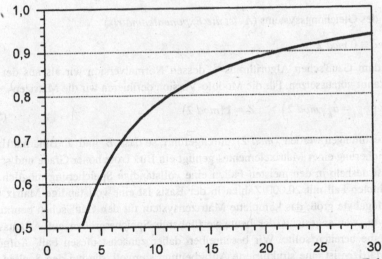

Abbildung 5.3-13: Wahrscheinlichkeit der Nicht-Teilbarkeit einer Zahl durch 10 aufeinander folgende Primzahlen in Abhängigkeit vom Absolutindex der Startprimzahl

---

168 Bei Verwendung normierter ganzzahliger Logarithmen kann ganzzahlig umgerechnet werden.

Abbildung 5.3-13 zeigt berechnete Werte für diese Wahrscheinlichkeit für eine vollständige Primzahlbasis. Da bereits bei sehr kleinen Indizes große Lücken mit hinreichender Wahrscheinlichkeit auftreten, ist eine Mischstrategie -normale Matrix für kleine Primzahlen, Indexform für schwache Besetzung bei großen Primzahlen- nicht sinnvoll. Besitzt jede Faktorisierung im Schnitt k verschiedene Faktoren, so erhöht sich die Zahl der Operationen für den Zugriff auf ein bestimmtes Matrixelement von einer Operation bei Normalmatrizen auf maximal $ld(k)$ Operationen für die Indexform, so dass auch nur minimale Einbussen der Arbeitsgeschwindigkeit auftreten. Der Leser entwerfe einen Speicheralgorithmus für die spaltenweise indizierte Wertspeicherung.

5.3.5 Lösung des linearen Gleichungssystems

Mit Hilfe der gefundenen Faktorisierungen können wir ein lineares Gleichungssystem *mod 2* aufstellen und Lösungen suchen. Formal benötigen wir m Gleichungen zum Finden einer Lösung; aufgrund der Rechnung *mod 2* kann jedoch auch schon mit weniger Gleichungen eine Lösung existieren. Ein Lösungsversuch des Gleichungssystems sollte deshalb auch dann durchgeführt werden, wenn im Sieb keine ausreichende Anzahl von Faktorisierungen ermittelt wurde, zumal dieser Schritt nur einen geringen Zeitaufwand verglichen mit dem Sieben aufweist.

Die Lösung des Gleichungssystems (A *ist die Exponentenmatrix*)

$$A * \vec{c} \equiv \vec{0} \; mod \; 2 \tag{5.3-99}$$

erfolgt mit dem Gauß'schen Algorithmus[169], dessen Normalversion wir als aus der linearen Algebra bekannt voraussetzen. Für die Modulo-Version definieren wir die Matrizen

$$B = \left(b_{k,i} = a_{k,i} \; mod \; 2 \right) \;\;, \;\; Z = 1 \, (mod \; 2) \tag{5.3-100}$$

Sämtliche Rechnungen werden $(mod\;2)$ durchgeführt, so dass B und Z Binärmatrizen sind, d.h. zur Speicherung eines Matrixelementes genügt ein Bit. Trotz hoher Grade und schwacher Besetzung ist deshalb in den meisten Fällen eine vollständige Speicherung möglich. In dem oben betrachteten Fall mit 20.000 Zahlen in der Basis ist eine vollständige Matrix beispielweise 50 Megabyte groß; das komplette Matrizensystem für den Gauß'schen benötigt somit 100 Megabyte, was angesichts der heute verfügbaren Speichergrößen auf Arbeitsstationen kaum Probleme bereiten sollte. Wir beschreiben daher zunächst diesen Fall. Aufgrund der Größe der Matrizen ist eine strukturierte Aufarbeitung sinnvoll, die bei den Spalten mit den Exponenten der größten Primzahlen beginnt und in folgenden Schritten abläuft:

a) Zeilen, die als einzige in einer Spalte einen Eintrag aufweisen, werden gestrichen

$$b_{i,k} = 1 \; \wedge \; \forall j : b_{j,k} = 0 \tag{5.3-101}$$

169 Wir folgen hier dem einfachsten und allgemein bekannten Ansatz und bitten die Leser, die hier optimierte Spezialalgorithmen erwartet hätten, um Nachsicht.

Wie an der Idee für das Quadratische Sieb leicht nachvollziehbar ist, besteht keine Möglichkeit, für die betreffenden Primfaktoren durch Kombination mit anderen Zahlen ein Quadrat zu erzeugen. Das vorzeitige Streichen führt zu einer Verminderung des Grades des Gleichungssystems und zu einer Verringerung der Rechenzeit.

Der Leser entwerfe einen Algorithmus, der eine solche Prüfung für ein komplettes Wort (*entsprechend z.B. 32 Spalten*) durchführt und mit einer Liste der Zeilen stoppt, die gestrichen werden können (*oder vorzeitig mit einer leeren Liste, wenn keine Zeilen entfernt werden dürfen*).

Bei Bedarf kann der Algorithmus nach einigen „normalen" Eliminationsrunden wiederholt werden.

b) Die Gausselimination wird am Ende mit den großen Primfaktoren begonnen, wie sich folgendermaßen begründen lässt: am Ende der kleinen Faktoren sind relativ viele Einträge in der Matrix zu erwarten, deren Anzahl sich im Mittel nicht merklich verändert, während im Bereich hoher Faktoren die Einträge schnell verschwinden (*es sind in jedem Schritt nur relativ wenige Zeilen gegeneinander zu verrechnen*). Bei einem Beginn im Bereich kleiner Faktoren nimmt die Anzahl der Einträge hier nur langsam ab, während die mittlere Zahl im hohen Bereich zunimmt.

Werden Zeilen gefunden, die in einer Prüfspalte eine Eins aufweisen, werden beide Zeilen (*mod* 2) addiert. In gleicher Weise werden die Zeilen der Merkermatrix Z addiert. In Z bedeutet ein Eintrag $z_{k,l} = 1$, dass die Zeile l zur Zeile k zu addieren ist, um das Exponentenmuster (*mod* 2) der entsprechenden Zeile in B zu erhalten.

$$for \; i \leftarrow 1 \, , \, i \leq m - 1 \, , \, i \leftarrow i + 1 \; do$$
$$if \quad \exists \, k : b_{i,k} \neq 0$$
$$for \; j \leftarrow i + 1 \, , \, j \leq m \, , \, j \leftarrow j + 1$$
$$if \quad b_{j,k} = b_{i,k} \tag{5.3-102}$$
$$for \; l \leftarrow 1 \, , \, l \leq m, \, l \leftarrow l + 1$$
$$b_{j,l} \leftarrow b_{j,l} \oplus b_{i,l}$$
$$z_{i,l} \leftarrow z_{i,l} \oplus z_{i,l}$$

Bei dieser Art der Durchführung ist zu erwarten, dass die Zeilen nicht nacheinander abgearbeitet werden und auch eine Vorsortierung nach Einselementen im hohen Bereich nicht zu einer fortlaufenden Zeilenbearbeitung führt. Der Leser ändere den angegebenen Algorithmus so ab, dass bereits verwendetet Zeilen gekennzeichnet/gestrichen werden.

c) Nach jedem Eliminationslauf sind die übrig bleibenden Zeilen zu prüfen auf

$$\exists \, k \, , \, \forall \, i : b_{k,i} = 0 \tag{5.3-103}$$

Zusätzlich kann auch Prüfung (a) durchgeführt werden, um Zeilen, die als einzige in einer Spalte eine Eins aufweisen, zu eliminieren. Ist eine Zeile i in der Matrix B gefunden, die komplett Null ist, so werden die Kongruenzen[170] (*die Indizes der Zahlen sind im Vektor* $\vec{R}$ *gespeichert, s.o.*)

$$x \equiv \prod_{k=1}^{m} \left([\sqrt{n}] - M + r_k \right)^{z_{i,k}} \bmod n$$

$$(5.3\text{-}104)$$

$$y \equiv \prod_{k=1}^{m} \left(\prod_{l=1}^{m} p_l^{a_{i,l}} \right)^{z_{i,k}/2} \bmod n$$

berechnet und $ggT(x \pm y, n)$ überprüft.

Wenn die Siebbereiche sehr groß werden, kann die Speicherung der Matrizen im Hauptspeicher ein Problem werden. Zur Beseitigung stehen folgende Möglichkeiten, die der Leser realisieren sollte, zur Verfügung:

i. Die Matrix Z wird eingespart und statt dessen bei jeder Elimination das Zeilenindexpaar (z_r, z_k) auf die Festplatte geschrieben. Wird eine Zeile des Typs (5.3-103) gefunden, kann die Zeile der Matrix Z aus diesen Einträgen rekonstruiert werden. Die Rekonstruktion kann durch Aufbau der Matrix Z oder durch Zähler der Pfade zwischen r und k erfolgen:

$$Bit_r \equiv n_{Pfade} \bmod 2$$
$$Pfad: (z_r, z_k) \quad , \quad (z_r, z_a) \circ (z_a, z_k), \ldots$$

$$(5.3\text{-}105)$$

ii. Die Matrix A kann blockweise verarbeitet werden, indem durch Indexsortierung ein Block A_1 mit Einträgen am oberen Ende gebildet und dazu verwendet wird, in Blöcken $A_2, A_3, \ldots$ Primzahlen am oberen Ende zu eliminieren. Das Ergebnis kann wiederum einer Indexsortierung unterworfen werden. Die einzelnen Blöcke werden nur für den eliminationsschritt von der Platte geladen. Ist der Grad des verbleibenden Gleichungssystems auf diese Wiese ausreichend erniedrigt, kann es komplett geladen und gelöst werden.

iii. Eine spaltenweise indizierte Speicherung wie bei der Siebung ist je nach Indexbreite ab 16-32 aufeinander folgenden Nullkongruenzen Platz sparend (*hierbei muss nur der Spaltenindex gespeichert werden; ein Wert ist unnötig*). Im Verlauf des Gauß'schen Eliminierungsverfahrens ist von einer starken Zunahme der Besetzungszahlen in den unteren Rängen der Matrix B auszugehen, so dass diese Speicherstrategie für diese Matrix nicht unbedingt erfolgreich sein muss. Mehr Erfolg ist bei einer Anwendung auf die Matrix Z zu erwarten. Mischstrategien für die Speicherung und erneute Nutzung des durch Streichen von Zeilen frei werdenden Speicherplatzes sind weitere denkbare Optionen.

---

[170] Bei einer Implementierung natürlich nicht direkt in dieser Form. Der Leser wird das zweifellos so umsetzen, dass unnötige Rechenschritte unterbleiben.

Der Leser bemerkt unschwer, dass die Mathematik dieses Schrittes sehr einfach ist und die Herausforderung darin liegt, Indexsysteme zu schaffen, die die schnelle Verarbeitung von Datenmengen im Gigabytebereich erlauben. In Anbetracht der heute auf den Rechnern zur Verfügung stehenden Ressourcen kann aber nur empfohlen werden, zunächst die Standardmethode zu implementieren und erst bei Problemen und nach einer sorgfältigen Zustandsanalyse auf eine der Alternativen auszuweichen.

5.4 Quadratisches Sieb für große Zahlen

Wie bereits zu Anfang vermutet und im Laufe der Entwicklung bestätigt, sind die Faktorisierungsmöglichkeiten mit dem quadratischen Sieb in der bisher erreichten Stufe relativ beschränkt, da bei großen Zahlen n nicht mehr genügend Faktorisierungen im Sieb gefunden werden. Auf der Suche nach Erweiterungsmöglichkeiten fallen zwei Eigenschaften ins Auge:

(a) Bei zunehmender Zahlengröße treten vermehrt Siebzahlen auf, die nur teilweise Faktorisiert werden und große nicht in der Primzahlbasis enthaltene Faktoren enthalten. Wir können nach Merkmalen suchen, die eine Einteilung der Zahlen in verschiedene „Relationenklassen" erlauben. Die Klassen sind so zu konstruieren, dass die in ihnen enthaltenen Relationen unter bestimmten Bedingungen zu Vollfaktorisierungen ergänzt werden können und so weitere Gleichungen für die Gauß-Elimination liefern.

(b) Die Abstände der Zahlen im Sieb sind sehr groß. Wir können nach Möglichkeiten suchen, das Siebraster, d.h. die vom Siebvorgang erfassten Zahlen, zu verschieben. Jeder neue Siebvorgang sollte im Mittel die gleiche Anzahl neuer Faktorisierungen liefern. Sofern es gelingt, die Relationenklassen miteinander zu verknüpfen, ist eine Ausbeute neuer Gleichungen sogar besser als die lineare Grundbeziehung.

5.4.1 Relationenklassen: große Restfaktoren

Eine systematische Vergrößerung der Primzahlbasis erlaubt zwar die Faktorisierung weiterer Zahlen, jedoch steigt die Anzahl der zu erzeugenden Gleichungen schneller an als die Anzahl der faktorisierten Zahlen, weil große Primfaktoren sehr selten auftreten. Mit einer solchen Maßnahme erhöhen wir im Prinzip nur den Rechenaufwand, ohne einer Lösung merklich näher zu kommen (*Abbildung 5.3-11*). Anstatt nun die Primzahlmenge im oberen Bereich fest vorzugeben, können wir alternativ auch eine variable Strategie verfolgen und die Primzahlen berücksichtigen, die zufällig auftreten. In der ersten Erweiterungsstufe beschränken wir uns auf die Relationenklasse „vollständige Faktorisierung durch eine weitere große Primzahl" und sammeln neben unseren Faktorisierungen nun auch Relationen, die sich nicht vollständig Faktorisieren lassen:

$$f_k = q * \prod_{k=1}^{r} p_k^{a_k} \equiv X_k^2 \, mod \, n \quad , \quad q \in P \tag{5.4-1}$$

Das Verhältnis solcher Relationen zu den Faktorisierungen könne wir durch Variation des Schwellwertes c in (5.3-93) steuern, müssen aber darauf achten, dass sich nicht zu viele weitere Relationen einschleichen, die nicht in diese Klasse gehören. Sammeln wir sehr viele solcher Relationen, so besteht einige Wahrscheinlichkeit, dass mehrere der zusätzlichen Faktoren q übereinstimmen. Durch Division zweier Relationen können wir q eliminieren. Haben wir z.B. s Zahlen mit gleichem q gefunden, so können wir mit festem Index k und die restlichen Indizes durchlaufendem l insgesamt $(s-1)$ neue Äquivalenzen erzeugen (*alle weiteren Kombinationen sind linear abhängig zu den ersten und liefern daher keine neuen Informationen*):

$$\frac{f_k}{f_l} \equiv \left(\frac{X_k}{X_l} \right)^2 \equiv \left(\frac{\sqrt{n} - M + k}{\sqrt{n} - M + l} \right)^2 \equiv \prod_{r=1}^{m} p_r^{a_{i,r} - a_{l,r}} \, mod \, n \tag{5.4-2}$$

Im rechten Teil von (5.4-2) treten nun zwar auch negative Exponenten auf[171], grundsätzlich haben wir aber einige Faktorisierungen gewonnen, die wir unserem Gleichungssystem hinzufügen können (*bezüglich des mittleren Teils genügt es für die weitere Auswertung natürlich, den Quotienten* X_k/X_l *für die spätere Auswertung zu berechnen und zu speichern*).

Welche Erwartungen könne wir an diese Variante stellen? q ist eine Primzahl oberhalb unserer Primzahlbasis bzw. setzt sich aus mehreren großen Primfaktoren zusammen. Durch die Beschränkung

$$p_{max} < q < p_{max}^2 \tag{5.4-3}$$

können wir sicherstellen, dass q eine große Primzahl und nicht zusammengesetzt ist (*warum?*). Das ist zwar für die Gewinnung von Relationen zunächst unbedeutend, eine Beschränkung nach oben ist aber wegen der Seltenheit großer Faktoren sinnvoll und erlaubt uns auch eine einfache Erfolgsprognose. Der Leser probiere dies mit den bereits erstellten Algorithmen einmal aus, wobei er auch geeignete Schwelwerte c ermittle. In der Praxis beschränkt man sich meist auf Werte deutlich unterhalb p_{max}^2 , da mit größer werdenden Zahlen die Wahrscheinlichkeit für gleiche Faktoren abnimmt.

Zurück zur Theorie: in dem durch (5.4-3) definierten Intervall befinden sich

$$K = \pi(p_{max}^2) - \pi(p_{max}) \approx \frac{p_{max} * (p_{max} - 2)}{2 * \ln(p_{max})} \tag{5.4-4}$$

---

171 Was aber wegen $a^{-b} \equiv (a^{-1})^b \, mod \, n$ allenfalls geringfügige Umstellungen in den Algorithmen verlangt.

Primzahlen. Etwa die Hälfte kommt aufgrund der Konstruktion der f_k als quadratische Reste als zusätzlicher Faktor in Frage. Nehmen wir an, dass alle Primzahlen mit gleicher Wahrscheinlichkeit als Faktoren auftreten können, so gilt es abzuschätzen, mit welcher Wahrscheinlichkeit zwei gleiche Faktoren in einer Menge von Zahlen der Art (5.4-1) auftreten. Das Problem ist als „Geburtstagsparadoxon" gut bekannt. Zieht man zwei Zahlen aus einer Menge von K Zahlen (*jeweils mit Zurücklegen, so dass im zweiten Versuch die Zahl erneut gezogen werden kann*), so ist die Wahrscheinlichkeit, keine Übereinstimmung gefunden zu haben, $w = (K-1)/K$. Für eine dritte Zahl existieren $(K-2)$ von K Möglichkeiten, für eine vierte $(K-3)$ usw., so dass nach k Ziehungen die Wahrscheinlichkeit, keinen gemeinsamen Faktor gefunden zu haben, durch den folgenden Ausdruck gegeben ist

$$w(\forall\, q_i, q_j : q_i \neq q_j) = \prod_{s=1}^{k-1} \frac{K-s}{K} \tag{5.4-5}$$

Fasst man diese Relation im positiven Sinne auf, so benötigt man näherungsweise

$$s \approx 1{,}18 * \sqrt{K} \tag{5.4-6}$$

Relationen (5.4-1), um mit der Wahrscheinlichkeit $w=1/2$ ein Paar zu finden, das zu (5.4-2) verknüpft werden kann. Je nach Einstellung der Arbeitsparameter (*der Bereich (5.4-3) muss nicht vollständig genutzt werden; im Gegenzug fällt die Variation von c kleiner aus*) kann das relativ schnell erfolgen. Betrachten wir dazu ein

Beispiel: für das quadratische Sieb nehmen wir folgende Parameter an ($u = \ln(f)/\ln(p)$)

$$p_{max} \approx 10^6 \;\wedge\; w(f \; faktorisierbar) \approx 5 * 10^{-7}$$
$$\Rightarrow u \approx 7 \;,\; f \approx 8 * 10^{39} \;,\; n \approx 10^{80}$$

Eine Rückrechnung auf q_{max} ergibt

$$q_{max} \approx 10^8 \;\Rightarrow\; K \approx 2{,}7 * 10^6 \;,\; u \approx 4{,}9 \;,\; w \approx 5 * 10^{-4}$$
$$s \approx 1950$$

Daraus folgt, dass die Wahrscheinlichkeit, mit dem Finden der ersten vollständigen Faktorisierung auch eine weitere durch zusammenfallende Relationen ermitteln lässt, bei 25-50% liegt.

Diese Abschätzung ist natürlich vereinfacht. Berücksichtigt man, dass mit zunehmender Anzahl an Auswertungen auch die Wahrscheinlichkeit für gleiche Faktoren steigt, so findet man etwa das in Abbildung 5.4-1 dargestellte Verhalten. Bei relativ kleinen n macht sich die Variante kaum bemerkbar, da auch bei kleinen Siebgrößen hinreichend viele f_k faktorisiert werden können. Wird n größer, wird auch das Siebintervall größer bei gleichzeitig geringer werdendem Faktorisierungserfolg. Die relative Anzahl der Zahlen mit Zusatzfaktoren im geeigneten Bereich nimmt weniger stark ab als der Anteil der Faktorisierungen bezogen auf das gesamte Siebintervall (*siehe Untersuchungen im Kapitel 5.3.3.2*). Mit zunehmender Siebgröße

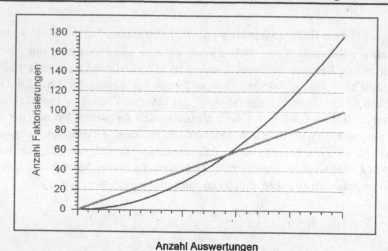

Anzahl Auswertungen

Abbildung 5.4-1: Anzahlen der Voll- (Gerade) und Teilfakto-
risierungen (Parabel) im Verlauf längerer Rechnungen (will-
kürliche Einheiten)

ermitteln wir mehr solche Zahlen, und aufgrund des Geburtstagsparadoxons überflügelt die
Zahl der Erfolge schließlich die nur linear wachsende Zahl an direkten Faktorisierungen.
Diese Methode wird in der Literatur als „single large prime"-Variante beschrieben.

An der bisher entwickelten Software müssen wir außer der Berücksichtigung vorzeichenbe-
hafteter Exponenten nur wenige Änderungen vornehmen. Die Eliminierung des zusätzlichen
Primfaktors aus den Relationen lässt den Rang des linearen Gleichungssystems unverändert.
Die Relationen lassen sich in einer Liste sammeln, in der jedes Listenelement den Faktor q ,
den Wert X sowie die Exponentenliste der Teilfaktorisierung enthält. Wird eine weitere Relation mit identischen q gefunden, so kann ohne Speicherung direkt der Eintrag in der Exponentenmatrix berechnet werden. Lediglich im letzten Schritt, der Auswertung der Lösungen
des linearen Gleichungssystems, ist eine Änderung notwendig: die Größen X können für die
Faktorisierungen aus Relationen nicht über den Vektor $\vec{R}$ berechnet werden, sondern
X_k / X_l muss bei Eintrag einer Faktorisierung in die Exponentenmatrix ebenfalls gespeichert
werden. Der Leser überlege sich eine Modifikation, die dies zulässt.

Außer der Relationenklasse (5.4-1) können wir eine weitere Klasse definieren, die zwei Faktoren im Restfaktor berücksichtigt:

$$f_k = q_a * q_b * \prod_{k=1}^{r} p_k^{a_k} \equiv X_k^2 \, mod \, n \tag{5.4-7}$$

Anstatt der Begrenzung (5.4-3) lassen wir dazu nun auch nichtfaktorisierbare Zahlen mit
Restfaktoren im Bereich

$$p_{max} < q < R < p_{max}^{\ 3} \tag{5.4-8}$$

zu, wobei R allerdings nicht zu groß gewählt werden darf, da wir mit diesem Schritt die Zahl der gefundenen Zahlen weiter erhöhen und alle gespeichert und ausgewertet werden müssen (*die dritte Potenz sichert die Zusammensetzung aus nicht mehr als zwei großen Primfaktoren., wie der Leser leicht überprüft*). Hierbei müssen wir mit folgenden Effekten rechnen:

(a) Aufgrund der großen Restfaktoren kann die Überprüfung der Primzahlen der Basis als Teiler nicht abgebrochen werden, sondern ist für alle Elemente der Basis durchzuführen. Eine Vorprüfung aufgrund des Index, ob eine Zahl als Teiler in Frage kommt, wie wir sie auch im Sieb durchgeführt haben, ist notwendig. Die dort über die quadratischen Kongruenzen ermittelten Startindizes für die Teilbarkeit sollten für die nachfolgende Auswertung zwischengespeichert werden.

Da absichtlich viele nur teilweise faktorisierbare Zahlen geprüft werden, um eine ausreichende Anzahl von Relationen zu ermitteln, steigt die Laufzeit gegenüber der „Standardversion" merkbar an.

(b) Das Ergebnis kann Relationen des ersten Typs mit $q > p_{max}^2$ enthalten, die wir wegen der starken Ausdünnung nicht berücksichtigen. Je höher die Obergrenze der Zahlen gesetzt wird, desto mehr Relationen werden wir finden, die weder in die erste noch in die zweite Klasse gehören.

Das Verhältnis von Relationen des ersten Typs, Relationen des zweiten Typs und Faktorisierungen können wir wieder über den Schwellwert c steuern. Der Leser mache dazu einige Experimente und sammle dabei nur die Relationen des zweiten Typs. Die Liste ist so zu entwerfen, dass sie beide Primfaktoren enthält. Der Sammelalgorithmus berücksichtigt nur Kandidaten des Relationentyps zwei, die einen einfachen Primzahltest (*z.B. Fermat'scher Test*) nicht bestehen und sich durch eine limitierte ρ-Faktorisierung zerlegen lassen.

Eine Alternative zur Zerlegung der Faktoren in Primzahlen ist die Bestimmung des größten gemeinsamen Teilers zweier Zahlen (*wobei auch die Primfaktoren des Relationentyps eins eingesetzt werden und direkte Teiler liefern*). Treten Zahlen mit gleichen Faktoren auf (*und genau die werden in der Auswertung benötigt*), so ist durch den ggT die Zerlegung bereits komplett. Relationen des Typs zwei, die keine gemeinsamen Teiler mit anderen Relationen des Typs eins oder zwei besitzen, müssen im weiteren nicht ausgewertet werden. Aufwandsschätzungen sind nicht ganz einfach, da die ρ-Zerlegung linear mit der Anzahl der Faktoren steigt, wenn auch mit recht hässlichen Proportionalitätskonstanten, während eine ggT-Untersuchung schlimmstenfalls vom zweiten Grad ist. Der Leser führe auch dazu eigene Versuche durch.

Fassen wir zusammen und reißen die weitere Auswertung an:

● Durch die Faktorisierung erhalten wir drei Klassen:

(1) Vollständige Faktorisierungen.

(2) Relationen des ersten Typs mit Restfaktoren $q < p_{max}^{\;2}$ (*nach Größe sortiert zur Beschleunigung der folgenden Auswertungen*). Relationen mit gleichen q können wir

wieder wie bereits zuvor sofort auswerten oder alternativ zunächst ebenfalls nur sammeln, um sie mit den anderen Relationen zusammen auszuwerten.

(3) Relationen des zweiten Typs mit zwei Primfaktoren q_a, $q_b \in P$ .Die Ergebnisse werden zur Beschleunigung der folgenden Auswertungen sortiert:

$$W = (\dots (q_a, q_b, \prod p_k^{e_k})_r, \dots) \tag{5.4-9}$$
$$(q_a)_r \leq (q_b)_r \quad , \quad r < r' \Rightarrow (q_a)_r \leq (q_a)_{r'}, \dots$$

- Wir müssen nun wie im einfachen Siebverfahren Kombination von Relationen großer Faktoren finden, in denen gerade Exponenten vorliegen. Formal könnte dies wieder mit einem linearen Gleichungssystem erfolgen. Wegen der hohen Grade ist ein direkteres Verfahren (*das im Grunde auch nichts anderes macht*) sinnvoller. Wir machen uns dabei die zuvor erfolgte Sortierung zu nutze. q bezeichnet den Faktor Relationen des ersten Typs, q_a den kleineren Faktor in Relationen des zweiten Typs. Zyklisch werden in Abhängigkeit von q und q_a folgende Operationen, jeweils nur für den kleinsten Faktor in jeder Klasse, durchgeführt:

(1) $q < q_a$: sind mehrere Zahlen mit identischem q vorhanden, können nach (5.4-2) vollständige Faktorisierungen berechnet und in die Faktorisierungen eingestellt werden (*zur Speicherung der X-Werte vergleiche die Anmerkungen zur Auswertung der Relationen des ersten Typs*). Alle in der Rechnung verwendeten Einträge werden anschließend gestrichen (*für einzelne Zahlen besteht aufgrund der Sortierung keine Möglichkeit der Kompensation; sie werden ersatzlos gestrichen*).

(2) $q = q_a$: durch Division wie in (5.4-2) wird der Faktor eliminiert und der zugehörende Wert von X berechnet. Die verbleibenden Zahlen hängen dann nur noch vom zweiten Faktor q_b ab und werden von Relationen des Typs Zwei zu Relationen des Typs Eins (*Verschieben in den Listen*). Aufgrund der Größensortierung bleibt die aufsteigende Reihenfolge der Relationen in Liste Eins bestehen.

(3) $q > q_a$: sind mehrere Zahlen vorhanden, so kann q_a durch Division wie bei den Relationen des Typs Eins eliminiert werden. Es entstehen hierdurch neue Einträge in der Relationenliste des Typs Zwei mit Faktorenpaaren $(q_b, q_{b'})$, die Anzahl wird insgesamt um eins erniedrigt. Das neue Faktorenpaar ist korrekt in die Listensortierung einzufügen (*Umsortieren der Liste notwendig*).

Einzelne Zahlen werden mit der gleichen Begründung wie bei $q < q_a$ gestrichen.

Das Ende der Operationen ist erreicht, wenn die Liste der Klassen Eins und Zwei geleert sind.

In den Arbeitsschritten ist eine bestimmte Sortierung beizubehalten. Sortieralgorithmen verschiedenster Art gehören zu den Standardwerkzeugen in der Informatik, so dass wir dies hier nicht vertiefen werden. Da Aufgrund der Erweiterungen sehr viele Listen und Felder vorliegen, wobei jedes Objekt alleine bereits speicherfüllend werden kann, sollte sich der Leser auch

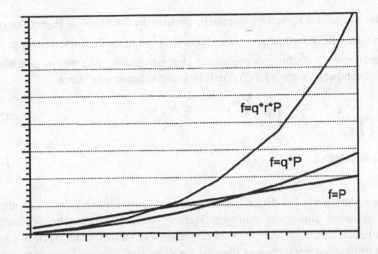

$f=q^*r^*P$

$f=q^*P$

$f=P$

Abbildung 5.4-2: Anzahlen der Vollfaktorisierungen (relativ)

mit einer Auslagerungsstrategie beschäftigen, die nur sich verändernde Listen oder Felder mit nicht-sequentiellem Suchzugriff im Hauptspeicher behält.

Alternativ können graphentheoretische Methoden eingesetzt werden. Gibt man jeder Primzahl einen Index und stellt eine binäre Matrix auf, in der $a_{ik} = 1$ bedeutet, dass eine Relation mit einem Faktor $q_i * q_k$ gefunden wurde, so hat man die Knotenmatrix eines Grafen, in dem nun Zyklen gefunden werden müssen. Kanten sind dabei nur zwischen Knoten zulässig, die in (*genau*) einem Indexwert übereinstimmen, also bei a_{ik}, a_{rs} für $i = r, i = s$, usw. Und jeweils ungleichen anderem Indexpaar. Aus Symmetriegründen kann man die Matrix als Dreiecksmatrix gestalten und bei Hinzunahme der Eins beide Relationentypen nach Herausnahme der Äquivalenzen (*Quotientenbildung*) mischen. Bei der Suche nach Zyklen sollte die Größe der Zyklen begrenzt werden. Betrachten wir als Beispiel folgende Knotenmatrix (*die untere Dreiecksmatrix einschließlich der Diagonalelemente sparen wir ein*):

$$\begin{pmatrix} 12 & - & 14 & 15 \\ & 23 & 24 & - \\ & & 34 & - \\ & & & 45 \end{pmatrix} \qquad (5.4\text{-}10)$$

Ein Suchalgorithmus beginnt mit dem Knoten (15) und verknüpft ihn mit Knoten in der gleichen Spalten. In diesem Fall ist nur die Bildung der Kette (15)-(45) möglich. Der Zeilenindex des zweiten Knotens gibt die Spalte an, in der nach weiteren Knoten gesucht werden kann. Es können nun die Ketten (15)-(45)-(14) , (15)-(45)-(24) und (15)-(45)-(34) gebildet werden. Jede dieser Ketten wird weiter untersucht, und wir finden die Zyklen (15)-(45)-(14)-(15), (15)-(45)-(24)-(12)-(15) sowie (15)-(45)-(34)-(23)-(12)-(15). Nach Herausnahme des Elementes (15) lassen sich noch drei weitere Zyklen finden. Bei größeren Matrizen wächst die Anzahl der zu untersuchenden Ketten exponentiell, weshalb die Suchtiefe zu begrenzen ist. Etwas Aufwand verursacht die Zuordnung eines Indexes (rs) zu einer Teilfaktorisierung f_k . Wir überlassen dem Leser die Definition geeigneter Datenstrukturen. Aus einem gefundenen Zyklus lassen sich wahlweise nach (5.4-2) durch Herausdividieren oder durch

$$\tilde{X} = \frac{\prod X_k}{\prod q_r} \quad ; \quad \tilde{f} = \prod_i p_i^{\sum_k \alpha_{ki}} \tag{5.4-11}$$

neue Äquivalenzen bilden.

Welche Erfolge können wir bei dieser weiteren Variante zum Finden von vollständigen Faktorisierungen erwarten, zumal der Aufwand recht groß ist? Theoretische Wahrscheinlichkeitsaussagen lassen sich aufgrund der Verflechtungen vermutlich kaum noch mit vertretbarem Aufwand treffen; wir versuchen es diesmal gar nicht erst, sondern überlassen die Bewertung dem Experiment. Auch diese Variante wird erst bei größeren Zahlen zur Wirkung kommen, dann aber einen recht großen Anteil an der Problemlösung haben. Abbildung 5.4-2 gibt schematisch den Anteil der einzelnen Varianten an der Anzahl der Vollfaktorisierungen für $n \approx 10^{100}$ wieder, wobei stärkere Schwankungen je nach Wahl der einzelnen Parameter möglich sind. Die Variante „double large prime" trägt dabei den Hauptanteil zu den gefundenen Faktorisierungen bei.

Die Einführung der beiden Varianten „large prime" und „double large prime" zusammen mit den verschiedenen Varianten der Teilalgorithmen stellt sicher eine Herausforderung an die Programmentwicklung dar, da mit recht großen Datenmengen umzugehen ist. Ist ein Vorstoß in größere Zahlenbereiche geplant, wird man daran nicht vorbeikommen. Ein entscheidender Durchbruch bei der Anzahl der gefundenen Faktorisierungen ist allerdings noch nicht erreicht. Wir müssen daher auch die zweite Arbeitsoption, die Verschiebung des Siebrasters, realisieren.

5.4.2 Multi-Polynomiales Sieb

Eine Vergrößerung des Siebes kann zwei verschiedene Zielrichtungen aufweisen: eine Verbreiterung des Siebintervalls oder eine Verdichtung der Messpunkte im vorhandenen Intervall. Bei einer Vergrößerung des Intervalls werden auch die zu faktorisierenden Zahlen größer, besitzen mehr und größere Faktoren und drücken hierdurch einen möglichen Erfolg. Anhand einer Grafik können wir uns schnell davon überzeugen, dass noch hinreichend weitere Kandidaten für die zweite Möglichkeit im bisherigen Intervall vorhanden sind: vordergründig zeigt sie eine Gerade mit dicht liegenden Testzahlen f_k , doch der Massstab täuscht: die untersuchten Zahlen des Siebes besitzen untereinander Abstände der Größenordnung $\sqrt{n}$, so dass große Lücken bestehen, in denen nach weiteren faktorisierbaren Quadraten gesucht werden kann (*Abbildung 5.4-3*, *Abbildung 5.4-4*). Wir werden uns daher in dieser Richtung orientieren.

Aus unseren bisherigen Erfahrungen können wir extrapolieren, dass die neue Suche ähnlich (*un*)effektiv wie die bisherige verlaufen wird. Auch das neue Auswahlverfahren muss daher so konstruiert sein, dass es systematisch eine große Anzahl von Kandidaten bewertet, um letztendlich wenige Gleichungen herauszufiltern. Das Grundkonzept der Zahlenberechnung, das Bilden einer Quadratzahl in der Näher der Zahl n, müssen wir ebenfalls weiter nutzen. Logische Schlussfolgerung: neben den Faktoren der Primzahlbasis müssen solche Zahlen weitere große Primfaktoren aufweisen. Zahlen mit größeren Primfaktoren haben wir bereits erfolgreich genutzt, jedoch anstatt das Auffinden solcher Faktoren weiter dem Zufall zu überlassen, führen wir diese nun systematisch ein, in dem wir zu den Primzahlen der Basis jeweils eine große Primzahl als festen Faktor hinzufügen und nur vollständige Faktorisierungen mit diesem zusätzlichen Faktor in den Lücken suchen. „Groß" bedeutet hier $p \gg p_{max}{}^3$, da wir Primfaktoren unterhalb dieser Schwelle bereits nutzen und die „large prime"- und „double large prime"-Ergänzungsverfahren dann auch auf das neue Verfahren anwenden können. Bei mehrfacher Durchführung mit unterschiedlichen großen Primzahlen durchgeführt können wir den Siebbereich (*fast*) beliebig vergrößern.

Unsere Siebzahlen f_k erhalten einen großen Primteiler, so dass wir $f_k = a * F_k$ schreiben können. Führen wir die Faktoren a auch auf der anderen Seite unserer Gleichung ein, so tritt an die Stelle des linearen Schnitts durch den Siebbereich nun ein quadratischer Schnitt:

$$(a \in P) \quad , \quad (a > p_{max}) \quad , \quad ((n/a) = 1) , R_k = [\sqrt{n}] - M + k$$

(5.4-12)

$$a * F_k = (a * R_k + b)^2 - n \quad \Leftrightarrow \quad F_k = a * R_k^2 + 2 * b * R_k + c \qquad .$$

Für die Faktorisierung der Größen F_k verwenden wir die gleiche Basis wie zuvor für f_k. Die Größen (a,b,c) sind so zu wählen, dass der Faktorisierungserfolg für F_k nicht ungünstiger als für f_k wird, d.h. die Absolutwerte der Zahlen durch die Einführung des großen Primfaktors a nicht steigen. Für c erhalten wir unmittelbar aus (5.4-12)

$$c = (b^2 - n)/a$$

(5.4-13)

Die Koeffizienten (a,b) müssen wir nun so wählen, dass die F_k ein minimales Intervall aufspannen. Das ist eine Angelegenheit für Standardmethoden der Analysis:

1. Optimierung von a : $F_k = F(k)$ ist eine quadratische Funktion in k. Das Minimum finden wir mit Hilfe der Ableitung, in dem wir vorübergehend das ganzzahlige k durch ein reelles r ersetzen:

$$\frac{dF(r)}{dr} = 2ar + 2b = 0 \quad \Rightarrow \quad r = -\frac{b}{a}$$

(5.4-14)

Das Siebintervall bauen wir symmetrisch um dieses Minimum auf:

$$-M - \frac{b}{a} \leqslant F(r) \leqslant M - \frac{b}{a} \tag{5.4-15}$$

Die Parabel legen wir so, dass $F(r)$ (*wie auch schon* $f(r)$) symmetrisch um den Wert Null verteilte Werte annimmt. Minima und Maxima im Gesamtintervall gehorchen der Beziehung

$$F(-M - b/a) = -F(-b/a) = F(M - b/a) \tag{5.4-16}$$

Lösen wir diese Gleichung nach a auf, so erhalten wir

$$a = \frac{\sqrt{2*n}}{M} \quad , \quad F(M - b/a) = \sqrt{\frac{n}{2}} * M \tag{5.4-17}$$

Dies stellt natürlich noch nicht ein a dar, das wir benutzen können; aber in seiner Nähe können wir nach geeigneten Primzahlen suchen. Da der mittlere Abstand brauchbarer Zahlen bei $2*\ln(a)$ liegt, gibt es auch für die Ermittlung sehr vieler Polynome keine Probleme. Die Nullstellen der Parabel liegen in einem Abstand von $M/\sqrt{2}$ vom Zentrum. Die absoluten Werte von F_k bleiben im Mittel kleiner als die von f_k (*Abbildung 5.4-3*). Wir können daher sogar etwas günstigere Ergebnisse bei unseren Faktorisierungen erwarten.

2. Berechnung von b und der Siebparameter : für b erhalten wird aus (5.4-13)

$$n \bmod a \equiv (b^2 - a*c) \bmod a \equiv b^2 \bmod a \tag{5.4-18},$$

d.h. b ist quadratischer Rest zu $(n \bmod a)$. Dessen Berechnung macht uns keine Probleme, und wir erhalten so den gleichen Siebbereich wie bei f_k

$$[-b/a] = 0 \quad \Rightarrow \quad -M \leq k \leq +M \tag{5.4-19}$$

In Anlehnung an Proposition 5.3-12 erhalten wir für die Indizes, für die eine Zahl des Siebes durch eine Primzahl der Basis teilbar ist

$$(-x - b)*a^{-1} \equiv i_1 \bmod p$$
$$(+x - b)*a^{-1} \equiv i_2 \bmod p \tag{5.4-20}$$

Die weiteren Algorithmen des quadratischen Siebes können unverändert übernommen werden, so dass sich eine weitere Diskussion erübrigt.

Ein praktisches Beispiel: wir betrachten Parameter für f_k und F_k anhand eines Beispiels[172]:

$$1.00000.00000.00037 * 1.00000.00010.00053$$
$$= 1.00000.00010.00090.00000.00370.01961 \tag{5.4-21}$$

---

172 Die Zahlen sind so „klein", dass man diese Algorithmen in der Praxis besser nicht darauf loslässt, es sei denn, man ist an einer Beleidigungsklage durch das MPQS (*multi polynomial quadratic sieve*) interessiert. Der Anschaulichkeit halber verwenden wir hier aber einmal etwas übersichtlichere Werte als in früheren Kapiteln.

Die ganzzahlige Quadratwurzel aus n ist $[\sqrt{n}] = 1.00000.00005.00044$, der Siebbereich wird auf $M = 500.000$ festgelegt. f_k bewegt sich mit diesen Parametern im Bereich

$$|f_k| = 2.50008e + 11 \,, 1.99975e + 15 \dots 2.00002e + 20 \qquad (5.4\text{-}22)$$

Für F_k ermitteln wir die Parameter:

$$
\begin{aligned}
a &= 1.41421.35653 \\
b &= 1.36979.66996 \\
c &= -70710.67802.97587.98565
\end{aligned}
\qquad (5.4\text{-}23)
$$

F_k nimmt Zahlenwerte zwischen $-c \le F_k \le c$ an. Die Funktionsverläufe von f_k und F_k sind in Abbildung 5.4-3 dargestellt. Die Mittelwerte liegen bei

$$\overline{f_k} = 10^{20} \qquad ; \qquad \overline{F_k} = 4.31 * 10^{19} \qquad (5.4\text{-}24)$$

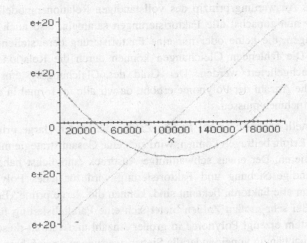

Abbildung 5.4-3: f(r) [grün] und F(r) [rot] , Größen-
verlauf im Siebintervall

In der Nähe der Nulldurchgänge sind allerdings meist keine oder allenfalls nur wenige »kleine« Zahlen zu finden (*Abbildung 5.4-4*). Der Abstand der diskreten Werte liegt bei ca. $2 * 10^{15}$.

Wie wirkt sich die Verwendung der Polynome auf den Gesamtalgorithmus aus? Die großen Primfaktoren a gehen nun zusätzlich in das Gleichungssystem ein und erhöhen dessen Grad. Die Berücksichtigung eines Polynoms in der Gesamtauswertung macht daher nur Sinn, wenn mindestens zwei Vollfaktorisierungen mit einem a vorliegen. Bei der Gesamtauswertung können wir zwei Extremstrategien aufstellen:

(1) Benutzen wir die Polynome nur als Erweiterungen der linearen Form einschließlich der Erweiterungen „large prime" und „double large prime" und werten sie jeweils einzeln aus, so können die Primfaktoren a aus dem linearen Gleichungssystem durch Vorabeliminierung herausgehalten werden (*gewissermaßen als Extremform des Eliminierungsbeginns am schwachbesetzten Ende*). Sie müssen jedoch, wie die Primfaktoren der Relationenklasse Zwei, für die Auswertung der Lösungen des linearen Gleichungssystems gespeichert werden (*Erweiterung der ursprünglichen Speicherklasse $\vec{R}$*).

Bei den „large prime"-Erweiterungen werden die Faktoren a zum Teil mit herausgekürzt. In seinem Algorithmus kann der Leser entscheiden, ob er eine Buchführung für die Faktoren a und deren Exponenten einführt oder sie direkt mit Hilfe von (5.4-2) auch aus den anderen Faktorisierungen eliminiert.

(2) Die Erweiterungen „large prime" und „double large prime" erlauben das Sammeln und gemeinsame Auswerten der Relationen aller Polynome. Dies wirkt sich unmittelbar auf den Erfolg aus, da die Anzahl der Vollfaktorisierungen aus Relationen mit großen Primzahlen mit zunehmender Anzahl zur Verfügung stehender Zahlen stark ansteigt.

Wenn wir uns das Auswertungsprinzip des vollständigen Relationenmodells vor Augen rufen, müssen wir nun zunächst alle Faktorisierungen sammeln, also auch solche Polynome berücksichtigen, die keine oder nur eine Faktorisierung bereitstellen, jedoch sehr viele Relationen. Die fehlenden Gleichungen können durch die Relationenauswertung durchaus noch nachgeliefert werden. Der Grad des Gleichungssystems wird dabei zwangsweise um die Anzahl der Polynome erhöht, da wir alle a formal in die Primzahlbasis zusätzlich aufnehmen müssen.

Da wir bereits festgestellt haben, dass bei großen Zahlen die beiden „large prime"-Erweiterungen erheblich zum Erfolg beitragen können, wird sich eine Gesamtstrategie möglichst nahe an Strategie (2) orientieren. Der etwas schwammige Ausdruck „möglichst nahe" hat seinen Grund: die zeitaufwendige Siebung und Faktorisierung wird für jedes Polynom einzeln durchgeführt. Erst wenn alle Faktoren bekannt sind, können die „large prime"-Erweiterungen angewendet werden. Bei sehr großen Zahlen bietet sich eine Parallelisierung für den ersten Teil an: ein Zentralsystem erzeugt Polynome in großer Anzahl und verteilt diese an mehrere Arbeitsstationen, die unabhängig voneinander die Siebauswertungen durchführen können. Als Ergebnis verfügt jede Arbeitsstation über Faktorisierungen und Relationen. Wertet jede Arbeitsstation ihre Daten vollständig aus, so können der Zentrale recht kompakte Daten übergeben werden, jedoch erhält man pro Arbeitsstation nur wenige Gleichungen. Geben die Arbeitsstationen alle Daten zunächst an die Zentrale weiter und überlassen dieser die Auswertung der Relationen, so werden voraussichtlich mehr Gleichungen gefunden, jedoch bricht möglicherweise der Zentralrechner unter der schieren Last der Daten zusammen. Zwischen diesen Extremen ist ein optimaler Weg zu suchen, und wir überlassen dem Leser die weitere Beschäftigung mit diesem Thema.

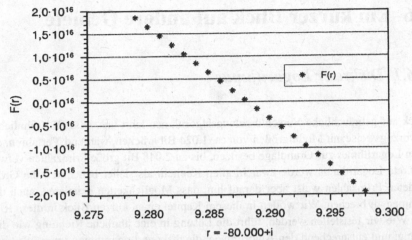

Abbildung 5.4-4: Größen und Abstände der Siebzahlen im Bereich des Nulldurchgangs

Wie effektiv sind alle diese Erweiterungen? Zum Beispiel gelingt es unter Ausnutzung der Strategie (2), eine Zahl $n \approx 10^{100}$ mit einem Sieb der Größe $M = 5*10^6$ und einer Basis $m \approx 50.000$ durch Auswertung von ca. 500 Polynomen in einigen Stunden zu Faktorisieren. Der Leser stellen einmal alternativ anhand der verschiedenen Abbildungen und Tabellen die Ressourcen zusammen, die ohne Berücksichtigung der Teilfaktorisierungen notwendig werden!

Es war sicher zu bemerken, dass der Vortragsstil gegen Ende dieses Kapitels rapide an Geschwindigkeit zunahm: die mathematischen Beziehungen werden relativ knapp und isoliert vorgestellt, die im vorhergehenden Teil des Buches praktizierte Umsetzung in konkrete Algorithmen unterbleibt großenteils. Auch dies hat seinen Grund: zum einen ist der Kenntnisstand des Lesers im Laufe der Untersuchungen gewachsen, so dass der Detailreichtum herabgesetzt werden kann, ohne das Verständnis zu beeinträchtigen. Zum anderen werden die im letzten Abschnitt benötigten Basisalgorithmen in Büchern über Numerische Mathematik oder „Algorithmen und Datenstrukturen" behandelt und können dort entnommen werden. Wird wie an einigen Stellen empfohlen C++ mit der Vorlagenklassen-Technik für die Programmierung eingesetzt, so lassen sich viele Algorithmen mit einfachen Mitteln entwicklen und testen und es müssen anschließend nur die Klassen ausgetauscht werden. Ist das nicht auch Sinn eines Lehrbuches, dass der Studierende sich im letzten Teil davon lösen und eigene Projekte unter Hinzunahme weiterer Quellen umsetzen kann?

6 Ein kurzer Blick auf andere Gebiete

6.1 Diskreter Logarithmus

Ein Blick auf gebräuchliche Verschlüsselungsalgorithmen lehrt uns, dass RSA-ähnliche Verfahren vorzugsweise mit Modulgrößen von ca. 1.024 Bit arbeiten, während Verfahren, die den diskreten Logarithmus zur Grundlage besitzen, bis zu 2.048 Bit große Primzahlen verwenden. Der diskrete Logarithmus wurde zwar in allen Kapiteln als sicher betrachtet, die Größe der verwendeten Primzahlen weist aber darauf hin, dass Möglichkeiten existieren, auch diskrete Logarithmen zu brechen. Wir wollen in diesem Kapitel einen kurzen Blick in diese Richtung werden. Wie wir feststellen werden, führt die Lösung in eine ähnliche Richtung wie die Faktorisierung, und entsprechend den Algorithmen, die diskrete Logarithmen verwenden wie beispielsweise der DSS, geraten wir wieder an Zahlen, die der Größenordnung des RSA-Problems entsprechen, womit der Unterschied in der Bitbreite geklärt ist.

Fassen wir zunächst die bekannten Eigenschaften zusammen: das Modul p ist eine Primzahl, d.h. wir können grundsätzlich das Spektrum berechnen. Sofern die Primzahl allerdings so gewählt wird, dass $p - 1 = 2 * q * r$, $q, r \in P$, $q \approx r$ ist, müssen wir dazu zunächst eine RSA-Faktorisierung von $\varphi(p)$ durchführen (!). Je nach Konstruktion von p kann daher die Ordnung einer beliebigen Zahl aufgrund der Kenntnis des Spektrums bestimmt werden oder das Spektrum ist selbst (*großenteils*) unbekannt und damit auch die Ordnung vieler Zahlen nicht feststellbar. Feststellen lässt sich aber, ob g primitiv ist. Falls dies nicht zutrifft, ist aber unabhängig von der eventuellen Kenntnis des Spektrums nicht klar, ob ein Logarithmus zur Basis g für ein gegebenes y überhaupt existiert. Ist aber y in der durch g gebildeten multiplikativen Gruppen enthalten, so existieren sogar $\varphi(p)/Ord(g)$ äquivalente Logarithmen.

Die prinzipielle Idee zur Lösung des diskreten Logarithmus ist relativ einfach: unser Problem lautet

$$y \leftarrow g^x \bmod p \quad \rightarrow \quad x \leftarrow \log_g(y) \bmod (p - 1) \qquad (6.1\text{-}1)$$

Wir bestimmen zunächst eine Menge kleiner Zahlen q mit bekanntem Logarithmus

$$Q = \left\{ (q, b) \mid q \equiv g^b \bmod p \right\} \qquad (6.1\text{-}2)$$

Mit diesen versuchen wir Relationen der Art

$$y * g^e \equiv \prod_{k=1}^{s} q_k^{h_k} \bmod p \quad , \quad 1 \leq e \leq E \qquad (6.1\text{-}3)$$

mit bekannten e zu finden. Durch Bilden des Logarithmus von (6.1-3) erhalten wir die Lösung (*Übergang von* mod p *zu* mod φ(p) *bei Betrachtung der Exponenten*):

$$x \equiv -e + \sum_{k=1}^{s} h_k * b_k \, mod \, (p-1)$$ (6.1-4)

Das Suchen nach solchen Relation ist einfach, aber in den meisten Fällen recht aufwendig: zunächst wird die Menge (6.1-2) gebildet, wobei die Zahlen b sinnvollerweise so gewählt werden, dass in (6.1-4) keine Probleme bei der Modulrechnung auftreten (*der Leser überlege, was gemeint ist. Können die Zahlen q klein gehalten werden?*). Anschließend wird versucht, mit beliebig gewählten e eine der Zahlen $y * g^e + k * p$, $1 \le k \le M$ mit den Zahlen q zu Faktorisieren. Gelingt das nicht, so erhöhen wir M , versuchen es mit einem anderen e , suchen weitere Zahlen q für unsere Basis oder geben auf. Diese Vorgehensweise führt zu der zusätzlichen sinnvollen Nebenbedingung $\forall q : q \in P$ für die Zahlenpaare in Q (*wie erhöht sich der Aufwand bei der Festlegung von Q durch diese Nebenbedingung bei zufallsgesteuerter Suche nach Zahlen?*).

Dieser Strategie zur Lösung des diskreten Logarithmus entnehmen wir folgende Unterschiede zum RSA-Problem:

● Haben wir beim RSA-Problem eine Zahl faktorisiert, so liegen uns unmittelbar alle weiteren Verschlüsselungen offen. Die Lösung ist ein JA/NEIN-Problem: es gelingt oder eben nicht, und wir können im Prinzip nicht „Nachlegen".

● Haben wir den Logarithmus einer Zahl y ermittelt, so nützt dies nur begrenzt: die Basis kann bei gleichbleibendem Modul zwar weiter verwendet werden, wenn der Exponent gewechselt wird, aber der Aufwand zur Ermittlung der neuen Lösung ist nun zwar im Erfolgsfall voraussichtlich kleiner, aber wiederum erheblich, ohne dass sich allerdings mit der vorhandenen Basis überhaupt ein Erfolg einstellen muss. Wir können in diesem Fall jedoch „Nachlegen", d.h. die Basis erweitern, oder mit einer unzureichenden Basis einen anderen Logarithmus ermitteln.

Bezogen auf ein konkretes Problem, die Aufdeckung eines Satzes geheimer Parameter, stehen wir in beiden Fällen letztendlich vor einem Problem der gleichen Größenordnung.

Betrachten wir nun die Bereitstellung der Basis genauer: wir benötigen einen hinreichend großen Satz an bekannten Logarithmen kleiner Primzahlen. Eine rein zufallsgesteuerte Vorgehensweise hat nur geringe Aussichten auf Erfolg. Wir organisieren die Suche daher auf eine ähnliche Weise wie beim quadratischen Sieb: wir berechnen Zahlen mit bekanntem Logarithmus und faktorisieren sie mit einem vorgegebenen Satz von Primzahlen:

$$u_i = g^{a_i} \equiv \prod_{k=1}^{m} q_k^{h_{i,k}} \, mod \, p$$ (6.1-5)

Die Exponenten der Kongruenz formen ein lineares Gleichungssystem, dessen Lösung die gesuchten Logarithmen der kleinen Primzahlen sind.

$$a_i \equiv \sum_{k=1}^{m} h_{i,k} * \log_g (q_k) \, mod \, (p-1)$$ (6.1-6)

Da die Exponenten aus der Faktorisierung bekannt sind, benötigen wir $m = |Q|$ Relationen der Art (6.1-5) zur Ermittlung der Logarithmen. Das Problem dabei ist offensichtlich: wenn wir beliebige Zahlen a_i einsetzen, werden die meisten u_i nicht faktorisierbar sein. Wie bei der Faktorisierung gilt es, Auswahlverfahren zu finden, die einigermaßen schnell zum Erfolg führen. Da der diskrete Logarithmus noch als sicher gilt, scheint die Suche nach einem solchen Verfahren bislang noch nicht besonders erfolgreich verlaufen zu sein.

Prinzipiell können ähnliche Verfahren wie bei der Faktorisierung zur Anwendung kommen, und wir reißen hier nur eine Möglichkeit an, die allerdings nicht zu den effektivsten gehört, aber dafür mit den behandelten mathematischen Methoden nachvollzogen werden kann. Wir untersuchen „kleine" Kongruenzen in der Nähe von $\sqrt{p}$. Mit den Abkürzungen

$$H = [\sqrt{p}] + 1 \quad , \quad J = h^2 - p \tag{6.1-7}$$

und einer Menge kleiner Zahlen $C = \left\{ c_1 .. \right\}$ suchen wir Faktorisierungen des Typs

$$(H + c_i) * (H + c_j) \equiv J + (c_i + c_j) * H + c_i * c_j \equiv \prod_{k=1}^{n} q_k^{h_{ij,k}} \, mod \, p \tag{6.1-8}$$

Logarithmieren führt auf das Gleichungssystem

$$\log_g (H + c_i) + \log_g (H + c_j) \equiv \sum_{k=1}^{n} h_{ij,k} \log_g (q_k) \, mod \, (p - 1) \tag{6.1-9}$$

Um es Lösen zu können, müssen wir $N \approx |Q| + |C|$ Faktorisierungen ermitteln, wozu uns etwa $N^2 / 2$ Versuche zur Verfügung stehen. Bei diesem Algorithmus besteht also keine Notwendigkeit, bekannte Logarithmen zu ermitteln und einzusetzen (*obwohl das natürlich die Sache erleichtert*). Im Gegenzug wird der Grad des Gleichungssystems allerdings stark erhöht (*wir erhalten dafür auch zusätzliche, möglicherweise brauchbare Logarithmen großer Zahlen*). Geeignete Zahlenpaare (c_i , c_j) lassen sich wieder durch einen Siebalgorithmus finden. Für jede Primzahl(potenz) der Basis können wir bei fixem $c = c_i$ durch

$$(H + c)(H + d) \equiv 0 \, mod \, q^h$$
$$\Rightarrow d \equiv (J + c * H) * (H + c)^{-1} \, mod \, q^h \tag{6.1-10}$$

feststellen, bei welchen Indizes d eine Teilbarkeit gegeben ist. Die weitere Vorgehensweise entspricht der des quadratischen Siebes. Ist ein Bereich ausgewertet worden, wird der Vorgang mit dem nächsten c wiederholt. Die Buchführung umfasst den Ausschluss von Doppeleinträgen und einen Vergleich zwischen gefundenen Gleichungen und benötigten Unbekannten. Der Leser ist sicher in der Lage, die Vorgehensweise vom quadratischen Sieb zu übertragen, so dass wir hier abbrechen können.

Andere Konstruktionen einer Basis unter Verwendung von Gauß'schen Primzahlen oder Algorithmen wie das Zahlenkörpersieb sind effektiver als das beschriebene Verfahren, so dass insgesamt die Lösung eines diskreten Logarithmus etwa mit dem gleichen Aufwand verbunden ist wie die Faktorisierung.

6.2 Elliptische Funktionen

Eigentlich ist schon der Begriff „elliptische Funktion" irreführend: die Funktionen, um die es
hier geht, haben mit Ellipsen nichts bzw. nur sehr wenig zu tun. Der eigentliche Startpunkt für
die Theorie der elliptischen Funktionen war die Lösung sogenannter „elliptischer Integrale".
Daraus hat sich ein recht umfangreiche Theorie entwickelt, die auch Funktionen über Modulkörpern einschließen, und diese interessieren in der Verschlüsselungstechnik. Wir können an
dieser Stelle nur mehr oder weniger die verwendeten Formeln und Eigenschaften aufzählen;
wer tiefer in das Gebiet eindringen möchte, sei z.B. auf die Internet-Seiten der Certicom Corp.
verwiesen (_http://www.certicom.com_), die als Gegenstück zur RSA Security Inc. Verschlüs-
selungs- und Sicherheitssoftware auf der Basis elliptischer Kurven entwickelt. Beide Unternehmen sorgen im eigenen Vertriebsinteresse dafür, auf ihren Seiten aktuelle Dokumente und
Literaturübersichten vorzuhalten.

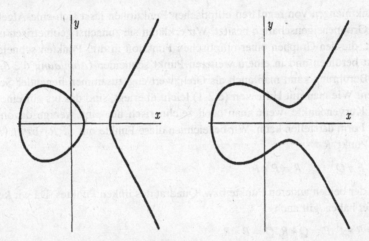

*Abbildung 6.2-1: Graphen elliptischer Funktionen, Beispiele für eine
einfache Parameterauswahl: linker Graph: y^2=x^3-7x+6, rechter
Graph: y^2=x^3-5x+6*

Elliptische Funktionen besitzen die reduzierte Funktionsvorschrift[173]

$$y^2 = x^3 + ax + b \tag{6.2-1}$$

Abbildung 6.2-1 zeigt Beispiele für verschiedene zulässige Parameter (a,b). Ein Parameter-
satz ist dann unzulässig, wenn die Kurvenäste Überschneidungen aufweisen oder in einer
Spitze enden. Die Funktion heißt in diesem Fall „singulär", und die Parameter erfüllen die
Nebenbedingung (_Abbildung 6.2-2_)

$$4\,a^3 + 27\,b^2 = 0 \tag{6.2-2}$$

---

173 Die allgemeine Form besitzt mehr Glieder, jedoch lassen sich die interessanten Fälle auf diese Form zurückführen.

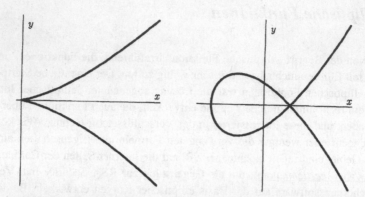

Abbildung 6.2-2: Graphen singulärer elliptischer Funktionen, linker Graph $y^2=x^3$, rechter Graph: $y^2=x^3-4x+16\sqrt{3}/9$

Auf den Punktmengen von regulären elliptischen Funktionen lässt sich eine Algebra definieren, die die Gruppeneigenschaften besitzt. Wir erklären sie zunächst geometrisch und betrachten Geraden, die den Graphen einer elliptischen Funktion in drei Punkten schneiden bzw. in einem Punkt berühren und in einem weiteren Punkt schneiden (*Abbildung 6.2-3, Abbildung 6.2-4*). Die Berührung kann man auch als Grenzwert eng zusammen liegender Schnittpunkte interpretieren. Wie man mit Hilfe von (6.2-1) leicht überlegt, sind das bis auf einen bzw. drei Punkte alle Kurvenpunkte, wenn man auch zeichnerisch nur eine wenige davon in der beschriebenen Form darstellen kann. Wir bezeichnen diese Punkte mit (P,R) bzw. (P,Q,R) und nennen den Punkt R

$$R = P * Q \quad , \quad R = P * P \tag{6.2-3}$$

das Produkt der beiden anderen Punkte bzw. Quadrat des linken Punktes. Da wir keinen Punkt ausgezeichnet haben, gilt auch

$$Q = R * P, \, P = Q * R, \, Q = P * R, \, ... \tag{6.2-4}$$

Wir legen einen beliebigen weiteren Punkt O (*der Kurve*) fest und bezeichnen ihn als *Nullpunkt*. Er liege im weiteren fest, während wir die anderen Punkte auf der Kurve verschieben können. Den dritten Schnittpunkt der Verbindungsgeraden $\overline{OR}$ mit der elliptischen Funktion nennen wir *Summe* der Punkte (P,Q) (*Abbildung 6.2-3*). Wie man an der Grafik leicht nachvollziehen kann, entspricht die Summe $P+Q$ dem Produkt $R*O$:

$$(P*Q)*O = P+Q \tag{6.2-5}$$

Die Produktbildung erfüllt nicht das Assoziativgesetz, wie man daran leicht erkennen kann. Normalerweise ist $(P*Q)*R \neq P*(Q*R)$. Die Produktbildung kommt daher für eine Algebra nicht in Frage. O erfüllt aber die Eigenschaften eines neutralen Elementes bezüglich der Addition (*Namensgebung*), denn aus Abbildung 6.2-4 und einer Rechnung folgt

$$P+O = (P*O)*O = P \tag{6.2-6}$$

Auch die Konstruktion des zu P inversen Elementes $-P$ ist möglich. Mit Hilfe der Multiplikationsformeln (6.2-4) oder grafisch mit Abbildung 6.2-4 finden wir:

$$O = P + (-P) = (P * (-P)) * O \quad \Rightarrow \quad (-P) = P * (O * O) \tag{6.2-7}$$

Auf ähnlich Weise lässt sich das „Assoziativgesetz"

$$(P + Q) + R = P + (Q + R) \tag{6.2-8}$$

nachweisen. Wir stellen den grafischen oder rechnerischen Nachweis dem Leser als letzte Übung anheim.

Wir haben damit alle Gruppeneigenschaften für die Addition nachgewiesen und damit wieder einen Kandidaten für Verschlüsselungsoperationen. Der neutrale Punkt O muss dabei gar nicht einmal auf der Kurve selbst liegen, wie sich zeigen lässt. Meist wird statt eines Kurvenpunktes der unendlich ferne Punkt auf der Y-Achse $O = (0, \infty)$ gewählt, d.h. die Geraden zur Konstruktion der Summen sind Senkrechte und die Inversen sind

$$P = (x, y) \quad \Rightarrow \quad (-P) = (x, -y) \tag{6.2-9}$$

Die grafische Konstruktion kann dann auch algebraisch ausgedrückt werden, wobei die Umrechnungsformeln bei der Wahl des unendlich fernen Nullpunktes besonders einfach ausfallen. Wir müssen zwischen der Addition verschiedener Punkte oder der Verdopplung eines Punktes unterscheiden und erhalten:

$$P_1 + P_2 = P_3 : \quad \lambda = \frac{y_1 - y_2}{x_1 - x_2}$$

$$P_1 + P_1 = 2 P_1 = P_3 : \quad \lambda = \frac{3 x_1^2 + a}{2 y_1} \tag{6.2-10}$$

$$P_3 : \quad x_3 = \lambda^2 - x_1 - x_2 \quad , \quad y_3 = -y_1 + \lambda (x_1 - x_3)$$

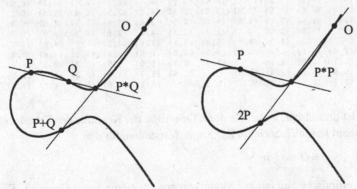

Abbildung 6.2-3: Multiplikation und Addition auf elliptischen Kurven

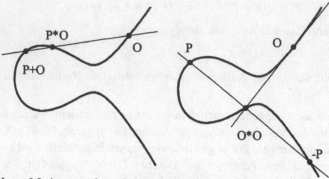

Abbildung 6.2-4: neutrale und inverse Elemente

Besitzen die Kurven rationale Punkte oder lässt sich die Algebra über Modulkörpern formulieren? Die Beschäftigung mit der ersten Frage führt irgendwo in das Dickicht der Fermat'schen Vermutung, die zweite Frage können wir jedoch ähnlich angehen wir in Kapitel 2.1. Wir suchen als Beispiel die Lösungen von

$$y^2 \equiv x^3 + x + 1 \; mod \; 11 \tag{6.2-11}$$

Experimentell finden wir für $x \in \{5, 7, 9, 10\}$ keine Lösung der Äquivalenz, für alle anderen x existieren jeweils zwei Lösungen, nämlich $(y, 11 - y)$. Ähnlich wie in Kapitel 2.1 können wir eine Additionstabelle berechnen und finden

	(0,1)	(1,5)	(2,0)	(3,3)	(4,5)	(6,5)	(8,2)	(0,10)	(1,6)	(2,11)	(3,8)	(4,6)	(6,6)	(8,9)
(0,1)	(3,3)	(4,5)	(1,5)	(6,6)	(8,2)	(3,8)	(8,9)	*	(2,0)	(1,5)	(0,10)	(1,6)	(6,5)	(4,6)
(1,5)	(4,5)	(3,3)	(0,1)	(8,2)	(6,6)	(4,6)	(6,5)	(2,0)	*	(0,1)	(1,6)	(0,10)	(8,9)	(3,8)
(2,0)	(1,5)	(0,1)	*	(4,5)	(3,3)	(8,9)	(6,6)	(1,6)	(0,10)	*	(4,6)	(3,8)	(8,2)	(6,5)
(3,3)	(6,6)	(8,2)	(4,5)	(6,5)	(8,9)	(0,10)	(4,6)	(0,1)	(1,5)	(4,5)	*	(2,0)	(3,8)	(1,6)
(4,5)	(8,2)	(6,6)	(3,3)	(8,9)	(6,5)	(1,6)	(3,8)	(1,5)	(0,1)	(3,3)	(2,0)	*	(4,6)	(0,10)
(6,5)	(3,8)	(4,6)	(8,9)	(0,10)	(1,6)	(0,1)	(2,0)	(6,6)	(8,2)	(8,9)	(3,3)	(4,5)	*	(1,5)
(8,2)	(8,9)	(6,5)	(6,6)	(4,6)	(3,8)	(2,0)	(0,10)	(4,5)	(3,3)	(6,6)	(1,5)	(0,1)	(1,6)	*
(0,10)	*	(2,0)	(1,6)	(0,1)	(1,5)	(6,6)	(4,5)	(3,8)	(4,6)	(1,6)	(6,5)	(8,9)	(3,3)	(8,2)
(1,6)	(2,0)	*	(0,10)	(1,5)	(0,1)	(8,2)	(3,3)	(4,6)	(3,8)	(0,10)	(8,9)	(6,5)	(4,5)	(6,6)
(2,11)	(1,5)	(0,1)	*	(4,5)	(3,3)	(8,9)	(6,6)	(1,6)	(0,10)	*	(4,6)	(3,8)	(8,2)	(6,5)
(3,8)	(0,10)	(1,6)	(4,6)	*	(2,0)	(3,3)	(1,5)	(6,5)	(8,9)	(4,6)	(6,6)	(8,2)	(0,1)	(4,5)
(4,6)	(1,6)	(0,10)	(3,8)	(2,0)	*	(4,5)	(0,1)	(8,9)	(6,5)	(3,8)	(8,2)	(6,6)	(1,5)	(3,3)
(6,6)	(6,5)	(8,9)	(8,2)	(3,8)	(4,6)	*	(1,6)	(3,3)	(4,5)	(8,2)	(0,1)	(1,5)	(0,10)	(2,0)
(8,9)	(4,6)	(3,8)	(6,5)	(1,6)	(0,10)	(1,5)	*	(8,2)	(6,6)	(6,5)	(4,5)	(3,3)	(2,0)	(0,1)

Die Addition ist umkehrbar, wobei für diese Operation die Kenntnis der Tabelle notwendig ist. Für jedes Element lässt sich auch ein Zyklus d feststellen, für den

$$d * (x_a, y_a) \equiv O \; mod \; p \tag{6.2-12}$$

gilt. Auch für elliptische Kurven auf Modulkörpern existieren somit Gruppen $E(p)$, auf denen sich eine vollständige Verschlüsselungstheorie aufbauen lässt. Für Verschlüsselungszwecke geeignete Kurven müssen bestimmte Rahmenbedingungen einhalten, auf die wir hier aber nicht weiter eingehen, und bereits unsere Beispielrechnung zeigt, dass einige der in unserer bisherigen Theorie leicht ermittelbaren Eigenschaften wie Ordnung der Gruppe oder einzelner Elemente der Gruppe nicht mehr unmittelbar zur Verfügung stehen.

In welchem Verhältnis stehen ECC-Verschlüsselung und Verschlüsselung mit großen Primzahlen zueinander in Bezug auf die rechnerische Komplexität bei Angriffen? Bei der im Hauptteil des Buches diskutierten Verschlüsselungsalgorithmen haben wir es sozusagen mit linearen Problemen zu tun, d.h. aus der Vorgabe eines Moduls resultiert eine Größe, die es algorithmisch anzugreifen gilt. Bei der ECC-Verschlüsselung haben wir es jedoch mit zwei verschränkten Größen über dem Modul zu tun. Im Verhältnis steigt der in einem Algorithmus zu treibende Aufwand für das Auffinden einer Lösung bei Vergrößerung des Moduls daher quadratisch gegenüber der reinen Zahlenverschlüsselung. Man kann daher erwarten, dass die ECC-Verschlüsselung mit kleineren Primzahlen bei gleicher rechnerischer Sicherheit auskommt und kleine Steigerungen der Primzahlgröße bereits für eine beträchtliche Erhöhung der rechnerischen Sicherheit sorgen.

Wie sich der Leser sicher vorstellen kann, müssten wir weite Teile der Theorie an dieser Stelle erneut aufrollen, um weiteren Einblick in die Vorbereitungen (*Parameterauswahl*) zur Verschlüsselung mit elliptischen Funktionen und über die rechnerische Sicherheit zu erhalten. Das kann jedoch nicht Aufgabe einer kurzen Übersicht sein, und wir brechen daher an dieser Stelle die Untersuchung ab. Wenn geeignete Parameter vorhanden sind, sind die weiteren Rechnungen mit den hier genannten Beziehungen aber wieder nachvollziehbar, und zeigen daher zwei Anwendungen, die Algorithmen mit dem diskreten Logarithmus als Verschlüsselungsgrundlage entsprechen. Das Problem des diskreten Logarithmus ist in elliptischen Kryptosystemen (*ECC*) folgendermaßen formuliert: gegeben sei eine Gruppe $E(p)$ und ein Basispunkt P hinreichend großer Periode. Eine Verschlüsselung einer Nachricht $x \in E_p$ ist

$$Q \equiv x * P \bmod p \qquad (6.2\text{-}13)$$

Sind $(E(p), P, Q)$ gegeben, so kann x nicht mit schnellen Algorithmen ermittelt werden. Die Technik des Aufspürens eines x liegt in der ECC z.Z. noch weit hinter den in Kapitel 6.1 dargestellten Verfahren zurück. Die fortgesetzte Addition eines Punktes mit sich selbst übernimmt in der ECC die Rolle der Multiplikation. Algorithmisch lässt sie sich mit den gleichen Mitteln bearbeiten, so dass auch sehr große x schnell zu verschlüsseln sind. Damit sind Varianten der ElGamal-Verschlüsselung und der digitalen Signatur für die ECC entwickelbar.

Die Nachricht x wird aus der eigentlich zu kodierenden Information X durch ein Konstruktionsverfahren berechnet. Wie aus der Beispieltabelle hervorgeht, ist nicht jeder mögliche Punkt auch in $E(p)$ enthalten. Man bildet daher

$$x = (Xbb, Y) \qquad (6.2\text{-}14)$$

durch Erweiterung von X durch einige Bit und einer Zufallgröße Y für die zweite Koordinate. Durch Probieren mehrerer Kombinationen überprüft man, ob $x \in E(p)$ gegeben ist[174]. Wir geben nur summarisch die Algorithmen an; der Leser überzeuge sich durch Vergleich von der Äquivalenz der Algorithmen.

---

174 Bei geeigneter Vorauswahl liegt im Mittel jeder zweite Punkt in der Menge, so dass dies keinen nennenswerten Aufwand darstellt.

Algorithmus 6.2-1: ElGamal-Verschlüsselung mit elliptischen Kurven[175].

Generierung der Schlüssel: ausgewählt wird eine Gruppe $E(p)$ und ein Element P mit hoher Ordnung. Die Schlüsselteile sind

$$\begin{matrix} \textit{Geheim:} & s & \textit{mit} & 1 < s < Ord(P) \\ \textit{Öffentlich:} & (E(p), P, Q) & \textit{mit} & Q \equiv s * P \bmod p \end{matrix} \qquad (6.2\text{-}15)$$

Verschlüsseln der Nachricht: die Nachricht x wird mit einer Zufallzahl k zu einem Punktepaar (R,S) verschlüsselt und an den Inhaber des Geheimschlüssels übermittelt:

$$\begin{aligned} R &\equiv k * P \bmod p \\ S &\equiv x + k * Q \bmod p \end{aligned} \qquad (6.2\text{-}16)$$

Entschlüsseln der Nachricht:

$$x \equiv S - s * R \bmod p \qquad (6.2\text{-}17)$$

Algorithmus 6.2-2: digitale Signatur mit elliptischen Kurven

(1) Schlüsselgenerierung:

   (a) Wähle eine elliptische Kurve E über Z_p

   (b) Wähle einen Punkt $P \in E(p)$ der Ordnung $q \in P$

   (c) Wähle eine Zufallzahl d als privaten Schlüssel. Die öffentlichen Parameter sind

$$(E, P, q, Q) \quad \textit{mit} \quad Q = d * P$$

(2) Signaturerzeugung

   (a) Wähle eine Zufallzahl k und berechne

$$R \equiv k * P \bmod p \quad , \quad r \equiv R_x \bmod q \quad , \quad r \neq 0$$

   (b) Berechne den Signaturwert

$$s \equiv k^{-1} (Hash(m) + dr) \bmod q \quad , \quad s \neq 0$$

   (c) Sende (r,s) . Werden die Nebenbedingungen nicht erfüllt, wird jeweils mit einem anderen k bei (a) erneut begonnen.

(3) Signaturprüfung

   (a) Berechne

$$\begin{aligned} w &\equiv s^{-1} \bmod q \\ u_1 &\equiv Hash(m) * w \bmod q \\ u_2 &\equiv r * w \bmod q \\ u_1 * P + u_2 * Q &= V \quad , \quad v \equiv V_x \bmod q \end{aligned}$$

   (b) Die Signatur ist korrekt, wenn $v = r$ gilt.

---

175 In der verkürzten Darstellung verwende ich Primzahlen. Das ist nicht notwendig, vereinfacht aber etwas die Darstellung.

Andere Protokolle lassen sich ebenfalls in der ECC formulieren, allerdings existiert ein Pendant zum RSA-Algorithmus derzeit nicht. Eine Reihe von Eigenschaften sind schwieriger zu ermitteln, weshalb die ECC bei vergleichbaren Parametersätzen mathematisch härter ist als RSA oder diskrete Logarithmenprobleme. Die bekannten Algorithmen sind auf Abzählungen angewiesen und entziehen sich damit auch einer möglichen zukünftigen Implementierung auf einem Quantencomputer, der auf einen reversibel durchführbaren analytischen Algorithmus angewiesen ist (*siehe unten*). Dem Verkaufsargument „Sicherheit" muss man vorbehaltlich der Ausführungen des folgenden Kapitels aber nicht viel Bedeutung beimessen. Der Unterschied in der rechnerischen Sicherheit zwischen 10^9 oder 10^{50} Jahren ist unerheblich, wenn ein Angreifer eine andere Sicherheitslücke entdeckt, die ihm ein Eindringen in einigen Tagen erlaubt.

Weitere Anwendungsgebiete der elliptischen Kurven sind Primzahlnachweise und Faktorisierungsverfahren. Die hier entwickelten Algorithmen zählen zu den effektivsten und sind ohne weiteres mit dem quadratischen Sieb vergleichbar.

6.3 Neue Algorithmen und neue Hardware

Alle Untersuchungen haben uns gezeigt, dass Angriffe zur Ermittlung der Schlüssel eines Verschlüsselungssystems mehr oder weniger sinnlos sind. Kann sich dies ändern, zum Beispiel durch neue, leistungsfähigere Rechnersysteme?

Die Zukunft die heutigen Hardware lässt sich vielleicht noch am Besten abschätzen. Die Komplexität der Hardwarestrukturen (*Größe, Packungsdichte*) verändert sich mehr oder weniger „gesetzmäßig" seit den ersten Computern und hat bei Fortschreiten der Technik im prognostizierten Stil etwa 2010 ihren Endpunkt erreicht (*erstaunlicherweise hält die Software locker dagegen: heute mit Word einen Brief zu schreiben kostet über den Daumen geschätzt ebenso viel Rechenzeit auf den schnelleren Maschinen wie mit WordStar in den 80er Jahren auf einem PC-XT. Für die Bearbeitung komplexerer Dokumente wie zum Beispiel diesem Buch bietet die direkte Sicht auf das Druckbild allerdings schon einige Vorteile*).

Größere Leistungsfähigkeit kann von Rechnern mit einem zweidimensionalen Feld von CPUs erwartet werden, gewissermaßen eine Übertragung der Cluster-Technik auf einen Chip. Die einzelne CPU nimmt Daten von irgendeiner anderen CPU entgegen und gibt das Ergebnis sofort an eine andere, nunmehr zuständige Einheit weiter, um den nächsten Datenblock zu bearbeiten. Programme bestehen aus Anweisungen, die alle im gleichen Zeittakt auszuführen sind, sowie aus Flußinformationen im CPU-Feld. Durch parallele Bearbeitung mehrerer Aufgaben oder parallele Einspeisung mehrerer Daten, die zu einem Ergebnis zu verknüpfen sind, sind erhebliche Geschwindigkeitssteigerungen gegenüber der heutigen seriellen Technik möglich -so die Theorie. Wie sich diese Technologie entwickelt, bleibt abzuwarten. Eines der Probleme ist die Entwicklung von Betriebssoftware, Programmiersprachen und Compilern, die die Aufgaben analysieren und verteilen können. Durch die extrem enge Verflechtung der CPUs ist das Problem aber möglicherweise besser in den Griff zu bekommen als die Aufgabenverteilung in Parallelrechnerstrukturen mit getrennten CPUs.

Ein letztes Potential für Geschwindigkeitssteigerungen liegt in der Entwicklung von optischen Computern. Hier ist das Stadium der Grundlagenforschung noch nicht abgeschlossen. Auch unter Einschluss dieser Entwicklungsmöglichkeit kann man davon ausgehen, dass den heute verwendeten Parameter von Verschlüsselungsverfahren mindestens für die nächsten zehn Jahre keine rechnerische Gefahr droht.

Was sich im Bereich der Algorithmen tun wird, lässt sich schwer voraussagen: noch vor wenigen Jahrzehnten hielt es die gesamte wissenschaftlich-mathematische Welt für ziemlich obsolet, über Faktorisierungen von Zahlen mit mehr als 20 oder 30 Stellen zu spekulieren, von bestimmten speziellen Ausnahmen einmal abgesehen. Nur wenige Jahre danach liegen Ergebnisse vor, die einhundert Zehnerpotenzen darüber liegen! Allerdings sind die theoretischen Grundlagen der aktuellen Faktorisierungsverfahren -quadratisches Sieb, Zahlenkörpersieb und elliptische Kurven- heute auch schon im Schnitt zehn Jahre alt. Neue Techniken scheinen derzeit nicht in Sicht zu sein, aber es wäre sicher falsch davon auszugehen, dass sich daran in Zukunft nichts ändert.

Im Bereich neuer Rechnertechnik haben in den letzten Jahren zwei Techniken auf sich aufmerksam gemacht: der chemische Computer und der Quantencomputer. Ersteren kann man derzeit mehr oder weniger nur als Kabinettstückchen ansehen. Die Fähigkeiten dieses Systems, mit komplexen Problemen fertig zu werden, beruht auf der großen Anzahl von Molekülen in einer makroskopischen Probe. Es wird gewissermaßen eine Parallelrechnung durchgeführt, und das passende Ergebnis muss zum Schluss nur noch aus der Masse der Fehlversuche extrahiert werden. Ohne auf Feinheiten und konkrete Realisierbarkeit einzugehen, sei die Idee einer Faktorisierung mit dieser Maschine kurz erläutert:

a) **Vorbereitung:** durch eine Polymerisierung werden in einem Tank aus kleinen Grundbausteinen Ketten verschiedener Länge hergestellt. Die Reaktionsbedingungen werden so eingestellt, dass keine Kettenlänge bevorzugt wird. Da Ketten aller möglichen Längen auftreten können, entspricht der Inhalt des Tanks mehr oder weniger der Menge der natürlichen Zahlen. Zum Schluss werden die Bedingungen so eingestellt, dass sich die Kettenlängen nicht mehr verändern können.

Der Ansatz wird geteilt, die Ketten in einem Teil mit einem Ende an eine Unterlage gebunden und anschließend wieder mit dem zweiten Teil gemischt, so dass gebundene und freie Ketten im Reaktionstank vorliegen. Die Bedingungen werden so eingestellt, dass sich die gelösten und die gebundenen Ketten zu Doppelketten aneinander lagern können, außer sie besitzen die gleiche Länge. Eine vollständige Doppelkette kann nur entstehen, wenn mehrere kurze gelöste Ketten sich an eine längere gebundene anlagern und die Summe der Längen der kurzen Ketten der Länge der gebundenen Kette entsprechen. Nach Abschluss der Reaktion werden die Bedingungen so eingestellt, dass sich vollständige Doppelketten von der Unterlage lösen und ausgewaschen werden können. Zum Schluss werden auch alle nicht gebundenen Ketten aus den Doppelketten ausgewaschen. Zurück bleibt eine Sammlung von gebundenen Ketten, deren Länge eine Primzahl ist. Die Ketten können von der Unterlage wieder abgelöst werden und stellen gewissermaßen eine flüssige Primzahlmenge dar.

b) **Faktorisierung:** das Testmolekül wird nun an die Unterlage gebunden und mit der Primflüssigkeit vermischt. Die Schritte der Vorbereitung werden wiederholt. Die einzigen vollständigen Ketten beim Auswaschen sind solche aus der Testkette und ihren Primfaktorketten. Die anderen Ketten besitzen freien Enden und werden chemisch gebunden oder vorab wieder ausgewaschen. Nach Trennen der Doppelkette kann man die Kettenlängen bestimmen und hat damit die Testkette faktorisiert.

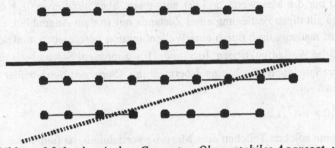

Abbildung 6.3-1: chemischer Computer. Oben: stabiles Aggregat, weil beide Ketten gleich lang; unten: instabiles Aggregat

Ob dies so umsetzbar ist, sei einmal dahingestellt. Die beschriebenen Techniken sind jedenfalls in der Chemie oder der Biochemie verfügbar. Aufgrund seiner Konstruktion eignet sich ein chemischer Computer vorzugsweise zur Lösung kombinatorischer Probleme, weil er eben recht viele Möglichkeiten „gleichzeitig" ausprobieren kann und die Reaktionsgeschwindigkeiten auf molekularer Ebene ebenfalls relativ hoch sind, wenn auch die Aufbereitungsschritte einige Zeit benötigen.

Abgesehen vom technischen Aufwand, der zu treiben wäre, ist ein chemischer Computer aber keinesfalls eine Bedrohung für RSA-Verschlüsselungssysteme, wie eine einfache Rechnung zeigt: ein Liter Wasser bringt es gerade einmal auf $3{,}3 * 10^{25}$ Wassermoleküle, und selbst die Anzahl aller Atome im Weltall wird „nur" auf $\approx 10^{100}$ geschätzt. Mit anderen Worten: man benötigt etwa soviel Universen, wie Wassermoleküle in einem Liter Wasser sind, um überhaupt nur die Ressourcen bereitstellen zu können! Der chemische Computer wurde denn auch von seinem Entwickler zusammen mit einem Berechnungsbeispiel für ein kleines Handlungsreisendenproblem mit der Bemerkung veröffentlicht, er „wolle grundsätzlich mal etwas zeigen und verspräche sich kaum praktisch sinnvolle Anwendungen".

Die Quantencomputertechnologie befindet ebenfalls noch in der Grundlagenerforschung. Dass ein Quantencomputer je technisch realisiert werden kann, will heute niemand sicher behaupten -allerdings wurden ja auch schon andere Sachen, die wir heute täglich verwenden, für unmöglich oder zumindest unwahrscheinlich gehalten, und jeden Monat werden in verschiedenen wissenschaftlichen Zeitschriften weitere Bausteine veröffentlicht. Die Theorie ist recht schwierig zu verstehen. Bereits Niels Bohr hat behauptet, wer sich mit Quantenmechanik beschäftige und darüber nicht verrückt werde, habe sie nicht verstanden (*man beachte, dass er* $\Rightarrow$ *in der Aussage verwendet hat und nicht* $\Leftrightarrow$ *! Wenn man darüber verrückt wird, heißt das also leider noch lange nicht, das man etwas verstanden hat*). Ich versuche trotzdem einmal, einige der Prinzipien vorzustellen (*Interessierte können auch im Internet nach Artikeln von Peter Shor zur weiteren Vertiefung suchen*).

Von Elementarteilchen bzw. deren Eigenschaften können i.d.R. nur ganz bestimmte Zustände gemessen werden. Beispielsweise kann der Spin von Elektronen, der anschaulich als Magnetfeldrichtung eines rotierenden elektrisch geladenen Körpers symbolisiert werden kann, in einem Magnetfeld nur die Messwerte $\pm(1/2)$ aufweisen, aber nicht etwa 0, 1 oder etwas anderes. Allerdings gilt diese Festlegung eines Zustands nur in dem Augenblick einer Messung. Der Zustand wird mathematisch durch eine Wellenfunktion beschrieben, und wir können den Spinwerten z.B. die Wellenfunktionen $|0>$ und $|1>$ zuordnen. Solange wir nicht gemessen haben, kann der Spin auch durch eine Überlagerung (*Superposition*) beider Zustände beschrieben werden

$$\psi = a \ |0> + b \ |1> \tag{6.3-1}$$

Wenn wir an einem solchen Teilchen eine Messung vornehmen, so finden wir mit der Wahrscheinlichkeit a^2 den Zustand 0 , mit der korrespondierenden Wahrscheinlichkeit den Zustand 1 (*für jedes Teilchen messen wir natürlich genau einen Zustand. Die Statistik ergibt sich aus vielen Messungen*). Das verwirrende daran ist (*und das ist nur eine der merkwürdigen Eigenschaften der Quantenmechanik*), dass (6.3-1) keine statistische Eigenschaft einer Menge von Teilchen ist, also von vielen Teilchen eben ein statistischer Anteil im Zustand 0 bis zur Messung verharrt, sondern sich ein einzelnes Teilchen sozusagen in einem Zwitterzustand befindet und sich bis zur Messung auch so verhält. Das läßt sich durch Experimente nachweisen, in denen der Mischzustand ohne zwischenzeitliche Messung geändert wird und die unterschiedliche Ergebnisse haben sollten, wenn echte Mischzustände einzelner Teilchen oder eben nur eine statistische Zusammensetzung vorliegt. Nachweisbar sind immer Ergebnisse des ersten Typs. Das Prinzip gilt auch, wenn man mehrere Teilchen zu einem Teilchensystem koppelt und gemeinsam untersucht. Das Teilchensystem wird dann durch eine gemeinsame Wellenfunktion beschrieben. Unterwirft man ein solches Teilchensystem nacheinander verschiedenen Bedingungen (*ohne zu messen*), die die Wellenfunktion verändern, so ist die Wahrscheinlichkeit des Messergebnisses aus der transformierten Wellenfunktion zu ermitteln und nicht etwa aus einer Wahrscheinlichkeitsaussage über die Zustände zu Beginn. Das ist kaum ohne das mathematische Handwerkszeug der Quantenmechanik genauer zu erläutern, viel klarer wird es damit aber auch nicht, wenn wir versuchen, die Ergebnisse bildlich in unsere völlig anders geartete makroskopische Welt zu übertragen (*das gilt auch für andere Phänomene, wenn etwa in der speziellen Relativitätstheorie hinreichend schnell bewegte Körper gleichzeitig von fast allen Seiten zu sehen sind, der Umfang einer schnell rotierenden Kreisscheibe nicht mehr durch die Zahl* π *mit dem Radius gekoppelt werden kann usw.*).

Entwickeln wir daraus nun die Idee eines Quantencomputers. Eine Informationseinheit besteht aus einem System mehrerer Teilchen, die durch eine gemeinsame Wellenfunktion beschrieben werden. Quantenmechanische Analoga der binären Schalttechnik transformieren diese Wellenfunktionen. Wir betrachten zwei Beispiele solcher „Operatoren" für ein zwei-Bit-System:

$$
\begin{aligned}
|00> &\rightarrow |00> \\
|11> &\rightarrow |11> \\
|01> &\rightarrow |10> \\
|10> &\rightarrow |01>
\end{aligned}
\qquad (6.3\text{-}2)
$$

$$
\begin{aligned}
|00> &\rightarrow |00> \\
|11> &\rightarrow |11> \\
|01> &\rightarrow a*|10>+b*|01> \\
|10> &\rightarrow c*|10>+d*|01>
\end{aligned}
\qquad (6.3\text{-}3)
$$

Unterwerfen wir beispielsweise den gemessenen reinen Zustand |01> dem ersten Operator, so ist das Messergebnis immer |10> , unterwerfen wir aber $p*|00>+q*|01>$ dem Operator Zwei, so wird die Ergebnisstatistik durch $p*|00>+q*a*|01>+q*b*|10>$ beschrieben. Allerdings ist das alles Statistik: wenn wir die erste Messung machen, legen wir den Zustand des Systems auf |00> oder |01> fest und messen genau einen der beiden Werte; die zweite Messung ist nicht mehr möglich (*da der Mischzustand durch die erste Messung verschwunden ist*). Wir stellen nur bei mehreren Messungen ein bestimmtes Verhältnis zwischen den verschiedenen Zuständen fest. Führen wir die zweite Messung durch, können wir keinen Rückschluss auf einen bestimmten Zustand zum ersten Zeitpunkt feststellen; das System verbleibt für uns in einem Mischzustand. Auch in dieser Messung erhalten wir jeweils die Ergebnisse |00> , |01> oder |10> in einem bestimmten Verhältnis.

Die Operatoren machen Unterschiede zur binären Schaltlogik deutlich: (6.3-2) entspricht einer auch auf klassischen Computern darstellbaren logischen Operation, (6.3-3) hat als „Mischfunktion" von Zuständen kein Analogon. Durch Kombination verschiedener Quantengatter lassen sich Additionen usw. darstellen. Die Art der Operationen wird durch die Mathematik der Quantenmechanik vorgegeben: das Spektrum der Ausgangszustände muss durch eine unitäre Transformation aus den Eingangszuständen hervorgehen.

Ein weiterer grundsätzlicher Unterschied zwischen herkömmlichen Computern und Quantencomputern ist die Reversibilität: auf mikroskopischer Ebene sind alle Vorgänge reversibel, während unsere makroskopische Welt sich aufgrund des Entropiesatzes in eine Richtung bewegt. Für Quantencomputer müssen alle Algorithmen reversibel konstruiert werden. Zählungen scheiden dabei beispielsweise aus, da der Zählvorgang als solcher mit einer Messung vergleichbar ist, und messen dürfen wir nicht bzw. erst, wenn der Algorithmus beendet ist. Gleiches gilt für Verzweigungen aufgrund einer konkreten Entscheidung, z.B. $a>b$. Das Gebot der Reversibilität ist also im Grunde nicht anderes als das bereits formulierte Verbot einer Messung, solange der Vorgang nicht abgeschlossen ist. Algorithmen müssen mehr oder weniger analytische Eigenschaften aufweisen, d.h. aus konkrete Rechenformeln bestehen. Aber auch dort ist noch weiterer Aufwand notwendig: beispielsweise ist $c \leftarrow a \wedge b$ in dieser Form nicht reversibel, da bei $c=0$ unklar ist, welche Zustände a und b vor der Operation hatten. Da man in Algorithmen um solche Operationen aber nicht herum kommt, müssen die fehlende Information zur Rekonstruktion (*Reversibilität*) in Quantencomputern durch zusätzlich Bits bereitgestellt werden, was natürlich zusätzlichen Aufwand bedeutet. Kontrollierte NOT- und NAND-Gatter lassen sich beispielsweise durch folgende Gatter realisieren:

Eingabe	NOT	NAND
0 0 0	0 0 0	0 0 0
0 0 1	0 0 1	0 1 0
0 1 0	0 1 0	0 0 1
0 1 1	0 1 1	0 1 1
1 0 0	1 0 0	1 0 0
1 0 1	1 0 1	1 0 1
1 1 0	1 1 1	1 1 0
1 1 1	1 1 0	1 1 1

Tabelle 6.3-1: Toffoli- und Fredkin-Gates

QBits bestehen im Unterschied zu Bits der normalen Rechner somit aus mehreren Informationen und unterscheiden sich damit deutlich von ihren klassischen Kollegen, und quantenmechanische Berechnungen erkaufen ihre Geschwindigkeit durch erhöhten Platzbedarf.

Wie funktioniert nun beispielsweise die Faktorisierung einer Zahl? Auf Einzelheiten einzugehen, ist hier nicht möglich. Der Ablauf in Kurzform:

(a) Die Algorithmen für den Quantencomputer sind zunächst in geeigneter Form zu entwickeln. In Frage kommt beispielsweise die Probedivision, die auf herkömmlichen Computern ausscheidet, aber reversibel konstruiert werden kann.

(b) Für die Eingabe sind alle in Frage kommenden Zustände geeignet zu Mischen. Dazu wird (*meist*) ein herkömmlicher Computer benötigt, der in u.U. recht langwierigen Rechnungen geeignete Eingabewerte vorbereitet. Möglicherweise werden verschiedene Eingabewerte zum Einsatz kommen müssen, wobei natürlich jeweils klar sein muss, wie ein Ergebnis auszuwerten ist.

(c) Bei der Messung des Ergebnisses zerfällt der Mischstand in einen bestimmten der möglichen Zustände. Bei geeigneter Konstruktion des Algorithmus und Vorbereitung der Eingaben erhält man schließlich Eingangs- und Ausgangsstatistiken, die wieder mittels eines herkömmlichen Computers auszuwerten sind.

Beide Computertypen werden somit zusammenarbeiten müssen, um ein bestimmtes Ergebnis zu produzieren. Der Aufwand liegt letztendlich in der Bereitstellung einer auswertbaren Statistik, deren Qualität wiederum von den Vorbereitungen beeinflusst wird. Da der Quantenrechenvorgang unabhängig von der Zahlengröße ist, muss lediglich gefordert werden, dass der Aufwand für die Auswertung der Statistik langsamer steigt als die Rechenzeit auf herkömmlichen Computern bei Vergrößerung der Zahlen. Das ist aber nach dem gegenwärtigen Stand der Kenntnisse gegeben.

Ist der Quantencomputer, wenn er als technisches Gerät zur Verfügung stände, das Ende der Verschlüsselungstechnik? Bezogen auf RSA- und ElGamal-Verfahren vermutlich, denn die Algorithmen für den Quantencomputer sind schnell und polynomial (*eine Voraussetzung für die Berechenbarkeit*), d.h. die Laufzeit steigt bei Vergrößerung des Moduls nicht so stark an, dass durch die Vergrößerung ein sicherer Bereich erreicht werden kann (*die klassischen Verfahren sind exponential, d.h. der notwendige Aufwand steigt so stark an, dass das Verschlüsselungsverfahren „entkommt"*). Andere Verfahren bleiben davon relativ unbeeindruckt: bei symmetrischer Verschlüsselung, Hashalgorithmen oder ECC ist der Quantencomputer nicht erfolgreicher als die traditionellen Verfahren, da geeignete Algorithmen nicht existieren – nach heutigem Kenntnisstand wohlgemerkt[176]. Noch ist aber weder die Technik[177] noch die Theorie so weit entwickelt, dass Entscheidungen über Veränderungen in der Verschlüsselungstechnik notwendig werden.

Zeit für ein Schlusswort. In diesem Buch ging es hauptsächlich um die Mathematik bestimmter Verschlüsselungstechniken mit einigen Protokollen als Beispiel. Mathematisch sind die Techniken „sicher" in dem Sinn, dass heute keine schnellen Methoden zum Brechen der mathematischen Schlüssel existieren. Aber sind vertrauliche gesicherte Nachrichten damit auch sicher? Die Frage kann nur mit NEIN beantwortet werden, da neben der Mathematik auch ganz andere Gefahren drohen. Sicherheit ist kein statischer Begriff, Sicherheit ist ein Prozess, in dem verschiedene Beteiligte gegeneinander antreten. Dazu gehört beispielsweise nicht nur der Schutz vor Angriffen, sondern auch deren Erkennung und Gegenmaßnahmen -Themen, die wir hier nicht weiter behandeln konnten. Allerdings sollte der Leser mit der Lektüre dieses Buches eine Hürde zu diesem Gesamtverständnis genommen haben: Mathematik und Algorithmen der Verschlüsselung sind nun keine Geheimnisse oder dicken grauen Mauern mehr, die den Blick auf dahinter liegende Gefilde trüben könnten.

---

176 Erfahrungsgemäß beflügelt die Verfügbarkeit einer Technik auch die Untersuchung der Nutzungsmöglichkeiten. Die starken traditionellen Algorithmen wurden auch erst mit der Verfügbarkeit der Maschinen, auf denen sie laufen können, entdeckt und entwickelt. Wie wir dargelegt haben, sind heutige Algorithmen für die fraglichen Verfahren grundsätzlich nicht für eine Implementierung auf Quantencomputern geeignet. Stehen solche Maschinen aber erst zur Verfügung und denken breitere Schichten von Theoretikern und Praktikern darüber nach, finden sich vielleicht auch andere Wege.

177 Zur Zeit experimentelle Systeme mit etwa fünf Quantenzuständen. Bis zu Systemen, die für Angriffe auf 2.048-Bit-Verfahren benötigt werden, ist es also noch ein weiter Weg.

Literaturverzeichnis

Bruce Schneier, Secrets & Lies, Wiley 2001

David Bressoud, Factorization and Primality Testing, Springer 1989

Falko Lorenz: Einführung in die Algebra, 2 Bände, Spektrum Akademischer Verlag 1995

Falko Lorenz: Lineare Algebra, 2 Bände, Spektrum Akademischer Verlag 1995

Friedrich L. Bauer, Entzifferte Geheimnisse, Springer 1997

Harald Scheid: Zahlentheorie, BI Wissenschaftsverlag 1994

Josef Stoer, Numerische Mathematik, 2 Bände, Springer 1994

Julius T.Tou, Rafael C. Gonzales, Pattern Recognition Principles, Addison-Wesley 1974

Martin Aigner: Diskrete Mathematik, vieweg 1999

Otto Forster, Algrotihmische Zahlentheorie, vieweg 1996

Stichwortverzeichnis

Themen der Numerischen Mathematik

Robert Plato
Numerische Mathematik kompakt
Grundlagenwissen für Studium und Praxis
2000. XIV, 360 S. Br. € 24,90   ISBN 3-528-03153-0
Inhalt: Interpolation, diskrete Fouriertransformation, Integration -
direkte und iterative Lösung linearer Gleichungssysteme - Iterative
Verfahren für nichtlineare Gleichungssysteme - numerische Behand-
lung von Anfangs- und Randwertaufgaben bei gewöhnlichen Differen-
tialgleichungen - Störungstheorie und numerische Verfahren für
Eigenwertprobleme bei Matrizen - Approximationstheorie sowie
Rechnerarithmetik

Das Lehrbuch behandelt in kompakter und übersichtlicher Form die
grundlegenden Themen der Numerischen Mathematik. Es vermittelt
ein solides Basiswissen der wichtigen Algorithmen und dazugehörigen
Fehler- und Aufwandsbetrachtungen, das zur Lösung von zahlreichen
in der Praxis auftretenden mathematischen Problemstellungen benötigt wird. Für die meisten der vorgestellten Verfahren werden Pseudo-
Codes angegeben, die sich unmittelbar in Computerprogramme umsetzen lassen. Das Lehrbuch ist ohne weitere Themenauswahl als Vorlage
für zwei jeweils vierstündige einführende Numerikvorlesungen ver-
wendbar. Der das Buch ergänzende Online Service bietet u.a. Lösungs-
hinweise zu den 120 Übungsaufgaben.

vieweg

Abraham-Lincoln-Straße 46
65189 Wiesbaden
Fax 0611.7878-400
www.vieweg.de

Stand 1.4.2002. Änderungen vorbehalten.
Erhältlich im Buchhandel oder im Verlag.

Ein Kurs in Angewandter Mathematik

Thomas Sonar

Angewandte Mathematik, Modellbildung und Informatik

Eine Einführung für Lehramtsstudenten, Lehrer und Schüler.
Mit Java-Übungen im Internet von Thorsten Grahs

2001. 237 S. Br. € 19,00   ISBN 3-528-03179-4

Inhalt: Modellbildung oder: Wie hätte Leonardo modelliert? - Wie schnell wächst Fußpilz? - Wie wirtschaftlich ist mein Betrieb? - Wie sendet Asterix Geheimbotschaften an Teefax? - Was haben Tomographie und Wasserleitungen gemeinsam? - Wie fließt der Straßenverkehr? - Dem Zufall keine Chance? - Wie fängt der Hai die Beute?

Dieses Buch liefert wichtige Grundlagen und die Motivation für die Beschäftigung mit Angewandter Mathematik. Es macht wenig Sinn, gerade wenn man an die Schulen denkt, Numerische Mathematik als Selbstzweck zu präsentieren. Wo ist der Sinn von Interpolation, Approximation und der Lösung linearer Systeme, wenn man nicht weiß, in welch vielfältigen Problemen diese Techniken anwendbar sind? Bei der Suche nach Anwendungen stößt man auf die Modellierung technischer, biologischer und ökonomischer Fragen. Desweiteren muss das Modell in irgendeiner Form auf einem Rechner abgebildet werden, wozu man einige Kenntnisse aus der Informatik benötigt. Bei dieser Implementierung spielen Algorithmen der Numerischen Mathematik eine zentrale Rolle. Das Buch ist leicht verständlich und sogar unterhaltsam geschrieben. Zu jedem Kapitel gibt es Tipps zur Umsetzung in Java-Programme. Vollständige Java-Implementierungen bietet der Online Service zum Buch.

Abraham-Lincoln-Straße 46
65189 Wiesbaden
Fax 0611.7878-400
www.vieweg.de

Stand 1.4.2002. Änderungen vorbehalten.
Erhältlich im Buchhandel oder im Verlag.

Übungstrainer zur Linearen Algebra auf CD-ROM

Albrecht Beutelspacher, Marc-Alexander Zschiegner

Lineare Algebra interaktiv

Eine CD-ROM mit Tausenden von Übungsaufgaben

2001. 44 S. CD-ROM in Card-Box. € 34,90   ISBN 3-528-06890-6

Die CD-ROM enthält eine Vielzahl interaktiver Übungsaufgaben aus dem Bereich der gesamten Linearen Algebra. Von den über tausend Aufgaben sind die meisten dynamisch gestaltet, indem gewisse Anfangswerte zufällig ausgewertet werden. Dadurch ergibt sich ein fast unendlicher Aufgabenvorrat. Das Übungsprogramm umfasst zehn Kapitel und ist eine Ergänzung zu Vorlesungen und Lehrbüchern. Inhaltlich ist die CD-ROM an das Buch „Lineare Algebra" von A. Beutelspacher angelehnt, es kann aber auch unabhängig davon erfolgreich genutzt werden. Die Aufgaben haben unterschiedliche Schwierigkeitsgrade: Die Auswahl reicht von einfachen Ankreuzaufgaben, die zur Wiederholung dienen, über Rechenaufgaben, mit denen bestimmte Fertigkeiten eingeübt werden, bis hin zu anspruchsvollen mathematischen Beweisen. Schrittweise Lösungskontrollen und -hilfen ermöglichen dabei ein individuelles Lernen mit eingebauter Erfolgskontrolle.

Die Autoren: Professor Dr. Albrecht Beutelspacher lehrt und forscht am Mathematischen Institut der Universität Gießen und ist Autor zahlreicher Bücher (z. B. Lineare Algebra, Projektive Geometrie, „Das ist o.B.d.A. trivial!", Kryptologie, „In Mathe war ich immer schlecht ..."), die amüsant und leicht verständlich sind und sich großer Beliebtheit bei den Studierenden erfreuen.

Dipl. Math. Marc-Alexander Zschiegner ist wissenschaftlicher Mitarbeiter am Mathematischen Institut der Universität Gießen.

vieweg

Abraham-Lincoln-Straße 46
65189 Wiesbaden
Fax 0611.7878-400
www.vieweg.de

Stand 1.4.2002. Änderungen vorbehalten.
Erhältlich im Buchhandel oder im Verlag.